普通高等教育"十三五"规划教材

食品分子微生物学

石　慧　陈启和　主编
罗云波　何国庆　主审

中国农业大学出版社
·北京·

内容简介

　　本书介绍了食品分子微生物学在食品领域的理论与实践知识,内容涵盖了食品微生物学中常用的以及新兴的分子生物学技术、食品分子微生物学的理论知识(食品微生物的基因组学、食品微生物的群体生态分子机制、食品微生物的特殊存活状态及其分子机制、食品微生物对胁迫环境的应激性反应)以及应用知识(食品微生物的分子鉴定与分型、食品微生物的分子改良、食品微生物的分子检测技术)。

　　本书既可作为高等院校食品科学与工程专业本科生及研究生的教科书,也可作为食品分子微生物学工作者的参考用书。

图书在版编目(CIP)数据

食品分子微生物学/石慧,陈启和主编.—北京:中国农业大学出版社,2019.5
ISBN 978-7-5655-2145-4

Ⅰ.①食…　Ⅱ.①石…②陈…　Ⅲ.食品微生物-微生物学-高等学校-教材　Ⅳ.TS201.3

中国版本图书馆 CIP 数据核字(2018)第 263468 号

书　　名	食品分子微生物学			
作　　者	石慧　陈启和　主编			
策划编辑	宋俊果　刘军		责任编辑	郑万萍
封面设计	郑川			
出版发行	中国农业大学出版社			
社　　址	北京市海淀区圆明园西路 2 号		邮政编码	100193
电　　话	发行部 010-62818525,8625		读者服务部 010-62732336	
	编辑部 010-62732617,2618		出　版　部 010-62733440	
网　　址	http://www.caupress.cn		E-mail cbsszs@cau.edu.cn	
经　　销	新华书店			
印　　刷	涿州市星河印刷有限公司			
版　　次	2019 年 5 月第 1 版　2019 年 5 月第 1 次印刷			
规　　格	787×1 092　16 开本　18.5 印张　460 千字			
定　　价	68.00 元			

图书如有质量问题本社发行部负责调换

全国高等学校食品类专业系列教材
编审指导委员会委员

（按姓氏拼音排序）

编审人员

主　编　石　慧（西南大学）

陈启和（浙江大学）

副主编　夏效东（西北农林科技大学）

向文良（西华大学）

尹　胜（北京工商大学）

编　者（按拼音顺序排名）

陈启和（浙江大学）

李　云（韩山师范学院）

廖振林（华南农业大学）

石　慧（西南大学）

索　标（河南农业大学）

王　鹏（中国海洋大学）

王彦波（浙江工商大学）

王玉华（吉林农业大学）

夏效东（西北农林科技大学）

向文良（西华大学）

尹　胜（北京工商大学）

张　充（南京农业大学）

张　雨（北京工商大学）

周　辉（湖南农业大学）

周　康（四川农业大学）

主　审　罗云波（中国农业大学）

何国庆（浙江大学）

出 版 说 明

（代总序）

时光荏苒，食品科学与工程系列教材第1版发行距今，已有14年。总计120余万册的发行量，已经表明了这套教材受欢迎的程度，应该说它是全国食品类专业教育使用最多的系列教材。

这套教材已成为经典，作为总策划的我，在再再版的今天，重新翻阅这套教材的每一科目、每一章节，在感慨流年如水的同时，更有许多思考和感激。这里，借写出版说明（代总序）的机会，再一次总结本套教材的编撰理念和特点特色，也和我挚爱的同行们分享我的感悟和喜乐。

第一，优秀的教材一定是心血凝成的精品，杜绝任何形式的粗制滥造。

14年前，全国40余所大专院校、科研院所，300多位一线专家教授，涵盖生物、工程、医学、农学等领域，齐心协力组建出一支代表国内食品科学最高水平的教材撰写队伍。著作者们呕心沥血，在教材中倾注平生所学，那字里行间，既有学术思想的精粹凝结，也不乏治学精神的光华闪现，诚所谓学问人生，经年积成，食品世界，大家风范。这精心的创作，和彼敷衍的粘贴，其间距离，岂止云泥！

第二，优秀的教材必以学生为本，不是居高临下的自说自话。

注重以学生为本，就是彻底摒弃传统填鸭式的教学方法。著作者们谨记"授人以鱼不如授人以渔"，在传授食品科学知识的同时，更启发食品科学人才获取知识和创造知识的思维与灵感。润物细无声中，尽显自由思想，彰耀独立精神。在写作风格上，也注重学生的参与性与互动性，接地气，说实话，深入浅出，有料有趣。

第三，优秀教材与时俱进、推陈出新，绝不墨守成规、原地不动。

首版再版再再版，均是在充分收集和尊重一线任课教师和学生意见的基础上，对新增教材进行科学论证和整体策划。每一次工作量都不小，几乎覆盖食品学科专业的所有骨干课程和主要选修课程，但每一次都不敢有丝毫懈怠，内容的新颖性，教学的有效性，齐头并进，一样都不能少。具体而言，此次再再版，不仅增添了食品科学与工程最新理论发展,又以相当篇幅强调了食品工艺的具体实践。每本教材,既相对独立又相互衔接互为补充,构建起系统、完整、实用的课程体系。

第四,优秀教材离不开出版社编辑人员的心血倾注。

同为他人作嫁衣裳,教材的著作者和编辑,都一样的忙忙碌碌,飞针走线。这套系列教材的编辑们站在出版前沿,以其炉火纯青的专业技能,辅以最新最好的出版传播方式,保证了这套教材的出版质量和形式上的生动活泼。编辑们的高超水准和辛勤努力,赋予了此套教材蓬勃旺盛的生命力。

这里,我也想和同行们分享以下数字,以表达我发自内心的喜悦:

第 1 版食品科学与工程系列教材出版于 2002 年,涵盖食品学科 15 个科目,全部入选"面向 21 世纪课程教材"。

第 2 版(再版)食品科学与工程系列教材出版于 2009 年,涵盖食品学科 29 个科目。

第 3 版(再再版)食品科学与工程系列教材将于 2016 年暑期出版(其中《食品工程原理》为第 4 版),涵盖食品学科 36 个科目,增加了《食品工厂设计》《食品分析》《食品感官评价》《葡萄酒工艺学》《生物技术安全与检测》等 9 个科目,调整或更名了部分科目。

需要特别指出的是,这其中,《食品生物技术导论》《食品安全导论》《食品营养学》《食品工程原理》4 个科目为"十二五"普通高等教育本科国家级规划教材;《食品化学》《食品化学综合实验》《食品工艺学导论》《粮油加工学》《粮油加工学实验技术》《食品酶学与工程》6 个科目为普通高等教育农业部"十二五"规划教材;《食品生物技术导论》《食品营养学》《食品工程原理》《粮油加工学》《食品试验设计与统计分析》为"十五"或"十一五"国家级规划教材。

本套食品科学与工程系列教材出版至今已累计发行超过 126 万册,使用教材的院校 140 余所。

第 3 版有 500 余人次参与编写,参与编写的院所近 80 家。

本次出版在纸质基础上引入了数字化元素,增加了二维码,内容涉及推荐阅读文字,直观的图片展示,以及生动形象的短小视频等,使教材的内容更加丰富、信息量更大,形式更加活泼,使用更加便捷,与学生的阅读和学习习惯更加贴近。

虽然我的确有敝帚自珍的天性,但我也深深地知道,世上的事没有百分百的完美。我还要真心地感谢在此套教材中肯定存在的那些不完美,因为正是她们给了我们继续向前的动力。这里,我真诚地期待大家提出宝贵意见,让我们与这套教材一起共同成长,更加进步。

罗云波

2016 年 5 月 5 日 于马连洼

序

如今之食品学科,依托于日新月异的科学技术,满载着日益增长的社会需求,一路向前,一路向上,一路都在强调人才培养的重要性、教育的重要性、教材的必要性。

我国近代教育家陆费逵在《中华书局宣言书》中明确提出"教科书革命"的口号,他说:"国立根本,在乎教育,教育根本,实在教科书。"身为食品学科教材丛书编撰的发起者,以及作为系列策划和整体策划,我深感责任重大,力求资料搜集周详,论证过程周全,站得更高,看得更远。

我们从食品专业人才培养方案的整体出发,有重点地筛选内容,稳固特色,有计划地更新、选择和新建教材,这本《食品分子微生物学》就是系列中的新成员。

新教材,新内容,新团队,每样都是新的,编写人员几乎都是年富力强的副教授,虽然还未成大名成大家,但都是领域内的一线研究人员,站在学科研究的最前沿。年轻科学家们像写SCI论文一样认真,像做科学实验一样仔细,写出来的每一章节,不仅凝聚了专业智慧,字里行间还展现了挥斥方遒的青春风采。不过,年轻人的个性飞扬,并未影响体例的一致性、体系的完整性和概念的准确性。

教材中食品微生物基因组学、食品微生物对胁迫环境的应激性反应、食品微生物群体生态分子机制、食品中微生物的特殊存活状态及其分子机制这些内容,倘若剪刀加浆糊的复制粘贴,不花心思,不下功夫,很可能会给读者似曾相识的重复感。感到欣慰的是年轻人们在不影响内容完整性的前提下,对与其他教材可能重复的内容大刀阔斧地简化,力求三言两语说清道理,不漏重点、不少难点,留了浓墨重彩于学科生长点。乍一看,章节名称大同小异,细细读,其中内容耳目一新。

这些年轻人的严谨学风、创新意识和团队精神,让我这个老食品人倍感骄傲。

遥想当年,获得白酒大曲里华根霉基因组全序列,可是算得上食品分子微生物学的一个标志性事件,因为这是传统食品微生物基因组全测序的第一株菌种。

十年弹指一挥间,十年磨砺得一剑。新学科的出现,就是已有科学理论和技术方法不断发展的结果。可以这样理解,食品微生物学和分子微生物学在理论上交叉融合,在技术上综合运用,食品分子微生物学就这样应运而生了。

现在的食品微生物学,利用基因组、功能基因组、转录组和代谢组的信息资源,借力分子生物学技术,依靠先进的高通量筛选平台和过程优化平台,轻松实现从功能基因到优良菌株,再到重要食品产品的高效生物制造,可谓装备精良,前途远大。

举个例子,作为食品微生物学重要组成部分的预测微生物学,只能描述单一微生物在纯培养或消除本底微生物食品中的生长情况,为了突破发展瓶颈,不得不寻求省力、快速、高效的分子微生物技术的帮助,进一步预测实际食品中微生物的动态变化规律。

贮运保鲜和食品安全是我的专业和事业,要想推动前者的标准化、信息化、一体化,要想对后者进行有指导意义的风险评估,需要食品微生物分子预测模型大显身手,对食品保质期、致病菌风险等进行预测估算。

　　理论和实践相结合，这是该系列教材的特色和共性，这本教材在内容的编排选取上也突出了这一点。因为食品分子微生物学作为食品微生物学融合分子生物技术后的一个重要分支，是实践性极强的一门学科，不管是研究食品微生物基因组结构和功能，还是揭示食品微生物基因组复制、基因表达及其调控机制，以及探索食品微生物、肠道微生物代谢活动的本质，帮助学生掌握其间涉及的分子微生物相关的基础实验技术，提高学生的实际操作技能，都是必不可少的一环。

　　"食品微生物学常用的分子生物学技术、食品微生物的分子鉴定与分型、新兴分子生物学技术在食品微生物中的应用、食品微生物的分子检测技术"，这几章都是着眼于技术和实践的。

　　教材提纲挈领打开一扇窗，食品分子微生物学的明天还有更多的精彩，我这个策划老骥伏枥，志在千里。

　　不是我存心蹭热点，而是现如今如火如荼的肠道微生物研究，和食品、和人体息息相关，理所应当成为食品分子微生物学的一个有机组成部分，以阐释肠道微生物群落与人体相互作用的分子基础。

　　另外，食品微生物基因水平转移与适应性进化，食品微生物菌落的群体感应系统和群体行为等等，都会成为我们教材未来更新的内容。

　　我对明天充满信心，我们都还在努力，苟日新，日日新，又日新，

罗云波

2018 年 8 月于北京马连洼

前　言

随着生物技术迅猛发展，以分子生物学为代表的生物技术已渗透到食品产业的各个领域，尤其是在食品精深加工中的微生物发酵及有益微生物的开发利用、功能分析，食品安全控制中致病微生物的代谢、检测等领域，分子微生物学都得以广泛的运用，并已逐渐形成了分子微生物学的新兴学科。然而，目前还没有一本系统介绍食品分子微生物学的理论、技术的较为详细的教材。在这样的背景下，编撰食品分子微生物学的专门教材，对于该学科的学科发展、人才培养，有着极为重要的意义。

本教材介绍了分子微生物学在食品领域的理论与实践，内容涵盖了食品微生物学常用的以及新兴的分子生物学技术、食品分子微生物学的理论知识（食品微生物的基因组学、食品微生物的群体生态分子机制、食品微生物的特殊存活状态及其分子机制、食品微生物对胁迫环境的应激性反应）以及应用知识（食品微生物的分子鉴定与分型、食品微生物的分子改良、食品微生物的分子检测技术）。本书既可作为高等院校食品科学与工程专业本科生及研究生的教科书，也可作为食品分子微生物学工作者的参考用书。

全书共分为 10 章，其中第 1 章和第 10 章由石慧编写，第 2 章由王彦波、周辉编写，第 3 章由王玉华、张充编写，第 4 章由向文良、周康、石慧编写，第 5 章由索标、廖振林编写，第 6 章由夏效东编写，第 7 章由陈启和编写，第 8 章由王鹏、李云、张雨编写，第 9 章由尹胜编写。

本教材在编写过程中，得到中国农业大学出版社的大力协助，由于时间紧迫、内容涉及面广，书中疏漏和不妥之处在所难免，衷心期待诸位同仁和读者指正。

石　慧

2018 年 7 月于重庆

目　　录

第 1 章

绪　　论

本章学习目的与要求

1. 了解食品微生物学及分子生物学的发展史；
2. 认识食品分子微生物学发展中重要的分子生物学技术；
3. 掌握食品分子微生物学的研究内容。

1.1　食品微生物学的历史

1.1.1　食品微生物的发现

食品微生物学的发展,与人类发展以及食物生产密切相关。食物生产可以追溯到 8 000 年前,这一时期近东制作了第一个煮壶,之后在公元前 5000 年,制陶工艺从近东传到欧洲。推测在食品生产的早期,出现过食物腐败和食品中毒的问题。随着食品加工的推广,由于食品制作以及保藏方式不当,出现了微生物引起的食品腐败变质,食源性疾病也随之出现及传播。在这个过程中,人类也在不断地改进和发明新的食品保藏方法。在食品制作、保存、腐败以及食源性疾病暴发的过程中,人类对食品微生物有了越来越深入的认识。反过来,也将食品微生物学的知识应用于食品保藏与防腐、预防食源性疾病以及开发新食品中。

追溯人类制作食物的历史,上述煮壶的发明暗示着谷物烹调、酿酒及食品保藏已经在公元前 6000 年得到了很大发展。根据 Pederson 的报道,啤酒酿造在古巴比伦时代就已经出现了。公元前 3500 年就出现了葡萄酒的酿造。大约公元前 3000 年,苏美尔人便最早开始制作乳制品,并首次制作了黄油。早在公元前 3000 年,埃及人就开始食用牛奶、奶酪和黄油。公元前 1500 年,古巴比伦人和中国古代人就能制作并消费发酵香肠了。公元前 1000 年左右,我国便已经最早开始制作酱和酱油,而此时在埃及,也很流行发酵生产食醋。约公元 369—404 年间,酿造醋的技术从中国传入日本。

这些食物制作的方法,可以更长久地保藏食物。同时,人类也发现一些外界介导的方法来保藏食物。比如在公元前 3000—公元前 1200 年,犹太人用从死海中提取的盐来保藏各种食物。中国人和希腊人用腌渍来保藏鱼,而希腊人将腌渍的方法传到罗马。另外一种保藏食物的方法是用油,比如芝麻油和橄榄油。公元前 1000 年,罗马人使用雪来包裹虾和其他易腐烂的食物。法国人 Nicolas Appert(1749—1841)曾在他父亲的酒窖工作,并在 1778 年创建了酿酒厂。他在 1789—1793 年间发现了保藏食物的方法,提出加热玻璃瓶以保藏肉类。1802 年他建立了罐头厂并将他的产品出口到其他国家,同年法国海军尝试使用他提出的保藏方法。1810 年,他在法国获得了罐藏食物的专利,并出版了关于该方法的书籍。

人类在前期食物制作和保藏过程中,并没有真正认识到微生物会引起食物中毒和腐败,也没有认识到这些保存方法的本质。直到 1658 年,A. Kircher 在研究腐烂的尸体、肉和牛奶等物质时发现了无法用肉眼观察到并称之为"虫"的生物体,但是他的研究结果未被广泛接受。荷兰商人安东列文虎克(Antong Van Leeuwenhock,1632—1723)首次看见并描述微生物,他用自制放大 50~300 倍的显微镜,观察到了不同细菌,这是微生物学发展的重要里程碑,也为之后食品微生物学的建立奠定了重要基础。1765 年,L. Spallanzani 指出牛肉汤煮沸 1 h 后密封可保持无菌状态,不发生腐败,其目的是反驳自然发生说。但是他的理论并没有得到确信,因为一些人认为这是由于煮沸赶走了自发产生的对生命必不可少的氧气所导致的。1837 年,Schwann 将经过加热管的空气通入煮沸后的浸液中后,浸液仍能保持无菌状态。但是这两个人都没有对其发现进行进一步研究,真正彻底否定了自然发生说的是法国的路易斯巴斯德(Louis Pasteur,1822—1895)在 1861 年进行的曲颈实验。他将营养基质煮沸在曲颈内,发现营养基质可保持无菌状态,不发生腐败。因为弯曲的瓶颈阻挡了外界的微生物直达营养基质内,而一旦斜放曲颈瓶或者把瓶颈打断,煮沸的营养基质就会发生腐败。巴斯德的实验结果证实了空气中存在微生物,微生物是基质腐败的原因,腐败并非自然发生。巴斯德又先后证实了牛奶变酸、法国葡萄酒腐败都是由微生物引起的,并建立了巴氏灭菌法。自此,微生物学作为一门独立学科逐渐形成,食品微生物学作为重要的应用微生物学也开始发展起来。

1.1.2 食品微生物学的发展历史

在食品微生物学发展的过程中,人们逐渐发现了食品腐败、发酵与微生物的关系,并由此开发了很多基于控制食品中有害微生物的保藏方法,也发现了食源性致病微生物导致的食物中毒现象。表 1-1 至表 1-3 列举了食品微生物学发展过程中的重大事件。

表 1-1　食品腐败和发酵的重大事件

时间	重大事件
1659 年	Kircher 证实了牛乳中含有细菌
1680 年	列文虎克发现了酵母细胞
1780 年	Scheele 发现酸乳中主要的酸是乳酸
1839 年	Kircher 研究发黏的甜菜汁,发现可在蔗糖液中生长并使其发黏的微生物
1857 年	巴斯德证实乳酸发酵是微生物引起的
1861 年	巴斯德用曲颈瓶实验,证实微生物引起腐败,推翻了"自然发生说"
1864 年	巴斯德建立了巴氏杀菌法
1867—1868 年	巴斯德证明葡萄酒的腐败是由微生物引起的,将加热法去除不良微生物引入工业化实践
1867—1877 年	科赫证明炭疽病由炭疽菌引起
1873 年	Gayon 首次发表鸡蛋由微生物引起变质的研究,Lister 首次分离出乳酸乳球菌
1876 年	Tyndall 发现腐败物质中的细菌总是可以从空气、物质或容器中检测到
1878 年	Cienkowski 首次对糖的黏液进行微生物学研究,并且从中分离出肠膜明串珠菌
1895 年	荷兰的 Von Geuns 首次对牛奶中的细菌进行计数
1897 年	Bucher 用无细胞存在的酵母菌抽提液,对葡萄糖进行酒精发酵成功
1902 年	Schmidt-Nielsen 首次提出嗜冷菌的概念,即 0℃下能够生长的微生物
1912 年	Richter 首次用嗜高渗微生物来描述高渗透压环境下的酵母
1915 年	B. W. Hammer 首次从凝结牛乳中分离出凝结芽孢杆菌
1917 年	P. J. Donk 首次从奶油状的玉米中分离出嗜热脂肪芽孢杆菌
1933 年	英国的 Oliver 和 Smith 提出了由纯黄丝衣霉引起的腐败

表 1-2　食物保藏的重大事件

时间	重大事件
1782 年	瑞典化学家开始使用罐藏的醋
1813 年	Donkin、Hall 和 Gamble 介绍了对罐藏食品采用后续工艺保温的技术
1843 年	I. Winslow 首次使用蒸汽杀菌
1853 年	R. Chevallier-Appert 因食品的高压灭菌获得了专利
1861 年	I. Solomon 把盐水浴的方法传到了美国
1874 年	在海上运输肉的过程中首次广泛使用冰
	高压蒸汽装置和曲颈瓶得到了应用

续表 1-2

时间	重大事件
1880 年	德国开始对乳进行巴斯德杀菌
1882 年	Krukowitsch 首次提出臭氧对腐败菌具有毁灭性作用
1890 年	美国对牛乳采用工业化巴斯德杀菌工艺 芝加哥开始机械化冷藏水果
1895 年	Russell 首次对罐头贮藏食品进行细菌学研究
1907 年	E. Metchnikoff 及合作者分离并命名德氏乳杆菌保加利亚亚种 B. T. P. Barker 提出苹果酒生产中醋酸菌的作用
1908 年	美国官方批准苯甲酸钠作为一些食品的防腐剂
1920 年	Bigelow 和 Esty 发表了关于芽孢在 100℃耐热性系统的研究。Bigelow、Bohart、Richard-Son 和 Ball 提出计算热处理的一般方法,1923 年 C. O. Ball 简化了这个方法
1922 年	Esty 和 Meyer 提出肉毒梭状芽孢杆菌的芽孢在磷酸缓冲液中的 z 值为 18℉
1928 年	在欧洲首次采用气调方法贮藏苹果(1940 年开始在纽约使用)
1943 年	美国的 B. E. Proctor 首次采用离子辐射保存汉堡肉
1954 年	乳酸链球菌肽在奶酪加工中控制梭状芽孢杆菌腐败的技术在英国获专利
1955 年	山梨酸被批准作为食品添加剂 抗生素金霉素被批准用于家禽的保鲜(1 年后土霉素也被批准),1966 年该批准被撤销
1988 年	在美国,乳酸链球菌肽被列为"一般公认安全"(GRAS)

表 1-3 食品中毒的重大事件

时间	重大事件
1820 年	德国诗人 Justinus Kerner 描述了"香肠中毒"及其致死率
1888 年	Caertner 首次从导致 57 人食物中毒的肉食中分离出肠炎沙门氏菌
1896 年	Van Ermenegem 首次发现了肉毒梭状芽孢杆菌
1906 年	确认了蜡状芽孢杆菌食物中毒和裂头绦虫病
1926 年	Linden、Turner 和 Thom 提出了首例链球菌引起的食物中毒
1938 年	发现了弯曲菌肠炎暴发的原因是牛乳
1939 年	Schleifstein 和 Coleman 确认了小肠结肠炎耶尔森氏菌引起的肠胃炎
1945 年	McClung 首次证实食物中毒中产气荚膜梭状芽孢杆菌的病原机理
1951 年	日本的 T. Fujino 提出副溶血性弧菌引起食物中毒
1960 年	Moller 和 Scheibel 鉴定出 F 型肉毒梭状芽孢杆菌
1969 年	C. L. Duncan 和 D. H. Strong 确定产气梭状芽孢杆菌的肠毒素 Gimenez 和 Ciccarelli 首次分离得到 G 型肉毒梭状芽孢杆菌
1971 年	美国马里兰州首次暴发由副溶血弧菌引发的肠胃炎 美国第一次暴发食品传播的由大肠杆菌引发的肠胃炎
1975 年	L. R. Koupal 和 R. H. Deibel 证实了沙门氏菌肠毒素
1978 年	澳大利亚首次暴发食品传播的由 Norwalk 病毒引发的胃肠炎
1981 年	美国暴发了食品传播的李斯特病
1982 年	美国首次暴发了由食品引发的出血性结肠炎
1983 年	Ruiz-Palacios 等描述了空肠弯曲杆菌肠毒素
1985 年	美国认可对猪肉进行 0.3~1.0 kGy 的辐照能够控制旋毛虫

1.2 食品分子微生物学的发展

1.2.1 分子生物学的发展

分子生物学(molecular biology)是从分子水平研究生物大分子的结构与功能,从而阐明生命现象本质的科学。1953 年,美国生物学家沃森(J. Watson)和英国物理学家克里克(F. Crick)通过分析威尔金斯(M. Wilkins)和富兰克林(R. Franklin)的 DNA 的 X 射线衍射图,发现了 DNA 的双螺旋结构,这是分子生物学诞生的标志。这一发现发表在《自然》杂志上,他们三人因此获得了 1962 年的诺贝尔生理学或医学奖。这一划时代的发现开创了在分子水平上认识生命现象本质的新纪元,奠定了现代分子生物学研究的基础。

1958 年,克里克(F. Crick)首先提出了中心法则:遗传信息从 DNA 传递给 RNA,再从 RNA 传递给蛋白质,即完成遗传信息的转录和翻译的过程;也可以从 DNA 传递给 DNA,即完成 DNA 的复制过程。这是所有细胞结构的生物所遵循的法则。虽然有了中心法则,但人们仍不清楚 DNA 是如何决定蛋白质中的氨基酸序列的。在全世界多位科学家的努力下,遗传密码的神秘面纱逐渐被揭开,从揭示了 3 个核苷酸组成 1 个遗传密码的"三联密码说",到证明了 DNA 或相应的信使 RNA 上特定的 3 个碱基序列编码 20 种氨基酸中的一种。最终在 1966 年,64 种遗传密码全部得到破译。遗传密码的破译被认为是 20 世纪 60 年代分子生物学最具革命性的进展。

1961 年,法国科学家 F. Jacob 和 J. Monod 通过对原核生物细胞代谢分子机制的研究,提出了著名的操纵子学说。乳糖操纵子是参与乳糖分解的一个基因群,由乳糖系统的阻遏物和操纵序列组成,使得一组与乳糖代谢相关的基因受到同步的调控。这一学说的提出开创了基因表达调控的先河。

1972 年美国加州大学的 H. Boyer 实验室从大肠杆菌中分离得到了一个新的限制性内切酶 *Eco*R I,这种酶可以在 DNA 特定的位置将其切断,被切断的 DNA 可以在 DNA 聚合酶的作用下重新连接起来。H. Boyer 教授后来成为美国第一家上市的生物技术公司——Genentech 公司的副总裁。同年,美国斯坦福大学的 P. Berg 首先实现了 DNA 的体外重组,这标志着人类进入了一个生物技术时代的新纪元,P. Berg 教授因此获得了诺贝尔生理学或医学奖。后来,科学家们又陆续发现了近百种限制性内切酶,可以针对 DNA 的不同碱基序列进行切割,使得人们可以更加自如地进行 DNA 体外切割及重组。

1977 年 Sanger 发明了一种测定 DNA 分子内核苷酸序列的"双脱氧法";同年,Maxam 和 Gilbert 也发明了一种用化学方法测定 DNA 内核苷酸序列的方法。这两种方法极大地推进了 DNA 序列分析研究,他们因此分别获得了 1980 年的诺贝尔生理学或医学奖。

1985 年美国科学家 Mullis 发明了聚合酶链式反应技术(polymerase chain reaction, PCR),使得在体外扩增 DNA 片段成为可能,极大地推进分子生物学研究的进程。该技术现在已经成为基因工程、基因突变、核酸分子检测、基因表达水平分析研究的有力工具。1993 年,Mullis 因此发明了 PCR 技术而获得了诺贝尔化学奖。

Capecchi 和 Smithies 在 1987 年根据 DNA 同源重组(homologous recombination)的原理,首次实现了胚胎干细胞的外源基因的定点整合,这一技术称为"基因打靶"(gene targeting)或"基因敲除"(gene knockout)。由于这一工作,Capecchi 和 Smithies 于 2007 年与 Evans 分享了诺贝尔医学奖。这种基于 DNA 同源重组的基因编辑是第一代基因编辑技术,随后出现了基于锌指核酸酶(zinc finger nucleases,ZFNs)、转录激活因子样效应物核酸酶(transcription activator-like(TAL)effector nucleases,TALENs)的第二代基因编辑技术,以及基于 CRISPR/Cas9 系统的第三代基因编辑技术。

在对生命分子本质认识的过程中,很多成果都是很多科学家共同研究、彼此验证的结果。同时,除了上述里程碑式的重要研究结果之外,也涌现了很多其他的发现及发明,比如在基本的 PCR 技术的基础上又发展出荧光定量 PCR 等各类 PCR 技术;在第一代测序的基础上,又发明了第二代以及第三代测序技术等。从创始至今,分子生物学蓬勃发展,同时也渗透到食品微生物学领域中,使得食品分子微生物学得以创立及发展。

1.2.2　食品分子微生物学发展中重要的分子生物学技术

1.2.2.1　PCR 技术

PCR 技术扩增基因的能力非常强大,它的原理是在接近沸点的温度下分离目的基因所在的双链 DNA 分子(模板),双链 DNA 解离后,在相对较低的温度下,小片段 DNA(引物)能够与 DNA 链结合,随后在 DNA 聚合酶的作用下,开始复制新的 DNA 链。紧接着进行几十轮相同的反应,每一轮新合成的 DNA 链和原有模板 DNA 链同时作为下一轮的合成模板,因此合成 DNA 链的数量以指数形式增长,因此该反应也称为链式反应。因为引物位置的限制,最终扩增得到的 DNA 片段为两个引物之间的序列。因此 PCR 反应可以得到大量的特异性 DNA 片段。

PCR 反应是分子克隆、基因测序、基因敲除等几乎所有分子生物学技术的基础。而在食品分子微生物学中,基于 rRNA 序列和 DNA 序列分析的食品微生物分子鉴定,都要依赖于 PCR 技术进行前期的基因扩增。而很多食品微生物分型分析技术也基于 PCR 技术,如变性梯度凝胶电泳(denaturing gradient gel electrophoresis,DGGE)、温度梯度凝胶电泳(temperature gradient gel electrophoresis,TGGE)、随机扩增多态性 DNA 技术(random amplified polymorphic DNA,RAPD)、扩增片段长度多态性技术(amplified restriction fragment polymorphism,AFLP)、单链构象多态性技术(single-strand conformation polymorphism,SSCP)、核糖体基因间区分析(ribosomal intergenic spacer analysis,RISA)等。基于 PCR 技术,也发展出了多种食品微生物分子检测技术,这些都是 PCR 技术的直接应用。另外,PCR 技术作为一种基本的实验技术,在食品分子微生物学的多个研究领域,如基因组学、功能基因、基因工程等研究中,都提供了基本的技术支持。

1.2.2.2　分子克隆技术

分子克隆技术也被称为基因工程技术,是针对遗传信息的载体 DNA 进行的操作,目的是将一个生物体的遗传信息转入到另一个生物体中。分子克隆一般包括以下几个操作步骤:①扩增供体生物的目的基因(外源基因),通过限制性内切酶、DNA 连接酶连接到另一个载体的 DNA 分子上(克隆),形成一个重组的 DNA 分子;②将这个重组的 DNA 分子转入受体细胞并在受体细胞中复制,这个过程称为转化;③对那些吸收了重组 DNA 的受体细胞进行筛选和鉴定;④对含有重组 DNA 的细胞进行大量培养并检测此外源基因是否正常表达。

基因工程就是这样通过一系列的技术操作过程获得人们预先设计好的生物,这种生物所具有的特性往往是自然界不存在的。基因工程技术已经在食品微生物学中得到广泛的应用。通过上述的分子克隆技术构建并选育工程菌株,并使用工程菌株在食品工业中大批量地生产氨基酸、酶制剂、细菌素、食品配料与添加剂等。

1.2.2.3　基因编辑技术

第一代基因编辑技术就是基于同源重组技术建立生物基因敲除或基因敲入的基因突变模型。同源重组是将外源基因定位导入受体细胞染色体上的方法,因为在该位置有与导入基因同源的序列,通过单一或双交换,新基因片段可替换有的基因片段,以此来引入新基因或者敲除基因。重组的发生需要一段同源序列即特异性位点和重组酶参与催化。重组酶仅能催化特异性位点间的重组,因而重组具有特异性和高度保守性。第二代基因编辑技术是 ZFNs 和TALENs 技术,这两个技术的原理都是通过 DNA 核酸结合蛋白和核酸内切酶结合在一起建立的系统。因为这些蛋白可以识别一定的核苷酸序列,通过设计形成的系统可以对特定的基因进行基因敲除和基因突变。第三代基因编辑技术即 CRISPR/Cas9 系统,它的原理就是利用核糖体结构来进行基因编辑,CRISPR/Cas9 系统经过一定的设计可以结合到靶基因上,然后对这个靶基因进行敲除、定点突变或者引入新的外源基因。

基因编辑技术在食品分子微生物学中最广泛的应用是进行特定基因的敲除,构建基因缺陷株,并比较野生株与缺陷株之间生物学特性的差异,找到影响特定表型的基因,这是发掘食品微生物功能性基因的最直接的途径。基因敲除技术也常与基因过表达、基因表达量分析等结合在一起,对食品微生物的特定基因进行研究。

1.2.2.4　测序技术

传统的双脱氧链终止法、化学降解法以及在此基础上发展而来的衍生测序技术(如荧光自动测序技术、杂交测序技术),统称为第一代测序技术。1975 年,Sanger 最早发明了基于 DNA 聚合酶合成反应的 DNA 测序技术。1977 年改进并引入双脱氧核苷三磷酸(ddNTP),形成双脱氧链终止法,也即现今称为的桑格法(Sanger method)。其根据 DNA 链合成过程中,通过引入双脱氧核苷酸使合成反应随机地在某一个特定的碱基处终止,产生以 A、T、C、G 结束的四组不同长度的一系列核苷酸,然后通过电泳检测,进而读取 DNA 碱基序列的方法。随后报道的通过化学降解法进行的 DNA 序列测定,被称为"Maxam-Gilbert 法"。Sanger 法测序操作简便、污染低、结果直观、结果准确,得到了最广泛的应用。后来的研究者对 Sanger 法进行了一系列重要的改进:如用 4 种不同颜色的荧光标记 4 种双脱氧核苷酸链终止子,将延伸终止的产物进行电泳分离,并进行荧光检测,以此为原理开发了 DNA 自动化测序仪,进而进行 DNA 序列分析;将荧光检测与毛细管电泳相结合,保证了电泳结果稳定性并提升了电泳速度,测序仪在同一时间能处理更多的样本。至此,双脱氧终止法、荧光标记、毛细管电泳分离以及激光检测技术构建起了高通量 Sanger 测序方法。在随后的大约 30 年里,该方法因操作简便、测序读长大、准确性高等特点,一直是应用最为广泛的基因测序方法。至今第一代测序技术依然被应用于较短序列的测定中,也是验证新一代测序结果的"黄金标准"。

而新一代 DNA 测序技术(next-generation DNA sequencing,NGS)是一系列在 2004 年后问世的新的 DNA 测序技术。新一代测序技术能够在单次的生化反应中同时检测来自数千(甚至数百万)DNA 模板上的碱基序列。新一代测序技术不同于传统的化学测序法,其依靠高度并行的基因序列读取方式,得到了高通量 DNA 测序的效果。研究人员依次建立了 454 焦磷酸测序、Illumina 测序以及 SOLiD 的高通量测序平台。此后又开发出了 HeliScope 测序技术、纳米孔(nanopore)测序技术、单分子实时(single molecule real time,SMRT)测序技术以及 Ion Torrent 测序技术等。这些技术通过使用单分子模板,提高检测灵敏度,简化样品处理,进一步提升了高通量测序的速度,降低了测序费用。

新一代测序技术已经被非常广泛地应用在食品分子微生物学研究中。对 rRNA 序列、管家基因及特异基因等进行 PCR 扩增、测序、生物信息学分析,已经是食品微生物分子鉴定中最主要的方法。另外,通过全基因组测序(whole genome sequencing,WGS)对微生物物种个体或群体的基因组进行测序,并通过生物信息学技术对序列特征进行分析,可以实现在全基因组水平探究微生物的进化规律和筛选功能基因。1995 年,流感嗜血杆菌的全基因组序列测定完成,这是人类成功完成的第一例可以独立生存生物的基因组,开启了现代基因组学的新纪元;1996 年,第一个自养生活的古细菌基因组测定完成;1997 年,第一个真核生物酵母菌基因组测序完成。而随后的新一代 DNA 测序技术的发展,也使得食品中微生物物种个体全基因组序列如雨后春笋般被揭示。这对揭示食源性致病菌的毒素基因、致病机理、环境适应性机理、进化过程等起着至关重要的作用;全基因组测序也可应用于食品发酵工业中特定发酵菌株功能基因的挖掘,以此为基础提高菌种活力及发酵性能;同时也可对微生物群落进行基因组提取并测序分析结构的组成及变化,因此测序技术也是研究宏基因组的基础。

1.2.2.5　组学技术

组学技术包含基因组学、转录组学和蛋白质组学,它们针对的对象分别是 DNA、RNA 和蛋白质,遗传信息是由 DNA 传递到 RNA,再到蛋白质的过程。其中基因组学是应用测序技术对基因组的全序列进行测定,并绘制基因组图谱。在后基因组学时代,发展了转录组学和蛋白质组学技术,目标是在得到基因序列之后,进一步研究特定基因的功能,并探讨微生物基因间的相互作用方式及信号传导网络。转录组学是从整体水平研究细胞中所有基因转录及转录调控规律的学科。通常,转录组是从 RNA 水平研究基因转录表达的情况,指生物在特定的时间和空间条件下,所表达的所有基因的组合。狭义的转录组指所有参与翻译蛋白质的 mRNA 总和,通过定性和定量地检测微生物内 mRNA 的表达量,研究不同的外界环境和细胞状态下,微生物基因表达的整体情况。而遗传信息从 mRNA 到蛋白质,要经历 mRNA 本身的贮存、转运、翻译调控和翻译产物后加工等程序,因此 mRNA 的表达量也不能准确反映终产物——蛋白质的量。而蛋白质组学是直接以蛋白质群体为研究对象,从整体水平上分析一个有机体、细胞或组织的蛋白质组成及其活动规律的科学。蛋白质组学能够得到蛋白质的表达模式及蛋白质之间的调控和相互作用,也是食品分子微生物学的重要研究方法。

1.3　食品分子微生物学的研究内容与应用

1.3.1　食品微生物的分子鉴定

分类是人类认识食品微生物的一种基本方法,通过分类可以了解不同种群间的亲缘关系,为食品微生物资源的开发、利用和改造,以及对有害微生物的控制提供基本依据。19 世纪以来,以微生物的形态和生理特征为依据的分类奠定了传统分类的基础,即选择一些较为稳定的生物学性状,如菌体的形态与结构、染色特性、培养特性、生化反应、抗原性差异作为分类的依据。20 世纪 70 年代以来,核酸分析被引入细菌分类鉴定。其中,16S rRNA 和 18S rRNA 保守性极高,很少发生变异,因此可以对相应的序列进行 PCR 扩增、测序、在 NCBI 数据库中比对分析而对微生物进行分类鉴定。这是食品微生物分子鉴定的最主要的方法,另外,研究者也相继开发了其他辅助方法,如非 rRNA 序列(管家基因、特异基因等)的分析,这些技术也对食品微生物的分子鉴定研究提供了依据。

1.3.2　食品微生物的基因组学

基因组学是对基因组的全序列分析和绘制基因组图谱,很多食品微生物的基因组已经完成绘制,包括食源性致病菌志贺氏菌、致病性大肠杆菌、沙门氏菌、单核增生李斯特菌、葡萄球菌、致病性弧菌、芽孢杆菌等,以及食品中有益菌乳酸杆菌、乳酸球菌、嗜热链球菌、双歧杆菌等。人们从中发现了很多微生物的必需基因以及可移动的基因元件。在食品微生物的基因组学基础上,又发展了其他组学技术,如转录组学和蛋白质组学技术。这些技术可以用来探索食品微生物在胁迫环境下的应激性反应及存活机制,也可以通过比较野生株和突变体的组学差异以研究特定基因及蛋白质的功能。

1.3.3　食品微生物的群体生态分子机制

随着食品中微生物研究的不断深入,人们逐渐认识到微生物的数量和菌群结构是决定食品微生物整体特定功能的重要因素,即食品微生物所表现出来的表型特征,并不是某一微生物种类的个体行为,而是一种群体行为。因此,食品微生物之间相互作用的分子机制逐渐引起了人们的兴趣,食品微生物的群体生态分子机制研究也应运而生。2016 年 5 月 13 日,美国白宫科学和技术政策办公室与联邦机构、私营基金管理机构一同宣布启动"国家微生物组计划"(national microbiome initiative,NMI),这是奥巴马政府继脑计划、精准医学、抗癌"登月"之后推出的又一个重大科研计划,从而将微生物群体生态分子机制领域研究推向了一个新的快速发展阶段。在食品分子微生物学中,宏基因组、群体感应和基因水平转移是三个重要的群体生态分子机制。

宏基因组是"应用现代基因组学技术直接研究自然状态下的微生物的有机群落,而不需要在实验室中分离单一菌株"的科学。宏基因组学研究的对象是特定环境中的总 DNA,不是某特定的微生物或其细胞中的总 DNA,不需要对微生物进行分离培养和纯化,因此宏基因组可以用来研究不可培养微生物。另外,对于发酵食品和人体肠道等微生物构成的复杂环境,以及在食品保藏过程中探索是否存在不同种类的致病菌,都可以用宏基因组学技术进行研究。

群体感应(quorum sensing,QS)主要指细菌间的信息交流,在细菌生长过程中,会不断产生一些被称为自诱导物(autoinducer,AI)或群体感应分子(quorum sensing molecules,QSM)的小分子物质(也称信号分子),细菌通过感应这些信号分子的浓度,对周围的细菌数量进行判断。当自诱导物分子达到一定阈值时,在群体范围内调控一些相关基因的表达,进而调控细菌的行为以适应环境的变化。群体感应依赖于产生、检测和对积累的小分子信号作出快速反应,因而与细菌的细胞密度有关。除细菌之外,也在真核生物如白假丝酵母中发现了群体感应现象,并揭示法尼醇是其信号分子。已证明微生物群体感应可参与多种生物学过程,如毒力因子的分泌、细胞运动、生物发光、菌膜形成、芽孢形成、胞外酶合成、耐药产生以及抵抗宿主免疫系统等,从而实现其形成生态群落的目标。现已经在腐败的生鲜肉品、水产品、乳及乳制品、果蔬等食品中检测到了群体感应信号分子,说明群体感应系统在微生物造成的食品腐败过程中具有重要的作用。群体感应抑制剂可以干扰群体感应系统,已经成为新型抗菌药物或食品抑菌剂的研发热点。

基因水平转移是可移动遗传元件(质粒、转座子、整合子和整合接合元件等)通过转化、结合或转导的方式进入受体细胞。基因水平转移是导致抗生素耐药性扩散的主要机制。在食品生产的各个环节中,微生物也可能通过这种方式获得抗生素耐药基因,成为安全管控的重要问题。

1.3.4　食品微生物的特殊存活状态及其分子机制

微生物在不良的环境下往往会改变自己的存活状态或形态,使自身具备更强的抗性并存活,包括形成芽孢,进入活的但不可培养状态(viable but non-culturable,VBNC),形成生物被膜。芽孢是细菌在一些不适宜存活的条件下,细胞质高度浓缩脱水所形成的一种球形或椭圆形的休眠体,内生芽孢是目前所知的最具抗逆性的生命活体结构。食品中很多细菌可以形成芽孢,好氧菌如芽孢杆菌和芽孢八叠菌、微需氧菌如芽孢乳酸杆菌、厌氧菌如梭状芽孢杆菌等,但也有不能形成芽孢的细菌,这些细菌可能以 VBNC 状态存活,目前已报道在食品体系中有60多种细菌在胁迫环境中会进入 VBNC 状态,VBNC 菌体通常伴随细胞体积缩小或变细拉长,其不能在培养基上生长繁殖。芽孢和 VBNC 菌的重要特征是能够复活,即在合适的条件下会从休眠态复苏重回到正常生理状态,并且恢复正常形态和毒力。而生物被膜是微生物群体形成的一种存活状态,指细菌黏附于接触表面,分泌多糖基质、纤维蛋白、脂质蛋白等,将其自身包绕其中而形成的大量细菌聚集膜样物。细菌生物被膜广泛存在于各种含水的潮湿表面上,例如食品、食品加工设备、自来水管道、工业管道等,生物被膜对抗生素等胁迫的抗性很强。

芽孢、VBNC 菌和生物被膜均难以彻底消除,而芽孢和 VBNC 菌又可以在适宜条件下复活,它们对食品安全造成了很大的安全隐患。理解这些特殊的存活状态如何形成、特殊状态菌又如何复活,对合理地控制这些微生物、保障食品安全至关重要,也是食品分子微生物学研究的热点。

1.3.5　食品微生物对胁迫环境的应激性反应

根据传统食品微生物学的描述,微生物是通过与不断变化的外界环境发生相互作用而进行生长繁殖的。不同的外界环境条件,会导致微生物生长速率的变化。而在食品的加工和储藏过程中,微生物会处于各种不利环境条件下,如加热、冷藏、干燥、高渗透压、酸处理、辐射等。这些环境对微生物造成的胁迫,会抑制微生物的生长,甚至会造成其死亡,这也是采用物理方法或抑菌剂杀菌的基本原理。

后来,研究者们逐渐发现,微生物会感受到周围的胁迫环境,并对胁迫迅速地做出应激响应,生物代谢网络会在基因、蛋白质和代谢物等水平上发生一系列动态的变化,最终合成一些可以提高微生物生存能力的分子。在外界胁迫不足以造成微生物死亡的情况下,这种应激性反应会提升微生物在食品加工储藏过程中的存活能力,对食品中微生物的生存尤为重要。对胁迫的应激性反应可以使部分有害微生物在食品中存活并造成食品安全隐患,也可以提高乳酸菌、酵母菌等有益菌在发酵食品或人类肠道中的活力。

例如,加热会激发微生物的热激反应,调控微生物合成热激蛋白、海藻糖、应激糖蛋白等分子,提高其在热条件下的生存能力;当温度骤然降低时,微生物中大多数蛋白质的合成受到抑制,然而冷激蛋白和冷适应蛋白会急剧增加,以保持微生物的代谢平衡,提高微生物适应低温环境能力和增强抗冻能力。同时不饱和脂肪酸的比例会升高,使得膜结构在温度降低时仍然保持流动性,以维持低温下细胞中膜结构发挥正常功能;在高渗透压和干燥胁迫下,微生物进化出了胞外抵抗机制和胞内调节机制。胞外的糖被除了贮藏养料和给微生物提供表面附着力外,其中大量极性基团还可保护菌体,减少水分流失造成的损伤,而胞外荚膜的产生可以增强微生物对胁迫的抵抗力。在胞内生成的海藻糖在高渗透压及干燥失水等恶劣环境条件下,可在细胞表面形成独特的保护膜,有效地稳定细胞膜上的蛋白质和脂质的结构和功能。除此之外,在高渗透压环境下,微生物还利用调控离子转运的方式保持细胞质中的离子浓度,以及在细胞内合成相容性溶质(氨基酸及其衍生物类、糖和糖苷类、甜菜碱、醇类以及甘露糖甘油酸酯和葡萄糖甘油酸酯等),维持细胞内外环境的渗透平衡、生物膜的完整性以及酶的稳定性;微生物主要通过以下方式应对酸胁迫:改变细胞壁和细胞膜的组分、用质子泵将质子泵出胞外、用脱羧和脱氨基反应降低胞内质子浓度、调控产生酸激蛋白修复和保护生物大分子;辐射胁迫会触发微生物的 SOS 等系统,修复辐射造成的 DNA 损伤。

在食品加工储藏中,微生物往往不只经受一种胁迫,而很可能处于多种胁迫环境下。微生物面对某一种胁迫时产生的应激反应,可以同时抵抗其他胁迫,这种现象叫作交叉保护机制(cross-protection)。比如经过诸如热、营养匮乏、高渗透压胁迫的大肠杆菌,可以获得增强的抗酸能力。大多数微生物之所以能发生交叉保护,是因为微生物在不同类型的胁迫下,会产生一些通用的应激机制。例如,大肠杆菌中的 RNA 聚合酶因子 RpoS 蛋白是通用的胁迫调控因子,可以启动其在高渗透压、低温、高温、酸等胁迫下的应激响应。这些针对不同胁迫的应激反应在食品微生物中是普遍存在的,另外,已经发现这些胁迫环境会触发微生物的双组分系统等感应系统,从而调动细胞内的一系列基因表达,最终产生这些应激反应。这些证据证明了微生物已经普遍进化出了自我保护机制。但是,不同的微生物对特定的胁迫的抗性也是不一样的,如大肠杆菌 O157:H7 的耐酸性尤其强;另一种食源性致病菌单核增生李斯特菌耐低温,在冷藏温度下(4℃)依然可以生长;而阪崎肠杆菌常被检出可存活于婴儿配方奶粉这种干燥环境下。这证明不同的微生物对某种特定的胁迫有着独特的应激和自我保护方式,找到这些微生物特异性的应激方式以及抗性基因,具有尤其重要的意义。

1.3.6 食品微生物的分子改良

利用分子克隆技术,可以定向地对微生物进行遗传改良,在短期内创造符合人类需求的新的微生物类型,获得特定的基因产物,即为微生物的分子改良。可以利用分子改良的微生物大批量生产食品中使用的营养或功能成分、酶制剂、细菌素、色素等。大肠杆菌是目前研究最为详尽的原核细菌,也是成熟的基因表达受体,有多种适用于大肠杆菌的基因表达载体;酵母是最简单的真核模式生物,遗传背景清晰、遗传操作相对简单,酵母也是食品工业应用历史悠久的重要食品微生物菌种之一;丝状真菌是酶制剂的重要生产菌种。以大肠杆菌、酵母菌、丝状真菌为受体的分子改良研究具有重要的应用价值。

对发酵工业中的微生物(如乳酸菌、酵母菌、芽孢杆菌、非致病的谷氨酸棒状杆菌等)进行分子改良,可以使食品微生物质量更高,发酵食品风味更丰富、功能更全。但是食品中的改良微生物需要注意的是需要使用食品级系统,即宿主菌应使用遗传背景清楚、安全稳定、应用范围大的食品级微生物;载体不能含有非食品级功能性 DNA 片段;诱导物必须是食品成分,如乳糖、蔗糖、盐、嘌呤、嘧啶、乳酸菌肽等可食用物质。分子克隆技术的发展,为充分利用和深度挖掘食品微生物的潜能提供了重要的技术支撑,分子改良的微生物在食品工业中如何安全广泛地应用,也是食品分子微生物学需要关注的问题。

1.3.7　食品微生物的分子检测技术

食品微生物检测的传统方法基于微生物培养的平板计数法,平板计数法是微生物检测的金标准,但是存在着检测周期长、操作烦琐的问题,并且这种方法在检测复杂菌群中的微生物时存在着困难,也无法检测不可培养的微生物。因此迫切需要开发新型的检测方法,食品微生物的分子检测技术应运而生。食品微生物的分子检测技术主要建立在分子生物学的基础上,又融入了免疫学、微电子技术、信息技术、探测技术、多种分离技术、显微技术等多学科知识。主要包括:核酸分子检测技术、免疫学检测技术、噬菌体检测技术、生物传感器和生物芯片技术。

核酸分子检测技术是建立在核酸(DNA 和 RNA)基础上的检测技术,是分子生物学技术的延伸。DNA 是生物体中遗传物质的载体,mRNA 是遗传信息传递的使者,rRNA 与蛋白质结合成为核糖体并合成蛋白质。DNA 是微生物体中最稳定的物质之一,mRNA 的表达量会随着微生物存活情况以及生理状况的不同而发生变化,而 rRNA 的拷贝数比 DNA 多且比 mRNA 更加稳定。对 DNA 进行检测可以准确地定性或定量检测食品中的微生物,拷贝数较多的 rRNA 也成为了检测靶标以提高检测效果,而对 mRNA 表达量进行检测可以判断微生物的生理状况。

在核酸分子检测技术中,最广泛使用的 PCR 技术,不仅极大地推动了分子生物学的发展,并且更新了微生物的检测技术,被广泛地应用于检测食品中存在或者可能存在的致病菌、益生菌、真菌、病毒,比传统方法所用的时间短、准确、操作简单。在普通 PCR 的基础上,又逐渐延伸发展出一些新的技术,比如实时荧光定量 PCR 技术实现了 PCR 从定性到定量的飞跃,多重PCR 技术配合产物分离技术可针对多个基因靶点进行高通量检测,核酸结合染料结合实时荧光定量 PCR 的技术可以根据死菌和活菌细胞膜通透性的差异来精准地对活菌定量,以环介导等温扩增(loop-mediated isothermal amplification,LAMP)技术为代表的等温扩增技术可以在恒定的温度下对特定核酸片段进行扩增。这些 PCR 及其拓展技术应用非常广泛,已经应用于检测各种食源性致病菌以及益生菌。

分子杂交技术也是基于核酸的检测技术,应用最为广泛的荧光原位杂交(fluorescence in situ hybridization,FISH)技术采用荧光染料标记的并且以微生物的 16S rRNA、DNA 或者 mRNA 为靶标的寡核苷酸探针,与固定在玻片或纤维膜上的微生物中特定的核苷酸序列进行杂交,检测其中所有的同源核酸序列,是一种利用非放射性的荧光信号对原位杂交样本进行检测的技术。

酶联免疫吸附检测(enzyme linked immunosorbent assay,ELISA)技术是最常用的一项免疫学测定技术,其基于抗原或抗体的固相化及酶标记。ELISA 可用于测定抗原,也可用于测定抗体。根据试剂的来源、标本的情况以及检测的具体条件,可设计出各种不同类型的检测方法。ELISA 技术已经被应用于检测食源性致病菌这类大分子物质,也被用于检测微生物毒素等小分子物质。

噬菌体能够特异性地侵染特定的目的菌,噬菌体和宿主之间具有高度的专一性,噬菌体也可以用来检测微生物。最常用的荧光噬菌体的检测方法,就是将编码荧光素或者绿色荧光蛋白的基因标记在噬菌体中,然后用该噬菌体去侵染待检微生物。噬菌体本身并不发光,当被加入其宿主菌中时,携带有荧光基因的噬菌体进入宿主并复制,从而产生大量荧光基因而使宿主发出荧光,最后用流式细胞仪或者荧光显微镜等仪器进行检测。因为噬菌体对革兰氏阴性菌的侵染效果较好,目前这种方法更多地应用于革兰氏阴性食源性致病菌的检测。

生物传感器(biosensor)是近些年来发展很快的一种微生物检测技术,它指将具有化学识别功能的生物分子固定在特定材料上,再结合换能器、信号放大器、信号转换器等组成的分析检测系统。生物传感器根据分子识别元件和待测物质结合的性质可以分为催化型和亲和型生物传感器。催化型生物传感器利用酶的专一性和催化性,可分为酶传感器、组织传感器和微生物传感器;亲和型传感器利用分子间特异的亲和性,可分为免疫传感器、DNA 传感器和受体传感器等。目前在食品微生物检测中应用比较多的是亲和型传感器。

生物芯片技术是 20 世纪 90 年代初期发展起来的一门新兴技术。它把大量的生物探针固定排列在很小的芯片上,来检测基因、蛋白质和微生物细胞。生物芯片技术融生命科学、化学、物理学、微电子学和计算机科学于一体,可以认为是生物传感器延伸和发展的一种高通量检测技术。

? 复习思考题

1. 食品分子微生物学是怎样发展起来的? 它和哪些学科有交叉?

2. 食品分子微生物学主要包含哪些内容?

参考文献

[1]罗云波. 食品生物技术导论. 3 版. 北京:中国农业大学出版社,2016.

[2]雷伊,布恩亚. 基础食品微生物学. 江汉湖,译. 4 版. 北京:中国轻工业出版社,2014.

[3]杰伊,罗西里尼,戈尔登. 现代食品微生物学. 何国庆,丁立孝,官春波,译. 7 版. 北京:中国农业大学出版社,2008.

[4]饶贤才,胡福泉. 分子微生物学前沿. 北京:科学出版社,2013.

[5]郭兴华. 益生乳酸细菌—分子生物学及生物技术. 北京:科学出版社,2008.

[6]胡向东. 传感器与检测技术. 2 版. 北京:机械工业出版社,2008.

[7]张先恩. 生物传感器. 北京:化学工业出版社,2006.

[8]石慧,陈卓逐,阚建全. 大肠杆菌在食品加工储藏中胁迫响应机制的研究进展. 食品科学,2016,37:250-257.

推荐参考书

[1]罗云波. 食品生物技术导论. 3 版. 北京:中国农业大学出版社,2016.

[2]雷伊,布恩亚. 基础食品微生物学. 江汉湖,译. 4 版. 北京:中国轻工出版社,2014.

[3]杰伊,罗西里尼,戈尔登. 现代食品微生物学. 何国庆,丁立孝,官春波,译. 7 版. 北京:中国农业大学出版社,2008.

第 2 章

食品微生物学常用的分子生物学技术

本章学习目的与要求

1. 掌握核酸的提取及检测技术、PCR 技术及分子克隆的原理；
2. 了解基因工程中限制性内切酶和载体的分类及特点。

2.1　核酸提取技术

2.1.1　核酸的分类与存在形式

核酸(nucleic acid)是以核苷酸(nucleotide)为基本结构组成单位,通过 $3'$,$5'$-磷酸二酯键相连而成的具有一定空间结构的生物信息大分子,其可贮藏、携带和传递遗传信息,是生物细胞最基本和最重要的成分之一。

核酸广泛地存在于所有动植物细胞、微生物、噬菌体和病毒体内,它不仅在生命的延续、生物体的生长发育、物种遗传特性的保持和细胞的分化等重大生命现象中起着决定性作用,而且与肿瘤、遗传病和代谢病等生物变异也密切相关。生物机体的遗传信息以密码的形式编码在其核酸分子上,表现为特定的核苷酸序列。因此,核酸是现代生物化学、分子生物学和食品分子微生物学研究的重要对象,是基因工程操作的核心分子。

2.1.1.1　核酸的化学组成

核酸是一种线形多聚核苷酸(polynucleotide),在核酸酶的作用下其可水解为核苷酸,核苷酸还可以继续分解为核苷(nucleoside)和磷酸(phosphoric acid),核苷再进一步分解生成碱基(base)和戊糖(pentose)。其中,戊糖主要分为核糖和脱氧核糖两种类型,碱基分为嘌呤碱(purime)和嘧啶碱(pyrimidine)两大类。因此,核酸由核苷酸聚合而成,而核苷酸又由磷酸、碱基和戊糖三种成分连接而成。核酸的化学组成如图 2-1 所示。

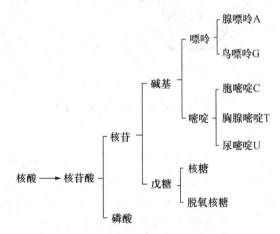

图 2-1　核酸各组分的相互关系示意图

(1)碱基

构成核苷酸的碱基(图 2-2)是含氮的杂环化合物,分为嘌呤(purime)和嘧啶(pyrimidine)两大类,主要有 5 种。嘌呤类化合物包括腺嘌呤(adenine,A)和鸟嘌呤(guanine,G)两种,在DNA 和 RNA 中均含有这两种碱基。嘧啶类化合物有 3 种,分别为胞嘧啶(cytosine,C)、胸腺嘧啶(thymine,T)和尿嘧啶(uracil,U),其中,胞嘧啶为 DNA 和 RNA 所共有,胸腺嘧啶只存在于 DNA 中,尿嘧啶则只存在于 RNA 中。

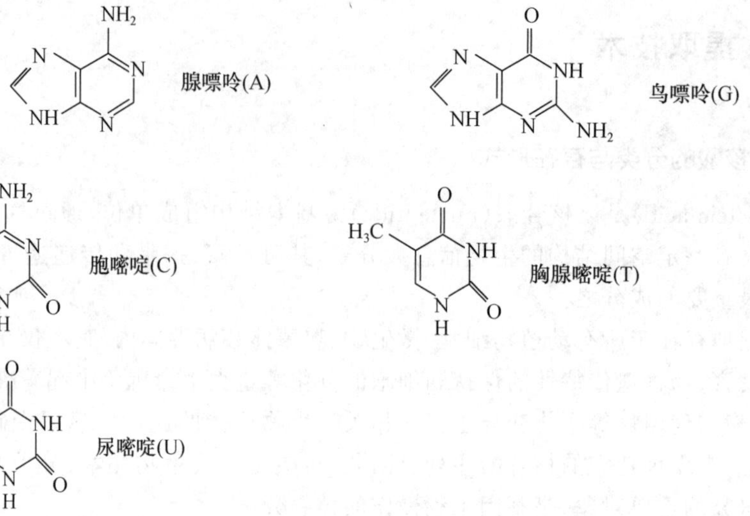

图 2-2　组成核酸的主要碱基

（2）戊糖

核酸中的戊糖主要分为核糖和脱氧核糖两种类型，DNA 和 RNA 最主要的区别就是所含的戊糖不同，其中构成 DNA 分子的核苷酸的戊糖是 β-D-2-脱氧核糖（β-D-2-deoxyribose，dR），构成 RNA 分子的核苷酸的戊糖是 β-D-核糖（β-D-ribose，R），如图 2-3 所示。

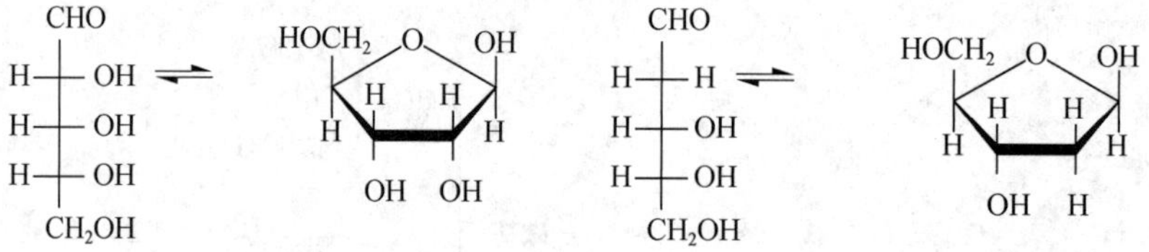

图 2-3　β-D-核糖和 β-D-2-脱氧核糖

2.1.1.2　核酸的分类与存在形式

核酸同蛋白质（protein）一样，是一切生物有机体必不可少的组成成分，具有复杂的结构和重要的功能。不同的核酸，化学组成、核苷酸排列顺序等不同。根据其化学组成的不同，可将天然存在的核酸分为脱氧核糖核酸（deoxyribonucleic acid，DNA）和核糖核酸（ribonucleic acid，RNA）两大类，DNA 和 RNA 这两类核酸是所有的生物细胞共有的成分。DNA 与 RNA 的比较如表 2-1 所示。

（1）脱氧核糖核酸（DNA）

在真核细胞中，DNA 主要集中分布在细胞核的染色质内，占 98% 以上；其余分布在线粒体和叶绿体等细胞器中，具有半自主性，可以进行复制、转录，称为细胞质 DNA。原核细胞中 DNA 集中分布于核区，此外，细胞质还含有质粒 DNA。对于非细胞形式存在的病毒而言，它只含有两类核酸中的一类，即要么只含有 DNA，称为 DNA 病毒；要么只含有 RNA，称为 RNA 病毒，从未发现两者兼有的病毒。

真核生物（eukaryota）染色体 DNA 是单个线形双链 DNA（linear double-stranded DNA）分子，其具有独特的端粒（telomere）结构，通常与组蛋白结合形成核蛋白纤丝，经螺旋折叠后

表 2-1 DNA 与 RNA 的比较

项目	DNA	RNA
名称	脱氧核糖核酸	核糖核酸
结构	规则的双螺旋结构	通常呈单链结构
基本结构单位	脱氧核糖核苷酸	核糖核苷酸
	(deoxyribonucleotide)	(ribonucleotide)
戊糖	β-D-2-脱氧核糖	β-D-核糖
含氮碱基	腺嘌呤(A)	腺嘌呤(A)
	鸟嘌呤(G)	鸟嘌呤(G)
	胞嘧啶(C)	胞嘧啶(C)
	胸腺嘧啶(T)	尿嘧啶(U)
酸	磷酸	磷酸
核苷酸	腺嘌呤脱氧核苷酸(dAMP)	腺嘌呤核苷酸(AMP)
	鸟嘌呤脱氧核苷酸(dGMP)	鸟嘌呤核苷酸(GMP)
	胞嘧啶脱氧核苷酸(dCMP)	胞嘧啶核苷酸(CMP)
	胸腺嘧啶脱氧核苷酸(dTMP)	尿嘧啶核苷酸(UMP)
核苷	腺嘌呤脱氧核苷(deoxyadenosine)	腺嘌呤核苷(adenosine)
	鸟嘌呤脱氧核苷(deoxyguanosine)	鸟嘌呤核苷(guanosine)
	胞嘧啶脱氧核苷(deoxycytidine)	胞嘧啶核苷(cytidine)
	胸腺嘧啶脱氧核苷(deoxythymidine)	尿嘧啶核苷(uridine)
分布	主要存在于细胞核内,少量存在于线粒体和叶绿体内	主要存在于细胞质内,少量存在于细胞核和线粒体内
功能	遗传物质的基础;贮存、携带遗传信息,决定着细胞和个体的遗传;控制蛋白质的生物合成	参与遗传信息的转录、加工和表达;直接参与细胞蛋白质的生物合成;参与 RNA 的转录后的加工与修饰;参与基因表达的调控;生物催化作用;病毒中的 RNA 也可以作为遗传信息的载体

成为染色体存在于细胞核中。原核生物染色体 DNA、质粒 DNA、真核生物细胞质 DNA 等都是闭合环状双链 DNA(circular double-stranded DNA)分子,裸露于拟核区域,能够自主复制并影响原核生物的性状。质粒(plasmid)是指染色体外的遗传物质,具有自主复制能力,并表达所携带的遗传信息。

病毒 DNA 种类繁多,形态结构各不相同。动物病毒 DNA 绝大部分是环状双链和线形双链,如多瘤病毒、杆状病毒等的 DNA 为环状双链结构,而腺病毒、疱疹病毒等的 DNA 为线形双链结构。微小病毒科的小鼠微小病毒则是线形单链 DNA(linear single-stranded DNA)分子,其末端具有独特的发夹结构。植物病毒基因组多数是 RNA,少数为 DNA。植物病毒 DNA 要么是环状双链结构,要么是环状单链结构。噬菌体 DNA 多以线形双链为主,其余的为环状双链和环状单链结构。

(2)核糖核酸(RNA)

绝大部分的 RNA 存在于细胞质基质中,约为 90%,其余存在于细胞核中,细胞核内含有

RNA 的前体。细胞间质或细胞外液中均无核酸存在。

RNA 的种类很多,根据其结构和功能的不同,主要分为信使 RNA(messenger RNA,mR-NA)、转运 RNA(transfer RNA,tRNA)和核糖体 RNA(ribosomal RNA,rRNA)三大类。mRNA 是以 DNA 为模板合成的,载有来自 DNA 的遗传信息,可以在蛋白质合成时充当指导蛋白质合成的模板,其含量占细胞总 RNA 的 3%～5%。tRNA 约占全部 RNA 的 15%,其主要的生物学功能是携带并转运活化了的氨基酸,参与蛋白质的生物合成。值得注意的是,一种 tRNA 只能携带一种氨基酸,而每一种氨基酸却可被一种或几种不同的 tRNA 携带,故将能携带同一种氨基酸的 tRNA 称为"同工 tRNA"。rRNA 是细胞中含量最多的一类 RNA,占 RNA 总量的 80%左右,既是核糖核酸的主要成分又是构成核糖体的骨架。无论是原核生物还是真核生物都含有上述三类 RNA。

此外,还有一些小分子 RNA(small RNA,sRNA),如核内小 RNA(small nuclear RNA),存在于细胞核中,是真核生物转录后加工过程中 RNA 剪接体(spilceosome)的主要成分;核小体 RNA(small uncleolar RNA),位于核仁内,参与 rRNA 前体的加工及核糖体亚基的组装;细胞质小 RNA(small cytoplasmic RNA,scRNA),存在于细胞质内,参与蛋白质的合成和运输。

病毒 RNA 的种类和结构多种多样,如含有正链 RNA 结构的灰质炎病毒;含有负链 RNA 结构的狂犬病毒;含有双链 RNA 结构的呼肠孤病毒等。而类病毒则是目前已知的分子量最小(约 $1×10^5$ b)的致病 RNA,为环状单链结构,所有的类病毒 RNA 都没有 mRNA 活性,不能编码任何多肽。

2.1.2 核酸的提取

在生物体内,核酸常与蛋白质结合在一起,以核蛋白(nuclear protein)的形式存在,依据核酸种类的不同可分为脱氧核糖核蛋白(desoxyribose nucleoprotein,DNP)和核糖核蛋白(ribo nucleoprotein,RNP)两类,核蛋白中常见的蛋白质是精蛋白(protamine)和组蛋白(histone)。核酸提取的最基本要求是保持核酸分子一级结构的完整性。但是由于核酸分子量大并且不稳定,在提取过程中容易受到温度、酸、碱、变性剂、机械力和核酸酶等诸多因素的影响,从而导致降解和变性失活。因此,在分离提取核酸时,为保持核酸分子一级结构的完整性,应尽可能减少核酸的机械剪切,控制提取过程的 pH 范围(pH 5～9),保持合适的离子强度以及减少其他变性因素的影响,并注意必须添加核酸酶的抑制剂。

根据所提取的生物材料不同(如细胞、细菌、动植物组织等),核酸的分离可以采取不同的方法。虽然不同的方法所使用的化学试剂不同,但无论哪种方法,提取的步骤基本一致:

①破碎细胞,释放内容物,提取核蛋白。

②使核酸与蛋白质分离,除去与核酸结合的蛋白质及多糖等杂质。

③沉淀核酸,除去其他杂质核酸,进行纯化。

2.1.2.1 DNA 的提取

提取和纯化 DNA 是分析和研究核酸过程中最基础的工作。提取的第一步是破碎细胞,可采用机械研磨的方法,如在液氮、匀浆器中研磨,利用超声波破碎,或使用蛋白水解酶(proteolytic enzyme)等方法,破坏细胞膜,使细胞破碎,进而使得包括 DNA 在内的内容物释放到提取缓冲液中。这一步应特别注意,在破碎之前,需加入十二烷基磺酸钠(sodium dodecyl sulfonate,SDS)或溴化十六烷基三甲铵(cetyl trimethyl ammonium bromide,CTAB)等去污剂,以抑制核酸酶的活力,防止核酸被降解。

在细胞被破碎匀浆以后,添加适量氯化钠(NaCl)溶液,使脱氧核糖核蛋白从破碎的细胞中分离。紧接着除去核蛋白中的蛋白质,绝大多数的蛋白质可通过变性剂处理后变性沉淀,再经离心将沉淀除去。将苯酚(phenol)、三氯甲烷(trichloromethane)和异戊醇(isoamyl alcohol)以 25∶24∶1 的比例配制成与上述溶液等体积的混合溶液,再将二者充分混合。苯酚和三氯甲烷都能使蛋白质变性,此外,苯酚还能溶解变性蛋白,三氯甲烷能溶解酯、使水相与酚相之间的界面稳定,而异戊醇则可防止混合时泡沫的产生。或是加入 SDS 和苯酚,在 pH 8.0 的缓冲液中充分振荡抽提。SDS 和苯酚都是实验室中常用的变性剂,它们还具有促进 DNA 从脱氧核糖核蛋白复合物中释放出来的功能。

进一步离心分层后,可将溶液分为三层:下层为酚相,内含变性蛋白和细胞碎片;中间层为大多数变性蛋白质;上层为水相,DNA 就存在于其中。取出上层水溶液,添加适量核糖核酸酶(ribonuclease,RNase),即去除存在于 DNA 中的少量 RNA;多糖类杂质一般较难除去。当除去杂质后,调整剩余 DNA 溶液中的离子强度,再加入 2 倍体积冷的乙醇(ethanol)或 0.5～0.6 倍体积的异丙醇(iso-propyl alcohol)等有机溶剂进行充分混匀,使 DNA 分子内脱水形成沉淀,再经高速离心,便可得到较纯的 DNA 样品。若对 DNA 的纯度要求较高,还可以结合氯化铯密度梯度离心法进一步纯化 DNA。

2.1.2.2　RNA 的提取

提取分离纯净、完整的 RNA 是所有 RNA 实验最关键的因素,也是进行基因分析表达的基础。由于 RNA 容易被核糖核酸酶(RNA 酶)降解,而 RNA 酶又广泛地存在于环境中,活力高并且很稳定,所以 RNA 酶的污染是导致实验失败的主要原因。因此,在处理 RNA 样品时始终要加倍小心,在实验过程中戴手套能有效避免皮肤上的 RNA 酶污染样品;添加适量的 RNA 酶抑制剂能显著降低内源性 RNA 酶的活力;此外,对所有的实验器材进行消毒处理等方法都能有效减少 RNA 酶的污染。

总 RNA 的提取流程与 DNA 相似,破碎细胞并使核糖核蛋白从细胞匀浆中分离出来后,再加入 SDS 和苯酚或三氯甲烷一起反复抽提,使蛋白质变性,离心除去变性蛋白质;加入脱氧核糖核酸酶(deoxyribonuclease,DNase),除去 RNA 中的少量 DNA;水相与有机相相互分离,变性蛋白与其他大分子物质残留在有机相中,RNA 则保留在水相中;取出水相,添加适量的乙醇或异丙醇使 RNA 沉淀,便可得到 RNA 样品。如有需要,可选择合适的纤维素柱层析法对 RNA 样品进行进一步的纯化。

2.1.3　核酸的检测

提取核酸的目的是为了对其进行检测分析,对于 DNA 和 RNA 而言,其意义并不相同。提取 DNA 的目的主要是对基因和基因组进行检测,而提取 RNA 的主要目的是对基因表达进行分析。目前,核酸杂交、凝胶电泳、紫外吸收等分子生物学技术已广泛应用于核酸的基本检测中。

2.1.3.1　核酸杂交

核酸杂交是从核酸分子混合液中检测特定核酸分子的传统方法,是进行核酸研究的最基本的实验技术。将不同来源的单链核酸分子变性后混合在一起,在一定的条件下,其中具有同源性的互补核苷酸序列通过碱基互补配对原则退火形成稳定的杂化双链结构,此过程称为杂交(hybridization)。目前,核酸分子杂交主要分为印迹杂交和原位杂交两大类。

(1)印迹杂交

根据检测样品的不同,可将印迹杂交分为 DNA 印迹杂交(southern blot hybridization)和 RNA 印迹杂交(northern blot hybridization)两种。

Southern 印迹法是利用琼脂糖(agarose) 凝胶电泳对经限制性核酸内切酶降解的 DNA 样品进行分离,将胶上的 DNA 用 NaOH 溶液 浸泡使其变性,再通过过毛细管作用将其转移到 硝酸纤维素膜或尼龙膜等固相支持物上,经干 烤或紫外线照射固定,然后与放射性同位素或 荧光化合物标记后的 DNA 探针进行杂交,接 着通过放射自显影或酶反应显色,从而对特定 DNA 分子的含量和基因组中特异基因的位点 进行检测。Southern 印迹法(图 2-4)主要用于 基因组 DNA 的定性和定量分析。

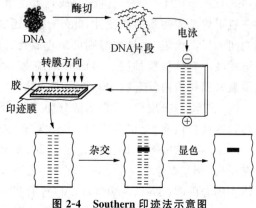

图 2-4　Southern 印迹法示意图

Northern 印迹法的原理与 Southern 印迹 法相似,只不过转移的分子由 DNA 变成了 RNA。

值得注意的是,RNA 不如 DNA 稳定,易被广泛存在的 RNA 酶降解,因此在操作时所有 的仪器和溶液都需严格地灭活 RNA 酶;RNA 的分子较小,在转移前无需用限制性内切酶进 行切割;并且其必须在含有甲醇或乙二醇的变性凝胶中进行电泳。Northern 印迹法主要用于 检测组织和细胞中基因的表达水平。

(2)原位杂交

原位杂交(in situ hybridization)是利用特定标记的已知核酸探针与组织、细胞和染色体 上的核酸进行杂交,从而检测特定的核酸序列,并对其进行精确定量定位的核酸杂交技术。

2.1.3.2　凝胶电泳

凝胶电泳是当前核酸研究的重要手段,是操作核酸探针、核酸扩增和序列分析等技术所必 须的组成成分。通常在琼脂糖凝胶和聚丙烯酰胺(polyacrylamide)凝胶中进行。

(1)琼脂糖凝胶电泳

琼脂糖凝胶电泳是以琼脂糖为支持介质的电泳,常用于 DNA 分子及其片段的分子质量 的测定和 DNA 分子构象的分析。在进行 RNA 分析时,需加入蛋白质变性剂使得琼脂糖制品 中的 RNase 失活。

核酸在中性 pH 条件下带负电荷,将含有核酸的凝胶置于含有缓冲液的电泳槽中,通电 后,核酸样品向正极移动,其迁移速率受核酸分子的大小和构型、上样量、胶浓度、电泳电 压、缓冲液等因素的影响。通常,核酸分子的迁移速率与其分子质量成反比。电泳完毕后, 在凝胶或 DNA 样品中添加低浓度(0.5 μg/mL)的荧光染料溴化乙锭(ethidium bromide, EB),溴化乙锭易插入 DNA 的碱基对中,使 DNA 与其结合形成荧光化合物,在紫外光的激 发下可产生红色至橙色的可见荧光。由于荧光强度和核酸含量呈正比,因此可以根据荧光 的强度判断该核酸样品的大致浓度。此外,根据标样和待测样品的迁移率之比也可计算出 该核酸片段的大小。

（2）聚丙烯酰胺凝胶电泳

聚丙烯酰胺凝胶电泳（polyacrylamide gel electrophoresis，PAGE）是以聚丙烯酰胺为支持介质的电泳技术，其同样可根据核酸分子的大小和形状的差别而实现分离，常用垂直板电泳。通常聚丙烯酰胺中不含有 RNase，不会分解样品，所以可用于 RNA 的分析。聚丙烯酰胺凝胶的孔径较小，可用于电泳分析长度小于 1 kb 的 DNA 和 RNA 片段。

聚丙烯酰胺凝胶上的核酸样品，经溴化乙锭染色，由于 RNA 的双螺区较少，所以在紫外光的照射下观察到的荧光很弱。因此浓度很低的核酸样品不能用该方法检测出来，需改用亚甲蓝或银染来显示。

2.1.3.3 紫外吸收法

核酸中的嘌呤碱和嘧啶碱都具有共轭双键系统，使碱基、核苷、核苷酸和核酸在 240～290 nm 的波长范围内具有独特的紫外线吸收光谱，并在 260 nm 附近出现最大的吸收峰（图 2-5）。根据核酸的这一特性，可以利用紫外分光光度计对核酸及其组分进行定性和定量检测。

应用紫外分光光度法也可对待测核酸样品的纯度进行检测。取出少量核酸样品，稀释至一定倍数后置于石英比色皿中，利用紫外分光光度计分别测得 260 nm 与 280 nm 处的 OD 值，进而根据 OD_{260} 和 OD_{280} 的比值即可判断出该核酸样品的纯度。纯品 DNA 的 OD_{260}/ OD_{280} 为 1.8，纯品 RNA 的 OD_{260}/ OD_{280} 为 2.0。对于纯的核酸样品，根据其 260 nm 处的 OD 值还可算出其含量。通常，OD 值为 1 相当于 $50\mu g/mL$ 双螺旋 DNA，或 40 $\mu g/mL$ 单链 DNA（或 RNA），或 20 $\mu g/mL$ 寡核苷酸计算。该方法准确快速，且不会对样品造成浪费，这也是实验室中最常用于定量测定少量 DNA 或 RNA 的方法。

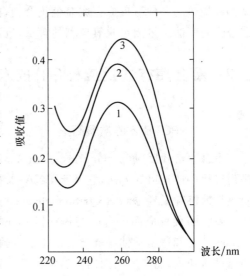

图 2-5 DNA 的紫外吸收光谱
1. 天然 DNA 2. 变性 DNA
3. 核苷酸总吸收值

样品中若含有蛋白质和苯酚等杂质，其 OD_{260}/ OD_{280} 的值会显著降低。因此，对于不纯的核酸样品，不能用此法进行检测，可将其先用琼脂糖凝胶电泳分离出区带，接着用溴化乙锭进行染色，最后在紫外灯的照射下直接观察，估计其大致含量。

2.1.3.4 定磷法

核酸分子中均含有一定比例的磷，RNA 的理论含磷量为 9.0%，DNA 的理论含磷量为 9.2%，故由所测得的磷含量即可计算出相应的核酸含量。定磷法是测定核酸含量常用的方法之一。

测定时，先将核酸样品用 H_2SO_4 或 $HClO_4$ 水解，使其中的有机磷转化为无机磷，在酸性条件下，与定磷试剂中的钼酸盐（常用钼酸铵或钼酸钠）反应生成磷钼酸盐络合物，经还原剂处理磷钼酸盐络合物将会还原成钼蓝。钼蓝在 650～660 nm 波长范围内有最大吸收峰，因此可用分光光度法对其进行测定。在一定的浓度范围内，钼蓝反应的颜色深浅与磷含量呈正比。将测得的总磷量减去未消化样品中的无机磷含量，即为核酸的含磷量。

2.1.3.5　定糖法

核酸中的戊糖可在浓硫酸或浓硝酸作用下脱水生成醛类化合物,它们与特定的化学试剂结合后会生成有色化合物,并出现不同的颜色反应,通过对有色化合物的吸收值进行测定,即可得知核酸中戊糖的含量,并以此作为定性定量检测核酸的依据。

(1)核糖的检测

RNA 中的核糖可以在浓硫酸或浓硝酸作用下脱水生成糠醛,糠醛可以和地衣酚(3,5-二羟甲苯)反应,缩合形成鲜绿色化合物,在 670 nm 波长处出现最大吸收峰。因此,可通过比色法或分光光度法定量测定核糖的含量,进而计算出 RNA 的含量。

(2)脱氧核糖的检测

DNA 中的脱氧核糖可以和浓硫酸反应,脱水生成 ω-羟基-γ-酮戊酸,该化合物可与二苯胺试剂在加热的条件下反应生成蓝色化合物,在 595 nm 波长处出现最大吸收峰,可通过比色法或分光光度法定量测定脱氧核糖的含量,进而计算出 DNA 的含量。

2.2　聚合酶链式反应(PCR)技术

2.2.1　PCR 技术的发展简史

聚合酶链式反应(polymerase chain reaction,PCR),是一种在体外对特定的基因或 DNA 序列进行快速扩增的方法,它基于 DNA 体内复制的原理,以目的 DNA 为模板,将引物和 4 种脱氧核糖核苷三磷酸(deoxyribonucleoside triphosphate,dNTP)在耐热性 DNA 聚合酶的催化下发生酶促反应而聚合成与模板链互补的 DNA 链,由高温变性(denaturation)、低温退火(annealing)和适温延伸(extension)3 个步骤组成。该方法操作简便、灵敏度高、特异性强,无须通过活细胞,能在短时间内对特定的 DNA 序列扩增 $10^6 \sim 10^7$ 倍,是目前获取目的基因和食品微生物检测中应用最多的技术之一。

PCR 技术是由美国科学家 Mullis 发明的。1983 年,美国 PE-Cetus 公司人类遗传研究室的 Mullis 在高速公路的启发下,提出了 PCR 技术的构想。1985 年,Mullis 等成功利用大肠杆菌 DNA 聚合酶Ⅰ的 Klenow 片段体外扩增哺乳动物单拷贝基因,实现了在试管中模拟细胞内的 DNA 复制,发明了具有划时代意义的分子生物学技术——PCR 技术。PCR 技术被誉为"无细胞分子克隆",Mullis 也于 1985 年 10 月 25 日申请了第一个关于 PCR 的专利,并于 12 月 20 日在 Science 杂志上发表了第一篇关于 PCR 的学术论文,Mullis 也因此荣获 1993 年度诺贝尔化学奖。但是,由于最初使用的大肠肝菌 DNA 聚合酶不耐热,使得整个 PCR 过程耗时、费力且容易出错,这导致 PCR 技术在短时间内没能够引起生物医学界的足够重视。

1988 年初,Khorana 对实验所使用的酶加以改进,改用 T4 DNA 聚合酶进行 PCR,其扩增的 DNA 片段均一性较高,同时也提高了扩增的真实性和特异性。但是每完成一次循环,仍需重新加入新酶。同年,Saiki 等在黄石公园内从生活在温泉中的水生嗜热杆菌(Thermus aquaticus)内提取得到一种耐热的 DNA 聚合酶,使得 PCR 技术的扩增效率和反应特异性大大提高。该酶具有热稳定性强、在高温下反应仍具有活性以及每次扩增反应完成后无须重新添加等优势,简化了操作程序,最终实现了 DNA 扩增的自动化。为了与大肠杆菌 DNA 聚合酶Ⅰ的 Klenow 片段相区分,因而将该酶命名为 Taq DNA 聚合酶(Taq DNA polymerase)。

Taq DNA 聚合酶的应用使得 PCR 技术能高效率地进行,进而迅速推动了 PCR 技术的应用和普及。1989 年,*Science* 杂志将 PCR 列为十余项重大科学发明之首,将 PCR 中的 Taq DNA 聚合酶命名为当年的风云分子(molecule of the year),并将 1989 年称为 PCR 爆炸年。

随后,在 Kary Mullis 的指导下,PE-Cetus 公司推出了全球第一台 PCR 自动化热循环仪,使 PCR 技术进入了实用阶段。20 世纪 90 年代中期,随着更多自动化 PCR 扩增仪的问世,PCR 技术得到了更好的普及,其应用范围也越来越广泛。PCR 技术也在不断地改进和发展:从一种定性的检测分析方法迅速发展到实时定量检测;从以 DNA 为模板发展到能以 RNA 为模板;从只能扩增几个 kb 的基因片段发展到能扩增几十个 kb 的基因片段;从只能扩增两段已知序列之间的基因发展到能扩增到未知序列的新基因;从单纯的基因扩增应用到基因克隆、基因改造、遗传指纹鉴定等领域。至目前为止,PCR 衍生的相关技术已多达几十种之多,也广泛地应用在了食品微生物的基础研究及检测中。

2.2.2　PCR 技术的原理

2.2.2.1　PCR 技术原理

PCR 是通过体外酶促反应模仿体内 DNA 分子的复制原理而实现对特定 DNA 片段的扩增,是以待扩增的 DNA 分子为模板,以一对与模板互补的寡核苷酸片段为引物,由引物介导,在热稳定 DNA 聚合酶的催化作用下,按照半保留复制的机制进行的特异性 DNA 的复制过程。PCR 全过程是若干个以高温变性、低温退火和适温延伸 3 个阶段为一个循环周期所构成的反应过程(图 2-6)。

(1)高温变性

将模板 DNA 加热至 90～95℃并维持一段时间,使模板 DNA 双链或经 PCR 扩增而形成的双链 DNA 分子受热变性,解旋变成两条单链 DNA 模板,以便其与引物结合,同时消除引物自身与引物之间存在的局部双链。

模板 DNA 的变性温度取决于其 G+C 的含量,其熔解温度随 G+C 含量的增加而升高;变性时间则由模板 DNA 分子的长度所决定,DNA 分子越长,所需的解旋时间也越长。通常,在 93～94℃下加热 1min 足以使模板 DNA 受热变性。若所选用的模板 G+C 含量较高或直接用细胞作模板,可以适当提高变性温度和延长变性时间,但温度不能过高,以免高温对酶的活性造成不良影响。若变性温度太低或受热时间不够充分,则会造成模板 DNA 或 PCR 扩增产物不完全变性,而在后续的反应中随着温度的降低重新复性成天然结构,最终导致 PCR 失败。

(2)低温退火

模板 DNA 受热变性成单链后,向反应体系中加入引物,使反应体系的温度降至 55℃左右,使得一对寡核苷酸引物与两条游离的模板 DNA 单链按照碱基互补配对原则进行配对复性。

温度是影响复性过程的重要因素。退火的温度和时间与引物的浓度、长度和碱基组成等因素息息相关。一般情况下,将温度控制在 40～60℃范围内便可使引物与模板发生特异性结合,实验室常选用 55℃为最佳复性温度。若温度过高,会造成引物与模板的复性效果差,最终造成扩增效率的下降;若温度过低,会促进引物与模板间的非特异性结合,导致非特异性 DNA 片段的扩增,从而降低 PCR 反应的特异性。复性时间一般为 30～60 s,通常 30 s 就足以使引物与模板碱基完全配对。

(3)适温延伸

引物与模板 DNA 结合后,将反应温度调节至实验所选用的 Taq DNA

聚合酶的最适温度,一般为 70～75℃,再有 Mg²⁺ 存在的条件下,从引物的 3′端开始合成,并沿模板由 5′端向 3′端方向延伸,合成一条新的与 DNA 模板链互补的半保留复制链。

PCR 延伸反应的温度一般为 70～75℃,72℃ 为较理想的延伸温度。PCR 反应的延伸时间取决于待扩增的 DNA 片段的长度,片段越长所需的延伸时间越长。一般扩增 2 kb 以内的 DNA 片段仅需 1 min,扩增 3～4 kb 的 DNA 片段需 3～4 min,扩增 10 kb 的片段则需 15 min。若待扩增的 DNA 片段较长,则可根据实际情况适当延长其延伸时间。但延伸时间不宜过长,否则会导致非特异性扩增的出现。

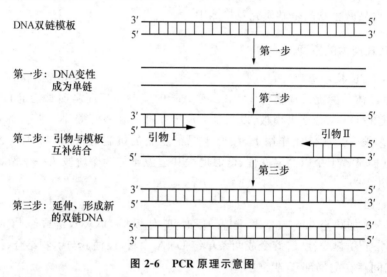

图 2-6 PCR 原理示意图

当上述 3 个步骤完成一次循环后,目的 DNA 片段的总量就增加 1 倍。不断重复该循环,由于每一次循环所得到的新合成的 DNA 可以作为下一循环的起始模板使用,故模板 DNA 的合成量呈指数增长。PCR 扩增所需的循环次数取决于模板 DNA 的起始浓度,通常需要循环 30～35 次,每次需耗时 2～4 min,经 2～3 h 可使待扩增的目的基因 DNA 片段特异性地扩增数百万倍。

2.2.2.2 PCR 体系

PCR 体系主要包括模板、引物、Taq DNA 聚合酶、dNTP、Mg²⁺ 和缓冲液等 6 种基本成分。

(1)模板

模板就是从微生物中提取的待扩增的核酸分子。用作 PCR 反应体系的模板可以是 DNA,也可以是 RNA,例如,基因组 DNA、质粒 DNA、噬菌体 DNA 和 mRNA 等。若选用 mRNA 作为模板,则需在反转录酶的作用下先生成 cDNA,再以 cDNA 为模板进行正常的 PCR 扩增。模板核酸的含量和纯度是 PCR 成功的关键。为减少扩增引起的碱基配错,保证扩增特异性和效率,需根据实际情况选取合适的模板含量。此外,选用较小的核酸片段作为模板有助于提高 PCR 的效率。

（2）引物

一对寡核苷酸引物的设计是 PCR 成功的关键。引物与模板 DNA 互补的程度决定了 PCR 扩增产物的特异性。

引物的设计应遵循以下原则：

a. 引物的长度一般为 15～30 bp，常用的是 20 bp 左右。引物不宜过短，否则会对 PCR 产物的特异性产生影响；亦不能过长，过长会导致延伸温度超过 Taq DNA 聚合酶反应的最适温度 74℃，进而影响扩增产物的特异性。

b. 引物碱基：G+C 的含量以 40%～60% 为宜，可使引物的解链温度控制在 55～70℃，G+C 含量过少会造成扩增效果不佳，G+C 含量过多会导致非特异性扩增条带的出现。同时，应保证 A、T、C、G 4 种碱基呈随机态分布。

c. 引物浓度：反应体系中，引物的浓度应控制在 0.1～0.5 $\mu mol/L$，以免浓度过高而导致非特异性扩增和引物二聚体的产生。

d. 引物的特异性：引物与非特异性扩增区的其他序列应无明显的同源性，以免引起错配，导致在模板的非目的 DNA 位点产生 DNA 聚合反应。

e. 引物自身与引物之间不应存在互补序列，尤其是 3′端不应互补，以免导致非特异性扩增和引物二聚体的生成。

f. 引物 3′端是延伸的起始点，因此 3′端的碱基应严格按要求进行配对，尽量避免因碱基错配而导致 PCR 失败。

g. 引物确定以后，可以对 5′端进行适当修饰，包括加入限制性内切酶的酶切位点序列，用生物素、营养素、同位素和地高辛等物质标记，引入启动子序列等方法。

（3）Taq DNA 聚合酶

Taq DNA 聚合酶具有良好的耐热性和热稳定性，可以在 PCR 反应的高温条件下保持不变性。目前，应用最广泛的 Taq DNA 聚合酶有两种，一种是从栖热水生杆菌中提纯的天然酶，另一种是利用大肠杆菌合成的基因工程酶。该热稳定性酶具有较高的活力，在 90℃条件下，反应 2 h 仍能保持 20% 的活力。实验过程中，加入 Taq DNA 聚合酶的量非常重要，浓度过低不能满足反应的需求，也会减少 PCR 产物的产量；浓度过高会造成浪费，同时也会导致非特异性扩增。值得注意的是，Taq DNA 聚合酶需在低于 −20℃ 的温度下保存。

（4）dNTP

dNTP 是 PCR 合成 DNA 的原料。在 PCR 反应体系中，dATP、dTTP、dCTP、dGTP 4 种 dNTP 的物质的量浓度应相等，每一种 dNTP 的浓度范围控制在 20～200 $\mu mol/L$ 之间，浓度过低，反应速度随之变慢，从而降低了 PCR 扩增的产量；浓度过高，易导致掺入错误的发生，阻碍扩增反应的进行。dNTP 还能通过与游离的 Mg^{2+} 结合而降低其浓度，需将 dNTP 置于 −20℃下保存，以免因反复冻融而造成 dNTP 的降解，影响 PCR 的效果。

（5）Mg^{2+}

Mg^{2+} 浓度的高低是影响 PCR 效率和特异性的重要因素，Taq DNA 聚合酶发挥其催化活性也需要 Mg^{2+} 的参与。反应体系中的 Mg^{2+} 浓度过低，会导致 Taq DNA 聚合酶的活性显著下降，反应产物合成量随之减少；浓度过高，则会抑制 Taq DNA 聚合酶的活性，使特异性扩增降低。此外，Mg^{2+} 还对引物退火、模板与 PCR 产物的解链温度、引物二聚体的生成等过程产生影响。

（6）缓冲液

在 PCR 反应体系中，缓冲液的作用主要是调节反应的酸碱度和提供反应所需的离子。实验室常以浓度为 $10\sim50$ mmol/L 的 Tris-HCl 溶液作为缓冲液，在室温下将其 pH 调至 $8.3\sim8.8$ 范围内，有利于维持 Taq DNA 聚合酶反应所需的偏碱性环境。此外，缓冲液中含有的 HCl 还有利于引物的退火。

2.3　分子克隆技术

2.3.1　分子克隆技术原理

基因克隆也叫 DNA 分子克隆，即在体外重组 DNA 分子，要实现 DNA 分子的体外重组，需要一种被称作限制性核酸内切酶的工具酶，每一种限制性核酸内切酶可以识别 DNA 分子上特定的碱基序列，并将其进行切割。依据碱基互补的原理，在 DNA 连接酶的作用下把切开的 DNA 片段连接起来，因此可以把目的片段连接到合适的载体上形成重组子。作为重组 DNA 的载体，必须具有复制起始序列、多克隆位点及选择标记，可以在宿主细胞中进行自我复制或整合到宿主基因组中进行复制，最终实现重组 DNA 分子的功能性表达。

2.3.2　工具酶

分子克隆的第一步是从不同来源的 DNA 中将待克隆的 DNA 片段特异性切下，同时将载体 DNA 分子切开，然后将两者连接成杂合的分子。有时在外源 DNA 片段与载体分子拼接前，还需要对连接位点做特殊的技术处理，以提高连接效率。所有这些操作均由一系列功能各异的工具酶来完成，如限制性核酸内切酶，T4 DNA 连接酶，DNA 聚合酶，以及碱性磷酸酶、末端核苷酸转移酶等核酸修饰酶类。

2.3.2.1　限制性核酸内切酶

限制性核酸内切酶是一类能够识别双链 DNA 分子中的某种特定核苷酸序列，并由此切割 DNA 双链结构的核酸内切酶。限制性核酸内切酶几乎存在于所有的原核细菌中。由于不同生物来源的 DNA 具有不同的酶切位点以及不同的位点排列顺序，因此各种生物的 DNA 呈现特征性的限制性酶切图谱，这种特性在生物分类、基因定位、疾病诊断以及基因重组领域中起着重要的作用，因此限制性核酸内切酶也被称为"分子手术刀"。限制性核酸内切酶的发现源于对细菌限制修饰现象的研究。

（1）限制和修饰现象

任何物种都有排除异物保护自身的防护机制，如人与哺乳动物中都有免疫系统，植物体内也有免疫防御系统。细菌里面也具有类似的防护系统，即限制-修饰系统。限制（restrirtion）作用是指细菌体内产生的限制性核酸内切酶对 DNA 的分解作用，一般是指对外源 DNA 侵入的限制。修饰（modification）作用是指细菌的修饰酶对于 DNA 碱基结构改变的作用（如甲基化），经修饰酶作用后的 DNA 可免遭其自身所具有的限制酶的降解。

1960 年，Linn 和 Arber 在研究细胞限制和修饰现象时在大肠杆菌中发现了限制性核酸内切酶，人们才清楚细菌限制和修饰作用的分子机制。Arber 因此于 1978 年获得了诺贝尔奖。至 20 世纪 60 年代中期，科学家推测细菌的限制-修饰系统（restriction-modification system,

R-M system)有作用于同一 DNA 的两种酶,即分解 DNA 的限制酶和改变 DNA 碱基结构使其免遭限制酶分解的修饰酶,而且这两种酶作用于同一 DNA 的相同部位。一般说来,不同种的细菌或不同种的细菌菌株具有不同的限制酶和修饰酶组成的限制-修饰系统。大肠杆菌菌株 K 和菌株 B 中都含有各自不同的限制-修饰系统,λ_K 和 λ_B 分别长期寄生在大肠杆菌的 K 菌株和 B 菌株中,宿主细胞内的甲基化酶已将其染色体 DNA 和噬菌体 DNA 特异性保护,封闭了自身所产生的限制性核酸内切酶的识别位点。当外来 DNA 入侵时,便遭到宿主限制性核酸内切酶的特异性降解,由于这种降解作用的不完全性,总有极少数入侵的分子幸免于难,得以在宿主细胞内复制,并在复制过程中被宿主的甲基化酶修饰。此后,入侵噬菌体的子代便能高频感染同一宿主菌 DNA,但丧失了在其原来宿主细胞中的存活力,因它们在接受了新宿主菌甲基化修饰的同时,也丧失了原宿主菌甲基化修饰的标记。细菌正是利用限制-修饰系统来区分自身 DNA 与外源 DNA 的。

(2)限制性核酸内切酶的类型

细菌中限制性核酸内切酶的功能主要是降解外来 DNA,保护宿主免受外来 DNA 的入侵,而与之对应的甲基化酶则是通过修饰宿主自身的 DNA,保护自身 DNA 不被降解。根据酶的亚基组成、识别序列的种类及辅助因子等不同,传统上将限制性核酸内切酶分为四大类(表 2-2)。

表 2-2　各种限制修饰系统比较

项目	Ⅰ型	Ⅱ型	Ⅲ型	Ⅳ型
酶活性	三亚基多功能酶	内切酶和甲基化酶分开	二亚基双功能酶	双功能酶
限制作用所需要的辅助因子	ATP、Mg^{2+} 和 SAM	Mg^{2+}	ATP、Mg^{2+} 和 SAM	
识别位点	非对称	回文序列(Ⅱs 型除外)	非对称	非对称,识别甲基化的序列
切割位点	在距离识别位点至少 1 000 bp 处	在识别位点处或其附近	在识别位点下游 24~26 bp	不确定
基因在工程中的用途	无用	十分有用	无用	有用

(3)Ⅰ型、Ⅲ型限制性核酸内切酶的基本特性

Ⅰ型限制性核酸内切酶的种类较少,约占 1%。其中研究较多的是大肠杆菌的 EcoK 和 EcoB,它们均为异源多聚体,其亚基 R、M 和 S 分别具有限制性内切酶、甲基化酶和 DNA 特异性位点识别的活性。Ⅰ型限制性核酸内切酶发挥限制性活性除了需要 Mg^{2+} 之外还需要 ATP 辅助因子,S-腺苷甲硫氨酸(SAM)的相互作用。Ⅰ型限制性核酸内切酶的切割位点与识别位点通常相距 1000~5000 bp,切割位点的序列并不表现出严格的特异性,两条 DNA 链上的断裂位点相距 70~75 个核苷酸,因此切开的 DNA 分子末端是单链形式。由于 EcoK 和 EcoB 这些Ⅰ型限制性核酸内切酶在 DNA 分子中的切割位点是随机的,不够专一,因此在基因工程中意义不大,没有实用价值。

Ⅲ型限制性核酸内切酶的数量更少。Ⅲ型限制性核酸内切酶由 R 亚基和 MS 亚基组成。

其中 MS 亚基具有位点识别和甲基化修饰双重活性。Ⅲ型限制性核酸内切酶发挥限制性活性除了需要 Mg^{2+} 之外,也需要 ATP 与辅助因子 S-腺苷甲硫氨酸(SAM)的相互作用。这类酶的切割位点位于识别位点下游的若干碱基对处,但无序列特异性,只与识别位点的距离有关,而且不同的Ⅲ型限制性核酸内切酶具有各自不同的距离。Ⅲ型限制性核酸内切酶的识别序列是非对称的,它同Ⅰ型限制性核酸内切酶一样,在基因工程中也没有实用价值。

(4)Ⅱ型限制性核酸内切酶的基本特性

1970 年,Smith 等从流感嗜血杆菌中分离到一种限制性核酸内切酶,能够特异性地切割 DNA,这个酶后来被命名为 *Hind* Ⅱ,这是第一个分离到的Ⅱ型限制性核酸内切酶。由于这类酶的识别序列和切割位点特异性很强,对于分离特定的 DNA 片段就具有特别的意义。绝大多数Ⅱ型限制性核酸内切酶的识别序列是由 4~6 个核苷酸组成,但有少数酶可识别更长的序列。有些识别序列是连续的(如 5′-GGATCC-3′),而有些是间断的(如 5′-GANTC-3′)。

Ⅱ型限制性核酸内切酶切割 DNA 分子的断裂类型通常有两种:一种是形成一条单链突出末端,称为黏性末端;一种是在识别的回文序列的对称轴处将 DNA 双链切开,称为平末端。黏性末端又包括 3′-OH 单链突出末端和 5′-P 单链突出末端两种。

例如 *Eco*R Ⅰ 的识别序列为:

$$5'\text{-G}\downarrow\text{AATTC-}3'$$
$$3'\text{-CTTAA}\uparrow\text{G-}5'$$

对称轴位于第三位和第四位碱基之间,箭头所示为切割位点处,切割后形成 5′-P 单链突出末端。

Pst Ⅰ 的识别序列为:

$$5'\text{-CTGCA}\downarrow\text{G-}3'$$
$$3'\text{-G}\uparrow\text{ACGTC-}5'$$

对称轴位于第二位和第四位碱基之间,箭头所示为切割位点处,切割后形成 3′-OH 单链突出末端。

Sma Ⅰ 的识别序列为:

$$5'\text{-CCC}\downarrow\text{GGG-}3'$$
$$3'\text{-GGG}\uparrow\text{CCC-}5'$$

对称轴位于第三位和第四位碱基之间,箭头所示为切割位点处,切割后形成平末端。

对于由 5 对碱基组成的识别序列而言,其对称轴为中间的一对碱基。

如 *Bcn* Ⅰ 的识别序列为:

$$5'\text{-CC}\downarrow\text{GGG-}3'$$
$$3'\text{-GGG}\uparrow\text{CC-}5'$$

对称轴位于第三位碱基处,箭头所示为切割位点处,切割后形成 5′-P 单碱基突出末端。而第三位碱基可是 G 或 C,这也导致了该酶的识别位点不是单一的。

有的限制性核酸内切酶的识别序列有更多的碱基。如 *Not* Ⅰ 的识别序列为:

$$5'\text{-GC} \downarrow \text{GGCCGC-}3'$$
$$3'\text{-CGCCGG} \uparrow \text{CG-}5'$$

一部分Ⅱ型酶的识别序列中某一位或某两位碱基并非严格专一,但都在两种碱基中具有可替代性,这种不专一性并不影响内切酶和甲基化酶的作用位点,只是增加了 DNA 分子上的酶识别位点与作用频率。

如 BstX Ⅰ 的识别序列为:

$$5'\text{-CCA NNNNN} \downarrow \text{NTGG-}3'$$
$$3'\text{-GGTN} \uparrow \text{NNNNNACC-}5'$$

N 可为 4 种脱氧核苷酸中的任意一种。这使得 BstX Ⅰ 有很多识别序列,在用这样的限制性核酸内切酶进行 DNA 分子重组时,要特别注意具体的识别序列及切割出的序列是否相同,如果识别序列不同,切出的 DNA 分子末端可能不能直接进行连接。

后来又鉴定出了与标准的Ⅱ型限制性核酸内切酶不同的Ⅱs型限制性核酸内切酶,即移动切割的限制性核酸内切酶约占 5%。Ⅱs型限制性核酸内切酶的识别位点不具有对称性,一般在离它的不对称识别位点一侧的特定距离处切割 DNA 双链,如 Hga Ⅰ 的识别序列和切割位点为:

$$5'\text{-GACGCNNNNN} \downarrow \qquad\qquad \text{-}3'$$
$$3'\text{-CTGCGNNNNNNNNNN} \uparrow \text{-}5'$$

第三种常见的Ⅱ型限制性内切酶是ⅡG型限制性内切酶,在同一蛋白上表现有限制和修饰两种活性。此类酶在其识别序列外进行切割;那些识别连续性序列的ⅡG内切酶(如 Acu Ⅰ 识别 CTGAAG)仅在识别位点的一端切割 DNA 链;而那些识别非连续性序列的ⅡG内切酶(如 Bgl Ⅰ 识别 GCCNNNNNGGC),会在识别位点的两端切割 DNA 链,产生一小段含识别序列的片段。

(5)同裂酶

有一些来源不同的限制性核酸内切酶的识别序列相同,这类酶称为同裂酶。同裂酶的切割位点可能相同,也可能不同。有一些同裂酶对于切割位点的甲基化敏感性不同,故可用来研究 DNA 甲基化作用。

(6)同尾酶

有的限制性核酸内切酶虽然识别序列各不相同,但切割后都产生出相同的黏性末端,称之为同尾酶。同尾酶切割产生的黏性末端可直接进行连接。但是由一对同尾酶分别产生的黏性末端形成的重组片段可能不再被该同尾酶切开。例如 BamH Ⅰ、Bcl Ⅰ、Bgl Ⅱ、Sau3A Ⅰ 和 Xho Ⅱ 就是一组同尾酶。这组同尾酶各自的识别序列如下:

BamH Ⅰ　　　　　　　　　　　　　$5'\text{-G} \downarrow \text{GATCC-}3'$
　　　　　　　　　　　　　　　　　　$3'\text{-CCTAG} \uparrow \text{G-}5'$

Bgl Ⅱ　　　　　　　　　　　　　　$5'\text{-A} \downarrow \text{GATCT-}3'$
　　　　　　　　　　　　　　　　　　$3'\text{-TCTAG} \uparrow \text{G-}5'$

Bcl Ⅱ　　　　　　　　　　　　　　$5'\text{-T} \downarrow \text{GATCA-}3'$
　　　　　　　　　　　　　　　　　　$3'\text{-ACTAG} \uparrow \text{T-}5'$

Xho Ⅱ

5′-U↓GATCY-3′
3′-YCTAG↑U-5′
U 代表嘌呤；Y 代表嘧啶。

Sau3A Ⅰ

5′-↓GATC……3′
3′……CTAG↑-5′

由 Bgl Ⅱ 和 Bam H Ⅰ 切割后形成的位点是：

5′-GGATCT-3′
3′-CCTAGA-5′

这个杂种位点不能被 Bam H Ⅰ 和 Bgl Ⅱ 识别，但可以被 Sau3A Ⅰ 识别（下划线部分）。由这组同尾酶两两形成的杂种位点都可以被识别序列为 4 个碱基的 Sau3A Ⅰ 识别。

（7）Ⅱ型限制性核酸内切酶的命名

根据 Smith 和 Nathans（1973）提议的命名系统，并经过在实践中的不断改进，Ⅱ型限制性核酸内切酶的统一命名规则是：以酶来源的生物体属名的第一个大写字母和种名的前两个小写字母构成酶的基本名称，如果酶存在于一种特殊的菌株中，则将株名的一个字母加在基本名称之后，若酶的编码基因位于噬菌体（病毒）或质粒上，则用一个大写字母表示这些非染色体的遗传因子。如果酶来源的菌株中包括不同的限制修饰系统，则在酶的名称的最后部分用罗马数字表示在该菌株中发现的次序，如 $Hind$ Ⅲ 是在 $Haemophilus\ influenza$ d 株中发现的第三个酶，而 EcoR Ⅰ 则表示其基因位于大肠肝菌中的抗药性 R 质粒上。

（8）影响限制性核酸内切酶活性的因素

影响限制性核酸内切酶活性的因素有许多，其中主要有 DNA 的纯度、DNA 的甲基化程度、温度、缓冲液等。

①DNA 的纯度。高纯度的 DNA 是保证限制性核酸内切酶活性的主要因素。DNA 制品中的污染物主要有蛋白质、酚、氯仿、乙醇、EDTA、SDS 以及高浓度的盐离子等，这些污染物都可能抑制限制性核酸内切酶的活性。可采取如下方法来提高限制性核酸内切酶的反应效率：增加限制性核酸内切酶的用量，但限制性核酸内切酶的用量不要超过酶切反应总体积的 1/10；通过加大酶切反应的总体积降低抑制物的浓度；适当延长酶切反应的时间；如果以上方法都不奏效就需要对 DNA 重新进行纯化，以获取高纯度 DNA。

②DNA 的甲基化程度。DNA 甲基化现象普遍存在于原核和真核生物中。被消化的 DNA 序列中核苷酸的甲基化会影响到限制性核酸内切酶的活性。大肠杆菌中一般都含有两种甲基化酶：一种是作用于腺嘌呤 A 的甲基化酶 dam，催化 5′-GATC-3′ 序列中的腺嘌呤残基甲基化，BamH Ⅰ、Bcl Ⅰ、Bgl Ⅱ、Sau3A Ⅰ 和 Xho Ⅱ 这组同尾酶的识别序列中都含有 5′-GATC-3′。还有一些限制性核酸内切酶中部分含有这一序列，如 Cla Ⅰ（1/4，该酶的识别序列是 ATCGATN，4 个识别序列中有 1 个含有 5′-GATC-3′）、Xba Ⅰ（1/16）、Taq Ⅰ（1/16）、Mbo Ⅱ（1/16）、Hph Ⅰ（1/16）；另一种是作用于胞嘧啶 C 的甲基化酶 dcm，使 5′-CCA/TGG-3′ 序列中的胞嘧啶残基甲基化。

③酶切消化反应的温度。不同的限制性核酸内切酶具有不同的最适反应温度。大多数限制性核酸内切酶的最适反应温度是 37℃，但也有例外。例如，Apa Ⅰ 的最适反应温度是 25℃，Apo Ⅰ 是 50℃，ApeK Ⅰ 是 75℃。酶切反应的温度低于或高于所用酶的最适反应温度，

都会影响限制性核酸内切酶的活性,甚至完全失去活性。

④限制性核酸内切酶的缓冲液。一般限制性核酸内切酶的标准缓冲液包括 Tris-HCl、Mg^{2+}、二硫苏糖醇以及牛血清白蛋白(BSA)等。Tris-HCl 提供酶切反应体系所需的 pH,一般为 7.0~7.9(25℃);Mg^{2+} 一般由 $MgCl_2$ 提供。

不同限制性核酸内切酶对离子浓度(由缓冲液中的 NaCl 或 KCl 提供)的要求不同,据此可分为高盐、中盐和低盐缓冲液,在进行双酶解或多酶解时,若这些酶切割可在同种缓冲液中作用良好,则几种酶可同时酶切;若这些酶所要求的缓冲液有所不同,可采用以下两种方法进行消化反应:先用要求低盐缓冲液的限制性内切酶消化 DNA,然后补足适量的 NaCl 或 KCl,再用要求高盐缓冲液的限制性内切酶消化;或者先用一种酶进行酶切消化,然后用乙醇沉淀反应产物,再重悬于另一缓冲液中进行第二次酶切消化。

⑤星活性。在非最适反应条件下(包括高浓度的限制性核酸内切酶、高浓度的甘油、低离子强度、用 Mn^{2+} 取代 Mg^{2+} 以及高 pH 等),有些限制性核酸内切酶能切割和识别与特定识别序列相似的序列,这种改变的特殊活性叫作星活性。为了避免星活性的出现,要求不同的酶要使用专用的标准反应缓冲液及在最适反应温度下进行作用。

⑥DNA 的分子结构。DNA 分子结构对限制性核酸内切酶的活性有很大影响,如消化超螺旋的 DNA 比消化线性 DNA 用酶量要高出许多倍。有些限制性核酸内切酶在消化不同部位的限制性位点时效率也有明显差异,这可能是由于侧翼序列的核苷酸成分差异造成的。

⑦DNA 分子末端长度。限制性核酸内切酶切割 DNA 时,对识别序列不同末端长度的DNA 切割效率不同。了解不同酶对末端长度的要求,便于更好地分析双酶切及对 PCR 产物进行酶切。如 *Bam*H I 的识别序列为 GGATCC,当两侧只有一个核苷酸时,即NGGATCCN,酶切效率只有 10%,而两侧有两个核苷酸时,即 NNGGATCCNN,酶切效率可达 90%。为保证有效酶切,识别序列两侧需要 3 个核苷酸。

2.3.2.2　DNA 聚合酶

DNA 聚合酶(DNA polymerase)是细胞复制 DNA 的重要酶。DNA 聚合酶是以 DNA 为复制模板,在具备模板、引物、dNTP 等的情况下,将 DNA 由 5′端开始复制到 3′端的酶。

真核生物细胞中有 5 种 DNA 聚合酶,分别为 DNA 聚合酶 α(定位于细胞核,参与复制引发,不具有 5′→3′外切酶活性);β(定位于细胞核,参与修复,不具有 5′→3′外切酶活性);γ(定位于线粒体,参与线粒体复制,不具有 5′→3′外切酶活性,有 3′→5′外切酶活性);δ(定位于细胞核,参与修复,有 3′→5′外切酶活性,不具有 5′→3′外切酶活性);E(定位于细胞核,参与损伤修复,具有 3′→5′外切酶活性,不具有 5′→3′外切酶活性)。

原核生物细胞中,以大肠杆菌为例。在大肠杆菌中,到目前为止已发现有 5 种 DNA 聚合酶。分别为 DNA 聚合酶 Ⅰ,Ⅱ,Ⅲ,Ⅳ和Ⅴ,都与 DNA 链的延长有关。DNA 聚合酶 Ⅰ 是单链多肽,主要与 DNA 损伤和修复有关;DNA 聚合酶 Ⅱ 在修复损伤中也有重要的作用;DNA 聚合酶Ⅲ是种多亚基的蛋白,是促进 DNA 链延长的主要酶。DNA 聚合酶Ⅳ和Ⅴ主要在 SOS 修复过程中起作用。

基因工程中常用的 DNA 聚合酶有:①大肠杆菌聚合酶Ⅰ(全酶);②大肠杆菌聚合酶Ⅰ大片段(Klenow 片段);③T4 噬菌体 DNA 聚合酶;④T7 噬菌体聚合酶及经修饰的 T7 噬菌体聚合酶;⑤耐热 DNA 聚合酶(*Taq* DNA 聚合酶);⑥逆转录酶(依赖于 RNA 的 DNA 聚合酶)。

DNA 聚合酶的共同特点:①需要提供合成模板;②不能起始新的 DNA 链,必须要有引物提供 3′-OH;③DNA 合成的方向都是 5′→3′;④除 DNA 合成外还有其他功能。

(1)大肠杆菌 DNA 聚合酶

在大肠杆菌含有的 DNA 聚合酶Ⅰ,Ⅱ,Ⅲ,Ⅳ和Ⅴ等聚合酶中,只有 DNA 聚合酶Ⅰ是基因工程中最常用的工具酶。

①大肠杆菌 DNA 聚合酶Ⅰ(全酶)(DNA polymerase Ⅰ,DNA pol Ⅰ)。DNA pol Ⅰ由美国生化学家 Arthur Kornberg 于 1956 年首次发现。纯化的 DNA pol Ⅰ由一条多肽链组成,约含 1 000 个氨基酸残基,分子质量为 109 ku,是由大肠杆菌 *polA* 基因编码的。

DNA 聚合酶Ⅰ具有 3 种活性:a. 5′→3′DNA 聚合酶活性:能以单链 DNA 为模板,在 3′-OH 引物的引导下,按 5′→3′方向合成互补的 DNA 序列;b. 3′→5′核酸外切酶活性:能够去除延长的核酸链上的 3′-OH 末端上的核苷酸,可以沿 3′→5′方向降解双链或单链 DNA 释放 5′-单核苷酸;c. 5′→3′核酸外切酶活性:能从 DNA 链 5′-P 末端降解双螺旋 DNA 的一条链,沿 5′→3′方向,释放出单核苷酸或寡核苷酸,该活性对双链 DNA 的单链缺口也有活性,只要它存在一个 5′-P 基团就行。

②大肠杆菌 DNA 聚合酶Ⅰ(DNA pol Ⅱ)。DNA 聚合酶Ⅰ缺陷的突变株仍能生存,这表明 DNA pol Ⅰ不是 DNA 复制的主要聚合酶。人们于 1970 年发现了 DNA pol Ⅱ。此酶分子质量为 120 ku。活性只有 DNA pol Ⅰ的 5%。它具有 2 种活性:a. 5′→3′DNA 聚合酶活性:最适模板是双链 DNA 中间有空隙(gap)的单链 DNA 部分,且该单链空隙部分不长于 100 个核苷酸。单链结合蛋白可以提高该酶催化以单链 DNA 为模板的 DNA 聚合作用。b. 3′→5′核酸外切酶活性,但无 5′→3′核酸外切酶活性。另外 DNA pol Ⅱ一般只将 2-脱氧核苷酸掺入到 DNA 链中。

③大肠杆菌 DNA 聚合酶Ⅲ(DNA pol Ⅲ)。DNA pol Ⅲ全酶由多种亚基组成,而且容易分解。大肠杆菌每个细胞中只有 10～20 个酶,因此不易获得纯品,该酶具有 3 种活性:a. 5′→3′DNA 聚合酶活性:对模板的要求与 DNA 聚合酶Ⅱ相同,最适模板也是双链 DNA 中间有空隙的单链 DNA,单链结合蛋白可以提高该酶催化单链 DNA 模板的 DNA 聚合作用;b. 3′→5′核酸外切酶活性:最适底物是单链 DNA,只产生 5′-单核苷酸,即每次只能从 3′端开始切除一个核苷酸;c. 5′→3′核酸外切酶活性:要求有单链 DNA 为起始作用底物,但一旦开始以后,便可作用于双链区。DNA 聚合酶Ⅲ是细胞内 DNA 复制所必需的酶。

在 DNA 聚合作用中,核苷酸添加的错误率达 1/10 000。由于 DNA 聚合酶Ⅰ和 DNA 聚合酶Ⅲ全酶的 3′→5′外切酶活性,可以终止核苷酸掺入并去除错误核苷酸,然后继续加入正确的核苷酸,可将错误率减少到百万分之一或更少。

(2)大肠杆菌 DNA 聚合酶Ⅰ的 Klenow 片段

大肠杆菌 DNA 聚合酶,全酶经过枯草杆菌蛋白酶处理后,酶分子分裂成两个片段,大片段的分子质量为 76 ku,小片段的分子质量为 34 ku。其中大片段通常称为 Klenow 片段,又叫作 Klenow 聚合酶或 Klenow 大片段酶。

Klenow 聚合酶仍具有 5′→3′的 DNA 聚合活性和 3′→5′核酸外切酶活性,但失去了全酶的 3′→5′的核酸外切酶活性。此酶的模板专一性和底物专一性均较差。它可以用 RNA 作为模板,也可以用核苷酸为底物。在无模板和引物时还可以从头合成同聚物或异聚物。

在基因工程中,Klenow 聚合酶的主要用途有:①补平经限制性核酸内切酶切割 DNA 产生的 3′隐蔽末端;②用 α-^{32}P-dNTP 补平 3′隐蔽末端,对 DNA 片段进行末端标记;③cDNA 克隆中的第二链 cDNA 的合成;④应用双脱氧链末端终止法进行 DNA 测序;⑤也用于 PCR 反应进行体外扩增获基因 DNA 序列,但已经被 *Taq* DNA 聚合酶代替。

现在也应用 Klenow 片段的聚合酶功能用随机引物法来标记 DNA 分子探针。

（3）T4 DNA 聚合酶

T4 DNA 聚合酶是由噬菌体基因 43 编码的一条多肽链,分子质量是 114 ku。它具有 2 种活性:$5' \rightarrow 3'$ 的 DNA 聚合酶活性和 $3' \rightarrow 5'$ 的核酸外切酶活性。它在基因工程中的主要用途有:①补平或标记限制性核酸内切酶切割 DNA 后产生的 $3'$ 隐蔽末端;②对带有 $3'$ 突出端的 DNA 分子进行末端标记;③标记用作探针的 DNA 片段;④将双链 DNA 的突出末端转化成为平端;⑤使结合于单链 DNA 模板上的诱变寡核苷酸引物得到延伸。

（4）T7 DNA 聚合酶（修饰的 T7 DNA 聚合酶）

T7 DNA 聚合酶是 Tabor 等于 1978 年报道的,是从感染了 T7 噬菌体的大肠杆菌寄主细胞中纯化出来的。它由两种紧密结合的亚基组成:一种是 T7 噬菌体基因 5 蛋白,分子质量是 84 ku,具有 DNA 聚合酶和单链 $3' \rightarrow 5'$ 核酸外切酶活性;另一种是宿主编码的硫氧还原蛋白,分子质量是 12 ku,起辅助蛋白作用。该酶是所有已知 DNA 聚合酶中持续合成能力最强的一个,它的 $3' \rightarrow 5'$ 核酸外切酶活性约为 Klenow 片段的 1000 倍。

该酶的主要用途:①用于大分子质量的 DNA 模板的引物延伸反应;②通过补平或取代反应进行快速末端标记;③将 $3'$ 或 $5'$ 的突出末端变成平端。

（5）实验室常用的耐热 DNA 聚合酶

耐热 DNA 聚合酶多在 PCR 技术中应用。各种耐热 DNA 聚合酶均具有 $5' \rightarrow 3'$ 聚合酶活性,但不一定具有 $3' \rightarrow 5'$ 和 $5' \rightarrow 3'$ 的核酸外切酶活性。

①*Taq* DNA 聚合酶。*Taq* DNA 聚合酶是一种耐热的依赖 DNA 的 DNA 聚合酶,原是从嗜热的水生菌 *Thermus aquaticus* 中纯化来的。该酶分子质量为 94 ku,75 ～ 80℃ 时每个酶分子每秒钟可延伸约 150 个核苷酸。温度过高（90℃ 以上）或过低（22℃ 以下）都可影响 *Taq* DNA 聚合酶的活性。*Taq* DNA 聚合酶的热稳定性是该酶用于 PCR 反应的前提条件,也是 PCR 反应能迅速发展和应用的主要原因。

Taq DNA 聚合酶是 Mg^{2+} 依赖性酶,该酶的催化活性对 Mg^{2+} 浓度改变非常敏感,Mg^{2+} 浓度过高就抑制酶活性。该酶只有 $5' \rightarrow 3'$ 聚合酶活性,无校对活性,所以在其产物中易产生错配碱基。*Taq* DNA 聚合酶还具有非模板依赖的聚合酶活性,可将 PCR 双链产物的每一条链 $3'$ 末端加入单 A 核苷酸,使 PCR 产物具有 $3'$ 突出的单核苷酸末端;另一方面,在仅有 dTTP 存在时,它将平端的质粒的 $3'$ 端加入单 T 核苷酸尾。应用这一特性,可实现 PCR 产物的 T-A 克隆。此外,*Taq* DNA 聚合酶还具有逆转录活性,其作用类似于逆转录酶。此活性温度一般为 65～68℃,有 Mn^{2+} 存在时,其逆转录活性更高。

②*Tth* DNA 聚合酶。该酶是从 *Thermus thermophilus* HB8 中纯化的,在高温和 $MnCl_2$ 条件下,能有效地逆转录 RNA,当加入 Mg^{2+} 后,聚合活性大大增加,从而使 DNA 合成与扩增可用一种酶催化。

③高保真 DNA 聚合酶。*Pfu* DNA 聚合酶是从 *Pyrococcus furiosis* 中精制而成的高保真耐高温的 DNA 聚合酶,具有 $3' \rightarrow 5'$ 核酸外切酶活性,不具有 $5' \rightarrow 3'$ 核酸外切酶活性,可校正 PCR 扩增过程中产生的错误碱基。

Vent DNA 聚合酶是从 *Litoralis* 栖热球菌中分离的,具有 $3' \rightarrow 5'$ 外切酶活性,不具有 $5' \rightarrow 3'$

核酸外切酶活性,可以去除错配的碱基,具有校对功能。

高保真 DNA 聚合酶催化合成的 PCR 产物是平末端,不能直接用 T-A 法进行 PC′R 产物克隆。

2.3.2.3　逆转录酶

逆转录酶也叫作依赖于 RNA 的 DNA 聚合酶或 RNA 指导的 DNA 聚合酶。该酶首先是于 1970 年从白鼠血病毒和劳氏肉瘤病毒中发现的,迄今为止已经从许多种 RNA 肿瘤病毒中纯化提取了这种酶。目前普遍使用的商品化的逆转录酶主要有两种:一种来自鸟类骨髓母细胞瘤病毒;另一种来自鼠白血病病毒。鸟类骨髓母细胞瘤病毒逆转录酶的分子质量约为 157 ku,由 α 和 β 两条多肽链组成,其中 α 肽链具有反转录酶和较强的 RNase H 活性。RNase H 是一种核酸外切酶,它能特异地降解 RNA-DNA 杂交分子中的 RNA 链。β 链具有以 RNA-DNA 杂交分子为底物的 $5'→3'$ 脱氧核酸外切酶活性。

逆转录酶是基因工程中一种非常重要的酶,在一段引物和一条模板分子存在时,有 $5'→3'$ 方向的聚合活性。逆转录酶在基因工程操作中的主要用途如下:

①以 mRNA 为模板合成 cDNA,是逆转录酶的最主要的用途,还可以用于以单链 DNA 或 RNA 为模板合成核酸探针;

②RNA 及 DNA 的双脱氧测序;

③具有 $5'$ 突出末端的 DNA 片段作末端标记;

④用引物伸长法组建 mRNA $5'$ 末端的物理图谱;

⑤双链 DNA $3'$ 隐蔽末端的修复。

2.3.2.4　DNA 连接酶

基因工程的核心技术是 DNA 重组技术,主要为异源 DNA 分子之间的连接。如果说限制性核酸内切酶好像裁缝的"剪刀",能够将 DNA 分子切割成不同大小的片段,那么 DNA 连接酶就是"针线"。因此,DNA 连接酶是基因工程中必不可少的工具酶。

(1)DNA 连接酶的类型

DNA 聚合酶能够合成新的核酸链,但不能将两条 DNA 链连接起来或者封闭单链 DNA。细菌的基因组 DNA 是环形的,复制后的 DNA 是线形的,那么线形的 DNA 分子如何变成环形的呢? DNA 环化现象的存在促使人们于 1967 年发现了能使 DNA 连接起来的大肠杆菌 DNA 连接酶。1970 年,发现了由大肠杆菌 T4 噬菌体编码的 T4 DNA 连接酶。

根据 DNA 连接酶的来源不同,可将其分为 3 类:一种是来自大肠杆菌的 DNA 连接酶;另一种是由大肠杆菌 T4 噬菌体 DNA 编码的 T4 DNA 连接酶;还有一种是从嗜热高温放线菌中获得的热稳定的 DNA 连接酶(在 80℃ 下都有较好的连接活性)。此外,哺乳动物中也发现了 4 种 DNA 连接酶。目前常用的 DNA 连接酶主要是大肠杆菌 DNA 连接酶和 T4 DNA 连接酶。

大肠杆菌的 DNA 连接酶是一条分子质量为 75 ku 的多肽链,对胰蛋白酶敏感可被其水解。该酶用 NAD^+ 作辅助因子,只能连接具有突出末端的双链 DNA 分子,但如果在聚乙二醇(PEG)及高浓度一价阳离子存在的条件下,也能连接平滑末端的 DNA 分子,但不能催化 DNA 的 $5'$-P 末端与 RNA 的 $3'$-OH 末端以及 RNA 之间的连接。T4 DNA 连接酶分子也是一条多肽链,分子质量为 60 ku,其活性很容易被浓度为 0.2 mol/L 的 KCl 和精胺所抑制。此酶的催化过程需要 ATP 辅助。T4 DNA 连接酶可连接 DNA-DNA、DNA-RNA、RNA-RNA

和双链 DNA 黏性末端或平头末端。因此在基因工程中有广泛的用途。T4 DNA 连接酶对不同末端 DNA 分子的连接要求及结果见表 2-3。

表 2-3　T4 DNA 连接酶连接要求和结果

外源 DNA 末端性质	连接要求	连接结果
不对称性黏性末端	两种限制性内切酶消化后，需纯化载体以提高效率	载体与外源 DNA 连接处的限制性内切酶酶切位点常可保留；非重组克隆的背景较低；外源 DNA 可以定向回插入载体中
对称性黏性末端	线形载体 DNA 常需脱磷处理	载体与外源 DNA 连接处的限制性内切酶酶切位点常可保留；重组质粒会带有外源 DNA 的串联拷贝；外源 DNA 会以两个方向插入载体中
平端	要求高浓度的 DNA 和连接酶	载体与外源 DNA 连接处的限制性内切酶酶切位点消失；质粒会带有外源 DNA 的串联拷贝；非重组的克隆背景较高

（2）DNA 连接酶的特点

DNA 连接酶是一种封闭 DNA 链上缺口的酶。借助 ATP 或 DNA 水解提供的能量催化 DNA 链的 5-P' 与另一 DNA 链的 3'-OH 生成磷酸二酯键。但这两条链必须是与同一条互补链配对结合的（T4 DNA 连接酶除外），而且必须是两条紧邻 DNA 链才能被 DNA 连接酶催化成磷酸二酯键。DNA 连接酶不能连接两条单链的 DNA 分子或环化单链 DNA 分子，但可以连接带有缺口的 DNA 分子、平末端的 DNA 分子、带有突出末端的 DNA 分子。

2.3.2.5　核酸修饰酶

（1）末端脱氧核苷酸转移酶

末端脱氧核苷酸转移酶（terminal deoxynucleotidyl transferase，TdT），简称末端转移酶（terminal transferase），是从小牛胸腺中纯化出来的一种分子质量为 60 ku 的核酸修饰酶。这种酶能够不依赖 DNA 模板，在单链或双链 DNA 分子的 3'-OH 末端逐个添加脱氧核苷酸。当反应体系中只有一种 dATP 时，可以在 3' 端形成单一核苷酸的同聚物尾巴。

末端脱氧核苷酸转移酶起作用需要二价阳离子。在 Mg^{2+} 作用下，受体 DNA 可以是具有 3'-OH 末端的单链 DNA，也可以是具有 3'-OH 突出末端的双链 DNA。如果用 Co^{2+} 代替 Mg^{2+} 作为辅助因子，平末端的 DNA 分子也可以成为它的有效底物。

在基因工程中，末端脱氧核苷酸转移酶的主要用途是分别给外源 DNA 片段及载体加上互补的同聚物尾巴，使它们可以方便地连接起来。有时同聚物加尾还可以再生限制性内切酶的酶切位点。除此之外，该酶还可以标记 DNA 片段的 3'-末端，也可按照模板合成多聚脱氧核苷酸的同聚物。

末端转移酶除了用于同聚物加尾克隆 DNA 片段之外，还具有其他若干方面的重要用途。①通过核苷酸 3'-末端标记检测 DNA 损伤。正常的或正在增殖的细胞几乎没有 DNA 的断裂，因而没有 3'-OH 形成，但凋亡细胞由于 DNA 断裂出现大量 3'-OH，因此判断细胞是否发生凋亡，可以采用末端转移酶在断裂的 DNA 3'-OH 上添加带标记的核苷酸，即可判断细胞 DNA 损伤程度，从而推断细胞凋亡的发生。②可催化非放射性的标记物掺入到 DNA 片段的 3'-末端，如生物素-11-dUTP 等，在末端转移酶作用下，当这些核苷酸掺入之后，便可分别作为非放射性标记物荧光染料及抗生物素蛋白接合物(avidin conjugates)的接受位点。

（2）T4 多核苷酸激酶

T4 多核苷酸激酶(T4 polynucleotide kinase, T4 PNK)来源于大肠杆菌的 T4 噬菌体的 pseT 基因。而且迄今为止，在多种哺乳动物的细胞中也发现了这种激酶。现在商品化的 T4 多核苷酸激酶是原核细胞表达的产物。

T4 多核苷酸激酶有两种活性：一种是正向反应，催化 γ-磷酸从 ATP 分子转移给 DNA 或 RNA 分子的 5′-OH 末端，这种作用不受底物分子的长短限制，甚至对单核苷酸也同样适用，常用来标记核酸分子的 5′-末端，或是使寡核苷酸磷酸化。另一种是逆向反应，催化 5′-P 交换，活性较低。在超量 ADP 存在的情况下，T4 多核苷酸激酶能够催化 DNA 分子的 5′-P 与 γ-^{32}P-ATP 发生交换，从而标记 DNA 分子的 5′-末端。

T4 多核苷酸激酶在基因工程中的用途不仅可标记 DNA 的 5′-末端。而且还可以使缺失 5′-P 末端的 DNA 发生磷酸化作用。

（3）碱性磷酸酶

碱性磷酸酶能够将单链或双链 DNA 分子或 RNA 分子脱去 5′-磷酸基团。将 5′-磷酸转换成 5′-OH。碱性磷酸酶催化所有磷酸单酯的水解，不能催化磷酸二酯及磷酸三酯的水解，但能催化 ATP 等焦磷酸键的水解。

在基因工程中，碱性磷酸酶与 T4 多核苷酸激酶一起，可标记 DNA 分子的 5′-末端。先用碱性磷酸酶除去 DNA 分子的 5′-磷酸基团，再用 T4 多核苷酸激酶加上标记的 5′-磷酸，从而使 5′-末端标记。另外在 DNA 体外重组中，为了防止线性载体分子发生自我连接，也需要从这些 DNA 片段上除去 5′-P 基团。

（4）核酸外切酶

核酸外切酶(exonodeases)是一类从多核苷酸链的一端开始按序催化降解核苷酸的酶。按作用特性的差异可分为单链的核酸外切酶和双链的核酸外切酶。前者包括大肠杆菌核酸外切酶Ⅰ(exo Ⅰ)和核酸外切酶Ⅶ(exo Ⅶ)等，后者有大肠杆菌核酸外切酶Ⅲ(exo Ⅲ)，λ 噬菌体核酸外切酶(λexo)，以及 T7 噬菌体基因 6 核酸外切酶等。

大肠杆菌核酸外切酶Ⅶ能够从 5′-末端或 3′-末端降解 DNA 分子，产生出寡核苷酸短片段，不需要 Mg^{2+}，甚至在 10 mmol/L EDTA 环境中仍能保持着完全的酶活性。核酸外切酶Ⅶ可以用来测定基因组 DNA 中的间隔子和表达子的位置，它只切割末端有单链突出的 DNA 分子，实际操作时需要配合解旋酶使用。

大肠杆菌核酸外切酶Ⅲ的主要活性是具有双链 DNA 的 3′→5′外切酶活性。这种酶对双链 DNA 具有高度特异性，能降解平末端、3′-隐蔽末端及有切口的 DNA，但是不能降解 3′-突出末端。所以，可以用产生不同末端的限制酶通过双重降解(double digestion)后，利用该酶的 3′→5′的外切酶活性。从一端降解，得到互补的单链 DNA 和 5′-P 单核苷酸。大肠杆菌核酸外切酶Ⅲ(exo Ⅲ)通过其 3′→5′外切酶活性使双链 DNA 分子产生出单链区，经过这种修饰的 DNA 再配合使用 Klenow 酶，同时加进带放射性同位素的核苷酸，便可以制备特异性的放射性探针。

T7 噬菌体基因 6 核酸外切酶是大肠杆菌 T7 噬菌体基因 6 的编码产物，该酶作用于双链 DNA，沿 5′→3′方向催化去除 5′-单核苷酸，但它既能从 5′-末端起始消化，也能从双链 DNA 的切口或缺口处起始消化。它既能降解 5′-P 末端 DNA 也能降解 5′-OH 末端 DNA。

在基因工程中,这两种外切酶主要有两种用途,一是将双链 DNA 转变成单链 DNA,二是降解双链 DNA 的 5′突出末端。

(5)单链 DNA 内切酶

①S1 核酸酶。S1 核酸酶来源于稻谷曲霉(*Aspergillus oryzae*),是单链特异的核酸内切酶,在最适的酶催反应条件下,降解单链 DNA 的速率要比双链 DNA 的快 75 000 倍。这种酶需要低水平的 Zn^{2+},最适 pH 范围为 4.0~4.3。

S1 核酸酶的主要功能是,能将 DNA 或 RNA 降解成为酸可溶性 5′-P 核苷酸,最终 90% 以上被降解为 5′-P 单核苷酸,也可以降解双链核酸中的单链部分。如果所用 S1 核酸酶酶量过大,则双链核酸可以被完全消化;而中等量的 S1 核酸酶可在切口或小缺口处切割双链 DNA。假如两种不同来源的 DNA 分子之间仅有一个碱基对是非互补的,那么在它们所形成的异源双链 DNA 分子中,便只有一个碱基对是错配的,S1 核酸酶能够在这个错配的碱基对位置使 DNA 分子断裂。不过 S1 核酸酶却不能使天然构型的双链 DNA 和 RNA-DNA 杂种分子发生降解。

S1 核酸酶在基因工程中的作用:a. 分析 DNA-RNA 杂交体的结构;b. 去除 DNA 片段中突出的单链末端以产生平末端;c. 打开双链 cDNA 合成中产生的发夹环。

②*Bal* 31 核酸酶。*Bal* 31 核酸酶来源于海洋性细菌(*Alteromonas espejiana* BAL 31),是在菌体外产生的酶。该酶具有高度特异的单链脱氧核糖核酸内切酶活性,也可在缺口或超螺旋卷曲瞬间出现的单链区域降解双链环状 DNA;没有单链时也作用于双链 DNA,表现出从 DNA 两端同时降解的 5′→3′ 及 3′→5′ 的外切酶活性,最终产物为 5′-P 单核苷酸。*Bal* 31 核酸酶具有核糖核酸酶活性,能降解 rRNA 和 tRNA。该酶反应需要 Ca^{2+} 和 Mg^{2+} 为辅助因子。Ca^{2+} 的特异螯合剂 EGTA 可终止该酶的水解反应。

Bal 31 核酸酶主要用途如下:a. 从 DNA 片段的两端限定降解(制作缺失)。缺失的长度一般适合于 100~1 000 个碱基。制作 100 bp 以下缺失时,可与 S1 和 *exo* Ⅲ组合使用;b. 绘制 DNA 限制性核酸内切酶图谱;c. 研究超螺旋 DNA 的二级结构和致畸剂引起的双链 DNA 螺旋结构变化。

(6)甲基化酶

真核生物和原核生物中存在大量的甲基化酶。原核生物甲基化酶是作为限制-修饰系统中的一员,用于保护宿主 DNA 不被相应的限制性核酸内切酶所切割。许多Ⅱ类限制性核酸内切酶都有相应的甲基化酶伙伴,甲基化酶的识别位点与限制性核酸内切酶相同,并在识别序列内使某位碱基甲基化,从而封闭该酶切口。这类甲基化酶的命名常在相对应的限制性核酸内切酶名字前面冠以 M。例如,*Eco*R Ⅰ的甲基化酶 M.*Eco*R Ⅰ催化 SAM 上的甲基基团转移到 *Eco*R Ⅰ识别序列中的第三位腺嘌呤上,经过 M.*Eco*R Ⅰ处理的 DNA 分子便不再为 *Eco*R Ⅰ所降解。有时一种甲基化酶在封闭一个限制性核酸内切酶切口的同时,却产生出另一种酶的切口,如两个串联的 *Taq* Ⅰ识别位点经 M.*Taq* Ⅰ甲基化封闭后,出现了一个依赖于甲基化的限制性核酸内切酶 *Dpn* Ⅰ的切割位点。

①甲基化酶种类。大肠杆菌中大多数都有 3 个位点特异性的 DNA 甲基化酶,即 DNA 腺嘌呤甲基化酶 *dam*(DNA adenine methylase),DNA 胞嘧啶甲基化酶 *dcm*(DNA cytosine methylase)和 *Eco*KI甲基化酶。前两类酶本身没有限制性内切酶活性。*dam* 酶可在 5′-GATC-3′序列中嘌呤 N6 位置上引入甲基基团,而 *dcm* 酶则在序列 5′-CCAGG-3′或 5′-CTGG-3′中的胞嘧啶 C5

位置上甲基化,使从大肠杆菌细胞中提取的 DNA(包括染色体 DNA 和质粒 DNA)不能被某些限制性核酸内切酶切开。值得注意的是一些限制性核酸内切酶的识别序列本身不含有完整的 dam 或 dcm 甲基化酶识别序列,但在其左右两侧的核苷酸也许构成了完整的甲基化酶识别序列。例如,Cla I 的识别序列为 5′-ATCGAT-3′,当其 5′端外侧含有 G,或 3′端外侧含有 C,或两者同时出现时,便成为 dam 甲基化酶的修饰靶子,而真正的甲基化位点却在 Cla I 的识别位点内。dam 酶的这种甲基化修饰作用反而增加了 Cla I 酶的切割位点特异性,其有效的识别切割序列不再是 5′-NATCGATN-3′,而是 5′-(C/T/A)ATCGAT(A/T/G)-3′。此特性的限制性核酸内切酶还有 Xba I(1/16)、Taq I(1/16)、Mbo II(1/16)、Hph I(1/16)。另一方面,有些限制性核酸内切酶的活性对 dam 和 dcm 的甲基化修饰并不敏感。例如,Bam H I、Bgl II、Pvu II、Sau3A I、Xho II、Bcl I、Mbo I 等酶的识别位点中均含有 5′-GATC-3′序列,但前四个酶的 DNA 切割活性并不为腺嘌呤的甲基化作用所限制,这可能与限制性核酸内切酶本身的空间结构以及 DNA 切割的机制不同有关。EcoK I 甲基化酶识别 5′-AC(N)$_6$GTGC-3′和 5′-GCAC(N)$_6$GTT-3′序列,使这些序列中腺嘌呤的 N6 位置引入甲基基团。但这种甲基化酶的识别位点少(1/8 kb),所以研究较少。

②依赖于甲基化的限制系统。大肠杆菌中至少有 3 种依赖于甲基化的限制系统 mcrA、mcrBC、mrr,它们识别的序列各不相同,但只识别经过甲基化的序列,都限制由 CpG 甲基化酶(M.Sss I)作用的 DNA。Mrr 限制^{m6}A;McrA 限制 Hpa II 甲基化修饰的位点;McrBC 切割两套位点(G/A)^{m}C,这两套位点之间间隔 2 kb,最适为 55～103 bp,反应需要 GTP;大多数常用的大肠杆菌都含有这三个限制系统中的一个或几个,3 个都不限制 dcm 修饰的位点。

③甲基化对限制性核酸内切酶酶切的影响。

a. 修饰酶切位点:通过甲基化酶的作用,可使原来被限制性核酸内切酶识别的序列不受该酶的切割作用。例如,Hinc II 可识别 4 个位点(GTCGAC、GTCAAC、GTTGAC 和 GTTAAC),甲基化酶 M.Taq I 可甲基化 TCGA 中的 A,所以 M.Taq I 处理 DNA 后,GTCGAC 将不受 Hinc II 切割。M.Msp I 修饰的产物为^{m5}CCGG,在 Bam H I 识别位点 GGATCC 前面如果为 CC 或后面为 GG,那么经 M.Msp I 处理 DNA GGAT^{m5}CCGG 对 Bam H I 不敏感(即抵抗切割)。

构建 DNA 文库时,用 Alu I(AG↓CT)和 Hae III(GG↓CC)部分消化基因组 DNA 后,将得到的片段用 M.EcoR I 甲基化酶处理,然后加上合成的 EcoR I 接头,再用 EcoR I 来切割时只有接头上的位点可被切割,从而保护基因组片段。

b. 产生新的酶切位点:通过甲基化修饰可产生新的酶切位点。Dpn I 是依赖甲基化的限制酶,TCGATCGA 受 M.Taq I 处理后形成甲基化 A 产物 TCG * ATCG * A,其中 G * ATC 即为 Dpn I 的识别位点。

c. 对基因组作图的影响:在研究哺乳动物^{m5}CG、植物^{m5}CG 和^{m5}CNG、肠道细胞 G^{m6}ATC 的甲基化水平和分布时,利用限制性核酸内切酶对甲基化的敏感性差异,大有作为。

2.3.3　基因载体

基因克隆过程中往往需要借助特殊的工具才能使外源的 DNA 分子进入宿主细胞中进行复制和表达。而这种携带外源目的基因的 DNA 片段进入宿主细胞进行复制和表达的工具被称为载体。绝大多数分子克隆实验所使用的载体是 DNA 双链分子。

从理论上讲,任何 DNA 分子均可以以物理渗透的方式进入生物细胞中,但这种方式频率极低,以至于在常规的实验中难以检测到。某些种类的载体 DNA 分子本身具有高效转入受体细胞的特殊生物学效应,因此由载体运载外源基因进入受体细胞的概率比外源 DNA 片段单独导入要高几个数量级。当外源基因进入受体细胞后或直接整合在受体细胞染色体 DNA 的某个区域内,作为其一部分复制并遗传;或者独立于受体细胞染色体 DNA 而存在。在后一种情况下,载体 DNA 分子为外源基因提供独立的复制功能,因此外源基因的扩增依赖于载体分子在受体细胞中的高拷贝自主复制的能力,这种能力通常由载体 DNA 上的若干相关元件和基因编码。同时,外源基因高效表达所需的调控元件一般也由载体分子提供。

应当指出的是,DNA 重组克隆的目的不同,对载体分子的性能要求也不同。但对于所有不同用途的载体而言,为外源基因提供复制或整合能力是必不可少的,因此通常选择生物体内天然存在的质粒 DNA 或病毒(噬菌体)DNA 作为载体蓝本,并采用分子克隆操作技术对之进行必要的修饰和改造,以满足 DNA 重组克隆和基因表达对载体的性能要求。

一个理想的载体至少应具备下列四个条件:①具有对受体细胞的可转移性或亲和性,以提高载体导入受体细胞的效率;②具有与特定受体细胞相匹配的复制位点或整合位点,使得外源基因在受体细胞中能稳定复制并遗传;③具有多种且单一的核酸内切酶识别切割位点,有利于外源基因的拼接插入;④具有合适的选择性标记,便于重组 DNA 分子的检测。载体的可转移性和可复制性取决于它与受体细胞之间严格的亲缘关系,不同的受体细胞只能使用相匹配的载体系统。

2.3.3.1　质粒载体

质粒(plasmid)是一类天然存在于细菌和真菌细胞中能独立于染色体 DNA 之外而自主复制的共价闭合、环状双链 DNA 分子(covalently closed circular DNA),大小通常在 1～500 kb。质粒并非其宿主生存所必需的,但赋予宿主某些抵御外界环境因素不利影响的能力,如抗生素的抗性、重金属离子的抗性、细菌毒素的分泌以及复杂化合物的降解等,上述性状均由质粒上相应的基因编码控制。

(1)质粒的生物学特点

①质粒 DNA 的自主复制性。质粒 DNA 拥有自己的复制起始位点(origin,简称 *ori*)以及控制复制频率(或质粒拷贝数)的调控基因,有些质粒还携带特殊的复制因子编码基因,形成一个独立的复制子结构(replicon)。因此,质粒 DNA 能够摆脱宿主染色体 DNA 复制调控系统的束缚而进行自主复制,并产生少则一至几个,多则成百上千个拷贝数。野生型质粒的自主复制既可通过反义 RNA 及相关蛋白因子(如 Rop 蛋白等)与复制引物的互补钝化作用进行负调控,也可通过 *rep* 和 *cop*/*inc* 基因编码产物与复制阻遏物的相互作用进行正调控,从而保证质粒在特定宿主细胞中维持恒定的拷贝数。

②质粒的复制性。在革兰氏阴性细菌中,质粒的复制呈严紧型(stringent)复制和松弛型(relaxed)复制两种模式。严紧型质粒(如 pSC101 和 p15A 等)的复制由宿主细胞内的 DNA 聚合酶Ⅲ介导,并受质粒编码型蛋白因子正调控,这些蛋白因子极不稳定,因而在宿主正常生长过程中每个细胞通常只能复制产生 1～5 个质粒拷贝;松弛型质粒(如 pMB1 和 ColE1 等)的复制需要半衰期较长的 DNA 聚合酶Ⅰ、RNA 聚合酶以及其他复制辅助蛋白因子的参与,当宿主细胞内蛋白质合成减弱或完全中断时,质粒仍能持续复制,因此这类质粒在每个宿主细

胞中通常具有较高的拷贝数(30~50)。作为一种极端情况,当宿主细胞进入生长后期,加入氯霉素(最终浓度为 10~170 μg/mL)抑制蛋白质的生物合成,阻断宿主菌的大部分代谢途径,则松弛型质粒利用丰富的原料及能量大量复制,最终每个细胞可积累上百个拷贝,这种操作称为质粒的氯霉素扩增。

③质粒的可转移性。在天然条件下,许多野生型质粒可以通过细菌接合作用转移到新的宿主细胞内,这一转移过程依赖于质粒上的移动基因 mob、转移基因 tra、顺式作用元件 bom 及其内部的转移缺口位点 nic。如 F 因子携带这些基因,其编码的蛋白质能使两个细菌间形成纤毛状细管连接的接合,遗传物质可以通过细管在两个细菌间进行传递。质粒 pBR332 是常用的质粒克隆载体,本身不能进行结合转移,但含有转移起始位点 nic,可在第三个质粒(如 ColK)编码的转移蛋白作用下,通过结合质粒来进行转移。

④质粒的不亲和性。在没有选择压力的情况下,具有相同或相似复制子结构及其调控模式的两种不同的质粒不能稳定地共存于同一受体细胞内。在细胞的增殖过程中有一种会被逐渐排斥掉。这样的两种质粒成为不亲和质粒。对于单拷贝质粒来说,当两种不相容的质粒同时进入受体细胞后,由于它们拥有相同或相似的复制子结构以及质粒拷贝控制机制,因此两者并不复制,待受体细胞分裂时,两者被分配在两个子细胞中;在多拷贝质粒的情况下,虽然两种不相容型质粒均可复制,但由于两者复制的起始频率是随机的,且相互竞争宿主细胞内的复制蛋白因子(如 Rep 蛋白),因而在细胞分裂前期两种质粒的拷贝数并不完全均等。又因为这些不相容型质粒在两个子细胞中的分配只能按照拷贝数均分,无法辨认质粒的身份,因此造成两个子代细胞中拥有拷贝数并不均等的两种质粒。这样经过若干次细胞分裂后,必然导致两种质粒在细胞中的独占性。

(2)质粒的分类及用途

人工构建的载体质粒根据其功能和用途可分为下列几类:

①克隆质粒。这类质粒常用于克隆和扩增外源基因,它们或者拥有氯霉素可扩增的松弛型复制子结构,如 pBR 系列;或者复制子经过人工诱变(如在 RNA Ⅱ 编码基因内引入点突变),解除质粒复制的负控制效应,使质粒在每个细胞中可达数百甚至上千个复制拷贝,如 pUC 系列。

②测序质粒。这类质粒通常能高拷贝复制,并拥有多克隆位点序列,便于各种 DNA 片段的克隆与扩增。在多克隆位点的两侧设有两个不同的引物序列,使重组质粒经变性后即可进行 DNA 测序反应,如 pUC18/19(图 2-7);另一种测序质粒是大肠杆菌 M13 噬菌体 DNA 与质粒 DNA 的杂合分子,如 M13mp 系列,它们在受体细胞中复制后能以特定的单链 DNA 形式分泌至细胞外,克隆在这种质粒上的外源基因无须变性即可直接用于测序反应。

③整合质粒。这类质粒拥有噬菌体整合酶编码基因(int)及其整合特异性位点(attP)序列,在外源基因通过多克隆位点酶切连接到这种质粒上后,外源基因进入受体细胞后,能准确地重组整合在受体细胞染色体 DNA 的 attB 特定位点处。

④穿梭质粒。这类质粒拥有两套亲缘关系不同的复制子以及相应的选择性标记基因,因此能在两种不同种属的受体细胞中复制和遗传,如大肠杆菌-链霉菌穿梭质粒、大肠杆菌-酵母穿梭质粒等。克隆在此类质粒中的外源基因不必更换载体,便可直接从一种受体转入另一种受体中。

⑤探针质粒。这类载体被设计用来筛选克隆基因的表达调控元件,如启动子和终止子等。

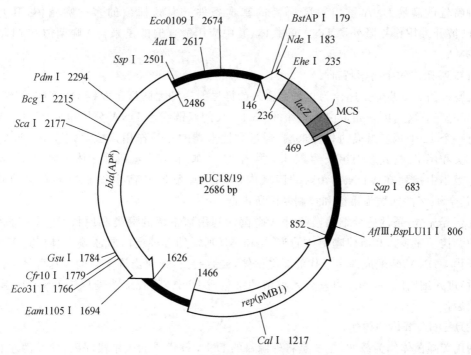

图 2-7 质粒 pUC 18/19 图谱

它通常装有一个可以定量检测其表达程度的报告基因(如抗生素的抗性基因或显色酶编码基因),由于报告基因缺少相应的启动子或终止子,因此载体分子本身不能表达报告基因。只有当含启动子或终止子活性的外源 DNA 片段插入至载体的合适位点时,报告基因才能表达,而且其表达量的大小能直接表征被克隆基因表达控制元件的强弱。

⑥表达质粒。这类载体在多克隆位点的上游和下游分别装有两套转录效率较高的启动子、合适的核糖体结合位点(SD 序列)以及强有力的终止子,使得克隆在合适位点上的任何外源基因均能在受体细胞中高效表达,如 pSPORT 系列和 pSP 系列;除此之外,有的表达质粒还装有特殊的寡肽标签编码序列(如 His-tag 和 Flag-tag 等),便于表达产物进行亲和层析分离,如 pET 系列。

(3)质粒的分离与纯化

实验室中通常使用碱裂解法来提取载体质粒。这种方法的操作步骤如下:①将菌体悬浮在含 EDTA 的缓冲液中;②加入溶菌酶裂解细菌细胞壁;③加入 SDS-NaOH 混合液,去膜释放细胞内含物;④加入高浓度的醋酸钾缓冲液沉淀染色体,离心去除染色体 DNA 及大部分蛋白质;⑤上清液用苯酚-氯仿溶液处理,去除灭活痕量的蛋白质和核酸酶;⑥用乙醇或异丙醇沉淀水相的质粒;⑦用不含 DNase 的 RNase 降解残余的 RNA 小分子。用此法制备的质粒 DNA 纯度较高,可根据需要量进行制备,但该方法存在操作烦琐,且提取的质粒 DNA 中存在着一定比例的开环结构。

2.3.3.2 噬菌体载体

噬菌体是一类细菌、病毒的总称,一个噬菌体的颗粒感染了一个细菌细胞后,便可迅速形成数百个子代噬菌体。噬菌体在感染宿主细胞时,能通过物种特异性的感染方式将其基因组 DNA 或 RNA 高效导入宿主细胞内,并独立于宿主基因组而大量复制和增殖,噬菌体的这种特性能满足 DNA 重组克隆所需的基本条件。大肠杆菌的多种噬菌体,其基因组 DNA 已被开发用作克隆外源 DNA 的载体,其中应用最普遍的是来自 λ 噬菌体和 M13 噬菌体的 DNA。

(1)λ 噬菌体的生物学特征

大肠杆菌 λ 噬菌体是迄今为止研究得最为详尽的一种大肠杆菌双链 DNA 噬菌体。它是一种温和型噬菌体,由外壳蛋白和一个 48.5 kb 长的双链线形 DNA 分子组成。λ-DNA 的两端各有一个 12 个碱基组成的黏性末端,通过黏性末端的互补作用形成双链环形 DNA。λ 噬菌体由头和尾组成,其基因组长约 49 kb,共有 61 个基因,其中编码噬菌体头部和尾部结构蛋白的基因集中排列在 λ-DNA 40% 的区域内,与 DNA 复制及宿主细胞裂解有关的基因占 20%,其余 40% 的区域为重组和控制基因所占据。

在营养充分、条件适合细菌繁殖时,λ 噬菌体利用宿主菌的酶类和原料,利用 λ 噬菌体基因组的调控顺序表达和组建噬菌体的头、尾和尾丝所需的各种蛋白质,λ 噬菌体经过多次复制合成子代 λ-DNA,装配成许多子代的 λ 噬菌体,最后裂菌,释放出许多新的 λ 噬菌体。另一种情况时,进入细菌的 λ-DNA 可整合入细菌的染色质 DNA,随着细菌染色体 DNA 复制,传递给细菌后代。

(2)λ-DNA 载体的构建

利用 λ 噬菌体作为载体,主要是将外源目的 DNA 替代或插入中段序列,使其随左右臂一起包装成噬菌体,感染大肠杆菌,并随着噬菌体的溶菌繁殖而繁殖。野生型的 λ 噬菌体本身存在着种种缺陷,必须对之进行多方面的改造才能满足一个理想载体的要求,这些改造包括以下内容:

①缩短野生型 λ-DNA 的长度,提高外源 DNA 片段的有效装载量。当噬菌体 DNA 长度大于野生型 λ 噬菌体基因组 105% 或小于 78% 时,包装而成的噬菌体存活力显著下降。在不影响其体内复制、裂解以及包装功能的前提下,将 λ-DNA 分子缩小得越多,其有效装载量就越大。位于 λ-DNA 中部的重组整合区以及部分的调控区约占整个分子的 40%(19.4kb),该区域的缺失并不影响 λ-DNA 的复制与裂解周期,因此经上述改造过的 λ-DNA 载体的最大装载量约为 22 kb。

②设计去除 λ-DNA 上的一些限制性酶切位点,引入单一多克隆接头序列以提升重组克隆的可操作性。野生型 λ-DNA 中有很多重复的酶切口,如 5 个 $EcoR$Ⅰ和 7 个 $Hind$Ⅲ等,这些多余的酶切位点必须删除。

③灭活某些与裂解周期有关的基因以防止生物扩散和污染。野生型 λ-DNA 能在几乎所有的大肠杆菌细胞内无性繁殖,极易扩散和传播,有可能对人类构成危害。为安全起见,将无义突变引进 λ 噬菌体裂解周期所需的基因内,如 W、E、S、A 或 B 等。这种携带无义突变的 λ 噬菌体只能在大肠杆菌 K12 的少数实验室菌株中繁殖,因为这些菌株可以通过其独有的特异性校正基因的编码产物(即校正 tRNA)在蛋白生物合成过程中纠正无义突变。

(3)单链噬菌体载体

M13 噬菌体是一种丝状噬菌体,内有一个环状单链 DNA 分子,其基因组 DNA 由 6 407 个核苷酸组成,含有编码 10 种蛋白质的重叠基因,成熟的 M13 噬菌体只含 DNA 正链,但所有的噬菌体基因均由 DNA 负链转录。基因Ⅲ和Ⅷ编码的蛋白质是噬菌体的主要包装成分,基因Ⅲ和Ⅷ编码的蛋白质是噬菌体的主要包装成分,Ⅲ蛋白亚基与 M13 单链紧密结合形成噬菌体的丝状结构。如果将外源 DNA 大片段插入 M13-DNA 中,则蛋白Ⅷ在感染的细菌细胞中大量合成,重组噬菌体的长度也等比例扩大,其包装极限可达 M13-DNA 本身长度的 7 倍。

(4)噬菌体-质粒杂合载体

噬菌体 DNA 和质粒 DNA 作为 DNA 重组的载体各有利弊,若将噬菌体 DNA 某个特征区域(如 λ 噬菌体 DNA 的 cos 区和丝状噬菌体的复制区)与质粒 DNA 重组,则构成的杂合质粒具有更多的优良性能,可大大简化分子克隆的操作。

①黏粒载体。黏粒载体又称考斯质粒(cosmid),它是由人工构建的带有黏性末端 cos 一类质粒。其主要组成有质粒的复制起始区和抗药标记、一种或多种限制酶的单一切点以及 λ-DNA 的 cos 区小片段。由于 λ-DNA 的包装蛋白只识别 cos 信号,与待包装 DNA 的性质无关,因此用质粒 DNA 取代 λ-DNA 便可大幅度地提高外源 DNA 片段的装载量。例如,λ-DNA cos 位点及其附近区域的 DNA 片段为 1.7 kb,质粒 DNA 为 3.3 kb,则由此构成的考斯质粒总长 5.0 kb,其最大装载量便可达 45.9 kb。

考斯质粒的优越性是显而易见的:外源 DNA 片段在体外与考斯质粒重组后,用合适的限制性内切酶将其线性化,使得两个 cos 位点分别位于两端,后者经 λ 噬菌体包装系统在体外包装成具有感染力的颗粒,便能像 λ 噬菌体感染大肠杆菌一样高效进入受体细胞内;由于包装下限的限制,非重组的载体分子即便拥有 cos 位点也不能被包装,因而具有很强的选择性;考斯质粒也可通过常规的质粒转化方法导入受体细胞并得以扩增,载体分子的大规模制备程序与质粒完全相同;考斯质粒上的多克隆位点为外源 DNA 片段的克隆提供了很大的可操作性,而且质粒上的选择性标记可直接用来筛选感染的转化细胞。

与 λ 噬菌体 DNA 不同的是,考斯质粒重组分子进入受体细胞后,依靠质粒 DNA 中的复制子进行自主复制,其拷贝数取决于质粒本身的性质,而且由于重组分子失去了体内包装的能力,故其分离纯化只能采用质粒提取的方法。总之,除了重组分子导入受体细胞的方法与 λ-DNA 相似外,考斯质粒作为克隆载体的全部操作均与质粒完全一致。

②噬菌粒载体。噬菌粒载体是一类由丝状噬菌体 DNA 复制起始位点序列与质粒组成的杂合分子。M13 噬菌体基因Ⅱ和基因Ⅳ之间有一段长度为 508 个核苷酸的间隔区(IG),它不编码蛋白质,却是正负链 DNA 复制的起始终止区域以及单链 DNA 包装的顺式信号位点。将 IG 片段克隆到质粒上所形成的噬菌粒在受体细胞内能随着质粒的自主复制而稳定遗传。含噬菌粒的受体细胞若用一个合适的辅助丝状噬菌体感染,则这个辅助噬菌体的基因Ⅱ表达产物便会反式激活噬菌粒上的 IG 位点,启动噬菌粒以丝状噬菌体 DNA 的复制模式进行复制,形成的单链噬菌粒 DNA 与辅助噬菌体单链 DNA 分别包装成成熟的丝状噬菌体,并分泌至受体细胞外,而被包装的噬菌粒单链 DNA 的性质则取决于 IG 位点的克隆方向。

与 M13-DNA 相比,噬菌粒载体的优点是:a. 具有质粒的基本性质,便于外源 DNA 片段的克隆及重组子的筛选;b. 在一定程度上提高了外源 DNA 片段的装载量,普通的 M13-DNA 系列载体长度为 7 kb,外源 DNA 片段与之重组后通常采用质粒转化方法导入受体细胞,其导入效率在重组分子大于 15 kb 时与重组分子的大小成反比,因此载体分子越小,其装载量越大,而噬菌粒通常只有 M13mp 载体大小的一半;c. M13-DNA 的重组分子在复制时常会发生 DNA 缺失,而噬菌粒重组分子则相对稳定。

2.3.4 基因表达系统

克隆基因的最终目的是为了在宿主细胞中表达。整个表达的过程包括:外源基因插入表达载体连接后形成的重组载体导入宿主细胞,在宿主细胞中表达出目的蛋白并提取纯化。根据宿主细胞的不同,可以分为原核表达系统和真核表达系统。原核生物基因表达系统包括大肠杆菌表达系统、芽孢杆菌表达系统、链霉菌表达系统等。真核生物基因表达系统包括酵母表达系统、丝状真菌表达系统、昆虫表达系统、哺乳动物细胞表达系统、植物生物反应器等。表达系统主要由表达载体和受体细胞两部分组成。这里介绍两种最常用的表达系统:大肠杆菌表达系统和酵母表达系统。

2.3.4.1 大肠杆菌表达系统

大肠杆菌表达系统是目前使用最为广泛的原核表达系统。大肠杆菌基因组较小,目前已完成全基因组测序,全基因组共有 4 405 个开放型阅读框架,大部分基因的功能已被鉴定。大肠杆菌基因克隆表达系统成熟、完善,菌体繁殖迅速,培养简单,操作方便,遗传稳定,已被FDA(美国食品药品监督管理局)批准为安全的基因工程受体生物。目前已经实现商品化的数十种基因工程产品,大部分是由重组大肠杆菌生产的。大肠杆菌作为原核生物,因其表达翻译及翻译后加工系统与真核生物不同,所以在表达真核生物基因蛋白时,具有一定的缺陷。如缺乏对真核生物蛋白质的折叠与修饰,表达的真核生物蛋白质没有活性,细胞周质内含有种类繁多的内毒素,微量的内毒素即可导致人体热原反应。大肠杆菌的基因表达载体有以下几类:

(1)pET 系列载体

大肠杆菌的表达载体种类繁多,但是 Novagen 公司的 pET 表达系统无疑是大肠杆菌蛋白表达的首选。这个经典系统成功的根本原因之一在于其表达能力强及可控性能好。如图2-8 所示,pET30a 是典型的 pET 表达载体。目标基因被克隆到 pET 载体上受 T7 噬菌体启动子控制,而 T7 噬菌体启动子只能被噬菌体 RNA 聚合酶识别,而不能被大肠杆菌的 RNA聚合酶识别。因此,要求用于表达的宿主菌必须能表达 T7 噬菌体的 RNA 聚合酶。大肠杆菌 BL21(DE3)是常用的 pET 表达载体宿主菌。它的基因组中整合了一个 λ 噬菌体的DNA,在 λ 噬菌体的 DE3 区整合了一个 RNA 聚合酶基因,该基因受 *lacUV5* 启动子控制,由于宿主菌的 *lac* I 基因表达阻遏物,阻遏物与 *lacUV5* 启动子结合抑制了 T7RNA 聚合酶基因的表达,那么载体上的目的基因无法表达。当加入诱导剂 IPTG 时,IPTG 与阻遏物结合,启动 T7 噬菌体 RNA 聚合酶的表达,从而启动外源目的基因的表达。许多基因原本以 *E.coli* 内源启动子(如 *tac*、*lac*、*trp* 等)驱动难以获得稳定的克隆和表达,在采用 pET 系统后这些问题得以轻松解决。T7 RNA 聚合酶不仅可以选择性诱导,而且功能强大,一经诱导几乎所有的宿主细胞的资源都被转化用于目的基因的表达。诱导后数小时内,目的基因产物往往能超过总蛋白的 50%。

当外源蛋白表达量大时,容易在细胞质中形成包涵体。通过机械研磨、超声波处理等方法破碎外源蛋白的细胞后,再通过离心、洗涤去除杂蛋白,即可获得包涵体,所得包涵体基本不具备活性。通常利用盐酸胍、尿素和 SDS 等溶解包涵体,再让蛋白复性,重新折叠的蛋白也不一定能表现其应有的活性。

(2)融合蛋白表达载体

表达的外源蛋白,最终目的都是分离纯化。为了方便分离纯化,表达融合蛋白成为常用的

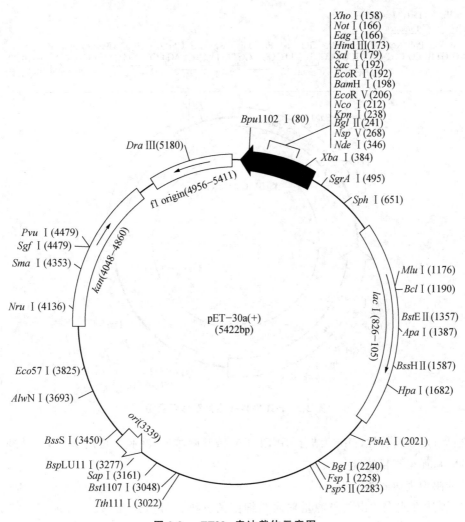

图 2-8　pET30a 表达载体示意图

方法。用于分离的载体蛋白被称为标签蛋白或标签多肽,常用的有谷胱甘肽 S 转移酶(gluta-thione S transferase, GST)、六聚组氨酸肽(6×His)、绿色荧光蛋白(green fluorescent protein,GFP)、FLAG tag(亲水性多肽,DYKDDDDK)等。

　　GST 表达载体由 Amersham 公司开发的系列 pGEX 组成,图 2-9 所示为 pGEX-4T-1,在 tac 启动子与多克隆位点之间加入谷胱甘肽转移酶基因与凝血蛋白酶识别序列的基因。前者表达的融合状态的谷胱甘肽转移酶保持酶的活性,对谷胱甘肽有很强的结合力,后者用于凝血蛋白酶的切割。将谷胱甘肽固定在琼脂糖树脂上形成亲和层析柱,当表达融合蛋白的全细胞提取物通过层析柱时,融合蛋白将吸附在树脂内,其他蛋白就被洗脱下来。然后再用含游离的还原型谷胱甘肽的缓冲液洗脱,再用凝血蛋白酶切割融合蛋白便可获得纯化的目的蛋白。

　　其他融合蛋白系统,如 His-tag(组氨酸标签),在外源多肽的 N 端或 C 端接上 6 个组氨酸(His)。利用组氨酸标签的表达载体较多,在 pET 系列载体中,如 pET30a,在 T7 启动子下游含有一段编码 6 个组氨酸的序列和编码 Xa 因子酶切位点的序列。在 BL21(DE3)菌株表达出

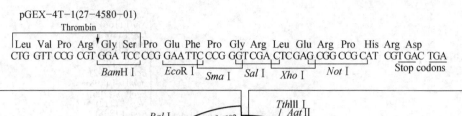

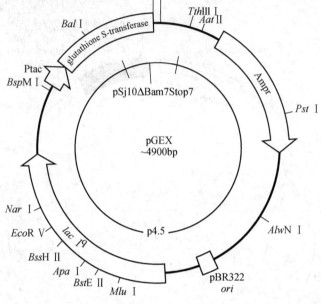

图 2-9　pGEX-4T-1 表达载体示意图

融合蛋白后,可以与镍柱(Ni²⁺)结合,用 EDTA(或咪唑溶液)洗脱。再用 Xa 因子处理可去除标签多肽,从而得到目的蛋白。

(3)分泌型表达载体

这种表达方式表达出的外源蛋白质与细菌的分泌信号肽连在一起,可被宿主菌分泌到细胞外或细胞周质中,可使目的蛋白正确折叠,去除 N 端的甲硫氨酸后,可获得有活性的目的蛋白。常用的载体如 pIN Ⅲ 系列,表达元件有脂蛋白基因启动子(*lp*P)和 *lac*UV5 启动子,调节基因 *lac* Ⅰ,SD 序列和起始密码子,MCS 以及大肠杆菌外膜蛋白基因 *omp*A 分泌信号肽。

可以根据表达蛋白的用途选择基因的表达策略:①如果表达蛋白用于生物化学和分子生物学研究,主要考虑保持蛋白质原有的功能不变,可以采用的表达策略有融合表达或直接表达。②如果表达蛋白用作抗原,主要考虑表达蛋白的快速提纯,表达策略以包涵体形式合成目的蛋白或融合表达目标蛋白(不用去除标签蛋白)。③如果表达蛋白用作结构研究,表达蛋白需要以天然可溶形式产生。表达时考虑因素:适当降低表达温度(高温促进包涵体的形成)及表达水平(高表达促成包涵体的形成);采用合适的表达载体受体菌;外源基因不能带有内含子,必须用 cDNA;须利用原核细胞的调控元件(启动子等),防止外源基因产物对宿主细胞的毒害。

2.3.4.2　酵母表达系统

如果说大肠杆菌表达系统是最常用的原核表达系统,那么酵母表达系统是最常用的真核表达系统。酵母菌是一群以芽殖、裂殖为繁殖方式的单细胞真核微生物,其遗传物质由染色体 DNA、线粒体 DNA 和质粒组成,大多数的酵母菌落面积较大,表面光滑、湿润、黏稠。作为表达系统,酵母菌具有以下优势:①操作与大肠杆菌一样简单;②具有真核生物的蛋白表达后翻译修饰加工系统;③不产生毒素,属于安全基因工程受体系统;④发酵工艺简单、快速、价格低廉;⑤外源蛋白表达水平高。因此酵母表达系统具有极为重要的经济意义和学术价值。

酿酒酵母菌株中含有一个 6 318 bp 的野生型环状质粒,它在宿主细胞核内的拷贝数可维持在 50～100 之间,呈核小体结构,其复制的控制模式与染色体 DNA 相同。2μ 环状质粒内含两个相互分开的 599 bp 长的方向重复序列(inverted repeat sequence,IRs),两者在某种条件下可发生同源重组。除酿酒酵母外,其他几种酵母菌的细胞内也含有野生型的相似质粒,如结合酵母属的 pSR I 等。酿酒酵母基因组上每隔 30～40 kb 便有一个单一自主复制序列(autonomously replicating sequence,ARS),ARS 能使重组质粒的转化效率大幅度提高。酵母自主复制型载体质粒的构建主要包括引入复制子的结构、选择标记基因、克隆位点三部分 DNA 序列。复制子可以来源于宿主染色体的 ARS,也可以来源于 2μ 质粒。前者称 YRp 载体,后者称 YEp 载体。YRp 与 YEp 转化宿主后能自主复制,拷贝数可高达每个细胞 200 拷贝,但是转化子通过几代扩增后容易丢失。

酿酒酵母表达系统常用启动子有以下 3 种:①糖酵解途径中关键酶的强启动子,受葡萄糖诱导,如甘油醛-3-磷酸脱氢酶基因 GAPDH、磷酸甘油激酶基因 PKG 及乙醇脱氢酶基因 ADH 的启动子;②半乳糖激酶启动子(GAL1),受半乳糖诱导、葡萄糖抑制;③pho4 TS-PHO5 启动子,受低温诱导、磷酸盐抑制。酿酒酵母具有较好的分泌系统,其常用分泌信号肽有性结合因子(MF-α)、酸性磷酸酯酶(PHO5)等,前者在酵母系统中具有通用性,分泌效率高。酿酒酵母自身的信号肽保守性低,大多异源宿主系统的信号肽不能互用。酿酒酵母糖基化修饰具有过糖基化(超糖基化修饰)的特点,N 型或 O 型糖基的外链进一步形成庞大的、由甘露糖组成的、复杂分支结构的现象,对增加免疫原性、蛋白活性与药物代谢稳定性均有影响。

酿酒酵母的宿主载体表达系统已成功用于重组异源蛋白的生产,但也暴露出一些问题。如由于乙醇发酵途径的活跃导致生物大分子的合成代谢普遍受到抑制,因此外源基因的表达水平不高;表达载体(YRp、YEp)传代不稳定;此外,酿酒酵母细胞能使异源重组蛋白超糖基化,使得异源蛋白与受体细胞紧密结合而不能大量分泌。上述缺陷可以用非酿酒酵母系统来弥补,如巴斯德毕赤酵母。该表达系统表达的蛋白修饰更接近哺乳动物,能将各种异源蛋白分泌到培养基中。

除了酿酒酵母表达系统外,巴斯德毕赤氏酵母表达系统的应用也比较广泛。巴斯德毕赤氏酵母是一种甲基营养菌,培养基中的甲醇能诱导甲醇代谢途径中各种酶的高效表达,其中研究最为详细的是催化该途径第一步反应的乙醇氧化酶基因 AOX1(alcohol oxidase,AOX),其基因组存在 2 个 AOX 基因,AOX1 与 AOX2。AOX1 与 AOX2 97% 同源,AOX1 占主导地位,负责 AOX 99% 以上活性。AOX 基因启动子是目前发现的最强的真核启动子之一,属于严谨调控型启动子,受甲醇的诱导。巴斯德毕赤氏酵母表达系统较酿酒酵母表达系统具有以下优势:生长迅速,外源蛋白表达水平高,产物可翻译后修饰,包括糖基化、磷酸化、酰脂化,其中过糖基化程度比酿酒酵母弱(8～15 个甘露糖),产物可正确折叠和高效分泌,可利用简单无机盐培养基,高密度发酵,生物量大,实验室和工业操作简单。毕赤氏酵母表达的最适温度是

30℃,最适 pH 4.5,受甘油阻遏,部分过度糖基化,可以高密度发酵。常用的巴斯德毕赤酵母的表达载体有 pPIC3.5K(图 2-10)。目前,已有上百种具有经济意义的蛋白在巴斯德毕赤酵母表达系统中表达成功,实践证明,巴斯德毕赤酵母表达系统优于酿酒酵母表达系统。

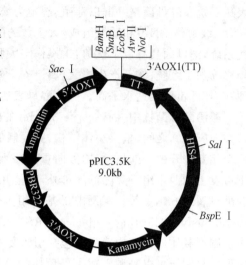

图 2-10　pPIC3.5K 表达载体示意图

目前,利用酵母表达系统已成功表达了许多外源蛋白,如生长因子、人血清白蛋白、破伤风毒素蛋白等。外源蛋白在酵母中表达有两种形式,胞内和胞外。胞内表达水平较高,胞外表达的产物纯化较方便。因巴斯德毕赤氏酵母只分泌很低水平的内源蛋白,分泌表达是其优先选择的方式。一些在其他表达系统中不能分泌表达的蛋白可以在巴斯德毕赤氏酵母中高效分泌表达,如重组乙肝疫苗。重组乙肝疫苗的开发研究起源于 20 世纪 70 年代末,人们努力用大肠杆菌表达系统表达乙肝表面抗原(HBsAg),但是表达量极低。20 世纪 80 年代初开始用酿酒酵母表达系统生产乙肝疫苗。在工业化生产改良中利用巴斯德毕赤氏酵母表达系统表达 HBsAg 显示了更大的优越性,其可获得多于酿酒酵母表达系统 10 倍量的产品。

2.4　同源重组技术

同源重组又被称为基因打靶或基因靶向技术,是 20 世纪 80 年代发展起来的一项重要的分子生物学技术,是通过外源 DNA 与染色体 DNA 之间进行同源重组,使细胞中特定的基因失活(或缺失)或序列发生变化,从而达到精确的定点修饰和基因改造,它具有定位性强、插入基因随染色体 DNA 稳定遗传等优点。运用同源重组对基因进行编辑的方法已经在微生物、植物和动物中取得了成功,尤其对于微生物来说,同源重组技术可以取得较高的基因编辑效率,是应用最为广泛的基因编辑技术。同源重组技术也经常被用来敲除食品微生物的特定基因或基因序列,并以突变体的表型来进一步研究基因功能。

2.4.1　RecA 同源重组系统

同源重组系统存在于大多数生物细胞中,原核生物中研究最多的重组系统是 RecA 重组,其中最典型的代表是大肠杆菌。RecA 重组系统是大肠杆菌的内源性重组系统,由 RecA 和重要的辅蛋白 RecBCD 组成。RecBCD 蛋白具有的核酸外切酶 V 活性,可以降解细菌体内的线性 DNA 分子,而且宿主菌内存在的限制性修饰系统也使外源 DNA 被降解,所以导入的外源 DNA 必须要以环状质粒的状态存在,才能保证不被降解。即将欲敲除基因的上游和下游 DNA 片段和抗生素基因片段通过酶切和连接的方法克隆到质粒的多克隆位点上。这里需要使用自杀质粒(suicide vector)作为载体,构建的自杀质粒载体上应至少包含靶基因两侧 200 bp 的 DNA 序列(交换臂),并在靶基因中间插入抗性基因作为筛选标记。载体构建完成后导入受体菌中,依靠受体菌中的 RecA 重组系统整合到细菌的染色体上。整合到细菌染色体上的自杀质粒还可以发生第二次同源重组,但是重组有两种可能的结果:一种结果是回复到最初的分子状态,自杀质粒和染色体以未整合状态存在;另一种结果是发生双交换,使目标基因失活,所以可以通过抗性基因筛选到基因敲除突变体(图 2-11)。

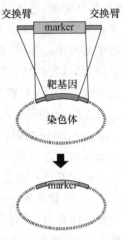

图 2-11　同源重组示意图

上文提到的自杀型质粒载体指的是借助不能够在宿主中复制的质粒对宿主染色体上的靶基因进行突变。此载体的重组具有以下几个特点:第一,该质粒在靶宿主中不能够复制;第二,必须具有一个在靶宿主中可用的抗性标记基因;第三,必须带有与靶宿主染色体高度同源的基因片段。当同源重组载体被导入宿主菌后将会发生两次同源重组,从而对靶基因进行敲除。RecA 同源重组系统具有很长的应用历史,但是存在一些缺点,如:RecA 重组发生的概率较低;需要较长的靶基因同源臂;需要酶切连接和转化等步骤,操作比较烦琐,特别是对那些转化效率比较低的革兰氏阳性菌来说,运用其进行基因敲除更加困难;应用受到内切酶选择的限制,只能选择在敲除载体多克隆位点中所包含的限制性内切酶,并且所选内切酶不能出现在欲敲除基因的上下游 DNA 序列片段和抗生素抗性基因序列上。而在实际的操作中,某些基因的上下游 DNA 片段中可能含有较多的酶切位点序列,这样就会导致很难选择多克隆位点中合适的内切酶,从而限制了其应用。

2.4.2　RecE 同源重组系统

RecET 重组技术将重组激活(recombination activation,Rac)噬菌体的 RecE、RecT 重组基因整合到大肠杆菌染色体上或构建到质粒上,重组过程不依赖 RecA,仅依赖 RecE、RecT,所需的同源臂短,30~50 bp 的同源臂就可以有很高的重组效率,高于 RecA 介导的重组。由于此系统不依赖 Rec 系统,因此可抑制 RecBCD 的活性,并且又不需要较长的同源臂,进而无须事先构建带有长同源臂的环状重组载体,可直接应用 PCR 产物或体外合成的寡核苷酸对靶DNA 分子进行有目的的修饰。

2.4.3　Red 同源重组系统

Red 同源重组系统是目前应用最为广泛的同源重组技术。λ 噬菌体基因编码的 Red 重组系统能够启动细菌染色体与体外 DNA 发生同源重组,Red 重组技术就是利用整合到细菌染色体或质粒中的 Red 系统实现外源 DNA 片段与靶基因的同源重组。Red 同源重组的策略是:第一步,将 Red 同源重组系统(pKD46 质粒)导入受体细胞;第二步,基因重组载体的构建;第三步,将基因重组载体导入受体细胞,在 Red 同源重组系统的作用下,置换靶基因得到重组子;第四步,筛选阳性转化子(以抗性标记初步筛选突变体或进行目的基因功能的失活检测)。

λ 噬菌体的 Red 系统包括 Exo、Beta 和 Gam 三种蛋白:Exo 是一种核酸外切酶,可结合在双链 DNA 的末端,从 DNA 双链的 5′端向 3′端降解 DNA,产生 3′黏性末端;Beta 是一种单链DNA 结合蛋白,在溶液中可自发地形成环状结构,紧紧地结合在由 Exo 降解产生的 3′单链

DNA 黏性末端,防止 DNA 单链被单链核酸酶降解,同时促进该单链 DNA 末端与互补链的退火并在体内重组,Beta 与单链 DNA 分子结合需要 35 个碱基区域。Beta 蛋白在 Red 同源重组过程中起决定性作用,它与大肠杆菌的 RecA 蛋白、Rac 噬菌体的 RecT 蛋白同属一类重组蛋白家族,都具有介导互补单链 DNA 退火的功能;Gam 可以抑制宿主菌的 RecBCD 核酸外切酶对线形双链 DNA 的降解,协助 Exo 和 Beta 完成同源重组。

pKD46 质粒是目前应用最广泛的 Red 同源重组质粒,该质粒含有受阿拉伯糖启动子调控的 *exo*、*bet*、*gam* 基因,具有氨苄青霉素抗性,属于温敏型质粒(temperature sensitive vector)。温敏型质粒在低于某一温度下能够复制,而在高于某一温度条件下该质粒的复制将会被关闭,只有通过靶基因与染色体基因组发生同源重组而整合到染色体中,才能进行复制。相比于自杀型质粒,该载体具有较高的重组效率,同源重组载体导入宿主后在低温下可以让质粒复制获得大量的拷贝数,因此不会受到革兰氏阳性菌转化效率低的限制。同时,当这个质粒整合到染色体上以后,在低温下诱导质粒的复制将会得到更高的剪切效率。

在构建基因重组载体中使用融合 PCR 技术(fusion PCR),不需要内切酶消化和连接酶处理就可以实现不同来源 DNA 片段的体外连接。它的原理是设计具有反向互补末端的引物,PCR 扩增形成具有末端反向互补区域 DNA 片段,通过反向互补序列自身退火进行结合,从而将不用来源 DNA 片段连接起来。利用上述原理,可以将基因上游、抗生素抗性基因和基因下游片段的末端设计成反向互补的引物,通过融合 PCR 的方法简单高效地构建基因重组体。与 RecET 重组技术类似,Red 重组技术所需的同源臂短,但 Red 的重组效率高于 RecET 介导的重组,可直接应用 PCR 产物或体外合成的寡核苷酸对靶 DNA 分子进行有目的的修饰。Red 同源重组不存在对 RecA 蛋白的绝对依赖性,避免了 RecA 蛋白引起的基因重排和随机重组。

❓ 复习思考题

1. 简述核酸的提取方法。
2. 简述 PCR 技术的原理。
3. 简述分子克隆的原理。
4. 基因工程中应用了哪些限制性内切酶和载体? 它们的特点是什么?

■ 参考文献

[1]吴乃虎. 基因工程原理(上). 北京:科学出版社,1998.

[2]邹克琴. 基因工程原理和技术. 杭州:浙江大学出版社,2005.

[3]文铁桥. 基因工程原理. 北京:科学出版社,2014.

[4]金红星. 基因工程. 北京:化学工业出版社,2016.

[5]张慧展. 基因工程. 上海:华东理工大学出版社,2016.

[6]Bertani G,Weigle J J. Host controlled variation in bacterial viruses. . Journal of Bacteriology,1953,65(2):113-121.

[7] Wood W B. Host specificity of DNA produced by *Escherichia coli*: bacterial mutations affecting the restriction and modification of DNA. Journal of Molecular Biology, 1966,16(1):118.

[8] Arber W, Linn S. DNA modification and restriction. Progress in Nucleic Acid Research & Molecular Biology,1969,38(4):467.

■ 推荐参考书

[1]生吉萍,申琳,罗云波. 食品基因工程导论. 北京:中国轻工业出版社,2017.

[2]郭兴华. 益生乳酸细菌:分子生物学及生物技术. 北京:科学出版社,2008.

第 3 章
食品微生物的分子鉴定与分型

本章学习目的与要求

1. 掌握 16S rRNA/18S rRNA 的测序步骤及其生物信息学分析方法;

2. 熟悉非 rRNA 微生物分子鉴定方法;

3. 认识食品微生物分子分型技术。

3.1　食品微生物分类方法概述

　　食品微生物没有特殊的分类系统,食品微生物按照普通微生物分类系统进行分类。微生物分类是按微生物亲缘关系把微生物归入各分类单元或分类群(taxon),以得到一个反映微生物进化的自然分类系统、可供鉴定用的检索表,以及符合逻辑的命名系统。鉴定则是确定一个新的分离物是否归属于已经命名的分类单元的过程。微生物经典的分类鉴定方法,包括微生物的形态学鉴定、生理生化反应、生态特征、血清学反应和噬菌体敏感性等,通常可以设计一系列的试验来判断分离菌株的表型。大多数微生物都能根据表型进行鉴定,但遇到有些生化反应不典型或不易生长的菌株,只靠表型鉴定则十分困难。此外,即使是同一种微生物,其生化反应特征也会出现不一致。一个种属的微生物生化特征,不是所有菌株都有,通常只有该种属的部分菌株有,这也给鉴定过程带来很大困难。对革兰氏染色差、生化反应不活跃,或代谢反应和生长模式较为独特的菌株,采用表型来鉴定,需要很长时间才能判断。因此,建立基于稳定的目标分子基础上的快速准确的试验方法对微生物的鉴定具有重要意义。近年来,随着各学科领域理论与技术的快速发展和广泛应用,使微生物的分类鉴定方法得到了飞速发展。微生物鉴定方法已经由原来的经典分类鉴定方法发展为现代遗传学分类鉴定法、微生物细胞化学组分精确鉴定法和数值分类法等。

　　特别是现代分子生物学理论与技术的迅速发展,推动了微生物遗传学分类鉴定方法的巨大进步。目前微生物分类学通常利用遗传学原理和方法分析微生物种、属间的亲缘关系,即遗传学分类法。核酸是除少数病毒外几乎所有微生物体内稳定的遗传物质,其差异代表着微生物之间亲缘关系的远近、疏密。遗传学分类法是根据核酸分析得到的遗传相关性所做的分类,是一种比较客观的和可信度较高的分类方法。目前较为稳定的应用遗传学分类方法有下列几种:DNA(G+C)mol%值分析、核酸杂交分析、核糖体 RNA(rRNA,原核生物是 16S rRNA,真核生物是 18S rRNA,16~23S rRNA 基因间隔区序列)序列分析、以 DNA 指纹图谱为基础的微生物分类鉴定、原位荧光杂交分析、全基因组测序等。16S rRNA 和 18S rRNA 序列分析法是现在最为普遍应用的微生物分类鉴定方法。

3.2　rRNA 序列分析

3.2.1　16S rRNA 和 18S rRNA 的序列分析

　　原核生物的 rRNA 分 3 种,分别是 5S rRNA、16S rRNA 和 23S rRNA,并且它们位于同一操纵子上。真核生物的 rRNA 分 4 种,分别是 5S rRNA、5.8S rRNA、18S rRNA 和 28S rRNA,18S rRNA 基因是编码真核生物核糖体小亚基的 RNA 序列。16S rRNA(18S rRNA)普遍存在于微生物细胞内,细胞中含量很高(16S rRNA,5~10 个拷贝;18S rRNA,800~10 000 个拷贝),易提取,分子量适中(16S rRNA 约为 1.5 kb,18S rRNA 约为 1.9kb),特别是其进化具有良好的时钟性质,在结构与功能上具有高度的保守性,编码 rRNA 的 DNA 非常稳定,序列非常保守,被称为"分子进化尺"和生命体内的"活化石"。16S rRNA 基因序列可分为 10 个保守区和 9 个可变区(图 3-1,V1-V9),18S rRNA 可变区分为 8 个(V1-V9,没有 V6 区)。保守区也称恒定区,为所有微生物所共有,在各种微生物细胞内基本保持不变,而可变区因不同微生物,不同科、种、属而异,且变异程度与细菌微生物的系统发育密切相关。因此两种不同区域的存在为微生物的种属鉴定提供了有利条件。

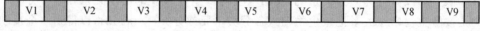

可变区(V1~V9)

V1: 61~106 bp　　V2: 121~240 bp

V3: 436~500 bp　　V4: 588~671 bp

V5: 734~754 bp　　V6: 829~857 bp

V7: 990~1 045 bp　　V8: 1 118~1 160 bp

V9: 1 240~1 298 bp

保守区

图 3-1　16S rRNA 的结构模拟图

16S rRNA(18S rRNA)基因既能体现不同菌属之间的差异,又能利用测序技术较容易地得到其序列,这使其成为最适合系统分类的基因,被微生物学家和分类学家广泛接受。20 世纪 70 年代末,美国的 Woese 等通过对大量微生物和其他生物的 16S rRNA 和 18S rRNA 的测序比较,发现三域(细菌域、古生菌域和真核生物域)生物间的序列相似性都低于 60%,而域内的序列相似性都高于 70%,因而提出了一个与生物界级分类不同的新系统,称三域学说(three domains theory)。目前,16S rRNA 和 18S rRNA 序列分析已成为微生物种属鉴定和分类的标准方法。由于 RNA 在 RNase 作用下极易降解,而且很难保证不受 RNase 的污染,所以通常测定 16S rDNA 序列。

在 16S rRNA 和 18S rRNA 基因中,可变区序列因微生物不同而异,恒定区序列基本保守,所以可利用恒定区序列设计引物,将 16S rRNA 和 18S rRNA 片段扩增出来,利用可变区序列的差异来对不同菌属、菌种的微生物进行分类鉴定。16S rRNA 基因中 V3 和 V4 区(18S rRNA 的 V4 区)使用最多、数据库信息最全、分类效果最好,是 16S rRNA 基因分析注释的最佳选择。另外,多数细菌 16S rRNA 基因的前 500 bp 序列变化较大,包含有丰富的细菌种属的特异性信息,所以对于绝大多数菌株来说,也可以采用一对引物测序前 500 bp 序列即可鉴别出细菌的菌属。针对需要精确鉴定或前 500 bp 无法鉴别的微生物,需要进行 16S rRNA 的全序列扩增和测序,获得更全面的 16S rRNA 的序列信息。通常测序仪一次反应最多只能测出 600 bp 的有效序列,为了结果的可靠性,通常将 16S rRNA 全长序列分为 3 个片段分别进行测序(图 3-2)。即采用 3 对引物正反向测通后,拼接成大约 1 500 bp 的16S rRNA 序列。

目前作为第一代测序技术的 Sanger 测序法因其准确率高,假阳性和假阴性少,而且不需要序列比对等优势得到了广泛的应用,是现在应用最多的核酸测序技术。Sanger 双脱氧法测序是利用 DNA 聚合酶,以单链 DNA 为模板形成拷贝的过程。以放射性物质或荧光标记 4 种碱基为底物随引物延伸,在每一个反应体系中(4 个独立的小试管)除了含有 4 种核苷酸外,还有其中一种的双脱氧核苷酸,双脱氧核苷酸缺少了 3′-OH 而不能加进去,导致 DNA 不能继续

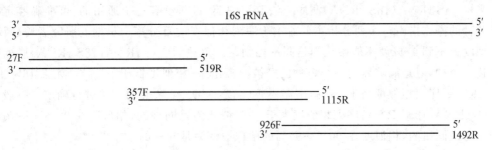

图 3-2　16S rRNA 测序分段

延伸,以每一种双脱氧核苷酸终止 DNA 片段;然后将这些片段进行琼脂糖凝胶电泳,在长度上只有一个核苷酸差别的 DNA 片段能在凝胶上被轻松分开。采用自显影或荧光检测确定 4 种双脱氧核苷酸泳道的排列次序和每个片段与其相邻片段的位置对应关系,最后可以直接读出 DNA 序列。目前采用的 DNA 自动测序系统已经用荧光替代了放射性物质来标记引物或核苷酸。4 种不同反应分别使用不同的荧光标记,4 种反应产物可以在一个泳道上同时电泳,通过计算机分析,确定 DNA 序列。

3.2.2　NCBI 数据库

针对测序所得的 16S rRNA(18S rRNA)序列,需要提交合适的数据库进行生物信息学分析,首先选择合适的数据库。一个理想的数据库需要经过同行评估,使用标准的测序方法,可灵活地进行数据的增加、修正,含有完整的基因型信息资料以及对于特定种亲缘关系的定义。目前常用的数据库就是美国国家生物技术信息中心(National Center for Biotechnology Information,NCBI)创建的 GenBank 遗传序列数据库(www. ncbi. nlm. nih. gov),这个卓越的数据库收集了成千上万的已知微生物核酸序列,成为对微生物鉴定分类非常有用的参照系统。将测序的 16S rRNA(18S rRNA)序列与 GenBank 中已知菌株的 16S rRNA(18S rRNA)序列进行同源对比分析,这样就可推断出待测微生物的菌属类别,从而实现了微生物快速、有效的鉴定分类。NCBI 还有很多便于搜寻蛋白和核苷酸信息公共数据库的工具,同时对序列信息进行了较为详细的描述。

打开 NCBI 数据库的 BLAST(basic local alignment search tool)页面即 http://www. ncbi. nlm. nih. gov/BLAST/,点击 Nucleotide Blast,在"Choose Search Set"部分选择要比对的物种,在"Enter Query Sequence"部分粘贴目的片段序列,或输入测序结果所在文件夹目录,点击核酸比对选项;在"Choose Search Set"部分选择与目的序列比对的物种或序列种类(genome DNA、mRNA 等);然后在"Program Selection"部分选择本次比对的精确度,种内种间等;最后点击"BLAST"按钮后,出现一个信息含量非常大的结果页面,其中"Description"部分是对菌株的描述;"E value"值越小,越可信;"Score"是指提交的序列和数据库内搜索到的序列之间的分值,越高说明相似度越高。选择相似性相对较高的、适当数量的代表性序列组成Fasta 格式数据集,用 ClustalX 1.83 进行多序列比对,对所有菌株序列进行截齐,截取的序列片段,用 MEGA5.0(或 ARB)软件构建邻位相连法(neighbor-joining)和最大似然法(maximum-likelihood)系统进化树。并用自举法(bootstrap method)1 000 次重复测试进化树的可靠性。

采用 16S rRNA(18S rRNA)测序方法鉴定细菌,目前没有一个通用的、可准确鉴定微生物属和种的操作指南。序列分析主要着重于序列相似度的百分率。早期的研究者曾建议,序列相似度达不到 97% 就不能被认为是同一种细菌。单独的 16S rRNA(18S rRNA)序列不足以描述一个种,但是能够表明一个新种已经被分离出来(相似度低于 97%)。如果 16S rRNA(18S rRNA)序列相似度高于 97%,则需要通过 DNA-DNA 杂交的方法进行确定。一般情况下,16S rRNA(18S rRNA)序列相似度大于 99% 被认为是同种的,相似度在 95%～99% 的菌株被认为是同属的,相似度在 90%～95% 的菌株被认为是同科的。

对于某些 16S rRNA(18S rRNA)序列完全相同或者非常相似但又不属于同一个种(或属)的微生物,它们可能存在具有种或属水平的标志性核苷酸。根据这种独特的标志性核苷酸,可定义该种类的种或属。因此,仅仅依靠 16S rRNA(18S rRNA)序列相似度一个指标来进行种水平的鉴定时,应当十分慎重。通常 16S rRNA(18S rRNA)序列数据解释如下:首先必须确定未知菌株最接近哪一个属,因为不同的属,其 16S rRNA(18S rRNA)序列变化非常大;如果 16S rRNA(18S rRNA)序列分析提示有多个属接近,就要考虑采用其他鉴定方法(如生化试验)进行补充;如果只有一个属十分接近,就必须确定该属内微生物种间 16S rRNA(18S rRNA)序列的变异情况,通过查询未知序列与数据库中最匹配的和紧随其后的属来决定种水平的鉴定。如果存在多个十分相近的种,就要直接采用生化试验来辅助进行最后的判断。更重要的是,非常相近的所有属的微生物以及属内的所有种都应当考虑在内。因此,16S rRNA(18S rRNA)序列分析在微生物实验室是常规细菌鉴定方法(如革兰氏染色、菌落形态、试管生化反应、RFLP 分析、商业鉴定系统、气/液相色谱)的一个有力补充,它克服了传统生物培养法的限制,操作简单,检测速度快,准确度高且灵敏度高,被广泛应用到菌种鉴定、群落对比分析、群落中系统发育及种群多样性的评估,已经发展成一种更为客观且可信度较高的微生物分类鉴定方法。

3.3 非 rRNA 序列分析

3.3.1 肠杆菌基因间保守重复序列

1990 年,Sharples 等首先在大肠杆菌基因组中发现一类高度保守且重复的序列,命名为"基因间重复单位"(intergenic repetitive unit,IRU)。随后,研究者们又相继在鼠伤寒沙门氏杆菌和其他肠杆菌中发现了同样高度保守的重复序列。人们将这种主要存在于肠杆菌基因组中的重复序列命名为肠杆菌基因间保守重复序列(enterobacterial repetitive intergenic consensus,ERIC)。

ERIC 序列长约 126 bp,其中包含几个反向重复序列,其位于基因组的转录区域,但与编码序列没有特定的关系,如多顺反子操纵子基因间区域,或可读框内上下游不翻译的区域。它转录后的 mRNA 形成茎-环结构,ERIC 的功能目前还不太清楚,目前研究推测有以下几种功能:①与相邻基因的表达有关;②与细菌基因组局部区域的组织有关;③与防止外切核酸酶对自身基因 3′ 末端的降解有关。ERIC 中心有一段保守性很高的反向重复序列,长约 44 bp,该序列在染色体上的分布和拷贝数具有种间特异性。根据这段核心序列设计反向引物,利用 PCR 技术可扩增出反映细菌基因组结构特征的条带。

Versalovic 等最早提出了基于 ERIC 的细菌分类与鉴定的方法。他们根据 ERIC 核心序列设计了反向引物(ERIC 5′-ATGTAAGCTCCTGGGGATTCAC-3′,ERIC 5′-AAGTAAGT-GACTGGGGTGAGCG-3′),用于扩增两段 ERIC 之间的片段,开发出了 ERIC-PCR 技术。由于 ERIC 在不同种属甚至同一种不同菌株之间的拷贝数和定位都不同,所以被用于细菌基因组图谱的研究,和细菌的分类与鉴定。ERIC-PCR 技术具有以下特点:①具有高度的稳定性,不同地域和不同年代的同一株菌的扩增条带一样,不同的方法提取基因组 DNA,测定结果也具有良好的重复性;②对模板 DNA 没有严格的要求,经培养或煮沸处理的微生物细胞均可作为模板;③具有很高的灵敏度,在混合菌中,当目的菌占总菌量的 0.5% 时,就可以被该方法检测出来。

3.3.2　规律成簇间隔短回文重复序列分析

1987 年,Ishino 等在研究大肠杆菌时发现了一段高度保守的由重复单元组成的序列。这段序列位于碱性磷酸酶的下游,由 29 个碱基构成重复单元,并且与独特的核酸序列交替串联。后来,研究者将这种结构命名为规律成簇间隔短回文重复序列(clustered regularly interspaced short palindromic repeats,CRISPR),该结构序列存在于 90% 的古细菌和 40% 的细菌基因组中。

CRISPR 位点由一个前导区、多个大小为 22~47 bp 的直接重复序列与多个与重复序列大小相近的间隔序列组成,这些重复序列与间隔序列相互交替串联并成一个完整的 CRISPR 位点。CRISPR 前导区是富含 AT 的一段序列,连接第一个重复序列,在物种内相对保守,在种间有差异。重复序列在 CRISPR 位点中相对保守,一般只存在 1~3 个碱基的差异,这种差异被称为退化重复,但物种间的 CRISPR 重复序列会有很大差异。间隔序列来自于外源核苷酸(噬菌体或质粒)的短 DNA 序列,它们插入到细菌染色体中通过 CRISPR-CAS 自我防御系统抵御同源噬菌体或质粒的感染。随着环境中噬菌体和质粒的变化,细菌也会通过 CRISPR 位点不断插入新的外源核苷酸片段,发生不断的进化。由于 CRISPR 序列中不断有间隔序列的插入,而且在间隔序列重排过程中可能会发生间隔序列的缺失,从而导致 CRISPR 具有很高的多态性,也被认为是细菌基因组中进化速度最快的基因元件之一。对 CRISPR 位点进行 PCR 扩增,对 PCR 产物进行测序得到 CRISPR 序列,通过在线工具 CRISPRFinder (http://crispr. u-psud. fr/Server/)分析其中的间隔序列和排列顺序,可以用来对细菌进行鉴定或分型工作。

3.3.3　内转录间隔区

内转录间隔区(internal transcribed spacer,ITS)是真核生物的 rDNA 中每个重复单元或单位中的一部分。ITS 标记广泛应用于分子鉴定,进行真菌种间和种内的亲缘关系和遗传多样性的分析研究,具有快速准确、引物通用性广泛、高扩增成功率、便于高通量测序与分析等优点。此外,ITS 序列(包括 ITS1、5.8S 和 ITS2)的 RNA 二级结构也被应用于分子鉴定和遗传多样性研究中。相比一级结构,二级结构更保守,能从直观上更好地鉴定物种。并且 RNA 二级结构还能在结构图中凸显出重要的碱基突变。

3.3.4　葡萄球菌 A 蛋白基因

金黄色葡萄球菌 A 蛋白(*Staphylococal* Protein A,SPA)是一种从金黄色葡萄球菌细胞壁中分离的蛋白质,是细胞壁抗原的主要成分,几乎 90％以上的菌株均含有这种成分,但不同的菌株含量差别悬殊。其他葡萄球菌如表皮葡萄球菌、腐生葡萄球菌不含 SPA。SPA 是金黄色葡萄球菌细胞壁上的一种锚定蛋白,能够与免疫球蛋白 G(IgG)的 Fc 段相结合。该蛋白为一种单体活性蛋白,由 450 个氨基酸组成,分子质量为 42 ku,等电点为 5.56。SPA 蛋白基因的序列从 N 端至 C 端依次由 S、E、D、A、B、C、X 七个结构域组成。SPA 可以分成两个区域:免疫球蛋白结合区域和一个所谓的 X 区域,X 区域结构域位于 C 端,占整个细胞壁蛋白成分的 6.7％,在 SPA 与细胞壁附着方面起重要作用,通过胞壁肽聚糖以共价键结合,不具有与抗体结合的能力。而免疫球蛋白结合区域又分为多个亚区域(E、D、A、B、C),各由约 58 个氨基酸组成,它们之间有 65％～90％的同源性,被认为具有与抗体 IgG 结合的功能。

SPA 分型近年来被广泛应用到金黄色葡萄球菌的分型研究中,它基于金黄色葡萄球菌 A 蛋白基因 SPA 的 X 可变区的多态性。金黄色葡萄球菌 SPA 基因 X 可变区中数量可变的、连续的 24 bp 重复序列的点突变或者缺失、重复造成了 X 区的多态性。具体方法:PCR 扩增金黄色葡萄球菌 A 蛋白基因 SPA 的 X 区,进行测序;测序后获得连续的 24 bp 重复序列,登录数据库(http://www.ridom.de/spa-server/),从中获得每个 24 bp 重复序列的编号,最后根据编号和排列顺序确定菌株的 SPA 型别。SPA 分型易于标准化,是金黄色葡萄球菌最大的分型数据库之一。目前,SPA 分型数据库(http://www.ridom.de/spa-server/)收集了来自 119 个国家和地区、348 479 株菌株的 15 841 种 SPA 型别、699 种重复序列。

3.3.5　多位点序列分析

多位点序列分型(multilocus sequence typing,MLST)以多位点酶电泳为基础,根据 DNA 序列分析的分型方法,通过对病原菌的几个管家基因进行分析,从而描述细菌间遗传的差异性。MLST 被定义为用于菌株表征的分型技术,其显示多个管家基因的变化,内部基因片段被指定为等位基因片段。等位基因片段核苷酸序列的每一个新的变异,即使是基于单个核苷酸交换,都会导致分配相应基因的一个新的唯一等位基因。不考虑核苷酸交换是同义还是非同义。等位基因按恢复顺序任意编号,但不同基因的等位基因数按特定顺序组合,获得的等位基因谱定义为序列类型。具有相同等位基因谱的菌株,是指相同的序列类型;而只有部分等位基因的菌株是相关的,是指序列复合物(cc-复合体)。在大多数 MLST 方案中,对 7 个"MLST 位点"进行索引,每个位点的每个唯一序列都被分配一个任意和唯一的等位基因数。每个基因座的命名被纳入等位基因剖面(例如,2-3-4-3-8-4-6),或序列类型(ST),该序列类型也被指定为数字标记(如 ST 11)。ST 和等位基因的命名与 MLST 数据库中各自的等位基因剖面和序列相关,每个 ST 概括了数千个碱基对的信息。在被 MLST 检查最广泛的细菌中,每个位点有数百个等位基因,数千个 ST。虽然 ST 只代表了基因组中"保守"部分的一小部分,但许多细菌种群中大量的 ST 表明可扩展的总结和比较数据的手段的重要性。

例如 MLST 常被用于研究金黄色葡萄球菌的分子进化,它根据金黄色葡萄球菌 7 个管家基因(*arcC*、*aroE*、*glpF*、*gmk*、*pta*、*tpi* 和 *yqiL*)序列的多态性确定菌株的型别。具体方法如下:首先分别 PCR 扩增 7 个管家基因的相应序列(402～516 bp)进行测序,并把测序后的结果提交数据库(http://saureus.mlst.net/),从而获得每个管家基因的序号,然后按顺序依次排列,获得其 ST 型。例如,某菌株 7 个管家基因序号依次排列为 13-13-1-1-12-11-13,可以将其表示为 ST15 型。可用 eBURST(http://www.eburst.mlst.net)软件对所有菌株的 ST 型进行聚类分析,结果以克隆群(clonal complex,CC)表示,其中某一克隆群内有最多单位点突变的 ST 型被认为是克隆群的代表型别,与目前国际上已有的 ST 型进行比较,可以研究种群间的进化关系。此外,有研究者曾建立一种用 DNA 芯片确定金黄色葡萄球菌 ST 型的方法,但是因为需要不断升级以检测新发现的 ST 型,所以并未广泛使用。

MLST 通过 PCR 扩增细菌多个基因(多为管家基因)并测定其序列的细菌分型方法,而且有国际化统一标准,结合流行病学数据可做国际间的溯源研究,适用于分子流行病学和分子进化的研究。MLST 越来越多地被用作国际间菌株比较的常用工具,已经被运用于单增李斯特菌的研究中。

3.3.6　基于看家基因的弧菌鉴定法

3.3.6.1　多位点核苷酸序列分析

多位点核苷酸序列分析(multilocus sequence analysis,MLSA),用于对多个蛋白质编码基因进行序列分析,以便在分类学上应用于一个属的物种划分。MLSA 被整合到原核分类中将分为两步鉴定过程。首先,用 16S rRNA 基因序列分析方法,将一株新的菌株划分为科级甚至属级。第二,根据初始分配,应该使用 MLSA 方法更准确地在一个属内分配隔离物。至少在所研究的分类群中,应该使用单拷贝和普遍存在的基因,并应避免使用选择性优势可能赋予的基因,例如毒力基因。这与 MLST 研究形成了鲜明的对比。如果流行病学研究需要更高的物种内分辨率,则推荐使用这些基因。

单拷贝基因鉴定的 MLSA 的出现给弧菌的鉴定提供了一种更便捷更实用的方法。其核心技术是对细菌表型特征紧密相关的保守基因测序,通过序列比对及系统发育学分析等来达到鉴定或分类学研究的目的。Thompson 采用 MLSA 的方法,用 $rpoA$,$recA$,$pyrH$,$topA$,$mreB$,$gapA$,$ftsZ$,$gyrB$ 基因分析了哈维氏群弧菌多种弧菌,证实了该方法比 16S rRNA 鉴定法更加可靠,他们还发现,在用 $pyrH$,$mreB$,$ftsZ$,$topA$ 这 4 个基因在区别相近菌种如哈维氏弧菌与鳗弧菌方面有很好的鉴别能力;$pyrH$ 基因对霍乱弧菌和拟态弧菌这两种 16S rDNA 相似度为 100% 的弧菌有较高的分辨率;Thompson 等还建立了专门的弧菌分类网站(http://www.taxvibrio.lncc.br/),该网站收录了 $gyrB$,$topA$、$mreB$,$ftsZ$,$gapA$、$recA$,$rpoA$,$atpA$ 等基因序列,给弧菌分类鉴定研究提供一个良好的交流平台。

MLSA 法对多个编码蛋白的管家基因尤其是属于核心基因组的基因进行分析,该方法因多个位点的分析提高了分辨率,并且由于基因的稳定性好使得重复性很高,相对方便快速,后续的序列比对分析等也都可以在互联网上免费完成,易于实现不同实验室之间的交流。但是该方法也有缺点,如耗时、较昂贵、后续分析复杂等。由于这些单拷贝基因的鉴定方法研究目前还处于初步阶段,还没有研究发现能够在种的水平有较好的鉴定弧菌能力的看家基因,但是有些看家基因确实显示出在相近种之间有很好的分辨率。

3.3.6.2　毒素表达调控基因

毒素表达调控蛋白基因 $toxR$(transmembrane transcription regulatory protein)是霍乱弧菌毒素表达调控蛋白基因。虽然在一些致病弧菌中,基因控制表达的胞外毒力因子,在后来研究表明该基因也存在于非致病性弧菌中,一般作为表达外膜蛋白的调节基因,并且这些基因在种内具有高度保守性并且存在高度可变区域,因此可以设计特异的 PCR 引物,用于弧菌属与其他属或者各种弧菌之间的鉴定。国外有研究报道 *toxR* 在弧菌属中差异很大,区分哈维氏群各种的分辨率很高(种内与种间相似性差异大于 10%),在实际工作中发现,溶藻弧菌和副溶血弧菌比较难以用生化法和 16S rRNA 法来区分,加上这两种弧菌为水产上常见致病菌,因此如何正确区分它们在分类鉴定研究及动物病理学及水产养殖研究中具有重要的意义。RNA 聚合酶 β 小亚基基因 *rpoB*(RNA polymerase beta subunit gene)是存在于所有细胞中的单拷贝看家基因,全长 4.2 kb。Mollet 等早在 1997 年就指出该基因比 16S rRNA 基因有更高的鉴别能力,能用于一般细菌的鉴定。如今能够从网上数据库中获得较多弧菌 *rpoB* 序列。另有研究表明,编码鸟苷酸激酶的基因 *pyrH* 在种水平上比 16S rRNA 基因有更高的鉴别能力,能较好区分哈维氏群弧菌相近种。

3.4　分子分型技术

　　近年来随着分子生物学技术的发展,分子分型技术有了快速的发展,现已开发出多种新型、高效、分辨率高、重复性好的新型分子分型技术。根据技术发展的基础,分子分型大致可分为以下两类:①基于限制性内切酶的分型技术,如脉冲场凝胶电泳分型和限制性片段长度多态性分型等技术;②基于 PCR 的分型技术,如随机扩增多态性 DNA 分型、扩增片段长度多态性分型、单链构象多态性分型、PCR 电喷雾电离质谱、多位点可变数目串联重复序列分析技术等。这些方法在对菌株的分辨能力、重复性、成本和时间等方面有所不同,针对不同对象和目的,均在食品微生物分型中得到广泛应用。

3.4.1　脉冲场凝胶电泳分析

　　脉冲场凝胶电泳(pulse-field gel electrophoresis,PFGE)是 20 世纪 80 年代发展起来的一种用来分离分子大小从 10 kb 到 10 Mb 的 DNA 大分子的方法,是多种病原菌分子分型的“金标准”。在普通的凝胶电泳中,大于 10 kb 的 DNA 分子的移动速度接近,很难分离成能够区分的条带。在脉冲场凝胶电泳中,交替改变方向的电场,使被包埋的限制性内切酶酶切后的大片段 DNA 在凝胶中不断重新定向。DNA 分子越大,这种重排所需要的时间越长,若 DNA 分子变换方向的时间小于电泳脉冲周期,DNA 分子片段就可以按其大小分开。

　　PFGE 通过病原体基因组酶切位点的不同检测出不同的 DNA 序列,用核酸染料使微观的 DNA 的差异呈现出宏观的条带带型的不同变化,对细菌性传染病的防治、监测、追踪传染源等有着重要意义。经 PFGE 检测为相同的菌株,用其他分型方法检测也不会有差异。脉冲场凝胶电泳是先将菌体包埋于琼脂中,用限制性内切酶在原位对整个细菌染色体进行酶切然后电泳,通过不断交替变换电场方向和脉冲时间,使酶切片段在电泳系统中得到较好的分离。电泳结果可以按照非加权组平均法,用 Bio Numerics version 6.6(Applied Maths)的聚类软件进行聚类分析。PFGE 分型虽然分辨率高,但是操作烦琐、需时较长,而且命名多元化,在不同实验室间难以建立统一的标准。一些研究者曾试图为 PFGE 分型建立统一的国际命名标准,但是并未成功,因此 PFGE 分型只适用于在某个国家内或某些国家间的流行菌株的同源性分析。

3.4.2　限制性片段长度多态性分析

限制性片段长度多态性(restriction fragment length polymorphism,RFLP)是利用能识别 DNA 特异序列的限制性内切酶,在特定序列处切开 DNA 分子产生限制性片段的特性,从而进行分子分型的过程。不同种群的生物个体,DNA 序列存在着差别。若这种差别发生在内切酶的酶切位点,并使内切酶识别序列变成了内切酶不能识别序列,或是这种差别使本来不是内切酶识别位点的 DNA 序列变成了具有内切酶识别位点的 DNA 序列,就会导致限制性内切酶作用于该 DNA 序列时,出现酶切位点或酶切片段的数量差异。结果就形成了用相同的限制性内切酶切割不同物种 DNA 序列时,产生长度不同、数量不同的限制性酶切片段。再将得到的不同片段经电泳、转膜、变性,与标记过的探针进行杂交,洗膜,即可分析其多态性结果,进而达到细菌分型的目的。RFLP 技术的优点是得到的信息量大、呈共显性标记、结果稳定、重复性好。缺点是酶切片段的电泳图谱直观性不强、周期长、费用高、需要放射性物质而限制其广泛应用、检测多态性水平很大程度上依赖于限制性内切酶而使多态性降低。

随着 PCR 技术的出现,出现了第二代 RFLP 方法,将限制酶的指纹定位到一个适当的基因或位点,基于 PCR 的 RFLP 指纹方法也被广泛应用于食品微生物分型中。

3.4.3　扩增片段长度多态性分析

扩增片段长度多态性分析(amplified fragment length polymorphism,AFLP)是 1993 年由荷兰 Keygene 公司的 Marc 和 Pieter 发明创建的一种 DNA 分子标记方法。该方法的原理是对基因组 DNA 进行限制酶切片段的选择性扩增,使用双链人工接头(adapter)与基因组 DNA 的酶切片段相连接,作为扩增反应的模板,通过接头序列和 PCR 引物 3′端的识别进行选择性扩增并进行电泳分离,根据扩增片段长度的多态性进行分析,从而达到分型目的。其优点是不需要知道被测微生物的全基因组序列、无复等位效应、指纹丰富、用样量少、灵敏度高、快速高效等,但是分析周期长。

3.4.4　随机扩增多态性 DNA 分析

随机扩增多态性 DNA(random amplified polymorphic DNA,RAPD)技术是一项分析基因组 DNA 的分子生物学技术,由于基因组 DNA 序列的差异,选取随机序列的寡聚核苷酸片段作单引物,模板选用待测生物的基因组 DNA,利用 PCR 的方法将基因组 DNA 扩增并得到一组或短或长的 DNA 片段,再利用凝胶电泳等技术以获取 RAPD 图谱,分析 RAPD 图谱上各 DNA 片段的带型及长度。测定出图谱上 DNA 片段的数目和长度,并根据这些特征进行分子鉴定。RAPD 将含有 9～10 个核苷酸的随机序列单引物利用 PCR 技术对基因组 DNA 进行扩增,其原理是:有一些回文序列位于基因组 DNA 上,若一对回文序列与所选用的单引物的序列是同源的,并且在 DNA 的互补链上这一对回文序列间的距离达到 PCR 可扩增的长度范围,那么就可以利用 PCR 扩增技术获得这一对回文序列间的 DNA 片段。由于生物 DNA 序列的差异,与特定随机序列单引物同源的回文序列的数目和位置会有不同,因此产生的 RAPD 图谱也不同。某一特定的引物与基因组 DNA 有特定的结合位点,当引物结合位点上或引物结合序列之间发生变异时,PCR 产物也会发生变异,通过对产物的检测,RAPD 图谱则会呈现多样性。因此,RAPD 图谱可以作为某一 DNA(或含有该 DNA 的生物)的特有"指纹",由于它能够表现出生物 DNA 的分子特征,RAPD 图谱也被称为 RAPD 指纹图谱。

在出现 RAPD 技术之前,人们主要利用 RFLP 技术对基因组 DNA 进行分析,以此评判 DNA 水平的多态性并进行分子鉴定。RFLP 技术对 DNA 含量和纯度有较高的要求,且有较大的技术难度,具有繁杂、耗时长等缺点。而 RAPD 技术需要的 DNA 量极少,对 DNA 质量的要求也不太高,且灵敏度高,操作简单、快捷,成本低,不需要接触伤害性的放射性物质,多样性丰富。商品化的 RAPD 引物能涵盖整个基因组,可随机选择并分析不同生物的全部基因组,应用也越来越广泛。

3.4.5 单链构象多态性分析

单链构象多态性(single-strand conformation polymorphism,SSCP)是伴随着研究人类基因组而发展起来的一门新技术,它广泛应用于基因突变检测、筛查已知突变点、识别未知的突变点。其原理是:单链 DNA 碱基发生的改变,会改变它的空间结构。单链 DNA 在非变性聚丙烯酰胺凝胶中由于序列不同,通过分子内碱基互补配对后形成不同的空间结构,这些分子在凝胶中受到不同的阻力,在电场中的电泳速度也会随之改变,这些长度近似而碱基序列不同的 DNA 分子在凝胶上就会被检测出来,进而可以区分开,并且后续还减少了酶切步骤,更为简便。该技术优势非常明显:①设备操作简单,无需专用的电泳设备,技术易于应用便于推广,实验要求条件不高;②无须带有 GC 夹板,也无须用荧光标记引物,局限性较小,周期短,一到两天即可;③后续研究结合其他方法也可使得该技术大大简化,操作也更加简单灵敏。当研究特异种群的动态变化时,使用该种群的特异探针并与 SSCP 图谱进行杂交,可以显示出该种群的演替及其在群落中的位置。

3.4.6 PCR 电喷雾电离质谱分型技术

PCR 电喷雾电离质谱技术(PCR-electrospray ionization-mass spectrometry,PCR-ESI-MS)是利用广谱引物对存在于多种致病菌中的保守基因进行扩增并检测的一门技术。PCR-ESI-MS 可以直接从临床样品或者菌株中鉴定出几乎所有人类已知的病原菌。它包括对能提供大量信息基因位点的扩增、ESI-MS 方法对 PCR 产物的检测和碱基组成的分析等步骤,此方法可对多种微生物进行定性、定量。另外,可通过设计引物对微生物进行基因型分析以及更深层次的特性研究,如耐药和毒力因子等的分析。可用多对引物对多个基因位点进行扩增,原则上选择在多种微生物中都常见的基因位点进行引物设计。为了能够鉴定出稀有的、新兴的细菌,采用可以与几乎所有细菌结合的"广谱引物"而不是单个特异引物,从而几乎所有细菌中的基因均被扩增。为了提高特异性,所选择的扩增基因位点应具有序列多样性,这样的碱基组成能够提供较多的信息。同时,有一个阳性对照作为 PCR 产物的内标。PCR 扩增之后,经过自动脱盐处理纯化,样品进入到电喷雾电离飞行时间质谱仪,核酸互补链被分离,高效地产生多个带电的、完整的 PCR 单链产物,从而被质谱仪准确地检测。每个 PCR 产物的碱基组成(G、A、T 和 C)可以通过数学方法从 PCR 产物中精确获得。通过多个基因扩增产物碱基组成的信息可以对细菌进行分析,用分析软件将碱基组成的信息转换成一系列的可能微生物,以及它们在样品中的相对和绝对数量。对微生物的鉴定只需要对样品中微生物的碱基组成与从已知微生物中计算出来的碱基组成数据库进行对比。

电喷雾电离质谱分型技术的步骤如下。第一步:提取微生物 DNA,采用广谱引物对微生物中的基因片段和参照物进行 PCR 扩增;第二步:PCR 产物经过纯化和电离后进行质谱检测转化为质谱;第三步:信号处理,将质谱数据转化为碱基组成,利用多个引物扩增多个基因片段所产生的碱基组成谱,对微生物进行鉴定及分型。

3.4.7　多位点可变数目串联重复序列分析

多位点可变数目串联重复序列分析(multilocus variable-numbers tandem-repeat analysis,MLVA),是利用多个存在于细菌中的 DNA 串联重复序列的自然变异进行细菌分析的方法。MLVA 技术分辨力强、操作简单、容易掌握、重复性好、快速高效,已经广泛用于多种食源性致病菌的分子分型研究中,如志贺氏菌、肠出血性大肠杆菌、单增李斯特菌、沙门氏菌等。这种方法基于 PCR 技术,检测微生物基因组特定位点的串联重复数目,具有简单、可重复的特点。

MLVA 的首要目标是确定细菌中各个可变数目串联重复序列(variable-number tandem-repeat,VNTR)的拷贝数。VNTR 具有不稳定性,在 DNA 合成时发生频繁的滑链突变,广泛存在于细菌中,既可见于整个基因组又可局限于固定的部分。VNTR 重复单元长度不同,重复碱基序列可以完全一致,也可发生点突变,后者被认为发生重复退化,常见于较长的重复单元。由于重复单元邻近,存在序列一致性,经常在复制时发生异常碱基配对,从而导致重复单元错误引入或剔除。确定细菌中 VNTR 的方法很多,主要是从已有的全基因组序列中查找,再将其用于同类细菌中验证是否合适。筛选合格的 VNTR 位点对细菌进行 MLVA 实验非常重要,将其对应位点的结果以一连串整数的形式编号,如同菌株的身份证,从而建立细菌的 MLVA 数据库,可通过不断扩大菌株信息来完善。MLVA 也广泛用于细菌的分子指纹图谱评价中,其分子分型资料可用于研究食源性致病菌的传播途径,判断传染源,并评价人类干预措施对细菌的影响,如抗生素对细菌种群组成的作用。

3.4.8　不同分型方法的联合应用

不同的分型方法都有其优点和缺点,这会影响到它们在确定分离株来源和亲缘关系时的准确性。研究表明,在致病菌分型中,多种方法的联合使用,在鉴别近源株时非常有价值。例如 Dudley 等发现将 PFGE 与 CRISPR-MVLST 相结合,能大大提高人源的肠炎沙门菌的区分能力。而 MLVA 与 PFGE 联合使用能提高鼠伤寒沙门菌和沙门菌的分子分型能力,确定不同的亚种。在日常鉴定中,可以先应用血清分型来分类分离株,之后应用如抗生素敏感实验和噬菌体分型等表型分型方法进一步确定病原体,再使用 PFGE、MLVA、MLST 等分子分型技术进一步鉴别菌株及判断其亲缘相关性,选择合适的分型方法以及合理安排所选方法的顺序能够帮助实现微生物分型的准确度。

复习思考题

1.为什么选用 16S rRNA 进行微生物鉴定?

2.Sanger 法测序 16S rRNA 的基本步骤包括哪些?

3.16S rRNA 测序之后,NCBI 比对结果如何分析?

4.何种情况下采用非 rRNA 的方法进行微生物鉴定?

5.为何要进行微生物分子分型的工作?

6.如何选择分子分型技术？

参考文献

［1］Michael T. Madigan,John M. Martinko,David A. Stahl,David P. Clark. Brock. 微生物生物学. 李明春,杨文博,译. 11版. 北京:科学出版社,2009.

［2］D. H. persing. 分子微生物学. 柯昌文,邓小玲,王洪敏,译. 广州:中山大学出版社,2008.

［3］Woese CR,Fox GE,Zablen L,et al. Conservation of primary structure in 16S ribosomal RNA. Nature,1975,254:83-86.

［4］Sharples G J,Lloyd R G. A novel repeated DNA sequence located in the intergenic regions of bacterial chromosomes. Nucleic Acids Research,1990,18(22):6503-6508

［5］Versalovic J,Koeuth T,Lupski J R. Distribution of repetitive DNA sequences in eubacteria and application to fingerprinting of bacterial genomes. Nucleic Acids Research,1991, 19(24):6823-6831.

［6］Ishino Y,Shinagawa H,Makino K,et al. Nucleotide sequence of the iap gene,responsible for alkaline phosphatase isozyme conversion in Escherichia coli,and identification of the gene product. Journal of Bacteriology,1987,169(12):5429-5433.

［7］Maiden M C J. Multilocus sequence typing of bacteria. Annual Review of Microbiology,2006,60(60):561-588.

［8］Thompson F L,Gomez-Gil B,Vasconcelos A T,et al. Multilocus sequence analysis reveals that Vibrio harveyi and V. campbellii form distinct species. Applied and Environmental Microbiology,2007,73:4279-4285.

［9］Thompson C C,Thompson F L,Vicente AP. Identification of *Vibrio cholerae* and Vibrio mimicus by multilocus sequence analysis(MLSA). Int J Syst Evol Micr,2008,58: 617-621.

［10］Shariat N,Dimarzio M J,Yin S,et al. The combination of CRISPR-MVLST and PFGE provides increased discriminatory power for differentiating human clinical isolates of *Salmonella enterica* subsp. *enterica* serovar Enteritidis. Food Microbiology,2013,34(1):164.

第 4 章
食品微生物的基因组学

本章学习目的与要求

1. 认识常见食源性致病菌基因组的基本情况；
2. 认识食品中常见益生菌基因组的基本情况。

4.1　基因组学的定义

基因组学是研究一个生物全部的遗传容量和表达调控过程的科学,包括结构基因组学、功能基因组学和蛋白质组学。结构基因组学的任务是进行基因组的全序列分析和绘制基因组图谱,它是功能基因组学和蛋白质组学的基础。根据基因组序列能够预测基因结构和编码的蛋白质,然后根据这些蛋白质与数据库中已知的蛋白质的相似性进行功能注释。因此,结构基因组学为生物信息学、功能基因组学和比较基因组学的研究奠定了基础。功能基因组学的目的是利用基因组序列,通过高通量分析手段来探讨每个基因的功能,并阐明基因间的互作、表达和调控网络,在全部遗传背景的基础上阐明一个生物生命过程的全貌。在进行功能基因组研究中,人们采用了大规模基因表达检测技术来定性和定量检测基因的表达产物 mRNA,以了解在不同环境条件下基因的时空表达状况和协调作用。但因为 mRNA 本身存在贮存、转运、翻译调控和翻译产物后加工等程序,导致其不能准确反应基因的最终产物——蛋白质。蛋白质组学作为功能基因组学的重要支撑,是研究一个基因组在一定生理状态下所表达的全套蛋白的概貌。

在结构基因组学的基础上,比较基因组学通过分析不同基因组序列可以检测微生物的进化过程,并可深入了解形成微生物多样性的多种过程和因素。分析菌株基因组的数据还可揭示该菌株的特异性,这是研究传染病暴发的有力工具;另外,病原菌基因组学还为新药物设计提供了基础。

4.2　食源性致病菌的基因组学

4.2.1　大肠杆菌和志贺氏菌的基因组学

大肠杆菌(*Escherichia coli*)是人和动物肠道中的常栖共生菌,主要寄生于大肠内,约占肠道菌群的 1%。大肠杆菌属于肠杆菌科埃希氏菌属,是一种两端钝圆、能运动、无芽孢的革兰氏阴性短杆菌。在正常情况下,大肠杆菌能合成维生素 B 和维生素 K,从而可以为机体提供营养素;某些大肠杆菌菌株产生的大肠菌素能抑制痢疾杆菌等致病菌的生长。但在机体免疫力下降或细菌侵入肠道外组织器官时,大肠杆菌即成为条件致病菌,引起肠道外感染。

大部分大肠杆菌菌株无害,但某些血清型,如肠出血性大肠杆菌(Entero Hemorrhage *E.coli*,EHEC)中的大肠杆菌 O157:H7 等,具有较强的致病性,称为致病性大肠杆菌,可引起肠道感染。大肠杆菌常作为饮水、食物或药物的卫生学检测指标,是表征水和食品被粪便污染的重要指示菌。

大肠杆菌的基因可分为多个功能组,包括参与翻译、核糖体结构和生物合成的基因 166个,已知确切功能的有 120 个;参与翻译后修饰、蛋白转化及具有分子伴侣功能的基因 119 个,已知确切功能的有 78 个;参与细胞分裂和染色体分离的基因有 28 个,已知确切功能的有 18个;参与细胞膜的生物合成及编码外膜组成蛋白的基因 199 个,已知确切功能的有 113 个;参与细胞运动及分泌功能的基因 115 个,已知确切功能的有 67 个;参与转录的基因 242 个,已知确切功能的有 108 个;参与氨基酸转运及代谢的基因 340 个,已知确切功能的有 208 个;参与无机离子转运及代谢的基因 169 个,已知确切功能的有 96 个;参与信号转导的基因 140 个,已知确切功能的有 61 个;参与能量产生及转换的基因 267 个,已知确切功能的有 165 个;参与糖类转运及代谢的基因 328 个,已知确切功能的有 174 个;参与 DNA 复制、重组及修复的基因 213 个,已知确切功能的有 128 个;参与辅酶代谢的基因 116 个,已知确切功能的有 95 个;参与核苷酸转运及代谢的基因 89 个,已知确切功能的有 63 个;参与脂类代谢的基因 85 个,已知确切功能的有 43 个;参与次生代谢物生物合成、转运及代谢的基因 87 个,已知确切功能的有 30 个。

目前已完成基因组测序的大肠杆菌至少有 100 多株,以及来自不同菌株的近 400 个质粒的序列,现以非致病性大肠杆菌 K12 以及致病性肠出血性大肠杆菌 O157:H7 为例进行详细介绍。

4.2.1.1　大肠杆菌 K12 的基因组学

大肠杆菌 K12 基因组为环状 dsDNA,大小为 4.6 Mb,其中 87.8% 为编码基因的序列,0.8% 编码稳定的 RNAs,0.7% 为非编码的重复序列,其余为调节序列或功能未明的序列。大肠杆菌 K12 基因组含有 4 288 个编码基因,其中 1 853 个基因已经过生物学鉴定,其余的通过生物信息学来分析注释。开放阅读框(open reading frame,ORF)编码的氨基酸平均长度为 317 aa,最长的一个有 2 383 aa(功能未知),有 4 个 ORF 长 1 500~1 700 aa,51 个长 1 000~1 500 aa,381 个短于 100 aa。大肠杆菌 K12 的复制起点位于区间 3.9~3.95 Mb。大肠杆菌 K12 复制的先导链中呈 G 偏好,即先导链中碱基 G 的含量(26.22%)高于 C(24.69%)。这种"偏好"现象存在于整个基因组。

复制的起点和终点把基因组分成相对的两个复制弧(replichore),两个复制弧的复制方向相反,现已发现基因组的许多特征都与复制方向有关。如有 7 个 rRNA 操纵子和 86 个 tRNA 基因中的 53 个都是按复制方向表达的;约 55% 编码蛋白质的基因也按复制方向表达。而且,在复制叉的两个前导链上,碱基组成不对称。在 G-C 不均一(平均 10 kb 的区域内的 $\frac{G-C}{G+C} \times 100\%$)值中,复制叉的前导链上,不论是基因区域或是基因间区域,也不论是密码子的 3 个碱基位置一起计算或是分别计算,不均一值都是正值,说明前导链上 G 碱基出现频率比 C 碱基高。

在大肠杆菌 K12 基因组测序中,确定了全部 14 个编码鞭毛的基因,其中 2 个为已知的 $flgM$ 及 $flgL$ 基因,其余则是通过与沙门氏菌编码鞭毛的基因比对而得。其中 $flgN$ 位于 $flgM$ 的上游,是鞭毛蛋白合成的负调节蛋白基因。有 11 个鞭毛基因位于 $flgM$ 和 $flgL$ 之间的区域:包括编码基体 P 环形成的 $flgA$、编码鞭毛基体形成蛋白的 $flgB$、编码鞭毛基体形成蛋白的 $flgC$、编码基体杆修饰蛋白的 $flgD$、编码鞭毛钩蛋白的 $flgE$、编码鞭毛基体形成蛋白的 $flgF$、编码鞭毛基体形成蛋白的 $flgG$、编码鞭毛 L 环蛋白前体的 $flgH$、编码鞭毛 P 环蛋白前体的 $flgI$、编码鞭毛蛋白的 $flgJ$ 和编码鞭毛钩相关蛋白的 $flgK$。这些基因都是沙门菌鞭毛基因的同源基因,排列方式也和沙门菌鞭毛基因簇一致。另外,发现存在一个新的降解芳香族化合物的操纵子,包括 6 个基因:$mphA$(加单氧酶基因)、$mphB$(加双氧酶基因)、$mphC$(水解酶基因)、$mphD$(水合酶基因)、$mphF$(脱氢酶基因)、$mphE$(4-羟基-2-氧代戊酸醛缩酶基因)。其中只有 $mphB$ 和 $mphE$ 已被鉴定。操纵子中基因的位置顺序与其编码的酶在降解芳香族化合物(如苯丙酸酯)途径中的作用顺序一致,在此操纵子的上游还发现类似调控蛋白的序列。除上述操纵子外,还发现基因组中存在降解芳香族化合物的第二操纵子,它的 6 个基因类似于假单胞菌中降解苯、甲苯和联苯芳香化合物的相关酶的基因。

4.2.1.2　大肠杆菌 O157:H7 的基因组学

大肠杆菌 O157:H7 是肠出血性大肠杆菌的代表菌株,能产生在生物学性质上类似于痢疾志贺氏菌产生的志贺毒素(Shiga toxin,ST),因此被称为志贺样毒素(Shiga-like toxin, SLT),具有高致病性。感染大肠杆菌 O157:H7 主要引起婴幼儿腹泻、出血性结肠炎、溶血性尿毒综合征(hemolytic uremic syndrome,HUS)、血栓性血小板减少性紫癜(thrombotic thrombocytopenic purpura,TTP)等并发症,甚至死亡。

大肠杆菌 O157:H7 的毒力是由多因子决定的。其中许多毒力因子是由可转移性的遗传基因编码,如噬菌体、质粒和毒力岛等。这些基因的插入或缺失会使菌株的毒力发生改变,因此菌株的突变有可能造成更强毒力株的产生。几乎所有的大肠杆菌 O157:H7 均含有一个约 93 kb 的特异性大质粒 pO157,该质粒上的 *hly*、*katP*、*espP*、*toxB*、*stcE* 已被确认与细菌致病性密切相关。

2001 年美国和日本先后发表了大肠杆菌 O157:H7 EDL933 和 Sakai 菌株的基因组序列。Perna 等发表了分离自美国的大肠杆菌 O157:H7 EDL933 株的全基因组序列,并通过与非致病菌的实验株大肠杆菌 K12 MG1655 序列比较,发现了大肠杆菌 O157:H7 中含有很多来源于其他细菌或病毒基因的水平转移现象。在 EDL933 株中,有 1 387 个大小不同的潜在致病基因,与选择性代谢能力和一些原噬菌体及其新功能有关;有 21 个特异性序列,编码溶血素、菌毛、侵染相关蛋白和与铁、脂肪和糖代谢相关的因子等,与已报道的或潜在毒力因子在氨基酸水平上有较高的同源性,因此这 21 个序列可能与毒力有关。

将分离自日本的大肠杆菌 O157:H7 Sakai 株与大肠杆菌 K12 MG1655 株的全基因组序列进行比较,发现 Sakai 株染色体大小为 5.5 Mb,比 K12 大 895 kb,二者约有 4.1 Mb 的高度保守序列。其余 1.4 Mb 为 Sakai 株特有,并且大多数是来自未知的外源 DNA 片段的水平转移。在 Sakai 株染色体中已被证实的 5 361 个开放阅读框架(open reading frame,ORF)中,有 3 729 个存在于 K12 中,其余的 1 632 个 ORFs 在 K12 中不存在;通过与已知蛋白质序列的同源性比较发现,1 632 个 ORFs 中有 873 个的功能是已知的,369 个与未知功能的蛋白质相似,其余的则是 Sakai 株独有的。1 632 个 ORF 编码的 1 632 种蛋白质中至少有 131 种蛋白质与毒力有关。大肠杆菌 O157:H7 的毒力因子来源广泛,基因的插入或缺失都可能使菌株的毒力发生改变,可能产生更强的毒力株。这种基因水平转移和 O157 菌株 DNA 修复基因缺陷使 O157 更容易突变。

大肠杆菌较其他细菌易于以重组的形式进化,在这些新基因中存在着细菌致病性和演化的重要信息。目前,大肠杆菌 O157:H7 的致病机制尚未完全阐明,已公认的与其致病性有关的主要致病基因有志贺样毒素基因(*slt*)、大毒力质粒 pO157 和 LEE 毒力岛等。pO157 的全部核苷酸序列已被确定,在鉴定的 100 个 ORF 中,42 个编码已知功能蛋白的基因,19 个编码致病基因。pO157 上的基因在 DNA 复制、拷贝数控制、接合以及在宿主中的稳定性等方面具有作用。另外,也编码多个公认的与细菌毒力有关的致病因子,包括特异性 EHEC 溶血素(Hly)、胞质双功能过氧化氢酶-过氧化物酶(Katp)、细胞外分泌型丝氨酸蛋白酶(EspP)等。

4.2.1.3　志贺氏菌属的基因组学

志贺氏菌属(*Shigella*)细菌通称为痢疾杆菌,包括志贺氏(*Shigella dysenteriae*)、福氏(*Shigella flexneri*)、鲍氏(*Shigella boydii*)及宋内氏(*Shigella sonnei*)4个亚群,即志贺氏菌 A、B、C 和 D 亚群,临床感染均可以导致痢疾。痢疾杆菌与大肠杆菌在许多方面非常相似,基于持家基因的进化分析发现,除个别血清型外,痢疾杆菌几乎所有血清型可在大肠杆菌内聚类为 3 个离散的簇。目前,普遍认为痢疾杆菌是从多个独立的大肠杆菌祖先起源后经历了 7～8 次同趋进化而形成的。

志贺氏菌属源于大肠杆菌的"骨架序列",由 2 864 个 ORF 组成。在 1 917 个的编码产物功能明确的 ORF 中,有 992 个参与各种代谢途径。除代谢途径外,"骨架序列"中还包含其他一些基因簇,其编码产物在细菌的生长过程中发挥重要作用,如 DNA 聚合酶Ⅲ、RNA 聚合酶、抗性蛋白、转录调控蛋白、转录与翻译相关因子等。

4.2.2　沙门氏菌的基因组学

4.2.2.1　沙门氏菌基因组学概况

沙门氏菌是目前世界上最常见的食源性病原菌之一,全球每年因沙门氏菌引发的食物中毒事件位居细菌性食物中毒事件首位,绝大多数污染源来自畜禽及其粪便、蛋类、水等。沙门氏菌为一群寄生于人和动物肠道内的无芽孢、革兰氏阴性杆菌,可引起人和动物的肠热症、胃肠炎、败血症等。沙门氏菌病是指由各种类型沙门氏菌所引起的对人类、家畜以及野生禽兽不同形式的疾病的总称。沙门氏菌为临床常见的肠道致病菌,毒性最强的有可能引起败血症、脑膜炎等致命感染。它每年在全球造成 1 600 万例感染病例,其中 60 万例死亡。因此,完成对沙门氏菌菌株基因组序列的解析,为基础和临床研究提供了重要的生物信息学数据,有利于预防、诊断和治疗。

目前,在 NCBI 中能够查询到 8 076 个沙门氏菌的基因组,其基因组大小在 4.6～5.1 Mb 之间,平均 GC 含量约为 52%,绝大部分都含有质粒,且质粒与菌株的耐药性联系紧密。首次完成全基因组测序的沙门氏菌菌株有 *Salmonlla enterica* serovar Typhi CT18 和 *Salmonella enterica* serovar Typhimurium LT2,分别由英国 Sanger 中心和美国 Sidney Kimmel 癌症中心于 2001 年完成。前者的唯一自然宿主是人类,并导致伤寒症;而后者则有广泛的宿主,且是导致肠炎的主要病因。台湾长庚大学和北京华大基因于 2005 年完成了我国第一个完整测序的沙门氏菌菌株 *Salmonella enterica* serovar Choleraesuis SC-B67,该菌为人畜共患病原菌,可导致猪的副伤寒病,也能导致人类感染严重动脉瘤疾病。截至 2017 年,全球超过 100 家研究机构已完成并发表了近 200 株沙门氏菌的精细基因组图谱和 500 余株沙门氏菌基因组序列的草图。对鼠伤寒沙门氏菌、副伤寒沙门氏菌、肠炎沙门氏菌等沙门氏菌的基因组分析发现它们约有 90% 的共同基因,而生物性状的差异主要由剩余的 10% 左右基因决定。

沙门氏菌的致病性主要与染色体上成簇分布的编码致病相关基因的特定区域——致病岛有关。革兰氏阴性细菌的共同特点是致病岛编码毒力因子以及调节和分泌毒力因子的装置。目前,已在沙门氏菌中发现了 5 个致病岛,即 SPI1～SPI5。其中 SPI1 和 SPI2 和致病性密切相关,SPI1 和 SPI2 基因的突变严重影响沙门氏菌感染宿主的能力。SPI1 和 SPI2 各自编码不同的Ⅲ型分泌系统,即 TTSS1(type Ⅲ secretion system 1)和 TTSS2(type Ⅲ secretion system 2)。TTSS 是分子注射器,把毒力蛋白即效应蛋白直接注入到宿主细胞,影响细胞功能,促进感染的发生。每个Ⅲ型分泌系统在感染的不同阶段转运系列效应蛋白,以侵染宿主细胞。

以沙门氏菌毒力岛基因为研究对象,根据 GeneBank 发布的沙门氏菌毒力岛基因序列,设计相关引物,可以快速鉴别沙门氏菌。例如,针对编码沙门氏菌肠毒素 stn 基因设计引物和探针,经过优化各个反应条件和体系,建立了检测食品中沙门氏菌的荧光定量 PCR 方法,为沙门氏菌的检测提供了更快速、灵敏的方法。除此之外,沙门氏菌的毒力基因还有 mgtC、sopB、sseL 等,这些基因的发现对沙门氏菌的鉴定带来了便利。

4.2.2.2　沙门氏菌的耐药基因

抗生素耐药性是沙门氏菌一个日益突出的问题。抗菌药物在细菌性疾病的防治中发挥着重要的作用。但是由于抗菌药物的大量使用,加大了细菌的选择压力,促使细菌产生广泛而严重的耐药性。沙门氏菌的耐药机制主要包括:灭活酶和钝化酶引起的沙门氏菌耐药、基因突变引起的沙门氏菌耐药、细菌外排泵作用引起的沙门氏菌耐药、细胞生物膜改变引起的沙门氏菌耐药、可移动基因元件介导的沙门氏菌耐药等。

目前,细菌产生的灭活酶或钝化酶主要包括 β-内酰胺酶、氨基糖苷类钝化酶、氯霉素乙酰转移酶和红霉素酯化酶等。沙门氏菌对 β-内酰胺类抗生素耐药性的主要机制是产生 β-内酰胺酶,该酶可通过水解 β-内酰胺类抗生素的酰胺键从而使药物失活。β-内酰胺酶主要包括 AmpC 头孢菌素酶和超广谱 β-内酰胺酶。AmpC 头孢菌素酶由沙门氏菌的染色体和质粒共同介导,但产生耐药性的 AmpC 酶主要由质粒介导。超广谱 β-内酰胺酶由质粒介导,由于携带超广谱 β-内酰胺酶基因耐药质粒的泛嗜性,可以在同种属或不同种属革兰氏阴性细菌间频繁、广泛地转移,因此新型超广谱 β-内酰胺类抗生素耐药性在多数细菌间传播。基因突变引起的沙门氏菌耐药性的机制主要包括两方面:抗生素靶位基因突变与基因错配修复系统突变。例如,沙门氏菌对氟喹诺酮类药物的耐药性,主要是由于其染色体上 DNA 旋转酶亚单位基因 gyrA、gyrB 和拓扑异构酶Ⅳ亚单位基因 parC、parE 中喹诺酮耐药决定区发生了点突变,使氟喹诺酮类药物作用的靶蛋白构象发生改变,从而导致药物无法识别而产生耐药性。

耐药质粒通过接合、转化、转导等方式在细菌间传播,质粒携带耐药基因的扩散是沙门氏菌耐药的重要机制,也是耐药基因传播的主要途径。质粒被认为是介导耐药基因在质粒之间或质粒与染色体之间转移及重排的重要工具,能够独立地通过移动遗传成分进行水平转移从而获得外源耐药基因。沙门氏菌的耐药规律和耐药基因也是现在的研究热点。

4.2.3　李斯特菌属的基因组学

4.2.3.1　单核增生李斯特菌的生物学特征

李斯特菌属中能够致病的只有单核增生李斯特菌(*Listeria monocytogenes*,又简称单增李斯特菌),是一种人畜共患病的病原菌。人感染后主要表现为败血症、脑膜炎和单核细胞增多。它广泛存在于自然界中,在食品中存在的单增李斯特菌威胁着人类的安全,因为该菌在 4℃的环境中仍可生长繁殖,因此是威胁冷藏食品安全的主要病原菌之一。所以,在食品卫生微生物检验中,必须加以重视。

单增李斯特菌为革兰氏阳性短杆菌,大小一般为 $0.5\sim2.0\mu m$,直或稍弯,两端钝圆,常呈 V 字形排列,偶有球状、双球状、兼性厌氧、无芽孢,一般不形成荚膜,但在营养丰富的环境中可形成荚膜,培养时间过长的菌体可呈丝状,该菌有 4 根周毛和 1 根端毛,但周毛易脱落。该菌营养要求不高,在 $20\sim25$℃培养有动力,穿刺培养 $2\sim5$ d 可见倒立伞状生长,肉汤培养物在显微镜下可见翻跟斗运动。该菌的生长温度范围为 2～42℃（也有报道在 0℃能缓慢生长），最适培养温度为 35～37℃，在 pH 中性至弱碱性（pH 9.6）、氧分压略低、二氧化碳含量略高的条件下该菌生长良好，在 pH 3.8～4.4 能缓慢生长，在 6.5% NaCl 肉汤中生长良好。在固体培养基上，菌落初始很小，透明，边缘整齐，呈露滴状，但随着菌落的增大，变得不透明。在 5%～7% 的血平板上，菌落通常也不大，灰白色，接种血平板培养后可产生窄小的 β-溶血环。

根据菌体（O）抗原和鞭毛（H）抗原不同，将单增李斯特菌分成 1/2a、1/2b、1/2c、3a、3b、3c、4a、4b、4ab、4c、4d、4e 等血清型。致病菌株的血清型一般为 1/2c、3a、3b、3c、4a、1/2b、1/2a 和 4b，后三型居多，占 90%。其中，单增李斯特菌 EDG 是 1924 年由 Murray 从患病猝死的 6 只兔子体中第一次分离得到的，并在 1926 年由他的同事出版，将其命名为单核细胞增生杆菌（*Bacterium monocytogenes*），而到 1940 年被 Pirie 更名为李斯特菌。

4.2.3.2　单核增生李斯特菌基因组概况

单增李斯特菌 EDG-e 是菌株 EDG 的变种，血清型为 1/2b，其基因组长度为 2 944 528 bp，平均 G＋C 含量为 39%（GenBank / EMBL 登录号 AL591824）。在感染单增李斯特菌后，研究称其病原菌表面蛋白内含子（InlA）在肠屏障穿越中起到了关键的作用，其他毒力因子包括入侵蛋白 InlB、蛋白 LLO 和 PlcA 阻挡了吞噬细胞的吞噬，这些基因聚集在一个 10 kb 毒力岛上，而这个毒力岛是李斯特菌属中无害李斯特菌所没有的。无害李斯特菌 CLIP 11262 的基因组含有 3 111 209 个碱基对，且还含有 81 905 bp 的质粒（GenBank / EMBL 登录号 AL592102）。鉴定了菌株 EDG-e 的 2 853 个蛋白编码基因和菌株 CLIP 11262 的 2 973 个蛋白编码基因，编码的蛋白质显示它们与土壤细菌枯草芽孢杆菌有较大的相似性。同时菌株 EDG-e 基因的 35.3% 和菌株 CLIP 11262 基因的 37% 没有预测功能，与其他细菌的未知基因比例相似。单增李斯特菌 EDG-e 和无害李斯特菌 CLIP 11262 的全基因组示意图见二维码 4-1。

二维码 4-1　单增李斯特菌 EGD-e 和无害李斯特菌 CLIP 11262 的基因组示意图

4.2.3.3　碳水化合物转运和代谢相关的基因

李斯特菌属在环境中定殖和生长的能力与编码不同转运蛋白的 331 个基因（占单增李斯特菌基因的 11.6%）相关。其中，331 个转运蛋白基因中 88 个与碳水化合物转运有关，包括磷酸烯醇式丙酮酸依赖磷酸转移酶系统（PTS）和 39 个假定的完整或不完整的通透酶。单核细胞增生李斯特菌 EGD-e 中 PTS 通透酶的数量是大肠杆菌的 2 倍，几乎是枯草芽孢杆菌的 3 倍。碳水化合物特别是 β-葡萄糖苷对单核细胞增生李斯特菌的毒力效应具有显著的影响。

单增李斯特菌和无害李斯特菌基因组中存在糖酵解和磷酸戊糖途径所必需的酶。由于 α-酮戊二酸脱氢酶缺失，李斯特菌属的三羧酸循环不能完成，但能够通过完整的呼吸链产生三磷酸腺苷，并含有许多厌氧代谢途径，这些结果与李斯特菌的微需氧和兼性厌氧生活方式一致。李斯特菌的核黄素、生物素、硫胺素和硫辛酸的合成途径缺失或不完整，因此在配置培养基时需要添加这 4 种维生素，同时由于菌株的某些氨基酸的生物合成途径受到抑制，因此培养基中还需要添加 6 种氨基酸（Leu，Ile，Arg，Met，Val 和 Cys），李斯特菌才能生长。

4.2.3.4　信号传导及调节相关的基因

在单增李斯特菌和无害李斯特菌中分别鉴定了 209 个和 203 个转录调控因子。调节基因比例仅次于另一种病原体——铜绿假单胞菌。然而，单增李斯特菌编码 5 个 δ 因子，而枯草芽孢杆菌中有 18 个 δ 因子,结核分枝杆菌中有 13 个 δ 因子。来自单增李斯特菌的 PrfA(Crp / Fnr 家族成员)的特征调节因子在无害李斯特菌中不存在,该类调控因子能启动大多数已知的毒力基因表达。PrfA 可结合位于启动子区域的回文 PrfA 识别序列。对于 Crp / Fnr 家族,单增李斯特菌含有 15 个,无害李斯特氏菌含有 14 个,这个调控基因家族在李斯特菌属中比较重要,枯草芽孢杆菌只含有 1 种这种类型的调节基因,大肠杆菌有 2 种,铜绿假单胞菌有 4 种。李斯特菌属的基因组可以编码 15 个组氨酸激酶和 16 个反应调控因子构成的双组分调控系统,这种双组分系统的数量与枯草芽孢杆菌和大肠杆菌相似。

4.2.4　葡萄球菌的基因组学

4.2.4.1　葡萄球菌的生物学特征

葡萄球菌是一类呈球形或稍呈椭圆形的细胞,菌体直径在 $1.0\mu m$ 左右,因其多数像葡萄一样成串生长,所以命名为葡萄球菌。葡萄球菌无鞭毛,无芽孢,多数菌株不形成荚膜,少数几株除外,革兰氏阳性。柯赫(1878 年)、巴斯德(1880 年)和奥格斯顿(1881 年)分别从脓液中分离并发现该菌,罗森巴赫(1884 年)对其进行了详细研究。根据生化反应和表皮葡萄球菌产生的色素不同,可分为金黄色葡萄球菌(*Staphylococcus aureus*)、表皮葡萄球菌(*Staphylococcus epidermidis*)和腐生葡萄球菌(*Staphylococcus saprophytics*)3 种。多数葡萄球菌为非致病菌,少数可导致疾病。多数致病葡萄球菌能利用甘露糖,且能产生多种毒素和酶,常见的有血浆凝固酶(coagulase)、葡萄球菌溶血素(staphyolysin)、杀白细胞素(leukocidin)、肠毒素(enterotoxin)、表皮溶解毒素(epidermolytic toxin)等。葡萄球菌能够在恶劣的环境条件下存活,在黏膜和皮肤中定殖,人群中大约 20% 的人总是携带葡萄球菌,而 60% 的人群会短暂携带,20% 的人不会携带,一旦它感染了真皮层或黏膜的裂口,就可以继续定殖和感染身体的每个组织和器官系统,造成从相对轻微的皮肤和软组织感染到严重的骨髓炎和脓毒性关节炎,甚至威胁生命的疾病。

4.2.4.2　金黄色葡萄球菌基因组学概况

葡萄球菌病主要是由金黄色葡萄球菌引起家禽感染的一种急性或慢性传染病,其中金黄色葡萄球菌也是导致危及生命的败血症、心内膜炎和中毒性休克综合征的重要人类病原体。噬菌体分型是原始分型的方法之一,金黄色葡萄球菌按照噬菌体分型可以分为 4 个群 23 个型。肠毒素型食物中毒由Ⅲ和Ⅳ群金黄色葡萄球菌引起,Ⅱ群菌对抗生素产生耐药性的速度比Ⅰ和Ⅳ群缓慢很多。造成病人感染及大规模传染的是Ⅰ群中的 52、52A、80 和 81 型菌株,引起疱疹性和剥脱性皮炎的菌株通常是Ⅱ群 71 型。金黄色葡萄球菌基因组于 2001 年首次被测序。目前,有 18 个注释全基因组序列,一些菌株也已被部分测序,测序的菌株主要有 N315、Mu50、MW2、MRSA252、MSSA476、COL、NCTC8325 等。测序的金黄色葡萄球菌菌株具有 2 799 802～2 902 619 个碱基对的基因组,并已上传至 GenBank(注释基因组的 GenBank 登录号为:N315 染色体,NC_002745;Mu50 染色体,NC_002758;MW2 染色体,NC_003923;MRSA252 染色体,NC_002952;MSSA476 染色体,NC_002953;COL 染色体,NC_002951)。金黄色葡萄球菌的遗传变异非常广泛,其中 22% 的基因组由非必需的遗传物质组成。鉴定出 18 个大区域,其中 10 个区域具有编码毒力因子或介导抗生素抗性的蛋白质的基因。基因组结构主要由 3 个部分组成,第一是在所有菌株中发现的核心基因的主链(>97%)保守序列。第二是分散在整个骨架中的 700 多个核心变量基因。核心变量基因是可变分布的,每个谱系由数百个核心变量基因独特组合分布,其组合分布模式定义了金黄色葡萄球菌谱系。在具有已知功能的核心变量基因中,大多数编码已知与宿主相互作用的表面蛋白,以及它们的调节因子。第三,可移动基因片段(mobile genetic elements,MGEs)是基因组中可移动的DNA 片段,代表着基因的频繁转移和重组,显示了频繁转移和重组的证据。金黄色葡萄球菌的许多可移动功能、耐药性和毒力因子都由 MGEs 完成,这些 MGEs 的基因水平转移导致了金黄色葡萄球菌的致病性变强,抗生素抗性水平升高和宿主范围扩大。MGEs 在金黄色葡萄球菌基因组的可塑性中起着至关重要的作用,使金黄色葡萄球菌容易适应新的生态环境。

4.2.4.3　金黄色葡萄球菌的毒力基因及耐药性基因

第一个被测序的金黄色葡萄球菌基因组是耐甲氧西林菌株 N315 和 Mu50 的基因组。Mu50 菌株也耐万古霉素。大多数抗生素抗性基因和许多毒力基因存在于移动的遗传元件上,如质粒、转座子等。目前,几个重要的金黄色葡萄球菌临床分离株的基因组序列测定已完成,包括 MW2 和 MSSA476(USA400),MRSA252(USA200)和 FPR3747(USA300)。

与其他致病菌一样,噬菌体转化是金黄色葡萄球菌毒力株进化的重要方式。通过 MW2 菌株基因组测序发现其存在由前噬菌体编码的新型毒力决定簇,但是毒性分子对人类疾病的具体作用还不确定。噬菌体 ISa3 和 ISa2 都携带可能导致 USA300 菌株高毒力的基因,其中噬菌体 ISa3 编码葡萄球菌激酶和两种人类先天免疫系统调节剂(葡萄球菌补体抑制剂和金黄色葡萄球菌趋化抑制蛋白)。

金黄色葡萄球菌有不同的致病岛家族,其中大部分携带 tst 基因,编码中毒休克综合征毒素。除了 tst 之外,致病岛 SaPI1 携带编码 E-内酰胺酶的基因以及一些肠毒素编码基因,SaPI2 家族还可携带编码肠毒素的基因。在测序的基因组中,菌株 COL 携带 SaPI1,而 Mu50 不携带 SaPI1;仅在 N315 和 Mu50 菌株中发现 SaPI2;Mu50 的 SaPI3 家族不携带任何毒素编码的基因,但是携带编码获取铁元素的重要基因;MRSA252 携带一个被描述为 SaPI4 家族的致病岛;USA300 中的 SaPI5 与 COL 的 SaPI3 相似,尽管 SaPI5 缺乏中毒休克综合征毒素基因 tst,但它携带 seq 和 sek 基因,分别编码两种金黄色葡萄球菌新型肠毒素。

葡萄球菌盒式染色体赋予了金黄色葡萄球菌对甲基西林和其他抗生素的抗性。在金黄色葡萄球菌中发现了 5 个不同的盒式染色体,所有盒式染色体元件都携带编码产生青霉素结合蛋白 PBP2a 的 mecA 基因,赋予金黄色葡萄球菌对内酰胺类抗生素的抗性。由金黄色葡萄球菌 COL 携带的 I 型盒式染色体最早发现的盒式染色体,可追溯到 1961 年发现其具有甲氧西林抗性,其仅传递对内酰胺抗生素的抗性。II 型和 III 型盒式染色体也携带各种整合的质粒和转座子,这些质粒和转座子对于非-内酰胺抗生素包括氨基糖苷类、大环内酯类、四环素和重金属等具有额外的抗性决定簇。

4.2.5　致病性弧菌的基因组学

4.2.5.1　弧菌的基因组及毒力因子概况

根据伯杰氏手册,弧菌属于 γ-变形菌门,革兰氏阴性细菌,主要存在于水环境中,与真核生物息息相关。弧菌分布范围极广,具有丰富的生物多样性。目前弧菌科(Vibrionaceae)包括肠弧菌属(*Enterovibrio*)、格里蒙菌属(*Grimontia*)、发光杆菌属(*Photobacterium*)、盐弧菌属(*Salinovibrio*)和弧菌属(*Vibrio*)5 个属,共约 80 个种。

截至 2011 年,NCBI 已公布弧菌属全基因组序列为 13 个,涉及霍乱弧菌、哈氏弧菌、副溶血弧菌、创伤弧菌等。弧菌属基因组大小属内差异较大,最小为 3.9 Mb,最大达 6.05 Mb。详见表 4-1。大部分弧菌都有双染色体,即大染色体和小染色体。

表 4-1　NCBI 已发布的弧菌基因组

分类	株数	基因组大小/Mb
霍乱弧菌(Vibro cholerae)	5	3.9～4.1
灿烂弧菌(Vibro splendidus)	1	5
哈维氏弧菌(Vibro harveyi)	1	6.05
副溶血弧菌(Vibro parahaemolyticus)	1	5.17
创伤弧菌(Vibro vulnificus)	2	5.1～5.26
费氏弧菌(Vibro fischeri)	2	4.25～4.48
Vibro sp. Ex25	1	5.1
总计	13	

目前,弧菌基因组研究主要集在致病机理及毒力因子的研究。弧菌的致病特点与其他具有侵袭性的病原菌相似,其致病性取决于细菌与宿主的相互作用,致病过程一般包括黏附、侵染定殖、体内增殖、逃避宿主杀伤及产生毒素等。弧菌的主要毒力因子有如下几种:

(1)黏附素

除少数病原菌是借助宿主的皮肤外伤或天然开口进入宿主细胞引起感染外,多数是通过黏附于宿主的上皮细胞实现侵染的。细菌依赖黏附素结合到宿主表面,然后侵入宿主,进而导致疾病发生。参与黏附的物质包括黏附素(adhesin)和受体(receptor),细菌的黏附素与受体(位于宿主细胞表面)特异性结合,进而引起一系列反应。

(2)胞外毒素

很多胞外蛋白酶是病原菌的主要致病因子,如胶原蛋白酶、金属蛋白酶、卵磷脂酶和酪蛋白酶等,它们可以水解组织细胞,增强其通透性,产生细胞毒性,最终造成组织损伤。在霍乱弧菌、创伤弧菌和鳗弧菌等中都发现了胞外蛋白酶。

(3)铁摄取系统

病原菌为了生存必须从宿主体内获取营养,铁是主要的营养素之一。但在动物体内铁是以运铁蛋白和乳铁蛋白这样的结合形式存在,细菌很难直接从宿主体内得到铁,但是弧菌可以利用保守的细菌受体或分泌载铁素从宿主体内获得铁成分。一旦弧菌侵入宿主感知到铁元素的存在,即可激活铁摄取系统以抢夺宿主的铁离子,而宿主则会因缺铁而免疫力低下,处于应激状态,继而引发弧菌病。

(4)分泌系统

几乎所有的病原菌都将毒力因子分泌到细胞表面或胞外环境才能发挥作用。革兰氏阴性细菌具有两层细胞膜,内外膜之间还夹有膜间质,毒力因子从细胞质穿过内膜到达膜间质或到达细胞外部环境过程中,需要借助一些特殊的分泌途径来完成,因而革兰氏阴性细菌分化出各种分泌系统来达到此目的。

(5)毒力因子调控系统

弧菌可以根据外界环境因子如温度、pH、渗透压、铁离子浓度、氮和碳营养元素的变化来对基因的表达进行调控。几乎所有的毒力因子都是受严紧型调控的,它们的表达一般与环境信号相关联。在感染过程的每一个阶段,某种或某些特殊的环境信号常可改变一些编码必需毒力因子基因的表达。为了能适应各种环境,弧菌已经进化出了一些精细的系统对环境作出适宜反应,这些系统主要包括双组分调节系统(two-component regulatory systems)、AraC 转录激活子家族(AraC transcriptional activator family)、LysR 转录调节因子(LysR transcriptional regulators)、群体感应系统(quorum sensing)、Fur 及其调节系统(Fur and other regulatory systems)和 Sigma 因子(Sigma factors)等。

4.2.5.2　副溶血弧菌

(1)生物学特性

副溶血弧菌(*Vibrio parahaemolyticus*)于 1951 年在日本第一次被 Fujino 等于夏季腹泻事件中发现,曾被命名为 *Pasteurella parahemolytica*。如今,几乎全球范围内的海洋及江河入海口都可以分离到该菌。

副溶血弧菌是一种重要的水产品食源性致病菌,隶属于 γ-变形菌纲(Gamma proteobacteria),弧菌目(Vibrionales),弧菌科(Vibrionaceae),弧菌属(*Vibrio*)的革兰氏阴性嗜盐细菌。副溶血弧菌嗜盐畏酸,生活在含盐的水中,能够引发人类的胃肠道疾病,是我国沿海地区食源性疾病的重要病原菌,每年导致数以万计人感染。夏秋季节多发且容易引起集体发病,可引起腹痛、恶心、呕吐等症状并伴随水样便。发病的主要原因是食用了带有致病性副溶血弧菌的食物,尤其是牡蛎、墨鱼等鱼虾贝类。

在高盐血琼脂培养基上培养副溶血弧菌时,会出现溶血反应,即"神奈川现象"(Kanagawa phenomenon)。在副溶血弧菌含有的 O 抗原、K 抗原和 H 抗原中,有血清学分型意义的是 O 抗原和 K 抗原,其中 O 抗原有 13 种血清型,K 抗原有 65 种血清型。主要致病因子是耐热性直接溶血素(thermostable direct haemolysin,TDH)和耐热性直接溶血素相关溶血素(TDH-related haemolysin,TRH),分别由 *tdh* 和 *trh* 基因编码。

(2)副溶血弧菌的基因组

在 2003 年,Kozo Makino 等使用鸟枪法将菌株 RIMD2210633 进行了测序,这也是首个得到全基因组序列的副溶血弧菌。该测序菌株的两条染色体长度分别为 3 288 558 bp 和 1 877 212 bp,共含 4 832 个基因。截至 2015 年初,已公布的副溶血弧菌的基因组数据包括含 RIMD2210633 在内的 5 株完整图菌株和 319 株草图菌株,这为我们深入理解副溶血弧菌的进化和环境适应性提供了重要数据。

二维码 4-2　副溶血弧菌的基因组示意图

副溶血弧菌的基因组示意图见二维码 4-2,其基因组特征总结在表 4-2 中。副溶血弧菌基因组由两条染色体组成,每条染色体的 G＋C 含量为 45.4%,确定了 4 832 个编码序列。预测编码序列的大部分(约 40%)被标注为假定蛋白质。在副溶血性弧菌基因组中发现 11 个 rRNA 操纵子,在染色体 1 上发现 10 个 rRNA 操纵子,在染色体 2 上发现 1 个。

副溶血性弧菌生长和存活所需的大多数必需基因在染色体 1 上。如维持细胞正常功能所必需的 *dsdA* 和 *thrS* 基因以及核糖体蛋白 L20 和 L35 的基因在染色体 1 上,而在霍乱弧菌中相应的基因在染色体 2 上。然而,参与基本代谢途径(如糖酵解)的几个基因仅位于染色体 2 上,这说明副溶血弧菌染色体 2 对于生长和存活也是必不可少的。染色体 2 比染色体 1 包含更多与转录调控和各种底物转运相关的基因。

表 4-2　副溶血弧菌的基因组特征

项目	染色体 1	染色体 2
序列长度/bp	3 288 558	1 877 212
G+C 比率	45.4%	45.4%
编码序列的数量	3 080	1 752
蛋白质编码区	86.9%	86.9%
平均编码长度序列/bp	926.9	931.3
假定蛋白质	1 090(35%)	756(43%)
rRNA 操纵子	10	1
tRNA	112	14

将副溶血弧菌的基因组与 V 型霍乱弧菌的基因组进行比较,可以发现虽然 1 号染色体在两个基因组之间的大小差异不大(3.3 Mb∶3.0 Mb),但是副溶血弧菌的 2 号染色体比霍乱弧菌中大得多(1.9 Mb∶1.1 Mb),在进化过程中通过基因水平转移可以获得更多的基因,而频繁的基因衰变或缺失,会导致染色体变短。通过 BLAST 分析比较副溶血弧菌与霍乱弧菌之间保守基因的相对位置发现,在进化过程中大、小染色体内部和之间发生了广泛的基因组重排,在大染色体中大部分序列在不改变与复制起点相对距离的情况下发生对称重排。与大染色体相比,小染色体内的重排似乎是不规则的。另外,小染色体中每个弧菌所特有的基因比例较高(染色体 2,副溶血弧菌和霍乱弧菌分别为 56.8% 和 41.9%;染色体 1 分别为 29.5% 和 16.2%)。大小差异和特有基因数量的差异表明,弧菌的小染色体结构和基因含量比大染色体更为多样化。

大多数副溶血弧菌对人类没有致病性,只有很小比例可以引起人类肠胃炎。导致疾病发生的是一种耐热性直接溶血素,其编码基因 tdh 位于 2 号染色体的致病岛上。在副溶血弧菌 2 号染色体的致病岛上鉴定出了Ⅲ型分泌系统(type Ⅲ secretion system,TTSS)基因。TTSS 具有针状结构,可将细菌蛋白直接注入宿主细胞。编码 TTSS 的基因仅存在于产耐热性直接溶血素的副溶血弧菌中。这表明 TTSS 的存在与副溶血弧菌对人的致病性密切相关。副溶血弧菌可引发炎症性腹泻。TTSS 是志贺氏菌和沙门氏菌的关键毒力基因,这两种菌也会引发人类的炎症性腹泻。而霍乱弧菌的基因组中没有编码 TTSS 的基因,它通过产生霍乱素引发腹泻,其感染机制与副溶血弧菌不同。

4.2.5.3　霍乱弧菌

霍乱弧菌(Vibrio cholera)是引起霍乱(cholerae)的病原体,自 1817 年以来曾引起 7 次世界范围内的疾病爆发,其中前 6 次发生在 1817 年至 1923 年,是由经典生物型的霍乱弧菌 O1 血清型菌株引起的。第 7 次发生在 1961 年,是由 ELTor 生物型引起的。1992 年 10 月起,在印度、孟加拉国爆发了由新血清型 O139 霍乱弧菌导致的疾病。

2000 年 6 月 14 日,Heidelberg 等向 Genebank 提交了霍乱弧菌 El Tor 生物型 N16961 株的全基因组序列。霍乱弧菌基因组由 2 条环状染色体组成,其中染色体 1 较大,约 296 1146 bp,G+C 含量为 46.9%;染色体 2 较小,约 1 072 314 bp,G+C 含量为 47.7%。霍乱弧菌总共有 3885 个 ORFs,792 个是"非 Rho 依赖性的终止子(Rho-independent terminator)"。其中染色体 1 上有 2 770 个 ORFs,599 个非 Rho 依赖性终止子;染色体 2 上有 1 115 个 ORFs,193

个为非 Rho 依赖性的终止子。

上文已经介绍了霍乱弧菌与副溶血弧菌基因组间的差异,弧菌基因组序列的阐明为研究弧菌的环境生态学和病原生物学特性提供了新的基础,深入了解弧菌如何在人体和环境中生存是令人感兴趣的研究课题,比较弧菌属不同种之间的基因组序列也可以使人们对弧菌中基因的功能有更好的理解。

4.2.6　致病性芽孢杆菌基因组学

芽孢杆菌(*Bacillus*)是一类能形成芽孢或内生孢子的革兰氏阳性菌,分布广泛,对外界有害因子的抵抗力较强。对于芽孢杆菌的基因组学的研究开始较早,随着基因组时代的到来,利用微生物基因组学的信息可以深入了解芽孢杆菌的生理及代谢功能。本小节以蜡状芽孢杆菌与炭疽芽孢杆菌为主,从它们的染色体序列和质粒序列等方面介绍芽孢杆菌的基因组学概况。

4.2.6.1　蜡状芽孢杆菌简介

蜡状芽孢杆菌(*Bacilluscereus*)是芽孢杆菌属中的一种,菌体细胞杆状,末端方,呈短或长链,在不适宜的条件下会产生芽孢,无荚膜,有动力的革兰氏阳性菌。蜡状芽孢杆菌在自然界中分布广泛,是一种机会致病菌,会造成食品的污染并产生毒素。1950 年首次在挪威报道,其通常与两种形式的人类食物中毒有关,中毒的特征是腹泻、腹痛、恶心呕吐。已知的蜡状芽孢杆菌能够在健康个体和存在某些潜在病症的个体中引起的感染包括:眼内炎、菌血症,败血症、心内膜炎、输卵管炎、皮肤缺血性感染,其能够引发免疫缺陷性个体的肺炎以及脑膜炎。蜡状芽孢杆菌被发现是一种食源性致病菌,但也常见于土壤环境,是常见的无脊椎动物肠道菌群的一部分。迄今为止,已经得到了 4 个蜡状芽孢杆菌分离株的全基因组:*B. cereus* ATCC10987、*B. cereus* ATCC14579、*B. cereus* ZK、*B. cereus* G9241,后两个分离菌株具有高毒性。

4.2.6.2　炭疽芽孢杆菌简介

炭疽芽孢杆菌(*Bacillusanthraci*)属于芽孢杆菌属,其菌体粗大,两端平坦或凹陷,无动力,无鞭毛的革兰氏阳性菌。炭疽芽孢杆菌是人畜共患病病原菌,人类可能因接触患病动物或食用被该菌污染的动物制品而患病。其患病的临床症状表现为皮肤坏死、焦痂、溃疡、广泛的水肿及毒血症、结缔组织出血性浸润、血液凝固不良等。炭疽芽孢杆菌对高温、紫外线、电离辐射和各种化学制剂具有高度耐受性,被认为可以在环境中存活数十年甚至数百年,所以其一旦存在便造成长期的潜在威胁。因此,由炭疽芽孢杆菌引发的炭疽病的复发率极高,并且极易发生扩散性暴发。美国科学家完成了炭疽芽孢杆菌的基因组测序,其基因组序列长 5 200kb,含有 5 000 多个基因。通过与土壤中几种普通杆菌比较,发现它们的 5 000 个基因中只有 150 个有显著的差别,因此这些不同的基因可能赋予了炭疽杆菌的致病性。

4.2.6.3　致病性蜡状芽孢杆菌与炭疽芽孢杆菌的染色体序列比较

致病性蜡状芽孢杆菌和炭疽芽孢杆菌的差异基因大部分位于复制终点,表明基因组可变性主要发生在该区域,正如先前在其他微生物群体所观察到的,这些数据阐明了菌株进化和基因缺失的历史。在许多情况下,在一个基因组中的特定位置上的基因在另一个基因组中的相应位置上被其他基因所取代。这通常是移动遗传元件如噬菌体、转座子、IS 元件或代谢适应的插入/缺失事件的结果。

致病性的蜡状芽孢杆菌 G9241 菌株与炭疽芽孢杆菌具有高基因相似性和蛋白质相似性，致病性蜡状芽孢杆菌与炭疽芽孢杆菌的相似性比非致病性的蜡状芽孢杆菌更高，这与两者均具有致病性有关。但也具有一定差异性，例如，编码细胞毒素 K 和非溶血性肠毒素 C 亚基的基因仅在蜡状芽孢杆菌中被检测到。后期的研究也发现，除了基因序列和基因含量的差异，蜡状芽孢杆菌和炭疽芽孢杆菌之间的表型差异也来源于特定基因表达的差异。

4.2.6.4　致病性蜡状芽孢杆菌与炭疽芽孢杆菌的质粒序列比较

在致病性蜡样芽孢杆菌和炭疽芽孢杆菌分离株中发现了多种质粒，这些质粒大小不同，数量也不同。这两种菌的宿主特异性和引起的大部分疾病也可以归因于所携带的质粒不同。蜡状芽孢杆菌的质粒大小一般在 5～500 kb，只有部分质粒与其致病性相关。炭疽芽孢杆菌的质粒在其致病机制中的作用现在已经比较清楚，尽管这些质粒不相同，但是任何一种质粒的缺失都会导致炭疽芽孢杆菌分离株毒性的降低。接下来就对炭疽芽孢杆菌和致病性蜡状芽孢杆菌菌株中的质粒进行介绍。

炭疽芽孢杆菌中研究比较透彻的质粒为 pXO1 和 pXO2。pXO1 的大小为 181kb，碱基 G 和 C 的含量为 33%，编码三联致死毒素的合成和调控基因，致死毒素的三个部分分别合成和组装。毒素还有两个额外的组成部分，分别为致死因子和水肿因子，它们分别负责几种促分裂原活化蛋白激酶（MAPKK）的水解切割及将细胞内 ATP 转化为 cAMP，会导致巨噬细胞内的信号传导异常和肺内积液。pXO2 的大小为 96kb，碱基 G 和 C 的含量为 33%，其编码另一个众所周知的毒力因子——聚-c-D-谷氨酸荚膜的合成和降解。这种荚膜物质被认为在巨噬细胞的运输过程中保护了细菌，从而避免了宿主免疫反应，并增加了患者全身性败血症的发病概率。

通过比较基因组杂交技术，研究者在蜡状芽孢杆菌 G9241 中发现了一种与炭疽芽孢杆菌 pXO1 具有高度同源性的大小为 191 kb 的质粒，将之命名为 pBCXO1。pBCXO1 与 pXO1 的同源性为 99.6%，碱基 G 和 C 的含量均为 33%，这种相似性涉及毒力基因，如保护性抗原（99.7% 氨基酸同源性），致死因子（99% 氨基酸同源性）和水肿因子（96% 氨基酸同源性），以及已知的毒力调节蛋白 AtxA（100% 氨基酸同源性）和 PagR（98.6% 氨基酸同源性）。pXO1 和 pBCXO1 间的高度同源性表明两种菌株从共同的起源获得质粒，或者是炭疽芽孢杆菌中的质粒转移到蜡状芽孢杆菌 G9241 中，从而得到两种相似度较高的质粒。蜡状芽孢杆菌 G9241 还携带质粒 pBC218，其大小为 218kb，碱基 G 和 C 的含量为 32%。pBC218 也携带毒力调节蛋白 AtxA，但是该基因产物与炭疽杆菌同源物只有 78% 一致。另外，pBC218 编码一些已知的炭疽芽孢杆菌毒力因子，包括编码保护性抗原的同源物（≥60% 氨基酸同源性）和致死因子（≥36% 氨基酸同源性），但该质粒不含有编码水肿因子的基因。与炭疽芽孢杆菌 pXO1 相比，毒力基因较少，毒性可能相对有限。对 pBC218 序列的进一步研究揭示了其中含有蜡状芽孢杆菌 G9241 基因组中唯一的荚膜生物合成簇，这种质粒编码的多糖荚膜可能弥补聚-c-D-谷氨酸荚膜的缺乏，并帮助蜡状芽孢杆菌 G9241 逃避宿主免疫系统。

4.2.6.5　其他芽孢杆菌的基因组学介绍

在 NCBI 数据库中有很多其他芽孢杆菌的基因组数据，其中枯草芽孢杆菌的研究最为透彻。1997 年欧洲和日本的科学家合作完成了枯草芽孢杆菌基因组的 DNA 全序列测定。枯草芽孢杆菌基因组包括 421 万个碱基对，包含 4100 种编码蛋白质的基因，碱基 G 和 C 的比例为 43.5%。这些编码蛋白质的基因中，有 53% 是首次被发现的，有近四分之一对应一些基因家族,其中最大的基因家族包含 77 种推测的 ATP 结合和转运蛋白。基因组中至少存在着 10 个噬菌体的 DNA 分子残余,这意味着噬菌体感染存在基因转移,这在进化和致病性传播中起着重要作用。

4.3　食品中有益菌的基因组学

食品工业生产是以化学变化或微生物变化为主要特征的工业生产过程。在利用微生物变化进行加工处理过程中,接种有益微生物或提供适合生长繁殖的条件,对有害微生物产生有效的拮抗作用,甚至通过发酵在食品原料中产生一些新的物质,使食品的风味得到改良并得以保藏,是一种有效的加工方法。在不同食品的加工生产中,有益微生物的种类各不相同。如何较好地认识和利用这些微生物是一件非常有意义的事情。微生物的基因组学(genomics)为全面了解有益微生物的基因功能,认识其在食品生产中的代谢活动,利用和改造这些有益菌株为食品生产服务提供了完整的遗传信息。

4.3.1　乳酸杆菌的基因组学

乳酸杆菌在分类学上属于乳酸杆菌科(Lactobacillaceae),乳杆菌属(*Lactobacillus*),是一群杆状的革兰氏阳性菌,碱基 G 和 C 含量低于 55%,广泛分布在自然界中,是动物和人肠道中重要的生理性菌群之一,负担着动物体内重要的生理功能。乳酸杆菌可发酵碳水化合物(主要指葡萄糖)并产生大量乳酸,是食品特别是乳酸发酵食品生产中常见的重要有益菌之一。

截至 2017 年 12 月,在 NCBI 网页(http://www.ncbi.nlm.nih.gov/genomes/static/eub.html)中已完成基因组测序的乳酸杆菌种共计 43 个,包括食品生产中常见有益菌嗜酸乳杆菌(*Lactobacillus acidophilus*)、短乳杆菌(*Lactobacillus brevis*)、干酪乳杆菌(*Lactobacillus casei*)和植物乳杆菌(*Lactobacillus plantarum*)的基因组。

4.3.1.1　植物乳杆菌的基因组学

植物乳杆菌(*Lactobacillus plantarum*)属于兼性异型发酵的类群,是乳杆菌属中底物利用和生境范围最广的一个种。它几乎利用所有测定的单糖、双糖和寡糖,在乳品、肉食和植物的发酵过程中均有植物乳杆菌参与。在人的胃肠道中植物乳杆菌也是土著菌种,具有维持肠道菌群平衡,降低胆固醇水平,提高机体免疫力,促进营养吸收等多种功能。因此,植物乳杆菌在食品发酵生产以及医疗保健等领域都有着广泛的应用。

自 2003 年第一株植物乳杆菌 WCFS1 全基因组测序完成以来,在世界范围内掀起了植物乳杆菌全基因组测序的浪潮,植物乳杆菌 WCFS1 的基因组示意图见二维码 4-3,一些具有特定功能的植物乳杆菌完成了基因组测序和功能基因解析(表 4-3)。例如:从泡菜中分

二维码 4-3　植物乳杆菌 WCFS1 的基因组示意图

离的具有降胆固醇、降血脂等多种功能的植物乳杆菌 ST-Ⅲ;具有免疫调节活性的植物乳杆菌 PS128;具有抑制金黄色葡萄球菌、大肠杆菌、沙门氏菌、单核增生李斯特菌等多种致病菌的植物乳杆菌 ZJ316 等。至 2017 年 12 月,完成全基因组测序并提交至 NCBI 的植物乳杆菌菌株有 27 株(表 4-3)。

表 4-3　植物乳杆菌基因组全图概况

序号	菌株及编号	基因组/Mb	CG/%	蛋白数	基因数
1	植物乳杆菌乳亚种 WCFS1	3.348 62	44.45	3 063	3 174
2	植物乳杆菌乳亚种 JDM1	3.197 76	44.70	2 815	2 961
3	植物乳杆菌植物亚种 ST-Ⅲ	3.307 94	44.50	2 942	3 067
4	植物乳杆菌乳亚种 ZJ316	3.299 76	44.45	2 930	3 103
5	植物乳杆菌植物亚种 P-8	3.246 63	44.55	2 902	3 080
6	植物乳杆菌乳亚种 16	3.361 02	44.31	3 004	3 148
7	植物乳杆菌乳亚种 DOMLa	3.210 11	44.67	2 835	2 981
8	植物乳杆菌乳亚种 B21	3.284 26	44.50	2 942	3 054
9	植物乳杆菌乳亚种 5-2	3.237 65	44.70	2 889	3 020
10	植物乳杆菌乳亚种 ZS2058	3.198 34	44.70	2 847	2 962
11	植物乳杆菌乳亚种 HFC8	3.405 71	44.33	3 029	3 306
12	植物乳杆菌乳亚种 LZ95	3.322 46	44.49	2 951	3 099
13	植物乳杆菌乳亚种 Zhang-LL	2.952 22	44.90	2 600	2 761
14	植物乳杆菌乳亚种 JBE245	3.262 61	44.50	2 961	3 131
15	植物乳杆菌乳亚种 CAUH2	3.274 62	44.55	2 917	3 053
16	植物乳杆菌乳亚种 LZ206	3.263 71	44.50	2 837	3 092
17	植物乳杆菌乳亚种 LZ227	3.425 29	44.34	3 049	3 262
18	植物乳杆菌乳亚种 NCU116	3.354 69	44.40	2 979	3 143
19	植物乳杆菌乳亚种 KP	3.692 74	44.08	3 322	3 495
20	植物乳杆菌乳亚种 DF	3.697 31	44.07	3 349	3 518
21	植物乳杆菌乳亚种 LY-78	3.128 78	44.77	2 763	2 910
22	植物乳杆菌乳亚种 C410L1	3.392 78	44.42	3 052	3 309
23	植物乳杆菌乳亚种 MF1298	3.564 58	44.22	3 234	3 447
24	植物乳杆菌植物亚种 TS12	3.433 63	44.28	3 041	3 402
25	植物乳杆菌乳亚种 RI-113	3.462 99	44.34	3 211	3 448
26	植物乳杆菌乳亚种 CLP0611	3.230 75	44.54	2 954	3 134
27	植物乳杆菌乳亚种 KLDS1	2.910 91	44.65	2 691	2 918

　　已经完成全基因组测序的植物乳杆菌菌株主要为乳亚种和三株植物亚种:ST-Ⅲ、P-8 和 TS12。植物乳杆菌基因组相对较大,在 2.91～3.35 Mb,GC 含量较低,大多数都在 44.5％左右,基因数目为 2 761～3 518,最多的为乳亚种 DF,最少的为乳亚种 Zhang-LL。编码蛋白数目为 2 600～3 349,最多的也为乳亚种 DF,最少的也为乳亚种 Zhang-LL。

　　(1)糖摄取和中央代谢相关的基因

　　植物乳杆菌可以利用多种碳源,如单糖、低聚糖、糖醇等,因此可以在多种环境下生长。这种碳水化合物代谢多样性的特征与基因组中编码多种与糖代谢和运输的基因有关。基因组的结构分析表明:植物乳杆菌编码糖运输和糖利用的基因集中位于靠近染色体复制起始位点的一段 600 kb 的片段上,这些基因具有和基因组中其他基因不同的核苷酸组成(GC 含量低于整个基因组)。这些现象表明,对植物乳杆菌的代谢和适应性有重要作用的基因很可能是通过基因水平转移而获得的。

　　植物乳杆菌被归类于兼性异型发酵乳酸菌,表明糖可以通过糖酵解(glycolytic pathway, EMP)和磷酸解酮酶途径(phosphoketolase pathway,PK)发酵。与此相应的是在植物乳杆菌基因组中具有编码所有用于 EMP 和 PK 途径通路的酶基因。在响应环境中可用碳源的水平和类型时,这种 EMP 和 PK 途径连锁促进了植物乳杆菌高效、协同地调控相关酶表达。植物乳杆菌没有完整的三羧酸循环基因,但有 6 个拷贝的延胡索酸还原酶的基因,说明具有残留的电子传递链。

植物乳杆菌有广泛的生境说明了它具有很强的适应性,在基因组中发现了大量调节和运输物质的功能系统,其中包括 25 个完整的磷酸转移酶运输系统(phosphotransferase system,PTS)和 200 多个细胞结合型的胞外蛋白。PTS 的主要功能之一就是转运糖类,而且植物乳杆菌的 PTS 编码基因数目远比其他细菌多。除了 PTS 系统外,植物乳杆菌基因组中还有 30 个其他转运体系统,这些系统被预测参与了碳源运输。另外人们还在植物乳杆菌基因组中定义了一个大于 213 kb 的叫作"生活方式适应岛"(life style adaptation region)的区域,该区域包含了多种糖类转运和代谢的相关基因。

(2)生物合成与降解相关的基因

乳酸菌通常生活在富含蛋白质的环境中(包括牛奶),并配备了蛋白质降解机制,以在这些条件下为生长创造选择性优势。植物乳杆菌基因组中并没有编码蛋白质水解的胞外蛋白酶 Prt,但是细胞膜上具有大片段肽的吸收系统(Opp 和 Dtp),一旦这些肽被吸收,就会在胞内被 19 个基因编码的胞内肽水解酶水解成氨基酸。尽管有了这种复杂的蛋白质降解机制,植物乳杆菌仍然具有合成大多数氨基酸的完整基因系统,这些基因系统通常是在大的基因簇或操纵子中组织的。

(3)运输、调控及信号转导相关的基因

植物乳杆菌基因组中,转运蛋白是最大的蛋白家族之一,共有 411 个编码基因,编码 57 个 ABC(ATP-结合盒)转运蛋白,包括 27 个内转运蛋白和 30 个外排蛋白。多数内转运蛋白向胞内转运氨基酸和肽。在基因组中,另一大类基因是和调控相关的基因,至少含有 262 个基因(占全部蛋白编码基因的 8.5%),其中包括 3 个 σ 因子的编码基因(ropD、ropN、sigH)和至少 13 个传感器-调控器对。在目前已知的细菌基因组中,这种高比例的调控蛋白只在铜绿假单胞菌(*Pseudomonas aeroguinosa*,占 8.4%)和单核细胞李斯特菌(*Listeria monocytogenes*,占 7.3%)中发现,印证了植物乳杆菌对环境变化的快速反应。

(4)胁迫响应相关的基因

植物乳杆菌中有许多编码响应环境胁迫的基因,包括几个与应激反应相关的胞内蛋白酶,如降解异常和非功能蛋白 ClpP、HslV 和 Lon。在温度响应方面,植物乳杆菌除了编码热激蛋白 *groES-groEL* 分子伴侣和 *hrcA-grpE-dnaK-dnaJ* 操纵子外,还编码 HSP20 家族的小分子热激蛋白和 3 个高度同源的冷休克蛋白(CspL、CspC、CspP);除其他常见的应激途径外,乳酸菌还必须有效地适应环境酸化。在植物乳杆菌中,除了 F_0F_1-ATPase 是细胞内 pH 的主要调控因子外,10 个 Na^+/H^+ 反转运泵也参与了酸的应激反应。过去发现植物乳杆菌对高渗透压的生理反应是提高细胞内电解质含量,积累相容性溶质。在植物乳杆菌 WCFS1 的基因组中确实发现了至少 3 个系统与摄取及合成渗透压保护剂相关,其中包括甘氨酸-甜菜碱/肉毒碱/胆碱。此外,植物乳杆菌基因组中还有一些编码各种氧化应激相关蛋白的基因,如过氧化氢酶、过氧化物酶、谷胱甘肽过氧化物酶、光晕过氧化物酶、4 个硫代霉素、4 个谷胱甘肽还原酶、5 个 NADH 氧化酶和 2 个 NADH 过氧化物酶编码基因。

4.3.1.2 嗜酸乳杆菌的基因组学

嗜酸乳杆菌(*Lactobacillus acidophilus*)(图 4-1)最早是从婴儿粪便中分离获得的,属于同型乳酸发酵菌。自 20 世纪 70 年代从人体中分离获得后,该菌已经广泛地应用于液态奶、酸奶、固态液化食品、婴幼儿食品和果汁中,是公认的最具经济价值的益生菌。

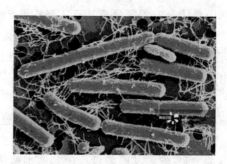

图 4-1　嗜酸乳杆菌

嗜酸乳杆菌 NCFM 菌株是嗜酸乳杆菌中第 1 个进行全基因组测序的菌株,至 2017 年 4 月,完成嗜酸乳杆菌基因组全图的菌株有 3 株(表 4-4),基因组草图 15 株(表 4-5)。已完成的基因组测序表明:嗜酸乳杆菌的基因组大小为 1.25～2.05 Mb,GC 含量 33.8%～38.1%,预测基因数目 1927～1948,编码蛋白数目 1 832～1 845。

表 4-4　嗜酸乳杆菌全基因组测序基因组概况

序号	菌株及编号	基因组/Mb	CG/%	蛋白数	基因数
1	嗜酸乳杆菌乳亚种 NCFM	1.993 56	34.70	1 832	1 927
2	嗜酸乳杆菌乳亚种 La-14	1.991 58	34.70	1 835	1 948
3	嗜酸乳杆菌乳亚种 FSI4	1.991 97	34.70	1 845	1 948

表 4-5　嗜酸乳杆菌基因组草图概况

序号	菌株及编号	基因组/Mb	CG/%	蛋白数	基因数
1	嗜酸乳杆菌乳亚种 ATCC 4796	2.020 5	34.70	1 802	1 957
2	嗜酸乳杆菌乳亚种 CIP 76.13	1.951 82	34.60	1 779	1 935
3	嗜酸乳杆菌乳亚种 DSM 9126	1.991 76	34.60	1 827	1 944
4	嗜酸乳杆菌乳亚种 CIRM-BIA 445	2.002 01	34.60	1 819	1 937
5	嗜酸乳杆菌乳亚种 DSM 20079	1.954 04	34.60	1 787	1 913
6	嗜酸乳杆菌乳亚种 DSM 20242	2.047 86	34.70	1 865	1 987
7	嗜酸乳杆菌乳亚种 CIRM-BIA 442	1.986 99	34.70	1 841	1 947
8	嗜酸乳杆菌乳亚种 CFH	1.971	34.60	1 815	1 931
9	嗜酸乳杆菌乳亚种 DSM 20079	1.947 72	34.60	1 668	1 906
10	嗜酸乳杆菌乳亚种 ATCC 4356	1.956 7	34.60	1 780	1 914
11	嗜酸乳杆菌乳亚种 DSM 20079	1.955 27	34.60	1 786	1 922
12	嗜酸乳杆菌乳亚种 WG-LB-IV	1.951 69	34.60	1 815	1 944
13	嗜酸乳杆菌乳亚种 KLDS 1.0901	1.992 32	34.70	1 835	1 955
14	嗜酸乳杆菌乳亚种 L-55	2.009 51	34.60	1854	1 985
15	嗜酸乳杆菌乳亚种 CFH	1.252 38	34.80	—	—

(1)糖代谢的基因

人们发现在乳酸菌基因组中有很多编码与酵解相关的酶基因,这可以使乳酸菌依赖糖酵解而获取能量。基因组分析显示,嗜酸乳杆菌具有广泛的糖酵解潜力,基因组中含有能够利用多种低聚糖酶类的编码基因,如转化酶、菊粉酶、果聚糖酶、呋喃果糖苷酶、果聚糖酶和果聚糖水解酶,尽管这些酶定义多样化,但它们都属于转化酶家族的成员,这反映了不同生境中,它们利用营养物质的多样性。

(2)糖转运系统

嗜酸乳杆菌基因组中含有调控多糖代谢的操纵子 *msm*(多种糖代谢基因),该操纵子与低聚糖的转运有关。近年来研究显示,PTS系统是嗜酸乳杆菌转运碳水化合物的主要工具。除PTS外,嗜酸乳杆菌还含有少量的ABC转运蛋白和LacS转运蛋白。LacS乳糖苷转运蛋白曾在乳酸明串珠菌、嗜热链球菌、保加利亚乳杆菌等多种乳酸菌中被描述过。在嗜酸乳杆菌中,单糖和双糖由PTS家族成员转运,多糖由ABC家族成员转运,而半乳糖苷则由GPH转运蛋白转运。

通过对嗜酸乳杆菌的转录组分析,人们发现尽管底物特异性转运载体和胞外水解酶的合成在转录水平上受到调控,但是基因组编码的调控蛋白CcpA、Hpr、HprKP和EI却是组成型表达的。这可能说明碳水化合物的转运和代谢是在转录水平上高度可调的,这就赋予其灵活多变的碳源利用方式和强大的代谢能力。通过基因差异表达的转录组分析,人们发现了碳水化合物分解代谢阻遏调控网络的存在,其中代谢网络中的关键酶是组成型表达的,说明是在蛋白水平上受到调控而不是在mRNA水平上,这一现象在酸应激时也会看到。

(3)氨基酸代谢相关基因

除乳酸乳球菌具有完全的氨基酸合成途径外,大多数乳酸菌都不具备完全的氨基酸合成途径。植物乳杆菌仅缺少几个合成途径,其中包括一些支链氨基酸的合成途径,而嗜酸乳杆菌及亲缘关系较近的种,则极度缺乏氨基酸生物合成的能力。为了弥补这种缺陷,这些乳杆菌编码了大量的多肽通透酶、氨基酸通透酶和寡肽转运蛋白,这样就能够从营养丰富的外界环境中转运获取自身不能合成的氨基酸。然而,人们只在嗜酸乳杆菌和约氏乳杆菌基因组中发现能编码胞壁通透酶PrtP的基因,但是编码成熟蛋白PrtM的基因则存在于所有这些乳杆菌的基因组中。

(4)胁迫响应的基因

嗜酸乳杆菌基因组中还含有多个双组分调控系统,其中一些与环境胁迫有关。在环境不利时,这些双组分调控系统中的转录调节蛋白能够调控碳水化合物代谢相关基因的转录,以应对环境胁迫。同时基因组中还含有种类齐全的分子伴侣,在环境胁迫应答中同样发挥重要作用。

此外,嗜酸乳杆菌的基因组学在组学层面上揭示了该菌的细菌素编码基因簇、胞外多糖、蛋白水解系统、碳水化合物代谢、黏附因子等方面的特征,加快了其理论和应用研究的进程,为优良菌株的选育和改造奠定了理论基础。

4.3.2 乳酸乳球菌的基因组学

乳酸乳球菌是乳品发酵,尤其是奶酪制作中的主要菌种,生产中常用的乳酸乳球菌包括乳酸乳球菌乳酸亚种(*Lactococcus lactis* subsp. *lactis*)IL1403和乳酸乳球菌奶酪亚种(*Lactococcus lactis* subsp. *cremoris*)MG1363。乳酸乳球菌乳酸亚种IL1403和乳酸乳球菌奶酪亚种MG1363都具有稳定的发酵性能、抗噬菌体和产生独特风味物质的特性,被分别用于"软奶酪"和"硬奶酪"的发酵。

乳酸乳球菌的2个亚种都已完成了基因组测序,基因组大小为2.3～2.5 Mb,序列差异估计在20%～30%,含有大量的IS序列,易发生DNA重组。基因组中含有2 310～2 500个蛋白质编码基因,约22%的是未知功能基因,36%的基因功能不明确。下面以IL1403的基因组为例详细介绍乳酸乳球菌基因组。

4.3.2.1 基因组的结构

乳酸乳球菌乳酸亚种IL1 403的基因组大小为2.365 Mb,GC含量为35.4%,86%区段编码蛋白质,1.4%编码稳定RNA,12.6%为非编码区。基因组共含有2 310个ORF框,其中1 482个ORF(64.2%)的编码蛋白功能已知,465个ORF(20.1%)与数据库中未知功能的基因序列相似,其余 363 个 ORF(15.7%)和数据库中已知功能的基因序列无同源性,认为是乳酸乳球菌特有的基因。同时,IL1403 的代谢系统较为完整,特别是关于碳水化合物和氨基酸的转运和代谢方面有 200 多个 ORF,说明该菌株在这两方面所占的生物信息量较大,有较好的糖类代谢及风味物质合成的潜能。

4.3.2.2　蛋白水解系统

乳酸乳球菌在蛋白质水解过程中可产生多肽和维持菌体生长的氨基酸,同时对发酵产品风味和质地都有着非常重要的作用。蛋白质水解系统含 3 个重要部分:a. 细胞壁黏附蛋白酶开始将细胞外酪蛋白(乳蛋白)降解成寡肽。b. 寡肽转运系统将寡肽带入到细胞内。c. 各种细胞外肽酶将肽降解成短肽和氨基酸,氨基酸可以被进一步转化成各种风味物质。在奶酪中,重要风味化合物的前体物质主要包括乳脂、乳蛋白和乳糖。尤其是酪蛋白的降解是导致大量风味化合物形成的重要生化反应,例如,醛类、醇类和酯类,对于产品的风味产生巨大作用。乳酸乳球菌蛋白水解系统的功能及调控见图 4-2。

4.3.2.3　能量代谢和转运蛋白

厌氧糖酵解是乳酸乳球菌获取能量的主要途径,只有 5% 的糖酵解能量用于乳酸乳球菌细胞的生物合成。菌株 IL1403 基因组中含有从葡萄糖到丙酮酸通路的全部基因,但没有三羧酸循环、糖原异生酶和许多补充反应相关的基因。分析发现,IL1403 基因组中有和好氧呼吸

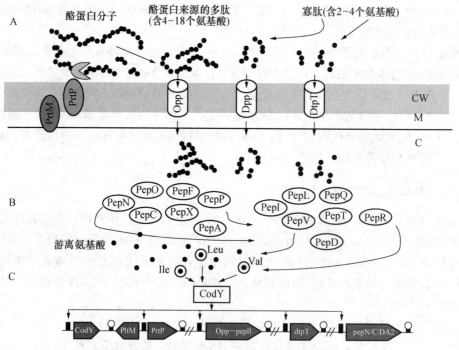

图 4-2　乳酸乳球菌蛋白水解系统的功能及调控

A. PrtM 膜结合脂蛋白,PrtP 蛋白水解酶,Opp 寡肽通透酶,DtpT 结合铁的二肽和三肽转运体,Dpp 转运含有 2~9 个氨基酸残基的 ABC 转运体　B. 细胞内的肽酶,PepO 和 PepF 是内肽酶,PepN/PepC/PepP 属于一般的氨肽酶,PepX 是 X-脯氨酰-二肽酰基-氨基肽酶,PepT 是三肽酶,PepQ 是氨酰基脯氨酸二肽酶,PepR 是脯氨酰氨基酸二肽酶,PepI 是脯氨酸亚氨基肽酶,PepL 是亮氨酸氨基肽酶,PepD 和 PepV 是二肽酶 D 和 V　C. 转录抑制因子 CodY 能够感应(细胞)内部的支链氨基酸(异亮氨酸、亮氨酸、缬氨酸)池浓度的变化,利用这些氨基酸作为辅助因子抑制 *Lactococcus lactis* 中编码蛋白水解系统的基因表达。

相关的基因,如编码合成萘醌的 *men* 基因和细胞色素生物合成的 *cytABCD* 操纵子,推测乳酸乳球菌能够进行有氧磷酸化作用。因此,乳酸乳球菌的发酵能力取决于糖酵解过程的关键酶活力;除此之外,一些辅因子(如 NADH 和 FAD)的有无也影响代谢产物的平衡。人们认为,改变乳酸乳球菌的 NADH/NAD 的比例可引导碳流从产生乳酸到产生丙酮和双乙酰的改变。乳酸乳球菌通常进行同型乳酸发酵,但当戊糖磷酸途径活跃时,也发生异型乳酸发酵,从而产生三碳(乳酸)和二碳(乙酸)的混合物。

在菌株 IL1403 的基因组中还检测到依赖于 PTS 和某些糖类发酵谱的编码基因,如发酵底物为半乳糖、木糖、麦芽糖、葡萄糖酸、核糖和乳糖时,菌株 IL1403 则进行异型发酵,发酵产物为混合酸,但这些糖都不是由 PTS 转运的。而当乳酸乳球菌携带有乳糖特异性 PTS 时,乳糖发酵则变成同型发酵。因此,当 PTS 存在时糖消耗的速率最高,也决定了同型发酵的能力。基因组信息分析和发酵产物分配的相关性表明,通过碳源利用和转运系统的分析可能找到调控发酵终产物平衡的关键因子。

4.3.2.4　细胞壁代谢

乳酸乳球菌的许多特征和细胞壁结构相关,如对噬菌体的敏感性、细胞自溶等。IL1403 的基因组中有 29 个基因编码合成细胞壁的主要成分——肽聚糖,其中 3 个基因编码氨基酸消旋酶,分别是编码作用于丙氨酸的丙氨酸消旋酶基因 *dal*、编码作用于谷氨酸的谷氨酸消旋酶的基因 *murI* 和编码作用于天冬氨酸的天冬氨酸消旋酶的基因 *racD*。IL1403 还含有 6 个基因作用于肽聚糖,如编码丙氨酸-丙氨酸羧肽酶的 *dacA* 和 *dacB*,及编码 4 个溶菌酶的 *acmA*、*acmB*、*acmC* 和 *acmD*,它们均参与肽聚糖的分解。在奶酪生产中这些作用于肽聚糖的酶能够加快奶酪的后熟。

4.3.3　嗜热链球菌的基因组学

嗜热链球菌(*Streptococcus thermophilus*)被广泛用于奶制品的生产,每年市场价值约为400 亿美元。估计人们每年食用约 10^{21} 个嗜热链球菌的活细胞。由于嗜热链球菌和其同属的病原菌种具有亲缘关系,因此它和病原菌在基因组水平上必然发生了进化分化。

4.3.3.1　基因组结构

嗜热链球菌 CNRZ 1066 和 LMG 13811 分别分离于法国和英国的酸奶中,它们均含有一个单一的环状染色体,长 1.8Mb,含有约 1 900 个 ORF(可读框),其中 1 500 个 ORF(约占整个基因组 ORF 框的 80%)和其他的链球菌基因相似。2 株嗜热链球菌的基因组有 3000 个核苷酸的差异(0.15%),170 个单一核苷酸漂移,42 个序列差异大于 50 个碱基的片段(插入删除片段),占基因组长度的 4%。两株菌具有的共同编码序列超过了基因组编码序列的 90%,主要差别表现在胞外多糖的合成基因(*eps*、*rps*)、细菌素合成和免疫有关的基因、遗留的前噬菌体等。

4.3.3.2　假基因或无功能基因

近来在对嗜热链球菌基因组的分析中,发现有 10% 的基因由于读码框架漂移或无义突变,或删除,或截断变成了假基因和无功能基因,这种现象在有关碳水化合物合成、转运和发酵过程相关的基因中尤为显著。在已测定的链球菌基因组中,嗜热链球菌基因组中失活基因比例是最高的。例如,在嗜热链球菌中发现的乳糖特异性同向转移载体在其他病原性链球菌中并不存在,这也许暗示着嗜热链球菌的进化导致了许多基因(包括任何致病基因)退化,说明当微生物在某一特定环境中进化时,这些基因并不是微生物所必需的。

4.3.3.3　无毒力基因

病原链球菌有两个重要特征,一是能够广泛利用各种碳水化合物;二是具有抗生素耐药潜力。嗜热链球菌基因组中,与碳水化合物代谢相关的基因大多无功能,也没有发现任何具有抗生素耐药潜力的基因。在酿脓链球菌($Streptococcus\ pyogenes$)和肺炎链球菌($Streptococcus\ pneumoniae$)基因组中约有 1/4 的毒力基因,但在嗜热链球菌中没有发现。说明这些毒力基因在祖先基因组中存在,但在进化过程中从嗜热链球菌中丢失。肺炎链球菌有 28 个和毒力相关的表面蛋白基因,利用这些基因编码的表面蛋白,菌体黏附到寄主的黏膜表面,然而这些基因中只有 4 个表面蛋白基因能够在嗜热链球菌的基因组中找到同源基因。因此,可以认为嗜热链球菌基因组中没有或很少有毒力基因。

4.3.3.4　基因水平转移

越来越多证据表明乳酸菌在营养状况复杂环境中的进化是被两个重要的过程驱动的:第一,基因的退化和亲代功能基因的丢失;第二,通过基因水平转移和重要基因的复制得到新的基因。除基因退化和丢失外,在嗜热链球菌和其他同样存于乳制品中的微生物中,人们还发现了基因水平转移现象。基因水平转移对嗜热链球菌基因组进化有很大贡献。在 CNRZ 1066 和 LMG 13811 的基因组中有 50 多个水平转移插入序列,它们的 GC 含量异常,并且和适应牛奶环境的能力相关。

在嗜热链球菌 CNRZ 368 的基因组中,有一个大小为 32.5 kb 的基因位点,称为 EPS 位点,包括了 25 个 ORF 和 7 个插入片段,其中 17 个 ORF 编码的蛋白与多糖的合成有关,在这个位点靠近上游有一个大小为 13.6 kb,并包含 7 个插入序列和 2 个 eps 的 ORF 的片段,该片段与乳酸乳球菌 NIZOB40 的 $epsL$ 和 $orfY$ 基因几乎完全一致,提示这个 13.6 kb 的片段有可能是通过基因水平转移的方式从乳酸乳球菌中获得的。研究者确证在一个 17kb 的区域内包含了 IS1191 的多份拷贝和一个与保加利亚乳杆菌以及乳酸乳球菌有超过 90% 同源性的片段嵌合体。其中有一份甲硫氨酸合成相关的 $metC$ 基因的单拷贝,而甲硫氨酸在牛奶中几乎不存在。

4.3.4　双歧杆菌的基因组学

双歧杆菌是一种特殊的乳酸细菌,发酵葡萄糖产生 3∶2 的乙酸和乳酸,在系统发育学上与其他产乳酸细菌的亲缘关系很远,属于高 GC 的革兰氏阳性菌分支,与放线菌关系密切。双歧杆菌是严格的厌氧细菌,多生活在人和动物的肠道中,对维持肠道菌群平衡和宿主的健康具有重要的作用。

2002 年瑞士的雀巢研究中心、美国佐治亚大学微生物系和德国的分子生物学实验室共同合作,对 1 株分离自婴儿肠道的长双歧杆菌($Bifidobacterium\ longum$)菌株 NCC 2705 进行了全基因组序列分析。菌株 NCC 2705 的基因组为一环状的 DNA,全长 2.256 kb,GC 含量为 60%,有 1 730 个可能的编码基因。基因组含有 4 个几乎完全相同的 rrn 操纵子,57 个 tRNA 和 16 个未被触动的 IS 序列,这表明该基因组发生过大量的 DNA 重组。所鉴定的 1 730 个 ORF 占全基因组的 86%,其中 1 225 个 ORF(71%)可进行功能注释,1 346 个 ORF(78%)可归于一个 COG 家族。505 个 ORF(29%)还无法注释其功能,其中 389 个(22%)与任何已发表的蛋白无相似性,可能是长双歧杆菌特有的基因。

长双歧杆菌基因组的特点如下:

①含有多个和寡糖代谢相关的基因,其数量占全基因组的 8% 以上,这解释了双歧杆菌在

肠道中对寡糖的高竞争力和亲和力。但其基因组中无编码果胶酶、纤维素酶、α-淀粉酶或 β-淀粉酶的基因。长双歧杆菌的寡糖水解酶与常见的不同,主要作用于植物大分子中的半纤维素,如阿拉伯糖甘露聚糖、阿拉伯木聚糖、树胶、菊粉、半乳甘露聚糖和糊精。

②具有多个高亲和力的 Mal EFG 型的寡糖运输系统(蛋白)。这种运输系统在其他肠道菌中很少见,后者是 PTS 型的糖运输系统。

③寡糖代谢基因簇中具有 LacⅠ型和 TetR 型的表达抑制蛋白,这种负调控蛋白系统可能会对营养物质的波动做出迅速的反应。

④具有编码利用结肠复杂物质黏蛋白的基因,预示着它可能利用此类物质。

⑤具有编码菌毛和单宁酸连接的表面多糖基因,它们可介导细菌黏附到结肠表皮细胞上。这解释了长双歧杆菌能够定植于肠上皮细胞的潜能。

⑥双歧杆菌基因组中可能含有真核生物样的蛋白酶抑制剂,后者可以改变寄主的生理特性,包括免疫反应。这种基因的存在解释了双歧杆菌提高人的非特异性免疫的可能性。

⑦双歧杆菌基因组中没有原核生物主要的 DNA 重组系统 recBCD,这可能是双歧杆菌同源重组频率低,不易进行遗传操作的主要原因。

❓ 复习思考题

1. 试列举一种食源性致病菌,简述其基因组的研究对于食品安全的意义。

2. 从基因组学层面上举例说明乳酸菌在发酵食品中的适应性与分子代谢机制。

■ 参考文献

[1]Desin,TS,et al. *Salmonella enterica* serovar Enteritidis pathogenicity island1 is not essential for but facilitates rapid systemic spread in chickens. Infection & Immunity,2009. 77 (7):2866-2875.

[2]钟伟军,赵明秋,邓中平,等. 荧光定量 PCR 快速检测食品中沙门氏菌方法的建立及初步应用. 中国预防兽医学报,2008,30(3):220-224.

[3]Bush K,Jacoby G A,Medeiros AA. A functional classification scheme for beta-lactamases and its correlation with molecular structure. Antimicrobial Agents & Chemotherapy, 1995,39(6):1211-1233.

[4]Song W,Kim JS,Kim HS,et al. Increasing trend in the prevalence of plasmid-mediated AmpC beta-lactamases in *Enterobacteriaceae* lacking chromosomal ampC gene at a Korean university hospital from 2002 to 2004. Diagnostic Microbiology & Infectious Disease, 2006,55(3):219-224.

[5]张正庆,罗薇,刘亚刚,等. 致病性沙门氏菌对部分四环素类和氟喹诺酮类药物的耐药性研究. 四川畜牧兽医,2007,34(1):31-32.

[6]Rasko DA,Altherr MR,Han CS,et al. Genomics of the *Bacillus cereus* group of organisms. FEMS Microbiology Review,2005,29:303-329.

[7]Glaser P,Frangeul L,Buchrieser C,et al. Comparative genomics of *Listeria* species. Science,2001,294(5543):849-852.

[8]Mcgavin MJ. Bacterial Genomes and Infectious Diseases. Humana Press,2006:

191-212.

[9]Stefani S,Chung DR,Lindsay JA,et al. Meticillin-resistant *Staphylococcus aureus* (MRSA): global epidemiology and harmonisation of typing methods. International Journal of Antimicrobial Agents,2012,39(4):273.

[10]Shinefield HR. Use of a conjugate polysaccharide vaccine in the prevention of invasive *Staphylococcal* disease: is an additional vaccine needed or possible? Vaccine,2006,24(2):S65-S69.

[11]李贵阳. 两株鳗弧菌全基因组序列测定及转录组比较分析. 北京:中国科学院研究生院,2011.

[12]杨献伟. 给予全基因组测序的副溶血弧菌种群进化研究. 北京:中国人民解放军军事医学科学院,2015.

[13]Makino K,Oshima K,Kurokawa K,et al. Genome sequence of *Vibrio parahaemolyticus*: a pathogenic mechanism distinct from that of *V. cholerae*. Lancet, 2003, 361(9359):743.

[14]胡福泉. 微生物基因组学. 北京:人民军医出版社,2002.

[15]Altermann E,Russell WM,Azcarate-Peril MA,et al. Complete genome sequence of the probiotic lactic acid bacterium *Lactobacillus acidophilus* NCFM. Proc Natl Acad Sci USA,2005,102:3906-3912.

[16]Barrangou R,Azcarate-Peril MA,Duong T,et al. Global analysis of carbohydrate utilization by *Lactobacillus acidophilus* using cDNA microarrays. Proc Natl Acad Sci USA, 2006,103:3816-3821.

[17]Bolotin A,Quinquis B,Renault P,et al. Complete sequence and comparative genome analysis of the dairy bacterium *Streptococcus thermophilus*. Nat Biotechnol,2004,22:1554-1558.

[18]Bolotin A,Wincker P,Mauger S,et al. The complete genome sequence of the lactic acid bacterium *Lactococcus lactis* ssp. *lactis* IL1403. Genome Res,2001,11:731-753.

[19]Kleerebezem M,Boekhorst J,van Kranenburg R,et al. Complete genome sequence of *Lactobacillus plantarum* WCFS1. Proc Natl Acad Sci USA,2003,100:1990-1995.

[20]Schell MA,Karmirantzou M,Snel B,et al. The genome sequence of *Bifidobacterium longum* reflects its adaptation to the human gastrointestinal tract. Proc Natl Acad Sci USA,2002,99:14422-14427.

[21] Stefanovic E, Fitzgerald G, Mcauliffe O. Advances in the genomics and metabolomics of dairy *lactobacilli*:A review. Food Microbiol,2017,61:33-49.

[22]Stahl B,Barrangou R. Complete genome sequence of probiotic strain *Lactobacillus acidophilus* La-14. Genome Announc,2013,1(3):e00376-13.

[23]Zhang W,Zhang H. Genomics of lactic acid bacteria. Springer Netherlands,2014:205-247.

[24]郭兴华,曹郁生,东秀珠. 益生乳酸细菌:益生乳酸细菌的实验技术. 北京:科学出版社,2008.

[25]霍贵成. 乳酸菌的研究与应用. 北京:中国轻工业出版社,2007.

第 5 章

食品微生物的群体生态分子机制

本章学习目的与要求

1. 了解微生物宏基因组学的概念和技术流程,熟悉宏基因组在食品科学中的应用;

2. 掌握微生物群体感应系统的概念和类别,掌握食品安全控制中相关群体感应系统的常见抑制方法;

3. 了解基因水平转移的概念、类别与机制。

食品中的微生物分布广泛、种类繁多、数量庞大,且具有各自不同的功能,有的微生物是影响食品品质、风味以及营养特性的重要因素,而有的微生物活动则会造成食品的腐败、品质的劣变、产生毒素甚至直接导致人类患病。随着食品中微生物研究的不断深入,研究人员逐渐认识到,食品微生物在行使其独特功能时,往往并不是某一微生物种类的个体行为,而且微生物细胞数目也与其表型和功能的变化密切相关,即微生物细胞的数目和菌群结构也是决定食品微生物整体特定功能的重要因素。因此,食品微生物之间相互作用的分子机制逐渐引起了研究人员的兴趣,食品微生物的群体生态分子机制研究也应运而生,并逐渐成为食品微生物研究领域的热点。2016 年 5 月 13 日,美国白宫科学和技术政策办公室(OSTP)与联邦机构、私营基金管理机构一同宣布启动"国家微生物组计划"(National Microbiome Initiative,NMI),这是奥巴马政府继脑计划、精准医学、抗癌"登月"之后推出的又一个重大科研计划,从而将微生物群体生态分子机制研究推向了一个新的快速发展阶段。随着高通量测序等分子生物学技术的不断发展,食品微生物群体生态分子机制的研究也如火如荼,对这些基本问题的研究,将有助于推动食品科学基础研究迈向更广泛领域的应用,包括食品发酵、食品品质、食品安全以及食品营养等。

5.1 宏基因组

5.1.1 宏基因组的概念

自 1663 年,列文虎克利用自制显微镜首次揭开微生物神秘的面纱之后近 300 多年的时间里,人们对于微生物群落的研究主要是建立在纯培养基础上。直到现在,传统培养分离方法仍然在食品微生物群落结构和多样性研究中被广泛使用。该方法将定量样品接种于特定培养基中,在一定温度下培养一定的时间,然后对其生长的菌落进行计数。随后挑选各平板菌落,利用显微镜观察其形态结构,结合生理生化反应等鉴定各微生物的种属分类特性。随着研究不断深入,传统培养分离方法在食品微生物群落结构组成的研究中越来越显示出一定的局限性。首先,该方法采用配比简单的营养基质和固定的培养温度,忽视了食品样品中各种微生物不同的存在状态以及培养存活能力;其次,该方法无法避免各微生物在培养过程中的相互竞争作用;最后,由于食品样品中微生物数量繁多,在培养分离之前,需要对样品进行稀释之后才能够在平板上形成可识别的单菌落,这样只有达到一定数量的微生物才能够被培养出来。这些因素导致通过纯培养方法估计的环境微生物多样性只占总量的 0.1%~1%,特别是其中一些数量不占优势但可能具有重要功能的菌株有可能被忽略。同时,传统培养分离方法烦琐耗时,难以用于监测种群结构的动态变化。这使微生物的多样性难以得到全面的揭示、开发、利用。

在 20 世纪 70 和 80 年代,研究人员通过对微生物生理生化的深入分析,建立了一些基于微生物生理生化的群体分类及定量方法。这些方法包括群落丰度生理学指纹法、呼吸醌指纹法、脂肪酸谱图法等。自从 20 世纪 80 和 90 年代以来,随着现代生物学技术的飞速发展,以微生物基因组 DNA 的标记序列为分类依据,通过核糖体 RNA(rRNA)基因扩增和基因指纹图谱等的方法,也越来越多地应用于食品微生物群落结构分析之中。目前已经开发并应用于食品中微生物群落结构组成的方法包括:原位核酸杂交技术、原位 PCR 技术、变性梯度凝胶电泳(denatured gradient gel electrophoresis,DGGE)及基因芯片(DNA microarray)技术等。基于这些技术,人们可以方便地研究食品环境中微生物的组成及多样性。然而,这些方法还不能全面快速地分析食品环境中的微生物的群落结构以及基因的功能。

随着高通量低成本测序技术的广泛应用以及生物信息学大数据分析技术的快速发展,人们可以对食品环境中的微生物核糖体 RNA 甚至全基因组进行高通量测序,在获得海量的数据后,全面地分析微生物群落结构以及基因功能组成等。短短几年来,基于测序技术的食品微生物宏基因组学的研究已渗透到食品科学的各个领域,包括食品品质安全、发酵食品、基于肠道微生物的食品营养等。

宏基因组学(metagenomics)是一种以食品样品中的微生物群体所有基因组作为研究对象,利用基因组学的研究策略研究环境样品中所包含的全部微生物的遗传组成及其群落功能的新的研究微生物多样性的方法。宏基因组学这一概念最早是由威斯康星大学植物病理学系的 Handelsman 等于 1998 年提出的,是源于可以将来自环境中所有微生物的基因组群体在某种程度上当成一个单个基因组研究分析的想法,而宏的英文是“meta-”,是“集合”或“整体”的意思,具有更高层组织结构和动态变化的含义。后来加州大学伯克利分校的研究人员 Kevin Chen 和 Lior Pachter 将宏基因组定义为“应用现代基因组学技术直接研究自然状态下的微生物的有机群落,而不需要在实验室中分离单一菌株”的科学。宏基因组学研究的对象是特定环境中的总 DNA,不是某特定的微生物或其细胞中的总 DNA,不需要对微生物进行分离培养和纯化,这对我们认识和利用 95% 以上的微生物提供了一条新的途径。

5.1.2　宏基因组研究方法

5.1.2.1　宏基因组的研究策略分类

食品中微生物群体的经典宏基因组学研究方法以 DNA 为靶标,在理论上可以覆盖食品环境样品中的全部微生物,因而更加全面真实地反映了微生物的群落组成,同时也大大拓展了筛选新的基因或生物活性物质的来源。食品微生物的宏基因组研究基本上可以分为 3 种,分别为:

(1)功能基因的多样性和分类分析

食品中到处都有微生物的存在,它们在各自的“岗位”上都发挥着或大或小、或多或少、或好或坏的作用。有一些具有特殊功能的微生物,由于其作用的重要性或特殊性而受到人们的广泛关注,这些具有特殊功能的微生物叫作功能微生物,如氨氧化细菌、硫细菌、硝化细菌等。它们在分类学上有可能差异很大,但却具有相同或类似的基因使其能够发挥同样的作用,支配这些功能细菌发挥重要功能的基因被称为功能基因。用于微生物宏基因组研究的功能基因的多样性和分类分析,主要包括例如固氮还原酶 $nifH$ 基因和氨基氧化酶 $amoA$ 基因等。

(2)核糖体 RNA(rRNA)的分类和鉴定

rRNA 分子的功能在微生物的长期进化过程中几乎保持恒定,有些部位的分子排列顺序变化非常小,从这种排列顺序可以检测出种系的关系。rRNA 结构既具有保守性也具有高变性。保守性能够反映出生物物种的亲缘关系,为系统发育重建提供线索;高变性则能够揭示出生物物种的特征核酸序列,是种属鉴定的分子基础。目前常用于食源性细菌的 rRNA 是 16S rRNA,用于真菌的是 18S rRNA 和 ITS。

细菌 rRNA 按沉降系数分为 3 种,分别为 5S、16S 和 23S rRNA,分别由 5S(120 bp)、16S(约 1 540 bp)和 23S rRNA(约 2 900 bp)基因编码。5S rRNA 基因序列较短,包含的遗传信

息较少,不适于细菌种类的分析鉴定;23S rRNA 基因的序列太长,且其碱基的突变率较高,不适于鉴定亲缘关系较远的细菌种类;16S rRNA 普遍存在于原核细胞中,且含量较高、拷贝数较多(占细菌 RNA 总量的 80% 以上),便于获取模板,功能同源性高,遗传信息量适中,适于作为细菌多样性分析的标准。16S rRNA 编码基因序列共有 10 个保守区和 9 个高可变区。其中,V3~V5 区的特异性好,数据库信息全,是细菌多样性分析注释的最佳选择。

与细菌多样性分析类似,在真核微生物中也有三类 rRNA,包括 5.8S rRNA、18S rRNA 和 28S rRNA。18S rRNA 基因是编码真核生物核糖体小亚基的 DNA 序列,其中既有保守区,也有可变区(V1~V9,没有 V6 区)。保守区域反映了生物物种间的亲缘关系,而可变区则能体现物种间的差异,适用于作为种级及以上的分类标准。其中,V4 区使用最多、数据库信息最全、分类效果最好,是 18S rRNA 基因分析注释的最佳选择。

ITS 序列是内源转录间隔区(internally transcribed spacer),位于真菌 18S、5.8S 和 28S rRNA 基因之间,分别为 ITS 1 和 ITS 2。在真菌中,5.8S、18S 和 28S rRNA 基因具有较高的保守性,而 ITS 由于承受较小的自然选择压力,在进化过程中能够容忍更多的变异,在绝大多数真核生物中表现出极为广泛的序列多态性。同时,ITS 的保守性表现为种内相对一致,种间差异较明显,能够反映出种属间,甚至菌株间的差异。并且 ITS 序列片段较小(ITS 1 和 ITS 2 长度分别为 350 bp 和 400 bp),易于分析,目前已被广泛用于真菌不同种属的系统发育分析。

(3)高通量测序(high-throughput sequencing,HTS)

目前,从实验手段来看,食品微生物的宏基因组研究主要以高通量的测序技术为主,其中,基因芯片技术和高通量测序技术是宏基因组高通量检测技术的最重要代表,这两种技术各有优势和缺陷。

基因芯片技术基于已有的 DNA 序列设计芯片探针,所以它能够从样品中筛选出已知物种或有明确功能的基因信息,经过系统分析得到这些已知物种或功能的生态分布或变化趋势。然而,基因芯片技术是一个封闭体系,人们无法根据基因芯片结果检测到未知物种或功能的基因,因而很难估算出食品中物种和个体的总量。

相比较而言,宏基因组高通量测序技术是一种开放型体系,对其合理运用可以获取某一特定基因的大多数操作分类单位(operational taxonomic units,OTU)及其个体的数量,或者宏基因组中大片段 DNA 信息,从而能够准确地反映出食品中微生物群落的组成、结构以及遗传进化关系等。基于高通量测序技术的宏基因组学研究一般包括两个不同的策略,分别为扩增子测序(amplicon sequencing)和宏基因组 DNA 全长测序(whole-metagenome shotgun,WMS)。扩增子测序即从食品样品中全部微生物基因组 DNA 中将标记基因 PCR 扩增,随后进行测序,并在数据库中的参照序列进行比对分析,从而判断出食品样品中微生物的结构组成。目前扩增子测序常用的是 16S rRNA 基因测序和 ITS 基因测序,分别用于细菌和真菌的群落组成分析。传统的扩增子测序分析技术仅仅能在菌属(genus)水平上对微生物的种类进行鉴定,但如果扩大测序结果的读长,结合新型的物种分类技术,也有可能在菌种(species)水平上进行鉴定。

宏基因组 DNA 全长测序则是将食品样品中的全部微生物基因组 DNA 随机打断成500 bp 的小片段,然后在片段两端加入通用引物进行 PCR 扩增测序,再通过组装的方式,将小片段拼接成较长的序列,从而得到样品中全部微生物的基因组全长序列。与基于核糖体 RNA 编码基因的序列分析技术相比,基于宏基因组 DNA 全长测序的微生物多样性分析可借助于 CLARK、MetaPhlan2 以及 Kraken 等生物信息学分析工具,鉴定出微生物的种。同时,宏基因组 DNA 全长测序也可进行代谢潜力的相关分析,从而在基因和功能层面上开展更深入的研究。随着食品微生物宏基因组学研究的不断深入,高通量测序成本的不断降低,基于微生物群体 DNA 全长高通量测序的宏基因组学技术在食品微生物种类和功能多样性研究中也发挥着越来越重要的作用。

5.1.2.2　宏基因组学研究策略

根据所用策略的不同,基于 DNA 的宏基因组学研究可分为序列驱动的(sequence-driven)和功能驱动的(function-driven)两种。序列驱动的宏基因组学研究是通过测序分析微生物群落的结构和功能,而功能驱动的宏基因组学研究则是基于构建的宏基因组文库筛选新基因或新物质。食品样品微生物宏基因组学研究整体策略如图 5-1 所示。

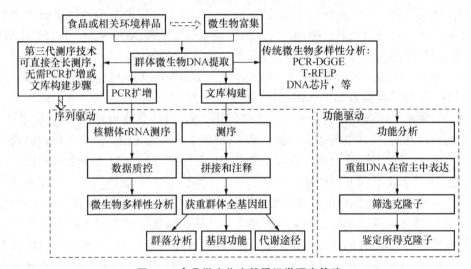

图 5-1　食品微生物宏基因组学研究策略

（1）食品微生物群体 DNA 的提取

食品样品的采集是宏基因组学分析的关键第一步,采样需遵循操作规程,结合食品样品的特点,采取具有代表性的样品,尽可能地缩短运输和保存的时间,从而使所采集的样品能更好地代表自然状态下特定食品微生物的原貌。食品中群体微生物基因组 DNA 提取的数量和质量与后续的克隆效率、文库大小和宏基因文库的同源性紧密相关。然而,由于微生物细胞与食品基质的结合以及有机质的干扰,获得高质量的食品微生物群体 DNA 有一定的难度。

食品微生物群体 DNA 的提取方法主要有两种:

①间接提取法。也称异位裂解法,即先采用某种物理方法将微生物细胞从食品样品中分离,继而采用较温和的方法抽提 DNA,此法可获得较大片段 DNA(20～500 kb),所提取的DNA 纯度较高,但缺点是操作烦琐,成本高,有些微生物在分离过程中可能会丢失。

②直接提取法。也称原位裂解法,即直接裂解食品中的微生物细胞,释放 DNA,再将DNA 与食品基质和其他杂质分离。直接提取法的 DNA 提取效率较间接法高,一般认为其所得 DNA 也更具有代表性,因而在食品宏基因组学研究中的应用也更广泛。目前基于直接法的食品微生物 DNA 提取试剂盒较多,但提取效率不尽一致。针对更为复杂的食品样品,例如高有机质含量的样品、复杂的发酵食品以及肠道微生物样本等,需对 DNA 提取方法进行一些

改进,以提取高质量的 DNA。

(2)宏基因组克隆文库的构建及筛选

①克隆文库的构建。从食品中提取的微生物 DNA 可用于构建克隆文库,进而进一步进行测序和宏基因组分析。在建库选择载体和宿主时,应考虑到自身的研究目的以及所获得的 DNA 的量、纯度以及片段大小等因素。载体的选择需要考虑载体的大小和拷贝数、插入片段的大小、所用宿主以及筛选方法等因素。常用的克隆载体包括质粒、福斯质粒、柯斯载体以及细菌人工染色体等,可满足不同的插入片段大小要求。其中,小插入片段文库和大插入片段文库各有优劣,应根据研究目的进行取舍。

小插入片段文库载体(插入片段大小为 7~10 kb),如质粒载体。小插入片段文库拷贝数较高,可表达弱源基因,外源基因表达效果好,对 DNA 纯度要求不高,且技术上相对容易,但该载体构建的文库由于插入片段较小,工作量较大。小插入片段的文库可用于筛选由单个基因或较小操纵子编码的新型催化酶,例如,酯酶、磷酸酶、淀粉酶、双加氧酶、蛋白酶、木聚糖酶、氧合酶、芳香烃分解酶、乙醇氧化还原酶、酰胺酶以及 β-内酰胺酶等。

大插入片段文库载体包括福斯质粒(插入片段大小为 35~45 kb)、柯斯载体(插入片段大小为 35~47 kb)以及细菌人工染色体(插入片段大小为 120~350 kb)等,该载体外源片段很大,筛选量低,常用于筛选编码复杂通路的大基因簇。然而,该载体构建文库时,拷贝数较低,难以发现弱表达基因,也难以表达全部插入基因,技术上也相对复杂。福斯质粒和柯斯载体可用于筛选出雌二醇双氧酶、抗博来霉素以及酰基高丝氨酸等,而细菌人工染色体现已广泛用于淀粉酶、抗菌物质等大片段基因的插入。

②宿主的选择。宿主细胞的选择主要考虑转化效率、重组载体在宿主细胞的稳定性、目标性状筛选效率、宿主为相关基因提供必需的转录表达体系的能力以及对异源表达基因产物的相容性等因素。大肠杆菌(Escherichia coli)由于培养代谢易于控制、操作简单和繁殖迅速等优点,已经成为构建宏基因组文库最常用的宿主。大肠杆菌不仅适用于淀粉酶、磷酸酶等常用物质,还成功表达了羟基丁酸、羰基产物和抗菌产物等。然而,不同类群的原核生物表达模式不同,在大肠杆菌中只有 40% 的酶活性可以通过随机克隆来检测,所以往往会导致文库筛选效率不高。为了提高文库的筛选效率,也考虑使用其他的宿主,如链霉菌、嗜热菌、古细菌以及变形菌等。

③宏基因组文库的筛选。食品微生物宏基因组具有高度的复杂性,需要有高通量、高灵敏度的方法来筛选和鉴定文库中的有用基因或生物活性分子。宏基因组文库的筛选策略也可以分为功能驱动筛选法和序列启动筛选法。

功能驱动筛选法根据重组克隆产生的新活性进行筛选,能够发现新的活性物质或全长基因,有较高灵敏度,因而绝大部分新发现的活性物质、生物催化剂都是采用这种方式得到的。目前基于功能筛选的方法主要分为 3 类:表型筛选、宿主菌或突变菌的异源互补和诱导基因表达。功能驱动筛选法除已用于抗生素耐药性基因、酯酶、脂肪酶、膜蛋白、几丁质酶以及生物素合成酶基因的筛选之外,还可用于抗生素以及重金属等有毒化合物降解酶基因的筛选。此法限制性在于工作量较大,许多基因在宿主菌株(如大肠杆菌)中的表达不明显,并且因检测手段的局限,获得活性克隆的效率较低。

序列驱动筛选法根据已知相关功能基因的保守序列(如 rRNA)设计探针或 PCR 引物,通过杂交或 PCR 扩增筛选阳性克隆子。该方法克隆效率高,且目的基因不依赖宿主菌株表达,因而有可能筛选到某一类结构或功能蛋白质中的新分子,如几丁质酶、酒精氧化酶等均可通过序列筛选的方法获得。另外还有聚酮合成酶、缩氨聚合酶、硫化氧合还原酶、烷烃羟化酶、亚硝酸还原酶以及氧化还原酶等。序列筛选法的局限性在于很难筛选到新的活性基因,同时也不能获得完整的功能基因。虽然新的高通量序列测定技术使组成复杂的样品微生物多样性分析成为可能,但微生物群体的复杂性仍是制约序列筛选法应用的重要因素之一。

由于功能驱动筛选法和序列驱动筛选法各有优缺点,发展高通量、高灵敏度、快速简便的筛选方法或体系十分必要。在实际工作中,序列驱动和功能驱动也可以结合使用,即先用特异的引物对宏基因组文库进行 PCR 筛选,再进一步通过功能筛选(复筛),从而得到理想的目的克隆子。此外,现今也已发展出其他的技术用于筛选和鉴定文库中的有用基因,如诱导基因表达法、微阵列技术、稳定性同位素标记技术及荧光原位杂交技术等。

(3)宏基因组测序及数据分析

从食品样品中提取的 DNA 也可用于测序,以考察微生物群落结构、功能、代谢调节、进化及其与各种环境因子的关系。目前对宏基因组测序,采用的有传统的 Sanger 法和新一代的测序技术,测序技术在第 8 章有详细讲解。第一代测序技术的主要特点是测序读长可达 1 000 bp,准确性高达 99.999%,但其存在测序成本高、通量低等方面的缺点,严重影响了其真正大规模的应用。由于高通量、快速、低成本的特点,新一代测序技术已经迅速发展起来,并得到了越来越广泛的应用。在众多新一代测序技术平台中,焦磷酸测序技术由于具有测序片段长的优点,现已经在微生物宏基因组学研究中得到了广泛应用。相对于传统的 Sanger 法,第二代测序技术不需要构建克隆文库,可以获得大量的序列数据,但是第二代测序的数据处理也更为复杂。由于第二代测序技术得到的序列片段较短,食品样品中的微生物通常具有高度的复杂性,很难确定某条序列来自于哪个物种,并且提取的食品微生物群体 DNA 中也许并没有包含该物种的全部基因组,或者可参考的数据库中该物种的信息不全甚至没有(如新的物种),因此面对海量的短序列,拼接和进一步的分析具有相当大的挑战,这就需要相应的生物信息学方法和软件以及配套的算法来进行。

一般而言,宏基因组的数据处理包括序列拼接和基因征集(gene calling),随后分析生物多样性,进行基因注释;在此基础上,可以获得一些重要的宏基因组信息,如序列组成(GC 含量、基因组大小等)、物种组成、功能组成和群落特征等。目前,针对特定目标片段(如核糖体 RNA 基因、某些功能基因等)的大规模测序,已经在食品微生物宏基因组的许多研究中得到了大量应用。此外,如果采用宏基因组 DNA 全长测序技术时,可根据各物种全长 DNA 序列信息,通过与蛋白库对比,分别注释出宏基因组各样品的基因丰度情况,包括基因功能注释(genbank)和分级注释。其中,分级注释包括:进化谱系注释(eggNOG,evolutionary genealogy of genes:non-supervised orthologous groups)、京都基因与基因组百科全书(KEGG,Kyoto Encyclopedia of Genes and Genomes)代谢通路注释、碳水化合物活性酶注释(CAZy,Carbohydrate-Active Enzymes Database)以及基因本体分析(GO,gene ontology)等。在这些生物信息学分析的基础上,可对食品样品中各微生物的基因和功能及其在微生物群落中的作用做进一步预测与分析。

5.1.3 微生物宏基因组学在食品科学研究中的应用

近年来,宏基因组学作为食品微生物学的前沿工具,被广泛应用于食品营养、发酵、安全控制、功能基因发掘等研究领域中微生物群落组成的分析研究中。在这些研究中,扩增子测序是应用最为广泛的食品微生物菌群结构组成分析技术,但随着高通量测序技术的不断发展,测序成本的不断降低,宏基因组 DNA 全长测序在食品微生物群体生态研究中的应用也越来越广泛。

5.1.3.1 宏基因组学在发酵食品中的应用

在传统食品发酵过程中,不同的微生物群落结构组成能够产生显著不同的感官品质,而造成感官品质差异的微生物影响因素,既有可能是起始发酵剂的不同,也有可能是加工环境中微生物群落结构组成的差异。以发酵乳品的生产过程为例,影响产品微生物群及品质的因素见二维码 5-1。

二维码 5-1 食品加工链中微生物宏基因组变化框架图——以发酵乳品的生产为例

发酵剂是影响发酵食品品质的最重要因素之一,在馒头主食工业化生产过程中,通过对所使用的中国传统老酵头(发酵剂)的 16S rRNA 基因进行焦磷酸测序,能够发现乳酸菌是中国传统老酵头中的优势菌群。这一类对发酵剂微生物菌群结构的研究结果,有利于开发新型发酵剂,以用于发酵食品的标准化、工业化生产,并确保发酵食品品质的稳定性。

除发酵剂之外,发酵食品的生产过程也显著影响着微生物的群落组成和产品的风味特征。例如,对来自于 10 个国家的 137 份奶酪样本的 16S rRNA 和 ITS 基因测序分析结果表明,加工环境条件,特别是湿度,是产品微生物群落结构形成的重要因素。这一类研究说明,人为地设定生产加工条件,可以促使发酵食品在生产过程中形成一定的微生物群落结构组成,从而获取特定的食品品质。

然而,即使发酵条件已经设定在了一定的范围内,生产环境中的微生物对发酵食品生产也具有一定的影响。同样以奶酪的发酵生产为例,16S rRNA 和 ITS 测序结果表明,参与发酵的德巴利酵母(*Debaryomyces*)和乳球菌(*Lactococcus*)也是生产设备表面的优势微生物,说明生产环境中的微生物也有可能在奶酪发酵微生物群落结构形成中起重要作用,并影响产品的品质特征。与此类似,16S rRNA 和 ITS 基因测序分析结果表明,酵母酸面包中的细菌和酵母菌在生产设备表面也广泛存在。另一个有意思的例子是,根据来源于土壤的葡萄树上细菌群落的 16S rRNA 基因测序分析结果,不同地区葡萄园土壤中的微生物群落结构各不相同,从而导致不同产地的葡萄酒具有各自独特的风味。

食品发酵是一个动态的过程,包含了微生物群落结构的不断变化,宏基因组技术也被广泛用于对这一动态变化过程的特征化描述。目前,在奶酪和肉制品的发酵生产过程中,研究人员已经采用扩增子测序等宏基因组技术,分析不同成熟阶段或不同品质的食品微生物群落结构,从而鉴定出具有特异性的生物标记,用于指导发酵食品的稳定生产以及产品品质的等级划分。类似的基于 16S rRNA 基因分析的策略,也已经被用于麦芽啤酒的品质分级的判定。

与基于核糖体 RNA 的测序技术相比,宏基因组 DNA 全长测序技术能够鉴定出发酵食品中微生物的种分类水平,而且还可以深入了解各微生物的代谢通路和生物功能。例如,根据发酵泡菜的微生物宏基因组 DNA 全长测序结果,肠膜明串珠菌肠膜亚种(*Leuconostoc mesenteroides* subsp. *mesenteroides* ATCC 8293)和沙克乳酸杆菌沙克亚种(*Lactobacillus sakei* subsp. *sakei* 23K)是泡菜发酵过程中的主要微生物,负责单糖和寡糖等碳水化合物的发酵,从而对泡菜发酵生产具有重要作用。与此类似,对可可豆发酵样品的宏基因组 DNA 全长测序结果表明,乳杆菌中富含与碳代谢相关的基因,尤其是异质乳酸发酵和丙酮酸盐代谢相关基因。因此,宏基因组 DNA 全长测序技术可用于深入分析食品发酵过程中,特定微生物在风味形成中的作用,为能够生产特定感官品质发酵食品的复合发酵剂的开发提供指导。

许多传统的发酵食品,如由牛奶发酵而成的开菲尔(kefir)以及泡菜(kimchi)等,由于其中含有许多有益人类健康的成分而一直被研究人员所重视,现有关该类食品中微生物宏基因组学分析的研究也越来越多。例如,根据开菲尔发酵食品采用宏基因组 DNA 全长测序分析结果,马乳酒样乳杆菌(*Lactobacillus kefiranofaciens*)具有编码重要益生作用蛋白的基因,如胆盐载体(bile salt transporters)、细胞黏附素(cell adhesins)、细菌素(bacteriocins)等。因此,采用宏基因组测序 DNA 全长技术对这类发酵食品的微生物的组成和功能进行深入分析,有助于深入发掘具有益生菌功能的微生物,从而提高发酵食品的营养品质。

5.1.3.2　宏基因组学在食品防腐保藏中的应用

食品腐败主要是由于致腐微生物的代谢活动而产生的,腐败食品的感官和理化品质均发生显著的变化,并且会严重影响消费者的食用安全。采用 16S rRNA 基因测序技术,人们已经可以从许多食品中鉴定出导致食品腐败的重要细菌。例如,根据腐败肉、奶、蔬菜以及蛋制品中细菌的 16S rRNA 基因测序结果,嗜冷性的乳酸菌(*Lactobacillus*)、乳球菌(*Lactococcus*)、明串珠菌(*Leuconostoc*)以及魏斯氏菌(*Weissella*)造成了这些食品的腐败。16S rRNA 基因测序技术也同样揭示出,造成肉类和海鲜食品腐败的嗜冷菌可能主要来源于生产用水,而且冷藏条件对食品中的致腐细菌有一定的选择作用。

改善食品加工过程中的卫生条件,可以在一定程度上延缓食品腐败。食品加工过程中的多个环节均有可能发生腐败微生物的污染,而 16S rRNA 基因测序技术被用来对食品中腐败微生物的来源进行判定。例如,采用 16S rRNA 基因测序技术研究香肠的生产设施以及不同加工阶段香肠中的细菌菌群结构,可以发现,虽然明串珠菌在原料肉、乳剂以及生产设备表面的含量很低,但却是腐败香肠中含量最高的细菌;而生产设备表面含量最高的耶尔森氏菌(*Yersinia*),在腐败香肠细菌菌群结构中仅占 1%,由此推测,香肠包装和冷藏条件是明串珠菌成为优势腐败菌的重要因素。因此,基于宏基因组学的研究技术,可用于深入分析食品加工的不同工序、生产设施的不同区域中腐败菌和致病菌的污染情况,从而为生产企业制定合理且必需的关键点卫生控制措施提供依据。

在食品保藏过程中,16S rRNA 基因测序技术也可用于评估不同保藏方式对腐败细菌生长的影响。例如,有研究人员采用 16S rRNA 基因测序技术,研究了乳酸链球菌素辅助包装牛肉汉堡在储藏过程中的菌群结构变化,从而揭示出乳酸链菌素可显著降低细菌性腐败相关的代谢途径。因此,基于 16S rRNA 基因扩增子测序的宏基因组学技术,可用于食品保藏措施的辅助选择或优化。

5.1.3.3　宏基因组学在肠道微生物研究中的应用

人体含有的微生物细胞数量是人细胞的 10 倍之多,其中大多数微生物细胞位于人肠道内,这些微生物群落之间及微生物与宿主之间形成了相互依存、相互作用的不可分割的整体。在正常状态下,肠道微生物在胃肠道系统中与宿主之间相互交换能量物质、传递信息,为宿主提供营养、免疫以及刺激生长等。肠道微生物及其代谢产物与宿主之间的正常交流,对于维持宿主的健康是必需的。最新的研究发现,肠道微生物与宿主的免疫系统、激素系统、大脑(肠-脑轴)及其他代谢通路密切相关,以不同的方式影响人体的健康。肠道微生态的紊乱也与许多疾病相关,包括糖尿病、肥胖症、炎症性肠病、神经退行性疾病以及肿瘤等。在肠道微生物与人类疾病相关性的研究中,宏基因组学技术也发挥着重要的作用。

许多基于 16S rRNA 基因测序的宏基因组学研究结果表明,肠道菌群的改变与肥胖以及Ⅱ型糖尿病的发生、发展密切相关。例如,基于 16S rRNA 基因测序的宏基因组学研究发现,在相同的饮食条件下,肥胖小鼠的肠道中厚壁菌/拟杆菌的比例,显著高于不易肥胖小鼠。将肥胖小鼠的肠道菌群移植给无菌小鼠后,后者同样表现出肥胖表型。反之,将"瘦鼠"的肠道微生物移植给肥胖小鼠时,后者的体脂增长速率明显降低,而宏基因组学结果揭示这些菌大部分属于拟杆菌门。这些动物喂养试验结合宏基因组学研究结果提示,肠道菌群的改变不仅是肥胖和糖尿病产生的结果,而且可能是诱发这些疾病的原因之一。

由于肠道菌群能够调节先天免疫、骨骼肌和认知功能等与机体老化密切相关的生理过程,所以肠道菌群的宏基因组学分析也被称为抗衰老研究的一个新课题。2016 年,一项来自中国四川长寿老人的肠道菌群宏基因组学研究表明,长寿老人的肠道菌群具有较高的 α 多样性,并确定了 50 个菌属作为"长寿信号",其中 11 个菌属与意大利长寿老人的肠道菌群分析结果一致。随着年龄的增长,人体某一核心菌群的丰度会逐渐减少,其中大部分属于拟杆菌科(Bacteroidaceae)、毛螺菌科(Lachnospiraceae)和瘤胃菌科(Ruminococcaceae),而长寿老人肠道中维持健康的有益菌依然保持较高丰度,如 *Akkermansia*,*Christensenellaceae* 和双歧杆菌(*Bifidobacterium*),从而揭示出肠道微生物多样性和有益菌丰度的维持与长寿之间具有一定的联系。

近年来,已有越来越多的宏基因组研究报道,食用发酵食品或益生菌产品后,这些食品携带的微生物一方面能够改变人体肠道菌群的结构,另一方面也能够改变肠道菌群的基因表达,从而影响人体肠道微生态和身体健康。发酵食品微生物群对人体肠道菌群的影响途径见二维码 5-2。这一类研究多数采用的是 16S rRNA 基

二维码 5-2　食品的摄取对人体肠道菌群的影响示意图——以发酵食品的摄入为例

因测序技术,例如,16S rRNA 基因测序技术用于研究益生菌对高脂膳食喂养小鼠的肠道菌群的影响,结果发现益生菌能使得高脂膳食小鼠的肠道菌群结构变得与正常饲养小鼠非常相似,尤为重要的是,与代谢综合征正相关的细菌的丰度发生降低,而负相关的细菌的丰度显著升高。由于基于 16S rRNA 基因测序的宏基因组学技术只能鉴定到菌属水平,无法准确判断出菌种以及相关基因的功能,这造成有的研究结果并不能发现预期的肠道菌群结构的变化。宏基因组 DNA 全长测序技术可以在一定程度上弥补这一缺陷,这一技术已被应用于研究发酵食品和益生菌促进人类健康的机制。例如,在给肠道易激综合征(irritable bowel syndrome,IBS)患者食用发酵乳制品后,宏基因组 DNA 全长测序技术分析结果表明,食用发酵乳制品能够促进肠道中抗炎症产丁酸盐菌种的丰度,降低促炎症菌种的丰度,从而缓解了患者的 IBS 症状。

此外,在肠道微生物研究中,宏基因组学也被用于鉴定可能的肠道益生菌,这主要通过高通量测序技术分析肠道内的微生物群落结构,并分析特定微生物种类与疾病发生之间的关系,如肥胖症(obesity)、肠炎(inflammatory bowel disease)等,这些益生菌也有可能用于功能性食品的开发。

5.1.3.4　宏基因组学在不可培养微生物研究中的应用

食品中微生物种类繁多,然而,据国际原核生物分类学委员会(International Committee on Systematics of Prokaryotes)2014 年的报告估计,自平板培养技术应用以来,在自然环境高达 10^6 种的微生物中,仅有不超过 11 000 种原核生物被发现。迄今依靠传统纯培养方法能够分离培养的微生物约占总数的 1.0%,而原核生物仅约为 0.1%。当人们试图在实验室人工条件下分离培养微生物时,由于生存环境的改变,多数微生物因无法适应而进入一种"活的非可培养状态"(viable but nonculturable,VBNC)。VBNC 微生物可维持一定的代谢功能,但并不能生长繁殖。食品中的不可培养微生物虽然不能通过传统的平板培养技术进行分离,但其在食品中的作用仍不容忽视。

造成食品中多数种类微生物不能平板分离培养的原因有多种,可概括如下:

①培养条件的不足。由于人们对特定微生物种类的营养需求、生理代谢途径等认识不足,无法选择其真实的最佳生长培养条件,而现有的培养基营养成分、培养条件不适宜,造成微生物生长速率较低,难以在通常时间内形成可识别的菌落或菌液浊度。

②微生物之间的竞争抑制。食品自然环境下微生物种类关系复杂繁多,当微生物从天然环境转移到人工培养条件时,许多微生物的代谢和互作关系发生改变,有些微生物会启动一些如 SOS 等应激机制,产生一些过氧化物、超氧化物或羟基自由基等毒性物质,甚至抗生素等,从而抑制其他微生物在人工培养条件下的生长。

③微生物自身状态的改变。食品中的微生物在食品加工、贮藏及流通过程中,有可能遭受各种不同的逆境。已有的研究表明,极端的温度、pH 波动以及必需的营养物质缺乏等因素,紫外照射、高压 CO_2 处理以及食品发酵等加工方式,均有可能导致细菌进入活的非可培养状态。而另一方面,低温、加热、脉冲电场以及超高压等加工方式,会造成微生物发生亚致死损伤,基因表达和代谢途径发生改变,从而对常规培养条件或选择性培养基成分敏感,无法正常分离培养。

细菌 16S rRNA 基因文库构建和序列分析、变性梯度凝胶电泳(denatured gradient gel electrophoresis,DGGE)、荧光原位杂交(fluorescence in situ hybridization,FISH)以及基因芯片等分子生物学技术,为人们认识食品中的不可培养微生物提供了可能。而由于高通量测序的宏基因组技术完全不依赖于微生物的分离与培养,即可通过灵敏的核酸扩增技术,测序鉴定出极低数目的难培养或不可培养的微生物以及处于"沉默"状态的微生物,从而成为更全面揭示食品微生物多样性的重要工具。

如果采用宏基因组 DNA 全长测序技术,人们也可从遗传物质的角度阐明自然环境中微生物的生理生化等功能信息,从而更加清晰地认识不可培养微生物中蕴含的丰富基因、系统发育学和生态学信息。同时,基于宏基因组 DNA 全长测序结果提供的不可培养微生物的代谢机制和互作信息等,人们也可以针对性地设计目标微生物的培养条件,提高不可培养微生物的培养效率,从而大大提高获得不可培养微生物的可能性。

宏基因组学技术在食品发酵、保鲜保藏以及食品营养等多种研究中发挥着极其重要的作用,让我们更深入地了解了食品产品、加工设备以及人体肠道内微生物群落结构及功能。当然,宏基因组学技术在食品其他研究领域中也有广泛的应用,由于篇幅有限,不再一一赘述。值得一提的是,本章节所述宏基因组学在食品中的应用方法,主要是基于 16S rRNA 基因测序和宏基因组 DNA 全长测序这两种方法。随着人们对食品微生物群落生态研究的不断深入,高通量测序技术的不断进步以及成本的不断降低,生物信息学大数据分析软件和技术的不断发展,宏转录组学(metatranscriptomics)、宏蛋白质组学(metaproteomics)以及宏代谢组学(metabolomics)等在食品微生物群体生态分子机制研究中也必将发挥重要的作用。

5.2   群体感应

5.2.1   微生物群体感应的概念

微生物的群体感应(quorum sensing,QS)现象,最初是在 20 世纪 60 年代肺炎链球菌(*Streptococcus pneumoniae*)DNA 吸收机制和 20 世纪 70 年代海洋弧菌(*Vibrio*)生物发光机制研究中被发现的,这两项研究均发现了细菌的生物过程需要有胞外分子的产生,因而推测细胞间可能通过这些分子进行化学通信。然而,群体感应现象一直备受质疑,直到 20 世纪 80 年代两大里程碑的研究报道之后,群体感应现象才逐渐被科学界所接受。这两个研究成果分别为:①控制费氏弧菌(*Vibrio fischeri*)生物发光的 *lux* 基因的鉴定;②费氏弧菌群体感应信号分子的化学成分被确认为:*N*-(3-氧代乙酰)-*L*-高丝氨酸内酯(*N*-3-oxohexanoyl-*L*-homoserine lactone)。20 世纪 90 年代,Miller 等和 Fuqua 等提出了群体感应的概念。在细菌生长过程中,会不断产生一些被称为自诱导物(autoinducer,AI)或群体感应分子(quorum sensing molecules,QSM)的小分子物质(也称信号分子),细菌通过感应这些信号分子的浓度,对周围的细菌数量进行判断,当自诱导物分子达到一定阈值时,在群体范围内调控一些相关基因的表达,进而调控细菌的行为以适应环境的变化,细菌间的这种信息交流即称为群体感应。群体感应依赖于产生、检测和对积累的小分子信号作出快速反应,因而与细菌的细胞密度有关。在低细胞密度时,每个细菌细胞产生低浓度的群体感应信号,这些信号通过扩散或主动运输到达细胞外部环境。当细菌生长至一定的细胞密度时,细胞外部环境累积的群体感应信号达到临界浓度,即与细菌的群体感应信号受体蛋白作有效识别反应,进而同步协调整个细菌群体的基因表达和各种生物活动。现在已经在许多微生物中发现有群体感应现象,除细菌之外,研究人员在 21 世纪初首次在真核生物白色念珠菌(*Candida albicans*)中发现了群体感应现象,并揭示法尼醇(farnesol)是其群体感应分子。

群体感应是微生物之间的"语言",可促进细胞间交流,主要通过信号分子密度进行信号识别,并调控基因表达。现已证明微生物群体感应可参与多种生物学过程,如毒力因子的分泌、细胞运动、生物发光、菌膜形成、芽孢形成、胞外酶合成、耐药产生以及抵抗宿主免疫系统等,从而实现其在植物、宿主动物以及人类环境中形成生态群落的目标。微生物群体感应的发现,开启了微生物社会学的新视野,也为食品微生物群体生态研究领域带来了新的课题,本章节将重点介绍微生物群体感应系统的分子机制、生物学效应以及相关群体感应抑制剂的应用等。

5.2.2   群体感应的分子机制

5.2.2.1   细菌Ⅰ型自诱导信号分子(autoinducer-1,AI-1)系统

AI-1 系统多发现于革兰氏阴性细菌,如大肠杆菌(*Escherichia coli*)、铜绿假单胞菌(*Pseudomonas aeruginosa*)和欧文氏菌(*Erwinia casotovora*)等,信号分子为 *N*-酰基高丝氨酸内酯(*N*-acyl-homoserine lactone,AHL)类。AHLs 介导的群体感应系统是目前研究最多

的一种细胞与细胞间的通信机制。已知有超过 200 种细菌产生 AHL 型群体感应信号,其中大部分为病原菌。AHL 信号分子由一个高丝氨酸内酯(homoserine lactone,HSL)环和一个酰基侧链(4~8 个碳)组成,不同的 AHL 信号分子,它们的酰基侧链的长度和取代基团不同。含短脂肪酸链的 AHL 以自由扩散方式穿过细胞膜,而含有长脂肪酸链的 AHL 则需要借助外排泵将其转运至胞外。LuxI/LuxR 系统是革兰氏阴性菌中群体感应调节系统的典型代表,其中 *luxI* 基因编码 AHL 信号合成酶,*luxR* 基因编码 AHL 信号受体调节蛋白。当细菌密度达到阈值时,AHL 与其受体 LuxR 稳定结合,并启动靶基因的转录表达。在最早发现 AHL 群体感应系统的海洋费氏弧菌中,在低细菌群体密度时,*luxI* 基因编码产生少量的 AHL 分子,当细菌群体密度达到某个阈值后,细菌周围积累的 AHL 信号分子进入细胞,结合并激活 LuxR 蛋白,LuxR 蛋白即启动 *luxI* 基因的过量表达,并激活下游发光基因的表达。LuxR 是一种细胞密度依赖型转录调控因子,大肠杆菌也能够合成一种类似 LuxR 的 SdiA 生物感应器蛋白,并能够识别周围不同种细菌的 AHL 信号分子。在铜绿假单胞菌中发现有两种 I 型 AHL 信号系统,分别为 LasI/LasR 系统和 RhlI/RhlR 系统,其中 LasI/LasR 系统以 3-oxo-C_{12}-HSL 为信号分子,RhlI/RhlR 系统以 C_4-HSL 为信号分子,LasI 和 RhlI 产生的 AHL 信号分子,分别被 LasR 和 RhlR 蛋白受体识别,LasI/LasR-RhlI/RhlR 系统是目前在革兰氏阴性菌种中发现的更复杂的群体感应调节机制。

5.2.2.2　细菌 II 型自诱导信号分子(autoinducer-2,AI-2)系统

AI-2 系统被认为是最普遍存在的群体感应系统,在革兰氏阳性和阴性菌中均有发现,如大肠杆菌、鼠伤寒沙门氏菌(*Salmonella typhimurium*)以及链球菌(*Streptococcus*)等。哈氏弧菌(*Vibrio harveyi*)的群体感应系统既能够识别 AHL 分子,也能识别 AI-2 类分子。AI-2 系统的信号分子是一类呋喃酮酰硼酸二酯(furanosyl borate diester)分子,来源于甲硫氨酸循环的代谢产物 4,5-二羟基-2,3-戊二酮(4,5-dihydroxy-2,3-pentanedione,DPD),其生物合成依赖于 *luxS* 基因编码的 LuxS 蛋白。*luxS* 基因长度约 500 bp,且具有高度保守性,LuxS 是一种小分子金属酶,蛋白序列中存在一个保守、稳定的 His-Xaa-Xaa-Glu-His(HXXGH)结构。LuxS 蛋白也参与细菌的许多重要代谢途径,能够将甲基连接到核酸前体、蛋白质和其他代谢产物,说明 AI-2 系统可能在细菌代谢和群体感应中都起着重要的作用。一些大肠杆菌、沙门氏菌能够产生 AI-2 类似物呋喃酰二酯。大肠杆菌和鼠伤寒沙门氏菌的 AI-2 系统均具有干扰或破坏其他细菌群体感应系统的能力。因此,如果把 AI-1 当作种内细菌交流的通用信号分子,那么 AI-2 则是种间细菌交流的通用信号分子,细菌可通过环境中 AI-2 浓度了解环境中自身和其他细菌的数量,以此来调控自身表型的表达。

5.2.2.3　细菌 III 型自诱导信号分子(autoinducer-3,AI-3)系统

AI-3 是一种极性较弱的群体感应信号分子,AI-3 型群体感应系统以人类产生的肾上腺素/去甲肾上腺素为信号分子。AI-3 群体感应系统是在革兰氏阴性菌感染动物的肠组织内发现的,其参与肠出血性大肠杆菌(Enterohemorrhagic *Escherichia coli*,EHEC)和志贺氏菌(*Shigella*)致病过程。在肠出血性大肠杆菌的 AI-3 系统中,群体感应蛋白 QseA 能激活致病毒力岛以及与运动相关基因的转录。群体感应蛋白 QseC 是细菌膜上的组氨酸激酶感受器,能够与毒力磷酸化调节因子 QseB 结合形成 QseBC 复合体,该复合体作为一种胞质受体,可感受 AI-3 信号或人类的肾上腺素或去甲肾上腺素,从而诱导毒力岛基因的表达。AI-3 还参与人类应激反应,与肾上腺素或者去甲肾上腺素发挥协同作用。不同细菌的 QseC 受体蛋白

具有一定的同源性,说明 AI-3 系统不但参与细菌种间的信息交流,还参与人类宿主之间的跨界细胞间交流。

5.2.2.4　细菌自诱导肽(autoinducing peptide,AIP)系统

一些革兰氏阳性细菌的群体感应以 AIP 作为信号分子,如金黄色葡萄球菌 (*Staphylococcus aureus*)的辅助基因调节(accessory gene regulator,AGR)系统。这些 AIP 分子量较小,由 5～17 个氨基酸残基组成,但结构却不尽相同,从而保证了种间信号的特异性。AIP 作为肽类分子,需借助转运蛋白或其他膜通道蛋白载体(如 ABC 转移酶等)的协助实现跨膜转运,分泌到胞外才能产生作用。AIP 的受体一般是二元信号系统(two component signal transduction system),AIP 与受体结合后,能够激活二元信号系统的组氨酸蛋白激酶,随后将信号向下游传递,启动目标基因的表达。金黄色葡萄球菌的 AIP 是由 *agrD* 基因编码合成 AgrD 前体肽,经 AgrB 进行硫代内酯环化修饰并运输到细胞外,与跨膜受体-组氨酸激酶 AgrC 结合,AgrC 在一个保守的组氨酸上发生自磷酸化后激活 AgrA,后者作为转录激活因子调控一系列基因的表达。除金黄色葡萄球菌之外,在蜡状芽孢杆菌(*Bacillus cereus*)革兰氏阳性细菌中也发现以 AIP 作为群体感应信号分子,成熟的 AIP 分子在细胞质中与转录因子结合,其复合物可以调节蜡状芽孢杆菌毒力因子的产生。

5.2.2.5　扩散性信号分子(diffusible signal factor,DSF)系统

由扩散性信号分子家族(DSFs)介导的群体感应系统,也同样广泛存在于细菌中。可扩散的信号分子于 1997 年首次在黄单胞杆菌(*Xanthomonas campestris* pv. *campestris*)中报道,调控多种胞外降解酶(纤维素酶、蛋白酶和果胶酶等)和胞外多糖的产生。经鉴定,该信号分子的化学结构为顺-11-甲基-2-十二碳烯酸(*cis*-11-methyl-2-dodecenoic acid)。以黄单胞杆菌为模式菌株,DSFs 群体感应信号分子调控的生物学功能和信号传导通路现在已经基本阐明,其中 DSF 信号合成酶 RpfF 和双组分系统 RpfC/RpfG 是群体感应系统的核心组分。在低群体密度时,合成酶 RpfF 与 DSF 受体 RpfC 结合,黄单胞杆菌仅产生微量的 DSF 信号,当细菌分裂生长至一定群体密度时,RpfC 识别积累的 DSF 引发自我磷酸化,导致 RpfC 构型改变,从而释放 RpfF 迅速合成 DSF。高浓度的 DSF 信号保持下游 RpfC 处于激活状态,并通过磷酸化激活 RpfG 对 cyclic-di-GMP(c-di-GMP)第二信使的降解功能,从而调控黄单胞杆菌致病因子的产生以及生物被膜形成。DSFs 信号分子介导的群体感应系统不仅存在于所有黄单胞菌属细菌中,也广泛存在于伯克氏菌、绿脓杆菌和多种海洋细菌中。多种 DSF 信号分子化学类似物已被鉴定报道,如顺-2-十二碳烯酸(*cis*-2-dodecenoic acid,BDSF)、(2Z,5Z)-11-甲基-2,5 二烯-12 烷酸[(2Z,5Z)-11-methyldodeca-2,5-dienoic acid,CDSF)]等,这些信号分子共同构成了 DSFs 家族的群体感应信号系统。

5.2.2.6　真菌中群体感应系统

2001 年,真菌群体感应系统在致病多态性真菌白色念珠菌(*Candida albicans*)中的细丝化研究中被发现。长期以来,人们就已经观察到,白色念珠菌细胞密度低于 10^6 个/mL 时,呈丝状生长,而密度较高时以出芽酵母形态生长,但直到法尼醇被判定是其信号分子时,人们才真正在真菌中认识到群体感应系统。迄今为止,研究人员已经发现,法尼醇为白色念珠菌的群体感应信号分子,具有多种生理效应,如菌丝产生、生物被膜形成、氧化应激以及药物外排等。体外添加法尼醇对其他真菌和细菌也有一定的生物学效应,如抑制酿酒酵母(*Saccharomyces cerevisiae*)、烟曲霉菌(*Aspergillus fumigatus*)的生长,引发构巢曲霉(*Aspergillus nidu-*

lans)的细胞死亡,显著改变黑曲霉(*Aspergillus niger*)的形态,抑制绿脓假单胞菌的群体感应系统以及毒力因子绿脓菌素的生物合成等。在不同白色念珠菌中发现,除法尼醇之外,法尼酸也可作为自我调节物质,抑制菌丝化。酪醇是白色念珠菌的另一种群体感应信号分子,可缩短生长滞后期,并刺激菌丝体和生物被膜形成。法尼醇可以抑制酪醇的生物学效应,表明白色念珠菌中存在着精细的群体感应控制系统。

在其他真菌中,苯乙醇(phenethyl alcohol)、色氨醇(tryptosol)这两种芳香醇是酿酒酵母在响应氮饥饿胁迫下分泌的群体感应信号分子,表明与细菌类似,营养感应和群体感应相互关联,且苯乙醇和色氨醇诱导菌丝体生长的效应可能具有协同作用,可强烈诱导酿酒酵母菌丝体的生成。此外有研究者指出,酿酒酵母细胞凋亡机制与群体感应有关,群体密度影响诱发细胞凋亡的基因损伤临界值,其通信分子是信息素和氨。新型隐球酵母(*Cryptococcus neoformans*)可利用泛酸(pantothenic acid,PA)作为群体感应信号分子,诱导细胞的生长、黑化和 GXM 分泌等。

5.2.2.7　其他群体感应系统

同一种微生物中可能存在几种群体感应系统,它们通过顺序调节或协同调节的方式共同调控基因的表达。在铜绿假单胞菌中,除了以 AHL 为信号分子的群体感应系统外,还发现以喹诺酮类(quinolones,PQS)为信号分子的群体感应系统以及群体感应辅助系统——GacS／GacA 系统。喹诺酮类信号分子,如 2-庚基-3-羟基-4-喹诺酮,由邻氨基苯甲酸衍生而来,受 *lasR* 基因调控。在弗氏柠檬酸杆菌(*Citorbacter freundii*)中存在二酮哌嗪类化合物 DKPs(diketopiperazines)为信号分子的群体感应系统。在霍乱弧菌(*Vibrio choierae*)中,除存在 AI-2 群体感应系统外,还发现以霍乱自诱导物-1(cholerae auto inducer-1,CAI-1)(S)-3-羟基十三烷-4-酮为信号分子的群体感应系统。

5.2.3　群体感应的生物学效应

群体感应可以影响微生物的群体行为和生物学效应,包括动植物致病菌的致病性、发光菌的生物发光性、共生、毒力因子表达、感受态、接合、抗生素的产生、运动性、孢子形成以及生物被膜形成等。在食品科学领域,微生物群体感应已经引起了人们的广泛关注,尤其是其参与细菌毒力因子、生物被膜的形成以及群集运动等生物学过程,是目前备受关注的热点问题。

5.2.3.1　调控细菌毒力因子合成

毒力因子可以帮助病原体侵入并抵抗宿主的防御机制,增强致病能力。这些毒力因子一般包括具有酶活性的菌蛋白(蛋白酶、透明质酸酶、胶原酶)和某些特定的细胞毒素等。研究表明,群体感应系统参与了毒力因子的产生和运输。致病菌定殖到宿主体内以后,产生各种毒力因子导致宿主发病,这些毒力因子包括分泌到胞外的蛋白质酶类,特定的细胞毒素等。

粪肠球菌(*Enterococcus faecalis*)的主要毒力因子是溶细胞素,由 2 个亚单位 $CylL_L$ 和 $CylL_S$ 组成,在胞外以具有毒性的 $CylL_L''$ 和 $CylL_S''$ 形式存在。研究表明,$CylL_S''$ 担任了群体感应系统中信号分子的作用。在毒力因子产生过程中,$CylL_L''$ 优先与靶细胞结合,导致游离 $CylL_S''$ 的积累,当超过一定的诱导阈值时可激活 *cyl* 基因表达,产生高水平的溶细胞素。粪肠球菌的另一个群体感应系统是 Fsr 系统,与金黄色葡萄球菌的 Agr 系统相似,此系统可以激活毒力因子相关蛋白酶明胶酶的产生。

在鳗弧菌(*Vibrio anguillarum*)体内存在毒力因子 EmpA 酶(一种非金属蛋白酶),而

empA 基因表达所必需的启动子 σˢ 却和群体感应系统有密切关系。在创伤弧菌(*Vibrio vulnificus*)中,56 ku 的溶血素基因 *vvhA* 和 45 ku 的金属蛋白酶基因 *vvpE* 的表达,受群体感应系统的调节,*luxS* 基因的突变导致金属蛋白酶 VvpE 的表达量降低而溶血素 VvhA 的表达量增加,说明 *vvpE* 基因受创伤弧菌 LuxS 群体感应系统的正调控,而 *vvhA* 基因受负调控。从牛奶中分离到的荧光假单胞菌(*Pseudomonas fluorescens*)碱性金属蛋白酶(alkaline metalloprotease,Apr)的表达,受以 AHL 为信号分子的群体感应系统分子调控,当环境中缺少 AHL 信号分子或 AHL 信号分子被降解的情况下,*aprX* 启动子对应的转录被抑制。LuxR 蛋白能够调节溶藻弧菌(*Vibrio alginolyticus*)重要毒力因子碱性丝氨酸蛋白酶 A(alkaline serine protease A)的产生,而在 *luxR* 的缺失突变株中,溶藻弧菌胞外碱性丝氨酸蛋白酶 A 总活力下降 70 %,而回补试验又能够使突变株蛋白酶表达恢复到野生型水平。

Ⅲ型分泌系统(type Ⅲ secretion system,TTSS)基因是一类重要的微生物毒力基因。TTSS 最早是从耶尔森氏菌(*Yersinia*)中发现的,分泌蛋白 Yops(*Yersinia* outer proteins)是其主要毒力因子,在其他 TTSS 组分的帮助下,Yops 穿过自身膜和宿主细胞膜,直接到达宿主胞质中。后来的研究发现,TTSS 广泛存在于各种动、植物病原菌中,并往往受到群体感应系统的调控。根据哈氏弧菌和副溶血弧菌(*Vibrio parahaemolyticus*)TTSS 的研究结果显示,这两种弧菌的 TTSS 表达具有细胞密度依赖性,即受到群体感应系统的负调控,只有在细胞密度较低的条件下 TTSS 才能起作用,而高细胞密度时 TTSS 基因的表达受到自体诱导信号的抑制,同时,将稳定期培养物上清液添加到指数生长期菌液中也会明显抑制 TTSS 的表达。直接耐热溶血毒素(thermostable direct hemolysin,TDH)是副溶血弧菌的重要毒力因子,而 *tdh* 基因又与 TTSS 基因群处于同一毒力岛上,研究已经证明副溶血弧菌的 TTSS 受到群体感应系统调控。嗜水气单胞菌(*Aeromonas hydrophila*)主要毒力因子是Ⅱ型分泌系统分泌的细胞肠毒素,但此菌也具有受群体感应系统调控的 TTSS,其外膜蛋白 B(AopB)与 TTSS 转位子的形成相关,*aopB* 基因的缺失突变可导致细胞毒性降低。此外,肠溶血性大肠杆菌(enterohaemorrhagic *Escherichia coli*,EHEC)的 TTSS 也受到群体感应的调控。

5.2.3.2　调控生物被膜形成

生物被膜(biofilm)是由众多微生物聚集黏附在物体表面形成的多细胞群体结构,多种食源性微生物均能形成相应的生物膜,且该现象的产生对食品加工安全和人类健康有着重要影响。根据美国国立卫生研究院发布的数据,多达 80 % 的人类细菌感染是由生物被膜形成相关的微生物引起的。生物被膜的形成是一个复杂的动态过程,受到多种因素的影响,细胞间信号分子与胞外多聚物的相互作用亦是生物被膜形成的关键所在。细菌生物被膜的形成主要分为3 个阶段,分别为:细菌黏附、成熟、聚集和分散。细菌容易在食品加工设施、容器等上形成生物膜,利用这种保护机制和其他微生物形成更为坚固的混合生物膜,难以去除,常导致食源性疾病,有报道称 80 % 的食源性疾病与食源性致病菌形成的生物膜有关。

1998 年,Davies 等深入研究了铜绿假单胞菌 Las 系统在细菌生物被膜形成中的作用,并通过实验证实群体感应系统作用于生物被膜形成的生长期与扩散期,首次揭示了群体感应与生物被膜形成之间的关系。随着相关研究的拓展和深入,群体感应系统在生物被膜形成中的调控机制也逐渐清楚。在细菌由浮游态向生物被膜态转变的过程中存在着许多联系紧密的信号传导通路,其作用是协调细菌之间的各项生理活动和基因的表达,影响其致病性与耐药性以趋利避害。群体感应系统是目前备受关注的细菌生物膜内信号转导系统,群体感应在不同细菌中的共同调控位点参与了生物被膜的形成并产生胁迫抗性。当环境条件不利于细菌生长时,细菌间能够通过群体感应系统传递信息,形成生物被膜并进行顽固化来适应不利条件。如果群体感应系统缺失,形成的生物被膜就会变得稀薄。群体感应系统除了影响成膜菌的数量外,对细菌生物膜胞外多糖聚合物(EPS)的含量以及细胞表面的疏水性(hydrophobicity)都有不同程度的影响。

目前的研究结果表明,在生物被膜形成的 3 个阶段中都有群体感应系统的参与。洋葱伯克霍尔德菌(*Burkholderia cepacia*)H111 的 cepI/R 群体感应系统可以调控细菌生物被膜成熟,嗜水气单胞菌(*Aeromonas hydrophila*)的 ahyR/I acyl－HSL 群体感应系统对生物被膜成熟是必需的。霍乱弧菌用群体感应调控胞外多糖的产生,胞外多糖用 *vps* 操纵子编码,可以调控细菌的聚集和表面附着。在群体感应系统中,各类信号分子在调控生物被膜的形成中都起到非常重要的作用。信号分子 AI-2 作为革兰氏阳性菌和革兰氏阴性菌共同识别的一类通用信号分子,在调控混合菌生物被膜的形成中具有重要作用。液化沙雷氏菌(*Serratia liquefaciens*)和霍乱弧菌(*Vibrio cholera*)的生物被膜形成过程中,细胞聚集以及胞外聚合物的合成分别受群体感应信号分子 AI-2 的调控。金黄色葡萄球菌生物被膜的形成也受到群体感应系统的调控,*agr* 操纵子中的 *agrD* 编码自诱导物 AI 从而诱发群体感应,当 AI 积累到一定阈值时,*agrD* 通过 TCS AgrCA 控制小的非编码 RNA-RNAⅢ 的表达,从而使生物被膜形成必需基因黏附素的表达下调。

DSFs 家族群体感应信号分子也参与调控细菌生物被膜的形成,研究发现,十字花科致病菌野油菜黄单胞杆菌能够通过 DSF 信号分子浓度的变化,调控细菌生物被膜的形成和解离。在 DSF 信号分子产生缺陷的突变菌株中,其细菌胞外多糖合成密切相关的 *xagABC* 基因簇的表达被激活,从而促进细菌生物被膜的形成。与之相反,高密度的野生型细菌群体产生大量的 DSF 信号分子,随后 DSF 信号分子通过 RpfC 激活 RpfG 降解细胞内的 c-di-GMP 第二信使信号分子,抑制 *xagABC* 基因簇的表达,并且促进野油菜黄单胞菌产生由 *manA* 基因编码的内-1,4-β-甘露聚糖酶,催化降解细菌群落中的胞外多糖,从而抑制生物被膜的形成。因此,在野油菜黄单胞菌中,DSFs 信号分子介导的群体感应系统分别以反向调控和正向调控方式,控制与生物被膜形成相关的 *xagABC* 基因簇和与生物被膜解离有关的 *manA* 基因的表达。

在真菌中,群体感应系统也与白色念珠菌生物被膜的形成有密切的联系。群体信号分子法尼醇可影响生物被膜形成的多个阶段,包括细胞黏附到基底、成熟生物膜的构建及生物被膜细胞的离散。法尼醇抑制白色念珠菌生物被膜的效果与被膜形成的不同阶段有关。其可以抑制早期黏附阶段(0～2 h)及成熟阶段(24 h)的生物被膜的形成,但对菌丝形成阶段(2～6 h)的生物被膜无明显影响。全基因组表达谱芯片分析结果显示,除了与菌丝形成相关的基因之外,法尼醇对白色念珠菌生物被膜的抑制作用,与抗药性、细胞壁维持、细胞表面亲水性、铁转运和热休克蛋白等相关基因表达的调控有关。

5.2.3.3　调控细菌耐药性

抗生素在畜牧养殖过程中的大量使用,使得食源性微生物形成了相对应的多种耐药性,甚至出现了能抵抗各种常用抗生素的"超级细菌"。细菌产生耐药性的机制主要有 3 种:通过化学修饰钝化抗生素、利用外排泵系统排出抗生素以及药物靶向基因的修饰。同时,很多病原菌可以形成致密的生物被膜,从而使细菌具有很强的耐药性。

微生物群体感应系统还可能参与调控生物被膜形成之外的其他耐药性机制,如细菌的药物外排泵等。细菌药物外排泵可有效地排出进入菌体的抗生素,针对不同类型的抗生素,细菌进化形成多种不同的外排泵类型。在革兰氏阴性菌中,目前研究最为透彻的药物外排泵为RND 家族(resistance-nodulation-cell division superfamily)外排泵,该外排泵由 3 部分组成,从细胞膜内到膜外分别是转运蛋白、融合蛋白和孔道蛋白,RND 类型外排泵在质子梯度的驱动下,转运蛋白对药物进行选择性结合,随后药物通过孔道蛋白排出菌体。研究结果表明,群体感应系统与 RND 类型外排泵之间存在互相影响的关系。一方面,群体感应系统调控药物外排泵相关基因的表达。在绿脓杆菌中,在外源加入群体感应信号分子 C4-HSL 能够上调药物外排泵系统基因 mexAB-oprM 的表达,增强细菌对氟喹诺酮类药物、氯霉素以及大多数 β-内酰胺类药物的抗性。另一方面,外排泵系统也参与群体感应信号的运输。在对类鼻疽伯克氏菌的研究中发现,与野生型菌株相比,其外排泵 bpeAB 基因突变菌株培养液中并未检测到群体感应信号分子 C8HSL,可能由于外排泵系统 BpeAB-OprB 受损,导致群体感应信号在菌体内过量累积,进而反馈抑制了自发诱导因子合成酶基因 bpsI 的表达,说明类鼻疽伯克氏菌BpeAB-OprB 系统可能参与了群体感应信号分子的外排转运。

5.2.3.4 调控微生物环境胁迫抗性

在食品加工和保藏过程中,食源性微生物常常会遇到各种不利条件,如高温、低温、酸性pH、缺氧、氧化应激、高渗透压以及营养成分匮乏等。此外,当食源性有害微生物被摄入人体之后,也会遭受人体胃肠道和免疫系统的侵袭。在长期的进化过程中,食源性微生物逐渐形成了抵抗各种环境胁迫的机制,其中,近年来研究结果表明,群体感应系统在微生物环境胁迫耐受过程中发挥重要作用。相较于正常培养条件,胁迫环境更有利于群体感应信号分子的释放并使其稳定存在,从而使微生物通过群体感应实现抵抗胁迫环境的目的。

群体感应系统对微生物环境胁迫抗性的调节作用,其中一种机制是促进微生物形成生物被膜,从而增强被膜内微生物的胁迫抗性(具体机制参见 5.2.3.2)。除调控生物被膜形成而适应逆境以外,群体感应系统也可以直接调控关键基因的表达,从而增强微生物对胁迫的抵抗能力。例如,基因缺失突变研究结果表明,在 H_2O_2 氧化胁迫下,霍乱弧菌(Vibrio cholerae)可上调 rpoS 基因的表达,增加群体感应系统核心调节蛋白 HapR 的表达量,从而促进细菌的存活,说明群体感应系统在霍乱弧菌抗氧化胁迫耐受中具有重要作用。另一项在绿脓假单胞菌中的研究表明,相对于野生菌株而言,群体感应系统关键基因 lasR 和/或 rhlR 的缺失突变株,对 65℃高温、H_2O_2 氧化、$CdCl_2$ 重金属以及 NaCl 渗透胁迫的抵抗能力显著降低,其中抗氧化应激能力的降低,与过氧化氢酶(catalase)和 NADPH 脱氢酶(NADPH-producing dehydrogenases)活性的降低有关。

真菌白色念珠菌在模拟人体胃肠道的氧化胁迫下,也会向环境中分泌群体感应信号分子法尼醇,保护酵母细胞免受过氧化氢和超氧阴离子自由基的伤害,这种群体感应系统的保护作用与抗氧化物酶编码基因 CAT1、SOD1、SOD2 和 SOD4 的表达调控密切相关,从而揭示了群体感应信号分子法尼醇与白色念珠菌抗氧化胁迫应答之间的关系。

5.2.3.5 微生物群体感应系统在食品腐败中的作用

在导致食品腐败变质的诸多因素中,微生物污染是最为重要的因素。近年来的许多研究结果表明,在腐败的食品中能检测到群体感应信号分子,说明群体感应系统在微生物造成的食品腐败过程中具有重要的作用。

(1)生鲜肉品腐败中的微生物群体感应系统

生鲜牛肉、鸡肉等由于营养价值高且具有较高的水活度,是微生物生长繁殖的良好载体,即使是在生鲜肉品常用的冷藏环境中,也非常容易受到微生物的污染而导致腐败变质。在有氧冷藏条件下的牛肉和鸡肉中,假单胞菌(*Pseudomonadaceae*)和肠杆菌(*Enterobacteriaceae*)细菌大量增殖时,可检测到 AHLs 活性,如 C4-HSL,3-oxo-C6-HSL,C6-HSL,C8-HSL 以及 C12-HSL,而且当蛋白水解活性出现时,AHLs 的浓度也开始逐步增加,说明腐败菌增殖造成的群体感应分子 AHLs 的产生,与腐败过程中蛋白水解的活性存在一定的关联。在有氧包装条件下,腐败碎牛肉中假单胞菌和肠杆菌科细菌为优势菌群,此时肉品快速腐败并可检测到较高的 AHL 含量,而在气调包装的碎牛肉中乳酸菌为优势菌时,肉品腐败速度较慢且没有 AHL 群体信号分子检出。此外,蜂房哈夫尼菌(*Hafnia alvei*)和沙雷氏菌(*Serratia*)等具有 AHL 群体感应系统的腐败菌,也是生鲜肉品腐败的重要因素。

(2)水产品腐败中的微生物群体感应系统

在海水鱼和淡水鱼冷藏过程中,希瓦氏菌(*Shewanella*)和假单胞菌属等革兰氏阴性菌的一些种都是特定的腐败菌。在冷冻鱼、腐败变质鱼片以及碎鱼肉等多种水产样品中,常常伴随着高含量群体感应分子 AI-2 和 AHLs 的检出。在虹鳟鱼腐败过程中,与蛋白水解活性相关的腐败菌主要包括荧光假单胞菌、蜂房哈夫尼菌、液化沙雷氏菌(*Serratia liquefaciens*)和恶臭假单胞菌(*Pseudomonas putida*)等,而在这些腐败菌中检测出多种 AHLs,如 3-oxo-C6-HSL、C6-HSL、C8-HSL 和 C12-HSL。从包装的鳕鱼片中分离出的磷发光杆菌(*Phosphobacillus*)和气单胞菌属(*Aeromonas*),其几丁质酶活性受到 3-hydroxy-C8-HSL 信号分子调控,说明 AHL 群体感应系统在水产品腐败中起重要作用。据另一研究报道,假单胞菌 AHL 群体感应信号分子 N-3-oxo-C8-HSL 也与鱼肉的腐败存在一定关系。冷藏大黄鱼和凡纳滨对虾等海产品中特定腐败菌为希瓦氏菌,希瓦氏菌能在介导冷藏大黄鱼腐败过程中产生 4 种 DKPs 群体感应信号分子,分别为 cyclo-(L-Pro-L-Gly)、cyclo-(L-Pro-LLeu)、cyclo-(L-Leu-L-Leu)以及 cyclo-(L-Pro-LPhe);而在希瓦氏菌介导冷藏凡纳滨对虾腐败过程中,虾肉中能检测出 AHLs、AI-2 和 DKPs 3 种群体感应信号分子。另一项人工添加 DKPs 信号分子的研究发现,在冷藏虾肉中添加 cyclo-(L-Pro-L-Leu)信号分子后,能显著促进波罗的海希瓦氏菌生物被膜的产生和蛋白水解活性的提高,并加速虾肉的腐败进程。这些研究结果表明,革兰氏阴性菌的群体感应信号系统与水产品的腐败有一定的联系。

(3)乳及乳制品腐败中的微生物群体感应系统

冷藏是原料乳及大多数乳制品最常用的保藏方式,各种嗜冷菌的繁殖容易导致其腐败变质。嗜冷菌中一些革兰氏阴性细菌,能产生胞外蛋白酶、脂肪酶、卵磷脂酶、糖苷酶;革兰氏阳性细菌如芽孢杆菌属产生磷脂酶,均是乳及乳制品腐败的重要因素。在原料乳和巴氏杀菌乳中,由假单胞菌属、沙雷氏菌属、肠杆菌属和哈夫尼菌属等嗜冷菌产生的各种 AHLs 群体感应分子,对乳和乳制品的腐败菌起一定作用。荧光假单胞菌引起的牛奶腐败,与其产生的群体感应信号分子 AHLs 介导的胞外蛋白活性有关。在发酵乳制品中,假单胞菌引起的腐败变质与 C6-HSL 群体感应信号分子的分泌有关。变形沙雷氏菌(*Serratia proteamaculans*)的 AHL 群体感应系统,可调控脂肪酶和蛋白水解酶的胞外分泌,表明沙雷氏菌的群体感应系统可能也参与了牛奶腐败。在巴氏消毒乳中接种野生型变形沙雷氏菌后,室温贮藏 18 h 后牛奶出现腐败,而群体感应关键基因 *sprI* 的缺失突变株并不能导致牛奶的腐败变质,在牛奶中人工添加 3-oxo-C$_6$-HSL 后,*sprI* 突变株接种的牛奶也能够发生腐败,表明 AHLs 信号分子介导的群体感应系统在牛奶腐败中起重要作用。除 AHLs 信号分子介导的群体感应系统以外,在全脂牛奶中细菌数量很低(2 lg CFU/mL)时,仍能检测到 AI-2 信号分子的活性,说明 AI-2 介导的群体感应系统也参与牛奶腐败过程中细菌种间的信息传递。

(4)果蔬腐烂中微生物群体感应系统

微生物的作用是水果和蔬菜腐烂变质的重要因素,而一些研究结果表明,果蔬的腐烂变质也同样与微生物的群体感应系统具有一定关联。水果中假单胞菌或者肠杆菌在数量较高(8~9 lg CFU/g)时能分泌果胶酶,从而引起果蔬酶促褐变、质地破坏以及组织分解等,从而导致口感变差,产生异味并最终腐烂变质。欧文氏菌和假单胞菌能够产生多种 AHLs 群体感应信号分子,主要包括 3-oxo-C_6-HSL 和 C_6-HSL,从而调控多种果胶酶的合成和分泌,如果胶裂解酶、果胶酸裂合酶、聚半乳糖醛酸酶和果胶甲酯酶等,并引起即食蔬菜的腐败变质。在腐烂的豆芽菜提取物及其腐败菌肠杆菌科和假单胞菌纯培养提取物中检测出 3-oxo-C_6-HSL 群体感应信号分子;与黄瓜腐败相关的黏质沙雷氏菌和沙雷氏菌中胞外酶的分泌受 SwrI/SwrR 系统合成的 C_4-HSL 群体感应信号分子,以及 SmaI/SmaR 系统合成的 C_4-HSL 和 C_6-HSL 群体感应信号分子所调节。从蔬菜加工工艺生产线分离的朴立茅次沙雷氏菌(*Serratia plymouthica*)具有 *luxI* 基因的同系基因 *splI*,编码 C_4-HSL、C_6-HSL 和 3-oxo-C_6-HSLs 等 AHLs 信号分子的合成,而 *splI* 基因的缺失突变,导致了 3-oxo-C_6-HSL 合成能力的完全丧失,C_4-HSL 和 C_6-HSL 的合成也显著下降,并揭示了 SplI 依赖的群体感应系统,在蔬菜腐败过程中,调控着细菌胞外几丁质酶、核酸酶、蛋白酶的合成以及 2,3-丁二醇的发酵等。

总之,由于食品腐败主要是由细菌的作用引起的,近年来研究已经在肉品、水产、牛奶及果蔬等生鲜食品中发现了 AI-1、AI-2 和 DKPs 等多种细菌群体感应系统,表明群体感应系统的调节是细菌造成食品腐败的潜在机制。腐败菌群体感应系统可调节多种参与食品腐败变质的酶的分泌,如蛋白酶、脂酶、纤维素酶和果胶酶等,从而调控食品的腐败进程。值得一提的是,与腐败食品中信号分子的检出相比,群体感应系统参与食品腐败的更直接的证据是通过敲除腐败菌信号分子关键编码基因,构建群体感应弱化或丧失突变株,并与野生菌株的致腐能力的比较结果,或者体外添加信号分子对食品腐败进程影响的实验结果。

5.2.4　群体感应干扰及其在食品质量安全控制中的应用

群体感应系统广泛存在于食源性有害微生物中,不仅与其致病性密切相关,如细菌侵染过程、毒力因子表达和细菌生物膜的形成等,也与其致腐性有关,如参与调控食品腐败变质相关蛋白酶、脂酶、纤维素酶和果胶酶的分泌。传统抗菌药物、抑菌剂或杀菌剂通过干扰病原菌的生化代谢过程,影响其结构与功能,达到抑制或杀死细菌作用,在这种生存选择压力下,易诱导细菌产生抗性。群体感应抑制剂(quorum sensing inhibitors,QSIs)并不妨碍细菌的正常生长和蛋白质的合成,避免因细菌死后产生大量脂多糖等有毒物质,仅仅在合适的浓度时,通过干扰靶细菌的信号传递而抑制群体感应系统,显著减弱其致病性或致腐性,因此具有不易诱导细菌产生抗性的优点。同时,群体感应抑制剂也可避免在抑制有害菌的同时,杀灭食品中的有益菌,已经成为新型抗菌药物或食品抑菌剂的研发热点。

5.2.4.1　主要群体感应抑制剂

(1)群体感应抑制剂分类

有效的群体感应抑制剂需要满足以下几个条件:①能够明显抑制群体感应调节系统关键

基因表达;②对群体感应调节系统具有高度的专一性,且对细菌或宿主没有毒副作用;③具有化学稳定性,能有效防止宿主新陈代谢系统的降解;④存活时间较群体感应信号分子长。目前,群体感应抑制剂既有人工合成的,也有天然产物来源的。群体感应的基本过程主要包括信号分子的合成、信号分子与受体蛋白的结合以及诱导下游基因的表达调控等主要步骤。研究人员从这一过程着手,现在已经开发出针对其中关键步骤的多种群体感应抑制剂,这些群体感应抑制剂按照作用方式大致分为以下 4 种:①抑制信号分子合成的群体感应抑制剂;②促进信号分子降解的群体感应抑制剂;③抑制信号分子与受体蛋白结合的群体感应抑制剂;④具有竞争作用的微生物。以下将对这几种群体感应抑制剂逐一阐述。

(2)抑制信号分子合成的群体感应抑制剂

革兰氏阴性菌的信号分子 N-酰基高丝氨酸内酯(AHL)需要酰基载体蛋白(acyl carrier protein,ACP)、烯基-酰基载体蛋白还原酶和 AHL 合成酶的参与。三羧酸循环产生的乙酰辅酶 A 在 ACP 的作用下,合成烯基-ACP(enoyl-ACP),烯基-酰基载体蛋白还原酶再将 enoyl-ACP 还原成为酰基-ACP(acyl-ACP)。acyl-ACP 和腺苷甲硫氨酸在 AHL 合成酶的作用下,合成 AHL。因此,只要抑制 AHL 合成过程中某一酶的活性或消除底物浓度,即可阻断或抑制群体信号分子合成。通过对大量的化合物筛选发现,水杨酸、丹宁酸、反式-肉桂醛等小分子物质均是 AHL 合成酶的抑制剂。异戊烯咖啡酸能够显著抑制紫花色杆菌(*Chromobacterium violaceum*)群体感应信号分子紫色杆菌素(violacein)的合成。姜油酮通过抑制铜绿假单胞菌群体感应信号分子合成相关酶的活性,抑制信号分子的合成,进而阻碍该病原菌生物膜的形成。此外,在霍乱弧菌中,AI-2 的同系物可抑制 AI-2 和 CAI-1 信号分析合成过程中的关键酶 5′-甲硫腺苷/S-腺苷高半胱氨酸核酸酶的活性,干扰 AI-2 的生物合成,从而阻断群体感应系统并抑制生物被膜的形成。

(3)促进信号分子降解的群体感应抑制剂

降解群体感应信号分子的酶主要包括 AHL-内酯酶(AHL-lactonase)、AHL-乙酰转移酶(AHL-acylase)、AHL-脱酰基酶(AHL-deacylase)、对氧磷酶(paraoxonase,PON)以及其他氧化还原酶类等。AHL-内酯酶能破坏 AHLs 的高丝氨酸内酯环使之失活,而 AHL-乙酰转移酶使 AHLs 上 N-酰基的碳链上酰胺键水解失活。AHL 内酯酶和 AHL 脱酰基酶能够显著抑制欧文氏菌等病原菌群体感应信号分子的活性,对氧磷酶能够降解 AHL,抑制细菌群体感应,均可以抑制病原菌的毒力作用。高丰度表达对氧磷酶的角质细胞对抗铜绿假单胞菌感染的能力明显增强,这说明该酶能够抑制病原菌对细胞的毒力作用。深入研究发现,包括对氧磷酶在内共有三个内酯酶超家族,可以协同发挥作用,直接降解 AHL。来自农杆菌(*Agrobacterium tumefaciens*)的内酯酶 BpiB05 以及来自苍白杆菌(*Ochrobactrum*)的内酯酶 AidH,均能明显抑制铜绿假单胞菌的生长,深入研究还发现,这些酶也能够直接降解致病菌产生的 AHL。人血清对氧磷酶能够降解铜绿假单胞菌产生的多种信号分子,从而抑制该菌的致病性。氧化还原酶类的主要作用是将信号分子中的羰基还原成为羟基,从而使信号分子失活。卤过氧化物酶(haloperoxidase)可以过氧化氢依赖的方式降解 AHL 侧链的卤代基团,从而使信号分子失活。然而,尽管已经发现多种酶具有降解微生物群体感应信号分子的活性,但这些酶普遍活性偏低,且活性易受环境的影响,专一性也不够高,仍需要进一步对降解酶进行筛选和改造研究。

此外,某些化合物也具有对细菌群体感应信号分子的降解活性。次氯酸和次溴酸均可有效降解酰基高丝氨酸内酯(3-oxo-AHL),但对非 3-oxo-AHL 不表现降解活性。若这些化合物溶液的酸碱度发生改变时，其降解活性也随之发生变化，即 3-oxo-AHL 的降解作用受环境酸碱度影响较大。

(4)抑制信号分子与受体蛋白结合的群体感应抑制剂

群体感应信号分子与受体蛋白的结合，是调节下游基因表达以及群体感应系统发挥调控作用的关键步骤。现在已经发现许多群体感应信号分子类似物，可以与信号分子竞争性结合受体蛋白，从而阻断细菌的群体感应系统，抑制群体感应系统对毒力因子表达以及生物被膜形成等过程的调节作用。吡罗昔康(Piroxicam)和美洛昔康(Meloxicam)能与铜绿假单胞菌群体信号分子的受体蛋白 LasR 和 PqsE 竞争性结合，其原因是这类物质的结构与信号分子类似，可与信号分子竞争结合受体蛋白，抑制信号分子与受体蛋白结合，从而抑制其致病性。姜辣素也可与铜绿假单胞菌的受体蛋白 LasR 的活性中心结合，导致信号分子无法与其结合，从而抑制其致病性。通过对天然化合物库进行铜绿假单胞菌群体感应抑制剂的高通量筛选，发现穿心莲内酯衍生物 AL-1(14-Alpha-lipoyl andrographolide)可以竞争性抑制受体蛋白 LasR 和信号分子 N-(3-氧化十二烷酰基)-L-同型丝氨酸内酯[N-(3-oxododecanoyl)-L-homoserine lactone, 3-O-C12-HSL]的结合，抑制 las 和 rhl 基因的转录，从而影响生物被膜形成过程中基质多糖的合成。人工合成的氯代内酯(chlorolactone, CL)和氯硫代内酯类化合物(chlorothiolactone, CTL)也可以与铜绿假单胞菌群体感应信号受体 LasR 和 RhlR 竞争性结合，抑制群体信号感应，进而阻碍生物被膜的形成。阿司匹林能够拮抗铜绿假单胞菌群体感应信号分子与受体 LasR 的结合，从而抑制其毒力，但对大肠杆菌生物被膜的形成没有影响。槲皮素与 LasR 的亲和力很强，能够显著抑制群体感应信号分子与 LasR 受体的结合，进而抑制耶尔森氏菌和铜绿假单胞菌的运动性。某些依赖群体信号感应调控毒力作用的病原菌，自身也能表达负调控因子，阻碍受体蛋白的激活。铜绿假单胞菌能够表达一种负调控蛋白 QslA，该蛋白质能够阻碍受体蛋白 LasR 二聚体化，抑制 LasR 的活化，从而对其毒力因子的表达起到抑制作用。连有硼酸基团的芳香族化合物都能与 LuxP 蛋白结合，进而抑制 AI-2 介导的哈氏弧菌群体感应系统的调控作用。粉蝶霉素 A(piericidin A)可以与 AHL 信号分子的受体竞争性结合，从而抑制欧文氏菌(Erwinia carotovora)的生长与增殖，防止其引起的马铃薯软化、腐烂。

目前，已通过天然产物筛选或人工合成方式获得了多种群体感应信号抑制小分子。其中，针对 AHL 开发的各种抑制剂进展最快。合成 AHL 类似物的方法主要有 3 种：①保持 AHL 结构母核高丝氨酸内酯环不变，在酰基侧链引入取代基；②保持酰基侧链不变，在高丝氨酸内酯环中引入替代物或取代基；③对高丝氨酸内酯环和酰基侧链同时进行结构修饰。

(5)具有竞争作用的微生物

在各种自然环境中，细菌为了争夺有限的资源，通过破坏其他细菌的群体感应系统，从而使自身获得生存优势。例如，从水体中分离的一株假单胞菌(Pseudomonas sp. FF16)能显著抑制嗜水气单胞菌、鳗弧菌以及嗜冷黄杆菌(Flavobacterium psychrophilum)等病原菌的群体感应信号分子的产生，从而抑制其生长。红平红球菌(Rhodococcus erythropolis)的 qsdA 基因编码一种 AHL 内酯酶，该酶可降解铜绿假单胞菌产生的群体感应信号分子，破坏其群体感应系统，从而抑制其生长和增殖。红平红球菌也能够通过上调烷基硫酸酯酶(alkyl-sulfatase)的活性，竞争性获得环境中甲硫氨酸中的硫，由于甲硫氨酸是黑胫病菌(Pectobacterium atrosepticum)合成群体感应信号分子 N-酰基-高丝氨酸内酯(N-acylhomoserine lactones, NAHL)的重要原料，因而显著抑制黑胫病菌对马铃薯的侵染能力。此外，红平红球

菌 *Diaphorobacter* 和 *Delftia* 属菌也能够抑制铜绿假单胞菌产生 AHL,显著抑制该菌在线虫体内由群体感应系统调控形成的生物被膜。因此,深入了解不同细菌群体感应系统之间的互作关系,可以为抑制病原菌开辟新途径。

5.2.4.2　群体感应抑制剂在食品质量安全控制中的应用

利用抑制剂可以抑制和干扰信号分子,但群体感应抑制剂存在的一个问题是,它们大多具有一定毒性,虽然在小剂量服用的药物研究中已发挥重要作用,但大多尚不适于在人类食品生产中应用,如卤代呋喃酮及其衍生物虽有较强的干扰群体感应信号通路的活性,却有一定诱变致癌作用。因此,寻找安全无害的群体感应抑制剂或抑制方式就显得尤为重要。作为用于食品的群体感应抑制剂,考虑到食品安全性,从食源性微生物、植物以及动物的提取物中筛选群体感应抑制剂是一种有效方式,且具有来源丰富等优点。目前在食品质量安全控制领域,已经报道了一些具有一定应用潜力的群体感应抑制剂,现介绍如下:

(1)呋喃酮和肉桂醛

目前,群体感应抑制剂研究最广泛的是呋喃酮和肉桂醛。天然的卤代呋喃酮是在海洋红藻(*Delisea pulehra*)中分离出来的,而肉桂醛是肉桂树的树皮上发现并提取的。两种提取物能通过减少哈维氏弧菌转录过程中 LuxR 蛋白的 DNA 结合能力,从而抑制 AI-2 的活性,并且通过竞争性结合 AHL 受体实现阻断群体感应系统,减少毒力因子表达。天然的呋喃酮还能以共价键形式分别修饰和灭活 LuxS,或加速 LuxR 的转化,或与 AHL 分子竞争性结合 LuxR 受体蛋白,从而阻断 AI-2 和 AHL 介导的群体感应系统。卤代呋喃酮能有效减少铜绿假单胞菌和液化沙雷氏菌中 AHL 介导的毒力因子和生物被膜形成基因的表达。肉桂醛及其衍生物可抑制多种细菌的群体感应调节系统,亚抑菌浓度下肉桂醛能显著抑制小肠耶尔氏菌(*Yersinia enterocolitica*)和欧文氏菌的 3-oxo-C_6-HSL 和 C_6-HSL 信号分子,并干扰多种弧菌中 AI-2 信号分子介导的群体感应系统。卤代呋喃酮和肉桂醛都能弱化生物被膜中致病菌对抗生素的抵抗能力,由于卤代呋喃酮的性质不稳定性以及毒性限制了其在食品工业中的应用,目前人们也试图合成一些其他呋喃酮的衍生物。研究发现,2(5H)-呋喃酮能有效减少发酵酸奶中假单胞菌 AHLs 信号分子,抑制胞外蛋白酶活性,从而延长乳制品的货架期,而溴化呋喃酮也能显著抑制希瓦氏菌 AI-2 活性从而延缓虾肉的腐败。

(2)有机酸和盐分

乳酸和苹果酸等有机酸是食品保藏中常用的防腐抗菌剂,有研究表明,这两种酸可显著抑制大肠杆菌 O157:H7 和沙门氏菌 AI-2 的活性,说明有机酸对食品的防腐保鲜作用,与其对微生物群体感应系统的抑制作用之间具有一定的联系。嗜水气单胞菌(*Aeromonas hydrophila*)在低浓度盐分条件下,可通过增强 AHL 和 AI-2 群体感应系统调节基因的表达,促进生物被膜的形成,但高浓度的盐分可抑制群体感应系统的调节作用而对细菌产生胁迫作用。

(3)果蔬来源群体感应抑制剂

许多水果和蔬菜的多酚类物质能够干扰微生物的群体感应系统,抑制其致病能力,已经引起了研究人员的广泛关注。菠萝和芭蕉等水果的水提物具有抑制群体感应的能力,能够抑制紫花色杆菌的紫色色素活性,也能够抑制铜绿假单胞菌的绿脓菌素和弹性蛋白酶的活性以及生物被膜的形成。西兰花提取物能够抑制大肠杆菌 O157:H7 的群体感应系统相关基因的表达,下调毒力水平,与其他十字花科一样都具有作为群体感应抑制剂的潜在能力。蔓越莓、野生蓝莓、树莓、黑莓等水果,以及甘蓝、生姜等蔬菜的提取物对大肠杆菌 O157:H7 和铜绿假单胞菌的群体感应系统具有一定的抑制作用。绿原酸、香草酸、芦丁、白藜芦醇等多种植物多酚能够抑制紫花色杆菌群体感应系统所调控的表型。鞣花酸、石榴提取物、白藜芦醇和芦丁等能有效减少小肠耶尔氏菌和胡萝卜软腐欧文菌（*Erwinia carotovora*）的群体感应信号分子AHLs浓度。葡萄柚汁中所含的呋喃香豆素能够抑制群体感应信号分子AI-1和AI-2的活性，并且能够抑制大肠杆菌O157：H7、鼠伤寒沙门氏菌以及铜绿假单胞菌等食源性致病菌生物被膜的形成。大蒜提取物中的环状二硫化合物能够显著抑制铜绿假单胞菌LuxI/LuxR的群体感应系统，降低毒力因子的分泌以及干扰生物被膜的形成。生姜中的姜辣素、姜烯酮、姜油酮等多酚复合物及其衍生物对紫色杆菌和铜绿假单胞菌具有良好的群体感应抑制活性。穿心莲内酯能显著抑制铜绿假单胞菌信号分子与LasR受体的相互作用，并降低群体感应调控基因（*lasR*、*lasI*、*rhlR*和*rhlI*）的表达水平。

此外，研究发现多种蔬菜、水果、香草以及香料提取物在亚抑菌浓度下均有抗群体感应系统的活性。目前报道的果蔬来源多酚类物质群体感应抑制剂的作用途径主要有两种：①干扰信号分子的活性，即植物多酚直接可以与AHL竞争LuxR的结合位点，加速AHL的降解；②减少细菌信号分子的合成，即多酚物质能够降低AHL合成酶相关的LuxI基因表达，从而调节细菌合成AHL群体感应信号分子的能力。

（4）中草药来源QSI

目前，在中草药和药食同源的植物提取物中发现了大量具有群体感应抑制剂活性的物质，这些抑制剂能有效抑制食品优势腐败菌在食品表面的定殖、毒素形成以及增殖，这些成分部分是群体感应信号分子结构类似物，也有的能够影响信号分子受体蛋白（LuxR/LasR）的活性。从药用植物余甘果（*Emblica officinalis*）中提取的焦棓酸和其类似物对AI-2有抑制作用。姜黄中提取的姜黄素（curcumin）通过干扰群体感应抑制大肠杆菌、铜绿假单胞菌、奇异变形杆菌和黏质沙雷氏菌等致病菌的群体运动性和生物被膜的形成，姜黄素还能抑制创伤弧菌和副溶血性弧菌的AI-2信号及干扰生物被膜的形成。柚苷配基、山奈酚、槲皮黄酮以及芹黄素等中草药成分具有群体感应抑制剂活性，在哈维氏弧菌中可抑制AI-1和AI-2信号分子介导的荧光合成。风车子、月桂和苦菜苣的叶子、花、果实和树皮的提取物均发现有群体感应抑制剂活性，从风车子树皮中提取的黄酮类物质Flavan-3-ol儿茶酚，能够有效降低铜绿假单胞菌中毒力因子如绿脓素、弹性蛋白酶的活性，并抑制生物被膜的形成。

（5）抑制群体感应系统的食品加工方式

虽然群体感应抑制剂可以干扰食品中致病菌和致腐菌的群体信息传递系统，为抑制食品中的有害微生物、开发新型保鲜及安全控制技术提供了新思路，在食品质量安全保障领域具有一定的应用前景，但这些群体感应抑制剂也存在着浓度较低，且毒性尚不明了等缺点。在食品加工及贮藏过程中，除直接在食品中添加群体感应抑制剂以外，也有研究表明，一些食品杀菌及保藏方式也可通过抑制微生物群体感应系统，起到保障食品安全的作用。例如，空气冷等离子体（atmospheric cold plasma）非热杀菌技术可损害大肠杆菌、单核细胞增生李斯特菌以及金黄色葡萄球菌的群体感应系统，减少生物被膜的生成并降低致病菌毒力因子的表达。

目前，微生物群体感应系统的分子机制取得了显著的进展，已经认识到群体感应系统在食品腐败、胁迫耐受以及毒力因子侵袭等过程中具有重要的调节作用，但是在食品科学研究领域中仍然处于起步阶段。随着生活质量的不断提高，人们对食品安全性的要求也越来越高，因此，深入探讨食品有害微生物的群体感应系统调控机制及其在食品质量安全控制中的作用，充分利用高通量筛选技术、绿色化学合成技术以及微生物群落重组技术等,不断发现或合成食品适用的群体感应抑制剂,并开发可抑制群体感应的新型加工工艺,对于延缓食品腐败变质和保证食品安全性有着重要作用。随着对微生物群体感应系统研究的不断深入,相信不久的将来各种新型的基于群体感应抑制的食品质量安全控制策略将被应用于实践。

5.3　基因水平转移

基因水平转移(horizontal gene transfer,HGT)或横向基因转移(lateral gene transfer,LGT)是指在亲缘关系或远或近的生物有机体间进行的遗传信息转移。1947 年,Tatum 和 Lederberg 首次描述了大肠杆菌基因水平转移的现象。1959 年,日本学者 Tomoichiro Akiba 和 Kunitaro Ochia 首次描述了细菌间的基因转移,证实了不同物种的细菌之间存在抗生素耐药性的转移。这一发现对基因工程应用领域的进化论产生了深远的影响。由于越来越多的证据表明基因水平转移对于进化的重要性,所以分子生物学家 Peter Gogarten 将基因水平转移描述为"生物新范式"。

5.3.1　微生物的可移动遗传元件

可移动遗传元件(mobile genetic elements)是一类可以在基因组内或基因组之间移动的DNA,它们为基因水平转移提供了载体,可移动遗传元件包括质粒、转座子、噬菌体元件、整合子、毒力岛等。

5.3.1.1　转座子

转座子(transposons)又称为跳跃基因,通过转座过程影响单个细胞内的基因组动力学,并可以通过启动子、增强子、沉默子、表观遗传修饰位点或改变剪接位点来改变基因表达。当宿主编码可以翻译转座子编码蛋白(transposon-encoded protein)时,转座子可以为宿主提供"分子驯化"活性。转座子可以使受体菌基因组发生缺失、重复、易位或倒位等重排,在某些情况下还可以启动或关闭某些基因,产生明显的遗传学效应。转座可能对细胞是不利的,但它可以通过稳定的整合和长时间的蛋白质表达在细胞中起到积极的作用。转座子极大地影响基因组大小,如真核生物中核基因组大小或 C 值的广泛变化。根据它们的运动机制,转座子可以分为三类:反转录转座子(retrotransposons),DNA 转座子(DNA transposons)和插入序列(insertion sequences,ISs)。

(1)反转录转座子

反转录转座子指通过转录成 RNA,反转录酶反转录成 DNA,进而入侵基因组;它们是"复制和粘贴"反应。反转录酶通常是由转座子本身编码的(只有极少数情况下不是),这些 MGEs 可以将许多拷贝粘贴到基因组中,在宿主基因组中扩大自身的基因。反转录转座子在真核生物中随处可见,在植物中尤为丰富。

反转录转座子主要有以下几类:一类是长末端重复序列类反转录转座子,这类反转录转座子自身编码反转录酶,含有长末端重复序列,由 RNA 聚合酶Ⅱ转录。根据序列相似性程度和编码基因产物的顺序,可进一步分为三个亚类:Ty1-copia-like、Ty3-gypsy-like 和 Pao-BEL-like 组;在动物、真菌、原生生物和植物中存在高拷贝数的 Ty1-copia-like 和 Ty3-gypsy-like;第二类反转录病毒样转座子(viral-like retrotransposons)类似于逆转录病毒如 HIV、HIV-1

或 HTLV-1,并含有反转录酶和整合酶。整合酶是 DNA 转座子转座酶的逆转录转座子等价物。有分子证据表明人类基因组内源性逆转录病毒可能参与自身免疫性疾病。第三类是非病毒、非-LTR 超家族(non-LTR superfamily),由 RNA 聚合酶Ⅲ 转录,且自身不编码反转录酶。可分为两个亚类:长散在元件(long interspersed nuclear elements,LINEs)和短散在元件(short interspersed nuclear elements,SINEs)。长散在元件和短散在元件最初被认为是"垃圾 DNA",事实上,其在基因进化、结构和检测转录水平上扮演重要角色。人类基因组约 21% 是由 LINEs 构成的,LINEs 还用来取证以产生遗传指纹。非编码的 SINEs 的反转录取决于它们配对的 LINEs。Alu 序列是灵长类中最常见的 SINE 序列(Alu 是哺乳动物基因组中 SINE 家族的一员,约有 50 万份拷贝。也就是说平均 4~6 kb 中就有一个 Alu 序列。由于这种 DNA 序列中有限制性内切核酸酶 AluⅠ的识别序列 AGCT,所以称为 Alu 重复序列)。

(2)DNA 转座子

DNA 转座子使用转座酶在基因组内对自身基因进行切割和粘贴,从而在基因组内直接从一个位置移动到另一个位置。反转录转座子和 DNA Ⅱ类转座子(DNA Class Ⅱ transposons)的主要区别在于 DNA Ⅱ类转座子的转座机制不涉及 RNA 中间体。一些 DNA 转座酶可以与 DNA 分子的任意部分结合,因此靶点可以在基因组中的任意位置,而另一些 DNA 转座酶可以与特定的序列结合。转座酶在 DNA 的靶点处产生交错切口,形成黏性末端。转座酶切掉转座子并将其连接到靶点,导致靶点重复。DNA 转座子的插入位点可以被短正向重复识别,随后被反向重复识别。并非所有的 DNA 转座子都通过剪切和粘贴机制进行转座。在某些情况下,复制型转座子可以通过自我复制到新的靶点上。

(3)插入序列

插入序列(insertion sequence,IS)元件是一个简单的转座元件(TE),由一个长度一般在 700~2 500 bp 的较短 DNA 序列组成。插入序列不携带任何辅助基因,仅编码作为部分转座活性的蛋白质。这种蛋白质通常包括催化酶促反应的转座酶和能够刺激或抑制活性的调节蛋白。反向重复序列通常位于编码区的侧翼。ISs 可以是自主的,也可以是复合转座子的一部分。在复合转座子(也称为"复杂转座子")中,两个 IS 侧接一个或多个辅助基因,例如抗生素耐药性基因(如:Tn10、Tn5)。ISs 能精确移动到相邻基因。

迄今已经确定了超过 2 500 种不同的 ISs。它们是移动元件不可分割的组成部分,它们通过重新组装和塑造细菌基因组,而极大地影响着细菌基因组。一些致病细菌物种的出现表明了 ISs 的大规模扩散。它们也在基因组装成复杂的质粒结构中发挥作用。今天,存放在 IS-finder 数据库中的最小和不完整的片段(http://www-is. biotoul. fr)中,囊括了 2 200 种不同的 ISs,其中超过 295 种是真细菌和古细菌物种。用共享特征为标准,ISs 可被分为大约 20 个家族。IS 家族被定义为具有相关转座酶、有强烈催化位点保护功能的一组 ISs。IS 在大多数的真细菌和古菌基因组中都能找到。

IS 在基因组内序列多样性非常低,表明个体基因组中的大多数 ISs 在进化上是年轻的,并且可能是最近获得的。这一观察结果可以通过在细菌谱系中发生一系列 IS 扩增,随后发生一系列 IS 灭绝来解释。

5.3.1.2　质粒

美国分子生物学家 Joshua Lederberg 于 1952 年首次提出"质粒"的概念。质粒是细胞染色体外能够自主复制的与染色体分离的小 DNA 分子。它们通常是圆形和双链的,并且天然存在于细菌中。质粒的编码产物赋予细菌某些特殊性状(如耐药性、致病性)。作为天然存在的元件,它们通常不是细胞的必需元件。质粒大小从 1~400 kbp 不等。它们可以作为单个细胞中的单拷贝存在,或在单个细胞中存在数百或数千个相同质粒的拷贝。

质粒可以以多种方式进行分类,包括以功能进行分类。有 5 个主要功能类别:F 质粒(fertility plasmids:编码细菌性菌毛)、R 质粒(resistance plasmids:编码细菌耐药性)、Col 质粒(Col-plasmids:含有可以编码基因去杀死其他细菌的基因,如编码大肠杆菌的细菌素)、代谢质粒(degradative plasmids:能够消化不寻常的物质)和 Vi 质粒(virulence plasmids:可以将细菌转化为致病菌)。质粒也可以被分为高(每个细胞超过 100 个分子)和低拷贝质粒。不同质粒可以被分配到相容性组中。不同类型的质粒可能共存于一个单细胞中,但相类似的质粒通常是不兼容的,如在大肠杆菌中证实了质粒的多样性,该宿主中含有 7 种不同的质粒。

具有接合质粒的细菌可以通过性菌毛在供体和受体细菌之间进行物理接触,并在接触时交换质粒。这是通过一套基因的作用完成的,其中许多基因被包含在质粒的 *tra* 基因座上。质粒接合时,有时质粒会整合到宿主基因组中,全部或部分宿主基因组可能会被转移。质粒在接合过程中通过转移遗传物质而成为基因水平转移的积极参与者。有趣的是接合质粒的活性可以跨物种存在,例如农杆菌(*Agrobacterium*)和根瘤菌(*Rhizobium*)中的质粒含有转移至植物细胞的接合元件。一旦基因被转移到植物细胞中,植物细胞会产生冠瘿碱,冠瘿碱被细菌用作能量和细胞构建能源。来自细菌质粒的这种跨物种转移在受感染的植物中产生冠瘿或根瘤。而另一类非接合质粒不能启动接合过程,它们与接合质粒缔结时会被转移。非接合质粒也拥有一定的移动潜力,它的移动依赖于接合质粒在质粒中的 IS 元件。

5.3.1.3　噬菌体元件

噬菌体(bacteriophage 或者 phage)是侵染细菌的病毒。它们由蛋白质外壳和被蛋白质外壳所包裹的遗传物质组成。噬菌体的大小范围可以从 5~500 kb,可以是环形也可是线形的结构,并且可以以单链 RNA、双链 RNA、单链 DNA 或双链 DNA 的形式存在。据估计,它们在生物圈中分布最广泛,在任何有细菌宿主的地方都可以找到。尽管它们的体型很小(在 20~200 nm 之间),但它们是非常有效的捕食者,并且控制着世界上的细菌种群。噬菌体无所不在、数量庞大,并且影响其侵染的宿主的功能,是基因水平转移过程的主要贡献者。

一旦噬菌体发现合适的细菌与之匹配并附着,就将其 DNA 等遗传物质注入宿主。噬菌体基因的复制几乎立即开始,并开始病毒粒子装配。在约 15 min 内,分别构建了噬菌体头部和尾部并将自发组装,将遗传物质紧密包装起来。感染后 20 min,噬菌体即可裂解被感染的宿主,释放大量子代病毒颗粒,这些病毒颗粒可以进一步感染其他宿主。

溶源性噬菌体(lysogenic phage),也称为温和噬菌体(temperate phage),侵染宿主后,一般不会引起细胞裂解,而是将核酸整合到宿主染色体基因组(这时的噬菌体核酸称为内源性噬菌体或原噬菌体)。这种溶原状态可以一直持续存在,但当宿主发现自己处于这种被感染状态或者受到外界物理、化学和生物因素的扰动,原噬菌体将从宿主基因组中被切下来,此时溶原噬菌体变成烈性噬菌体。在这个过程中,部分宿主 DNA 可能会被错误包装进新的子代噬菌体中。溶源性噬菌体的存在形式有:①游离状态:成熟释放尚未侵染宿主菌时的温和噬菌体;②整合状态:在宿主菌染色体上整合的前噬菌体;③裂解状态:受某种因素诱导,脱离宿主染色体进入复制、合成、装配状态的噬菌体。温和噬菌体除了大肠杆菌 λ 噬菌体以外,还有大肠杆菌的 Mu-1、P1 和 P2 噬菌体以及沙门氏菌的 P22 噬菌体。有趣的是,溶源性循环允许宿主细胞继续存活和繁殖,同时病毒仍然驻留在宿主的基因组中,并在所有细胞后代中复制。此外,在溶原性转化的过程中,前噬菌体虽然是休眠的,但可以通过增加细菌基因组的新功能为宿主提供益处。霍乱弧菌(*Vibrio cholerae*)的非致病菌株通过这一过程变成了高致病性霍乱弧菌。

5.3.2　基因水平转移的方式与机制

基因水平转移中研究较为透彻的 3 种方式是接合、转化和转导。

5.3.2.1　接合

接合(conjugation)又称结合,是首次在细菌之间观察到的基因水平转移机制,Lederberg 和 Tatum 在 1946 年开发了多重营养缺陷型技术,证明细菌存在原始的性别分化,以确凿的实验证据证明细菌细胞间可以进行基因重组。接合需要通过性菌毛在供体和受体细胞之间进行物理接触,通过该接合性菌毛转移遗传物质。作为供体和受体,接合被限定在细菌细胞中,但是农杆菌属(*Agrobacterium* spp.)是一个例外,它利用接合机制使 HGT 转入植物细胞中。

二维码 5-3　细菌
接合过程

F 因子接合作用(二维码 5-3)需要供体和受体两种菌株接触,供体菌株中含有 F 因子,F 因子介导了细菌的接合作用。F 因子是在一些大肠杆菌株中发现了一种感染性大质粒,由共价环状闭合 DNA 双链构成,全长约为 100 kb 的附加体(是一种可以通过同源重组整合到细菌染色体的质粒)。它带有自己的复制起点(origin of replication)-oriV 和转移起点(an origin of transfer)-oriT。在给定的细菌中只能有一个 F 质粒的拷贝,不管是游离的还是整合的,并且具有拷贝的细菌称为 F⁺。缺乏 F 质粒的细胞称为 F⁻,可作为受体细胞。带有 F 因子的 F⁺ 细胞能形成性菌毛,性菌毛的产生是由 F 质粒上的结构基因所决定的。接合过程可分为两步,第一步是受体细胞接触性菌毛的顶端,几分钟过后,受体和供体细胞直接接触,通过受体和供体菌表面的一系列相互作用,最后形成了接合的桥梁。第二步是 F 因子在复制的同时通过桥梁从供体进入受体细胞中。

5.3.2.2　转化

转化(transformation)是从环境中摄取裸露的外源 DNA 片段。1928 年英国医生 Griffith 在研究肺炎链球菌感染小鼠的实验中发现转化现象。Griffith 发现将活的粗糙非致死肺炎链球菌与经加热杀死的光滑致死肺炎链球菌混合物注射小鼠,小鼠染病致死,从中分离到活的光滑型肺炎链球菌。粗糙型肺炎链球菌可被转变为光滑型肺炎链球菌,而且这种改变可以遗传。转化作用的过程可分为感受态的出现、转化因子的吸附与渗入和转化因子的整合 3 个不同阶段。

天然转化系统:第一步,感受态的出现。细菌能够从细胞外摄取 DNA 分子,并且外来 DNA 片段不易被细胞内限制性核酸内切酶分解时所处的一种特殊生理状态称为感受态(competence)。感受态只出现在特定的生长条件下和特定的生长阶段。不同细菌的感受态出现时间也不相同。感受态细胞表面还存在一些特异蛋白,可使细胞表面的 DNA 结合蛋白和核酸酶具有结合 DNA 片段的活性。第二步,转化 DNA 片段(转化因子)的吸附与渗入(图 5-2)。转化因子首先吸附在感受态细胞表面。枯草杆菌等 G⁺ 细菌细胞壁上的核酸内切酶可将结合在细胞外的 DNA 随机切成一定长短的片段,然后位于细胞膜上的核酸酶可把双链中的一条降解,推动另一条进入细胞。因此,细菌吸附 DNA 双链,但吸收的是 DNA 单链。第三步,转化因子的整合。在 G⁺ 细菌中,单链 DNA 与一种蛋白质结合,形成前整合复合物。在 G⁻ 细菌中,有两种机制可使 DNA 双链保持稳定:DNA 在周质空间与一种蛋白非共价结合形成复合物;DNA 与一种泡状细胞表面结构结合形成复合物。以上两种复合物都有 DNase 抗性。渗入到受体中的单链 DNA 的整合过程有以下 5 步:前整合复合物定位在染色体附近;单链侵入,形成一种不稳定的受-供体复合物;单链全部侵入,形成一种稳定的受-供体复合物,被取代的受体单链被降解;形成一种共价闭合的复合物-异源双链 DNA;经错配修复,成为含外源 DNA 的转化子,或成为正常的受体 DNA。

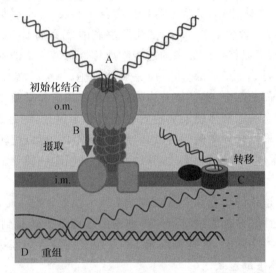

图 5-2　通过感受态革兰氏阴性菌的 DNA 摄取和转化

A. dsDNA 结合在细胞表面　B. 通过回缩 4 型菌毛(T4P)将 DNA 通过 Ⅱ 型分泌蛋白孔隙拉动　C. 一条链通过 Rec2/ComEC 蛋白完整地转移到细胞质中;另一条链降解　D. 新链与染色体中的同源序列重组,取代了驻留链。o. m. 为外部细胞膜,i. m. 为内部的细胞膜。(http://jb. asm. org/)

人工转化系统(不能进行天然转化的细菌)种类有三种。第一种,化学转化:利用钙离子和改变温度的方法,利于外源 DNA 进入受体细胞;第二种,电转化:用高压脉冲电流击破细胞膜或形成小孔,使得 DNA 大分子进入细胞;第三种,基因枪转化:利用基因枪将纳米大小的包裹有 DNA 的钨粒像子弹一样高压射入细胞或细胞器,DNA 在胞内逐步释放,从而实现外源 DNA 导入受体细胞。

5.3.2.3　转导

转导(transduction):将外源宿主遗传物质整合到噬菌体基因组中,再通过噬菌体来传递遗传物质,在细菌和古菌中已经观察到这种现象。有两种类型的转导:其一,局限性转导,能使供体的一个或少数几个基因转移到受体菌的转导作用称为局限性转导;其二,普通性转导,供体的单个或紧密连锁的少数几个基因被噬菌体因错误装配而转移进相应受体的过程称为普通性转导(二维码 5-4)。

转导现象是 Zinder 和 Lederberg 在 1952 年研究鼠伤寒沙门氏菌(*Salmonella typhimurium*)的

二维码 5-4　转导过程——
普遍性转导和局限性
转导不同之处

遗传重组时发现的。为了确定遗传物质的交换是否一定需要互补基因型的细胞间的直接接触,Zinder 等用一个 U 形管,将鼠伤寒沙门氏菌的 2 个营养缺陷型色氨酸缺陷型 LT-22(try⁻) 和组氨酸缺陷型 LT-2(his⁻)各加至 U 形管两臂上,U 形管中间由一个熔结的玻璃细菌滤片将两边细胞隔开。生长数小时后,发现在 LT-22 这一端有大量不需要任何氨基酸的原养型出现。这个现象与他们早期所发现的直接依赖于双亲细胞之间直接接触的重组现象不同,遗传交换不需要互补基因型的细胞之间的直接接触,而是由过滤因子(FA)所引起的。进一步证明 FA 是由溶源性菌 LT-22 的原噬菌体自发诱导后产生的 P22 噬菌体。P22 噬菌体通过玻璃滤器至 LT-2 这一端,将 LT-2 菌(供体菌)裂解,并携带 LT-2 的某些遗传因子后,进入 U 形管 LT-22 这一端,将 LT-2(供体菌)的某些遗传特性传给 LT-22,使得受体菌 LT-22 得到如同供体菌 LT-2 所具有的能在不含色氨酸、苯丙氨酸及酪氨酸培养基上生长的能力。这样就发现这种通过噬菌体为媒介,可以将一个细胞的遗传物质传递给另一个细胞的现象,称为转导。

转导现象的发生需要 3 个组成部分,一个是供体细胞,一个是转导噬菌体,一个是受体细胞。噬菌体是转导所必需的部分,噬菌体分为烈性噬菌体和温和噬菌体,而一般发生转导作用的是温和噬菌体。任何温和噬菌体感染细胞后可能有两个途径:一是裂解;二是不裂解,以一个溶源化复合体存在。根据转导噬菌体可以转导的性状范围,可以把转导分成两大类:一类叫普遍性转导,或叫非局限性转导;另一类叫局限性转导,又叫专一转导。

(1)普遍性转导

供体的单个或紧密连锁的少数几个基因被噬菌体因误差装配而转移进相应受体菌的过程称为普通性转导。普遍性转导是通过噬菌体将细菌的任意基因转移到另一个细菌中,极少数噬菌体携带供体基因组。实际上,这是将细菌 DNA 包装在病毒包膜中。这可能发生在两个主要方面:重组和噬菌体头部包装。

P22-鼠伤寒沙门氏菌噬菌体和 P1-大肠杆菌噬菌体是普遍性转导的典型例子。P22 几乎能转导供体菌株所有的遗传性状。P22 既能溶源又能裂解鼠伤寒沙门氏菌,是研究最多的普遍性转导噬菌体之一。P22 溶源时在宿主染色体的 proA 和 proC 之间具有单一附着位点。进入供体细胞的 P22 DNA 先环化,再借助滚环复制形成多连体分子,噬菌体编码的酶从基因组的一个特殊位点 pac(package)开始,按顺序进行切割,形成完整的噬菌体线性 DNA,外壳蛋白对这些 DNA 进行包装。该酶也能识别宿主染色体上类似 pac 的位点并进行切割,形成类似噬菌体 DNA 大小的片段,并随机地将这些宿主的片段包装进噬菌体外壳,形成只含宿主 DNA 的转导噬菌体颗粒。P1 噬菌体不仅在大肠杆菌中进行普遍转导,而且成功地参与肺炎克雷伯菌(Klebsilla pneumoniae)固氮基因(nif)的转导。由于这一类转导是由错误装配产生的,宿主的任何一个基因都有可能被转导,故称为普遍性转导。

如果噬菌体进入细菌后进行侵染的裂解周期,则病毒将控制细胞机器用于自身病毒 DNA 的复制。如果,偶然将细菌染色体 DNA 插入到病毒 DNA 的病毒衣壳中,这种错误将导致普遍性转导。

如果病毒使用“头部包装”复制,它会试图用遗传物质来填充核蛋白壳。如果病毒基因组生产能力剩余,则病毒包装机制可以将细菌遗传物质结合到新病毒粒子中。装载部分细菌 DNA 的新病毒继续感染新的细菌细胞。这种细菌在感染后可能会重新组合成另一种细菌。当新的 DNA 被插入到受体细胞时,它可能会有 3 种命运:①DNA 将被细胞吸收,并回收用于合成新的 DNA 原料;②如果 DNA 最初是一个质粒,它将在新细胞内再循环并再次成为质粒;③如果新 DNA 与受体细胞染色体的同源区域相匹配,它将交换与细菌重组相似的 DNA 材料(同源重组)。

(2)局限性转导

能使供体的一个或少数几个基因转移到受体的转导作用称为局限性转导。λ 噬菌体在大肠杆菌中是局限性转导的一个很好的例子。1954 年 Morse 等研究大肠杆菌 λ 噬菌体时发现。λ 原噬菌体位于大肠杆菌 λ 染色体的一个特定位点上,紧密地与控制半乳糖发酵的一些基因及生物素基因连锁。λ 噬菌体只能转导靠近 λ 原噬菌体位置的决定半乳糖代谢酶合成的有关基因、生物素基因以及一个抑制基因,而不能转导其他的基因。

5.3.3　基因水平转移的作用与影响

5.3.3.1　基因水平转移对进化的作用与影响

自从 1959 年首次定义 HGT 以来,HGT 已经越来越被人们认为是微生物进化的驱动力。据估计,大肠杆菌基因组中高达 17% 的基因来源于先前基因水平转移的传播,并且高达 25% 的基因来源于其他细菌种类的基因组。细菌的基因库通常是非常多样化的,这对细菌适应变化的环境、新的生态位和共同进化是至关重要的,在细菌基因组中出现的新基因主要是通过基因水平转移完成的。基因水平转移在原核细胞谱系的演化过程中起着重要的作用,如提供涉及致病性和促进适应性状的新基因。与原核生物相比,真核生物中功能性 HGT 的例子较少,但在真核生物的适应性进化中表型结果也是显著的。现在获得了数百种真菌基因组,越来越多的数据表明基因水平转移对真菌病原体的致病性状进化产生了深远的影响。根据它们在感染过程和生态位上的功能,真菌中的基因水平转移可分为以下三类:①与其他微生物竞争的基因;②利用营养物质(膜转运蛋白)的基因;③与宿主相互作用的基因。因此,了解功能性基因水平转移在真菌病原体中的作用应该有利于发现有关的新基因,特别是致病性新基因。

5.3.3.2　基因水平转移的安全性

基因水平转移是导致抗生素耐药性扩散的主要机制。抗生素多重耐药性(AMR)是当今世界公众健康关注的重大主题,多重耐药性会降低临床疗效,同时增加治疗成本和死亡率。因此研究抗生素耐药性的原因成为迫在眉睫的问题。研究发现,天然抗生素已经存在数十亿年,通过抑制或消除其他竞争资源的细菌,为目标菌株提供选择性益处。正如抗生素是古老的,抗生素耐药基因(ARGs)也是如此。抗生素耐药性可以通过突变或通过基因水平转移获得耐药性基因,基因水平转移被认为是当前抗生素多重耐药性流行的重要原因。下面分别讲述不同基因水平转移机制对 ARGs 扩散的贡献。

(1)接合

接合被认为是导致大多数抗生素耐药性传播的原因,因为它提供了比周围环境更好的保护以及比转化更有效的进入宿主细胞的手段,而通常具有比噬菌体转导更广泛的宿主范围。抗生素耐药性质粒的传播在人类病原体中的研究比较深入,一旦耐药性基因成功在质粒上构建,它们可以快速地转移到不同的菌株、菌种甚至属水平的其他物种。这已经被 *bla* CTX-M ESBL 基因所证实,其已经转移到肠杆菌科(*Enterobacteriaceae*)内的各种宿主以及其他人类条件致病菌上。此外,质粒在病原体中的转移导致了广泛编码 ARGs 基因的存在,使各类微生物对 β-内酰胺类、喹诺酮类、氨基糖苷类、四环素类、磺胺类药物出现耐药性。多个 ARGs

通常共定位在相同的质粒上,这使得多种耐药性相对容易地被传播。

(2)转化

转化为不同种之间的抗性元素的水平传播提供了强大的能力。抗生素环境可以诱导许多种类细菌的感受态,这意味着抗生素不仅可以选择耐药菌株,还可以刺激其 ARGs 的转化。分子技术的引入使得鉴定正在转化的 ARG 成为可能。细胞外的 DNA 比内部更丰富,这意味着在某些环境下细胞外游离 DNA 或 DNA 片段是受体细胞通过转化可以获得外源基因的大储库。不管它们的遗传相关程度如何,MGEs 如转座子、整合子和基因盒可以在不同物种间有效地传播。类似的,已经显示链球菌物种除了接合之外还通过转化来交换接合转座子。

(3)转导

噬菌体在任何环境中对形成细菌微生物种群都发挥着重要作用。通过转导,噬菌体可以转移对其微生物宿主有利的基因,进而促进其自身的存活和传播。用抗生素治疗增加了小鼠肠道噬菌体中 ARG 的数量,并扩大了噬菌体和细菌物种之间的相互作用。此外,使用 qPCR 来检测废水、动物和人类粪便样品中噬菌体的 ARG,发现噬菌体是 ARG 的重要储藏库。有人研究了从鸡肉中分离出的噬菌体,结果发现大约 1/4 的随机分离的噬菌体能够将对一种或多种抗生素的抗性转化到大肠杆菌宿主中。此外,还发现转导卡那霉素(抑制蛋白质生物合成)的抗生素耐药基因的噬菌体和耐卡那霉素的大肠杆菌分离株之间存在显著的关系,这意味着这种机制可能在 AMR 的传播中起作用。

⃝? 复习思考题

1. 解释下列术语:宏基因组学,高通量测序,群体感应,群体感应信号分子,群体感应抑制剂。

2. 简述食品微生物宏基因组学分析的一般流程。

3. 列举宏基因组学技术在食品科学研究中的应用。

4. 如果你是发酵乳品企业的品控部门负责人,当发酵乳产品发生有害微生物污染时,如何采用宏基因组学技术分析该有害微生物的可能来源?

5. 列举微生物群体感应系统的种类和特点。

6. 简述群体感应系统在食品微生物中的调控作用及其分子机制。

7. 列举常见的微生物群体感应系统抑制剂,分析其在生鲜食品防腐中的可能应用前景。

8. 简述基因水平转移的类别。

▌参考文献

[1] Forbes J D, Knox N C, Ronholm J, et al. Metagenomics: The next culture-independent game changer. Front Microbiol, 2017, 8:1069.

[2] Hawver L A, Jung S A, Ng W L. Specificity and complexity in bacterial quorum-sensing systems. FEMS Microbiol Rev, 2016, 40:738-752.

[3] Ng W L, Bassler B L. Bacterial quorum-sensing network architectures. Annu Rev Genet, 2009, 43:197-222.

[4] Rutherford S T, Bassler B L. Bacterial quorum sensing: its role in virulence and pos-

sibilities for its control. Cold Spring Harb Perspect Med,2012.

[5]Walsh A M,Crispie F,Claesson M J,et al. Translating omics to food microbiology. Annu Rev Food Sci Technol,2017,8:113-134.

[6]Whiteley M,Diggle S P,Greenberg E P. Progress in and promise of bacterial quorum sensing research. Nature,2017,551:313-320.

第6章
食品微生物的特殊存活状态及其分子机制

本章学习目的与要求

1. 掌握芽孢的形态、结构以及芽孢形成的各个阶段及其特点，认识芽孢形成和萌发的分子机制，熟悉食品加工中控制芽孢的主要方法；

2. 掌握生物被膜的概念、特性及生物被膜的危害，认识生物被膜的形成和分子机制及生物被膜的控制方法，了解生物被膜的鉴定方法；

3. 掌握 VBNC 菌的概念及特征，了解食品中 VBNC 菌产生的条件，熟悉和掌握 VBNC 菌复活的概念及其影响因素。

　　微生物在充足的营养及合适的温度、pH、氧气、渗透压等环境条件下，能以最快的生长速率生长。任何条件的改变都能对微生物的生长造成影响，从而对微生物产生胁迫进而影响微生物的生长甚至导致死亡。大多数微生物都生活在不同的环境胁迫下，如在食品加工过程中微生物经常面临高温、高压、防腐剂等环境胁迫。微生物必须通过调整自身基因的表达从而对环境变化做出反应，通过调整体内代谢过程或改变细胞存活状态以应对不良的外界环境。本章将详细论述微生物通过形成芽孢、生物被膜及进入活的但不可培养状态三种形式，从而在不良环境下维持生命活动或保持其生命力。

6.1　芽孢

6.1.1　芽孢的概念及特征

6.1.1.1　芽孢的概念

　　芽孢（endospore）又称内生孢子，是某些细菌个体生长发育到一定阶段或在一定的环境条件下在细胞体内形成的圆形或椭圆形、厚壁、含水量极低、抗逆性极强的休眠结构。芽孢对热、碱、酸、高渗以及辐射均有强耐受性，是生物界抗性最强的生命体，在普通条件下可保持几年甚至几十年的活力。能产生芽孢的细菌主要包括好氧性芽孢杆菌属（*Bacillus*），厌氧性梭状芽孢杆菌属（*Clostridium*）以及微好氧性芽孢乳杆菌属（*Sporolactobacillus*）等。

6.1.1.2　芽孢的形态及结构

　　在不同细菌中，芽孢所处的位置不同，有的在中部，有的在偏端，还有的在顶端（图 6-1）。芽孢一般呈球形、椭球形或圆柱形。在有些细菌中，芽孢位于细胞的中央且直径较大时，细胞呈梭状；在另一些细菌中，芽孢位于细胞顶端而且直径大于菌体直径，整个菌体呈鼓槌状。

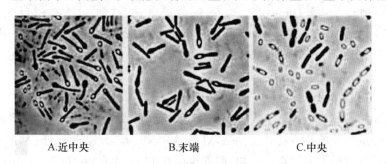

A.近中央　　　　　　　B.末端　　　　　　　C.中央

图 6-1　芽孢的形态及其在细胞中的位置

　　芽孢结构由外到内依次主要可以分为芽孢衣（coat）、芽孢外膜（outer membrane）、皮层（cortex）、芽孢内膜（inner membrane）和芽孢核（core）（图 6-2），在某些特殊种属的芽孢中，芽孢衣外还有一层松散泡状结构的芽孢外壁（exosporium）。

　　芽孢外壁主要由蛋白质（43％～52％）、糖类（20％～22％）和脂类（15％～18％）组成，同时含有少量的灰分（＜4％）。目前芽孢外壁的具体功能尚不清楚，有研究表明芽孢外壁的黏附性和疏水性可能与一些芽孢的致病性相关，但尚未有研究表明芽孢外壁与芽孢的休眠或抗性相关。位于芽孢外壁下的芽孢衣主要由蛋白质构成，芽孢衣中蛋白质含量占芽孢总体蛋白质含量的 50％～80％，同时含有少量糖类（＜6％）。芽孢衣可以通过阻止大分子渗入从而对芽孢

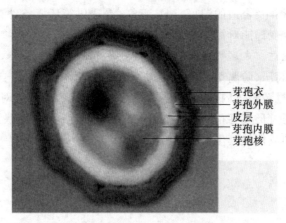

芽孢衣
芽孢外膜
皮层
芽孢内膜
芽孢核

图 6-2　芽孢的结构(图片来源:Wells-Bennik and Eijlander et al.,2016)

二维码 6-1　芽孢皮层

皮层(二维码 6-1)起到保护作用,同时对多种化学物质具有抵抗作用。芽孢衣下的结构为芽孢外膜,芽孢外膜在芽孢形成的过程中起到一定作用,但是芽孢外膜对辐照、热和化学物质处理不具有抗性。芽孢外膜下的皮层由肽聚糖组成,肽聚糖的特殊结构使皮层处于疏松状态;此外,肽聚糖自身带有大量负电荷,在电荷相互排斥作用下,芽孢皮层会膨胀产生渗透压,对芽孢核起到压缩作用,从而维持芽孢核的低水分含量和休眠状态,使芽孢具有热抗性。芽孢内膜具有抵抗化学物质的作用,同时含有芽孢萌发所需的蛋白质。芽孢核包括与芽孢生长密切相关的DNA、RNA、核糖体和大部分酶类。芽孢核处于高度脱水状态,水分含量一般为 25%～50%。芽孢核的低水分含量状态导致芽孢核中的酶类处于休眠状态,同时使芽孢对热和化学物质具有极强的抗性。吡啶二羧酸(dipicolinic acid,DPA)与 Ca^{2+} 结合,以钙盐 CaDPA 的形式存在,含量占到芽孢干重的 10%～25%,可促进芽孢核脱水,增加芽孢的抗热能力。小酸溶性芽孢蛋白(small acid-soluble protein,SASP)与芽孢核 DNA 紧密结合,可使芽孢耐受辐射、干燥、高温等破坏作用。

6.1.1.3　芽孢的特性

由于芽孢在结构和化学成分上均有别于营养细胞,所以芽孢也就具有许多不同于营养细胞的特性。芽孢最主要的特点就是抗性强,对高温、冷冻、解冻、紫外线、干燥、电离辐射和多种有毒的化学物质都有很强的抗性。例如,肉毒梭菌在 100℃沸水中,需经过 5.0～9.5 h 才被杀灭;热解糖羧菌的营养细胞在 50℃下短时间即被杀灭,可是其芽孢在 132℃下经 4.4 h 才能被灭活 90%;巨大芽孢杆菌的芽孢抗辐射能力要比 *E.coli* 的营养细胞强 36 倍。

尽管在干燥和潮湿状态下耐高温的影响因素相同,孢子在干燥和潮湿状态下耐高温的机理是不同的:干燥条件下主要由小酸溶性芽孢蛋白与芽孢核 DNA 紧密结合达到饱和,从而抵抗高温;潮湿条件下孢子中吡啶二羧酸与 Ca^{2+} 结合,以钙盐 CaDPA 的形式存在,促进芽孢核脱水,增加芽孢的热抗性。孢子对于有毒化学物质(主要包括氧化剂、烷化剂、酸和碱)的耐受主要受到以下因素的影响:①芽孢衣和芽孢外壁中的解毒酶;②芽孢衣组成成分的非特定解毒作用;③有毒化学物质在芽孢内壁的低渗透率;④小酸溶性芽孢蛋白与芽孢核 DNA 的紧密结合起到的保护作用;⑤孢子外生过程中对化学诱导的 DNA 损伤的修复作用。孢子抵抗紫外线的两个主要因素有:①小酸溶性芽孢蛋白与芽孢核 DNA 的结合改变 DNA 的紫外光化学性质;②由酶催化的孢子外生过程的 DNA 修复。此外,一些孢子外层的色素可能对于防止紫外线损伤具有重要作用;孢子中大量的吡啶二羧酸也影响其抵抗紫外线的能力。小酸溶性芽孢蛋白和吡啶二羧酸是影响孢子抗干燥特性的主要因素,高压以及冷冻-解冻过程的抗性机制仍不清楚。

同时,芽孢还有很强的折光性。在显微镜下观察染色的芽孢细菌涂片时,可以很容易地将芽孢与营养细胞区别开,因为营养细胞染上了颜色,而芽孢因抗染料且折光性强,表现出透明而无色的外观。芽孢的休眠能力也十分惊人,而且在此期间无任何代谢活力,一般的芽孢在普通条件下可保存几年甚至几十年的活力。有些湖底沉积土中的芽孢杆菌经 $500 \sim 1\ 000$ 年后仍具活力。研究表明芽孢对不良环境因子的抗性主要由于其含水量低(40%),且含有耐热的小分子酶类,富含大量特殊的吡啶二羧酸钙,带有二硫键的蛋白质,以及具有多层次厚而致密的芽孢壁等。

细菌的芽孢不同于鞭毛、荚膜,它虽然形成于细菌的细胞内,但在形成以后,保存了原细菌细胞的全部生命活性,能够独立存在于自然环境中,并在适宜的条件下能够重新萌发转变成一个新的细菌细胞,而鞭毛和荚膜则不能脱离细菌细胞独立生存,它们是细菌细胞执行某种生理功能的组成部分。由此可见,芽孢虽然形成于细菌细胞内,但却是一个独立的生命个体,是细菌生活史中一种特殊存在方式,与细菌细胞并无结构上的从属关系。

6.1.2 芽孢的形成及其分子机制

6.1.2.1 芽孢的形成

芽孢的形成是一个极其复杂的过程,包括形态结构、化学成分等多方面变化。细菌通常在营养耗尽、生长停滞时才形成芽孢;若在生长末期加入新鲜的营养物质,芽孢的形成即被抑制,因此芽孢形成的能量由内源代谢提供。芽孢形成一般需要 $8 \sim 10$ h,在结构上主要经历以下 7 个阶段(图 6-3)。

Ⅰ. 轴丝形成。核物质聚集,形成一个位于中央的束状(轴丝状)染色质。

Ⅱ. 横隔膜形成。在细胞中央或者一端,细胞膜内陷形成隔膜包围核物质。细胞发生不对称分裂,束状染色质同时被分为两部分。

Ⅲ. 前芽孢形成。细胞中较大部分的细胞膜围绕较小的部分延伸,直至将较小的部分完全裹吞到较大部分中为止,形成具有双层膜结构的前芽孢。前芽孢实质上是一个被两层同心膜包围着的原生质体。在光学显微镜下观察未染色的活细菌,可以看到前芽孢是一个清亮的、与菌体其他部分明显不同的区域。

Ⅳ. 皮层形成。皮层由肽聚糖组成,位于芽孢内膜和外膜之间,形成芽孢肽聚糖和 CaDPA 的复合物,芽孢肽聚糖前体蛋白在前细胞中合成,从前芽孢外膜转入内膜形成皮层。

Ⅴ. 芽孢衣形成。在皮层外进一步形成以角蛋白为主的芽孢衣。这类最外层的蛋白外衣,由至少 70 种单独的蛋白质组成,经吞并覆盖在前芽孢的外表面。

Ⅵ. 芽孢成熟。此时已具有芽孢的特殊结构与抗性。

Ⅶ. 母细胞裂解。母细胞中合成的大量 DPA,被摄取进入前芽孢,导致前芽孢内核水分含量急剧下降,芽孢囊壁溶解,母细胞裂解,成熟芽孢被释放。

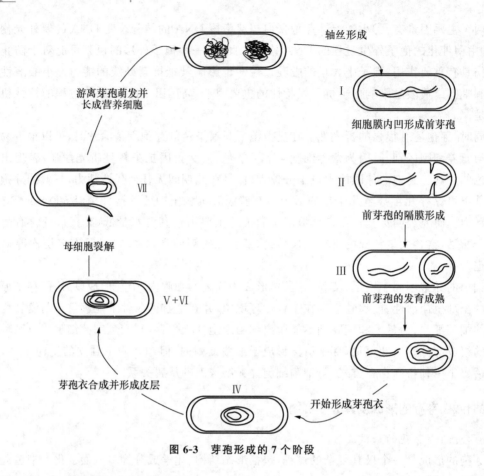

图 6-3 芽孢形成的 7 个阶段

6.1.2.2 芽孢形成的分子机制

Spo0A 和 σ 因子是芽孢形成过程中基因表达的关键调节因子,在芽孢生成的 3 个主要步骤(不对称分裂、裹吞作用和母细胞裂解)中起到重要作用。DNA 结合蛋白 Spo0A 是细胞从营养生长期进入芽孢形成时期的关键应答调节蛋白,磷酸化的 Spo0A 是其活性形式。芽孢的生成主要由细胞内外环境决定,有利于芽孢生成的外界环境可诱导 Spo0A 的磷酸化,当胞内的磷酸化 Spo0A 达到一定的阈值时,其通过调控一系列芽孢生成相关基因启动芽孢生成。芽孢生成相关基因包括不对称分裂相关基因、RNA 聚合酶、σ 因子等。Sop0A 的转录可被"磷酸转移"系统激活,这个系统受 5 个对不同环境压力响应的自磷酸化组氨酸激酶(KinA-KinE)控制。σ 因子为 RNA 聚合酶核心酶之外的单独组分,是正确识别转录过程中启动子的关键因子,不同的 σ 因子可组成不同的 RNA 聚合酶全酶,识别不同的启动子。σ 因子的时空特异性表达导致基因表达具有时空特异性。无论存在于同一区域的 σ 因子,如 σ^F 和 σ^G、σ^E 和 σ^K 之间,还是存在于不同区域的 σ 因子,如 σ^F 和 σ^E、σ^E 和 σ^G、σ^G 和 σ^K 之间都存在着相互制约的关系,每个 σ 因子都有自己特定的转录子。

(1)不对称分裂

营养菌体胞质发生非对称分裂,中间由隔膜分隔,生成一个母细胞和前芽孢。母细胞是芽孢生成所必需的,但母细胞最终会进入程序性凋亡被水解,前芽孢最终生成成熟芽孢。不对称分裂及其后期生成的母细胞和前芽孢表达不同的 σ 因子,母细胞中表达 σ^E 因子,前芽孢中表

达 σ^F 因子,而磷酸化 Spo0A 则可诱导 σ^E 与 σ^F 因子的活化。前芽孢中编码 σ^F 的 spoⅡAC 基因被 E-σH 转录,spoⅡAC 基因存在于 spoⅡA 操纵子中。spoⅡA 操纵子是以依赖于 Spo0A 和 σ^H 的方式被转录的。尽管 spoⅡA 操纵子的转录是在不对称分裂以前就已经开始,但 σ^F 只在不对称分裂以后的前芽孢侧有活性。随后导致编码 σ^E 的 spoⅡGB 基因在母细胞中被 E-σA 转录。这两个基因的转录均需要磷酸化的 Spo0A 蛋白的存在。

（2）裹吞作用

σ^E 活化后,与裹吞相关的基因发生转录,导致前芽孢被母细胞通过吞噬的形式裹吞,形成被双层膜包裹的形式。吞并后,前芽孢成为一个位于母细胞胞质内的自由浮动的细胞,此时在 σ^F 因子和 SpoⅢQ 蛋白控制下产生的 SpoⅢAA-SpoⅢAH 蛋白是激活前芽孢特异性 σ^G 所必需的。编码前芽孢特异性 σ^G 的基因是在 σ^F 的转录调节下发挥作用且仅在前芽孢中表达。经裹吞机制作用,母细胞和前芽孢中分别表达 σ^k 与 σ^G,通过诱导激活发挥各自功能,促进成熟芽孢的生成。

（3）母细胞裂解

裹吞之后,分别又有新的 σ 因子出现并参与芽孢形成。前芽孢中出现的是由 spoⅢG 基因转录的 σ^G,而母细胞中是由 sigk 基因转录的 σ^K。这两个 σ 因子行使各自的功能,直到皮层和芽孢衣的形成、抗性的出现以及最终芽孢的释放。sigk 基因是由 E-σE 转录的。sigk 基因是由 spoⅣCB 和 spoⅢC 基因通过去除大约 42 kb 的间插 DNA 的位点特异性重组而得到的。重组需要 spoⅣCA 编码的重组酶。sigk 基因的转录也需要 SpoⅢD 的存在。转录得到的 σ^K 以 Pro-σ^K 的形式存在,需要经过蛋白酶 SpoⅣFB 的切割后才能成为活化的 σ^K。

芽孢形成过程中各 σ 因子的活化方式是不同的,与其各自的功能有关。母细胞中的两个 σ 因子 σ^E 和 σ^K 是以 pro-σE、pro-σK 的形式存在,在特定时间下,前体序列被切割而活化,这种调控方式是不可逆的。而前芽孢中 σ^F、σ^G 的活性都是以抗 σ 因子这种可逆的方式来调节,可能是由于前芽孢将最终发育为成熟芽孢,并还需要具备重新萌发的能力。母细胞则是最终要裂解的,并且 σ^E 是一种生命很短的 σ 因子,所以采取不可逆的方式。不对称分裂产生的一大一小细胞具有相同的基因组,但能在不对称分裂后立即实现 σ^F 和 σ^E 的区域化表达。据推测,σ^F 区域化表达可能是定位于隔膜的 SpoⅡE 分裂过程中出现的瞬间基因不对称和 SpoⅡAB 的裂解等多个因素共同作用的结果。σ^E 的活化依赖于 σ^F,但这并不能完全解释其只在母细胞中出现的原因。研究发现,不对称分裂后 Spo0A 蛋白的活性主要限定在母细胞侧,其缺失也只对母细胞有影响。这可能与 σ^E 区域化表达有直接的关系。

在杆菌和梭菌中,芽孢的形成在形态、生理学和分子生物学方面有一定的相似性。活跃生长的枯草芽孢杆菌通过碳源、氮源和磷源限量添加,起始信号导致 Spo0A 通过磷酸化而活化,随后在 σ 因子的一系列作用下形成芽孢。被激活的 Spo0A 引起芽孢的不对称分裂及 spoⅡA,spoⅡE 和 spoⅡG 位点的转录。芽孢分裂后产生的两个细胞,较小的前芽孢发展为芽孢,母细胞是芽孢形成所必需的,但最后母细胞程序性裂解。

Spo0A 磷酸化是芽孢形成所必需的正向调节剂,它激活几种芽孢形成专一基因的转录,特别是 spoⅡA,spoⅡE 和 spoⅡG 基因。研究显示,在早期的母细胞的发育期间,Spo0A 可能就是芽孢形成的一种重要的因子。在激活和自磷酸化后,在磷酸转移酶 Spo0F 和 Spo0B 的作用下,来自组氨酸激酶的磷酰基团被转移给 Spo0A,形成有活性的磷酸化 Spo0A（也可写为 Spo0A～P）。Spo0A～P 可直接调控 121 个基因（包括芽孢形成必需基因）的表达,有 1/3 基因被激活,其余的被抑制。Spo0A 发挥不同的作用,可能是由不同的磷酸化水平决定的。另外一种关键的芽孢形成的正向调节剂是 σ^H,σ^H 与核心 RNA 聚合酶相互作用并参与调控 87 个或更多基因。σ^H 和 Spo0A 调控途径之间相互联系、相互重叠。

可控制 Spo0A~P 产生的一些磷酸酶包括 Rap 家族蛋白(Rap A、B、E 和 H)和 Spo0E。Rap 蛋白 A、B、E 调节的五肽均来源于 phrA、phrC 和 phrE 基因表达产物的衍生物。值得注意的是,phrA 和 phrE 基因转录受 CodY 抑制。CodY 是反应环境中营养状况的胞内鸟嘌呤磷酸化水平的关键效应蛋白,对细胞内 GTP 水平的调控有重要作用,并且作为中间代谢状态的主要指示剂。GTP 和 GDP 的浓度急剧下降发生在芽孢形成的起始,并在没有芽孢形成的条件下触发芽孢的形成,是芽孢形成起始的关键。phrA、phrE、kinB 可编码 Rap 家族蛋白的磷酸酶产生 Spo0F(一种磷酸酶抑制剂),而鸟嘌呤核苷酸水平下降解除了 CodY 对这些基因间接的抑制,因此 CodY 与鸟嘌呤核苷酸水平相关。

6.1.2.3 影响芽孢形成的主要因素

影响芽孢形成的主要因素有 3 个:

(1)GTP 浓度

反映环境中营养状况的胞内鸟嘌呤磷酸化水平的关键效应蛋白 CodY 是通过抑制 phrA、phrE 及 kinB 等来影响 Spo0A 磷酸化水平。因此,减少 GTP 聚集可以通过一种 GMP 合成抑制剂——德夸菌素(decoyinine)阻止 XMP 向 GMP 转变,当该药物被加到快速生长的细胞中时,可使芽孢高效率地形成,甚至在营养丰富的培养基中也能实现。

(2)菌群密度

研究表明,许多种类的细菌在高细胞密度条件下也能通过化学信号(自体诱导物,autoinducer)传递帮助细胞监控细菌群体浓度的变化,即群体感应调节(quorum sensing,QS)。群体感应能让细菌细胞感知细胞密度变化,从而引发其在高细胞密度下异常的、多样的细胞行为模式。芽孢杆菌中感受态与芽孢的形成与其群体密度有关,枯草芽孢杆菌(*Bacillus subtilis*)也利用 QS 系统对自身发育进行调控,当菌体密度高时,信号分子浓度相应增高启动了芽孢形成基因表达。

(3)遗传因素也是芽孢形成的重要基础

芽孢形成的相关基因发生突变后该菌就失去形成芽孢的能力。研究人员已成功构建了 *Clostridium beijerinckii* 和 *Clostridium acetobutylicum* 的 Spo0A 插入和缺失突变菌株,两株突变株均不能形成羧菌感受态细胞和芽孢。

6.1.3 芽孢的萌发及其分子机制

芽孢虽然处于休眠状态,但能感知外界环境的变化,当外界环境适宜,尤其是营养充足时,芽孢便开始萌发(germination)、生长(outgrowth),恢复到营养菌体状态,并再次开始以指数形式进行细胞分裂。芽孢萌发是指经历一系列连续事件后芽孢抗性逐步丢失,恢复营养菌体繁殖生长的过程。萌发过程中,无须新合成大分子蛋白质、酶或其他一些相关物质,而是利用成熟芽孢本身存在的物质。芽孢萌发后就丧失了对外界胁迫的抵抗力。

6.1.3.1 芽孢的营养性萌发过程

自然界中芽孢能对一些被称为萌发剂(germinants)的营养性物质产生响应而萌发。通常,这些营养性物质包括单氨基酸、糖类和嘌呤核苷类等。营养性萌发剂具有种属特异性,即不同的营养性萌发剂对不同种属的芽孢作用不同。芽孢的萌发可以由一种营养萌发剂触发,也可以由多种营养萌发剂联合触发。在芽孢与萌发剂混合之后,萌发过程会在数秒内被触发,此后,即使去掉萌发剂,萌发依然不会终止。

在芽孢萌发早期,芽孢膜的通透性发生改变,膜的流动性增加。萌发剂与萌发受体结合后,萌发过程经历以下两个阶段,第一阶段:H^+、单价阳离子(K^+、Na^+)和 Zn^{2+} 释放到芽孢外面,释放 H^+ 使芽孢核内的 pH 升高,为后续芽孢内部新陈代谢活动提供了合适的酸碱环境;占芽孢干重 5%~15% 的 CaDPA 释放,使芽孢折光性逐渐消失;同时,CaDPA 的释放也伴随着内核含水量的增加,导致芽孢抵抗湿热能力降低。第二阶段:皮层水解酶(cortexlytic enzyme,CLE)活化,促进芽孢皮层大分子肽聚糖的水解;皮层水解降低了皮层对芽孢核心的保护,芽孢核进一步吸水膨胀,胞壁也随之膨胀,随着芽孢核水合化程度的提高,芽孢核内蛋白质的流动性逐渐恢复,酶活性也得到恢复,这时芽孢失去其休眠特性和抗性。在第二阶段完成后,相关酶的活力得到恢复,启动芽孢后续的系列代谢活动,随后是细胞大分子物质如 RNA、蛋白质、DNA 等合成,芽孢转到细胞的生长阶段,逐渐生长成一个新的营养菌体。在芽孢萌发过程中没有发现营养性萌发剂的大规模跨膜运输和萌发剂被代谢的证据,也没有发现有能量代谢的实验证据,芽孢萌发过程牵涉到膜透性和酶活性的变化,本质上是一个生物物理的过程。

6.1.3.2　营养性萌发剂与萌发受体的相互作用

在芽孢的营养性萌发过程中,涉及复杂的信号转导机制。营养性萌发剂与萌发受体(germinant receptor)结合是芽孢营养萌发的第一步。当芽孢暴露于营养性萌发剂中时,营养性萌发剂穿透芽孢衣和皮层,与位于芽孢内膜的萌发受体蛋白结合。萌发信号在胞内经过转导和信号扩大,诱导一价阳离子和 DPA 分泌,DPA 以钙盐 CaDPA 的形式通过 DPA 通道释放,诱导皮层水解酶的激活,逐步诱导皮层肽聚糖水解。核心完全水合后,芽孢萌发。受体结合反应是不可逆转的,即使移除营养性萌发剂或置换受体蛋白上的结合配体,芽孢萌发仍会继续进行。

不同种属的芽孢含有一种或多种受体启动子,可识别不同的营养性萌发剂。*gerA* 和 *gerB* 操纵子是最早被克隆和描述的萌发受体操纵子,所有能形成芽孢的细菌的基因组中至少包含其中一个操纵子。*gerA* 操纵子编码 3 种蛋白,包括 GerAA、GerAB 和 GerAC。GerA 蛋白家族是最常见的萌发受体蛋白。其中,GerAA 是一种跨膜蛋白,跨膜区域至少穿过膜 5 次;GerAB 属于膜转运蛋白,与非芽孢菌种中蛋白质具有部分同源性;GerAC 是亲水性基因产物,可能是含有前脂蛋白信号序列的脂蛋白。*gerA* 操纵子编码的三种蛋白质相互作用,并且形成受体复合物,在芽孢中识别营养性萌发剂。在枯草芽孢杆菌中,已经确定 *gerA* 是编码萌发受体蛋白的基因,且其产物 GerA 是 L-丙氨酸的受体。蜡状芽孢杆菌的基因组包含 7 个可能的 *ger* 操纵子,它们分别为 *gerG*、*gerK*、*gerI*、*gerL*、*gerS*、*gerQ* 和 *gerR*。其中 *gerL* 编码的 GerL 受体参与 L-丙氨酸诱导的萌发;*gerQ* 编码的 GerQ 受体参与肌苷诱导的萌发,而 *gerI* 和 *gerR* 编码的 GerI、GerR 受体,既参与 L-丙氨酸诱导的萌发,也参与肌苷诱导的萌发。通过基因组测序以及与枯草芽孢杆菌的基因组同源性比对分析,发现在炭疽芽孢杆菌中有 6 个由染色体编码的受体(GerA、GerH、GerK、GerL、GerS 和 GerY)和 1 个由 pXO1 质粒编码的受体(GerX)。这些萌发受体可以与不同的萌发剂相互作用,构成依赖于不同萌发剂的萌发通路。

6.1.3.3　芽孢的非营养性萌发及其途径

除了营养性萌发剂外,其他因子,如溶菌酶、盐、高压、外源性 CaDPA 以及阳离子表面活性剂等也会触发芽孢萌发。这些非营养性因子触发芽孢萌发是非生理性的,但它们所触发芽孢的萌发途径和营养性萌发剂触发的萌发途径是关联的。

溶菌酶可以降解芽孢皮层,芽孢脱去外壳后,在溶菌酶的作用下会迅速萌发、释放 DPA,并可以长成菌落。很多芽孢在高压的触发下可以萌发,在相对较低压力(100～200 MPa)下,芽孢依靠萌发受体的作用萌发;在较高压力(500～600 MPa)下,缺少萌发受体的芽孢也可以迅速萌发,说明高压有可能会打开 CaDPA 的离子通道。外源性 CaDPA 也是一种优良的促萌发剂,可以直接通过激活皮层水解酶来诱导芽孢萌发,失去所有萌发受体的芽孢可以在 CaDPA 存在的条件下萌发,但是一旦缺少了水解酶,芽孢将不能萌发。阳离子表面活性剂则是通过与芽孢内膜作用,诱导 CaDPA 的释放,进而激活皮层水解酶,诱导芽孢萌发,此过程也不需要萌发受体的参与。

目前,以枯草芽孢杆菌为模式生物的芽孢萌发机制研究进展显著(图 6-4)。人们对能够诱导芽孢萌发的因素、芽孢萌发相关受体做了较为深入的研究,但对于完整的芽孢萌发机制和萌发的信号传导途径仍然了解尚少,此外,不同种类的芽孢的萌发条件和机制也不尽相同,有待进一步研究。

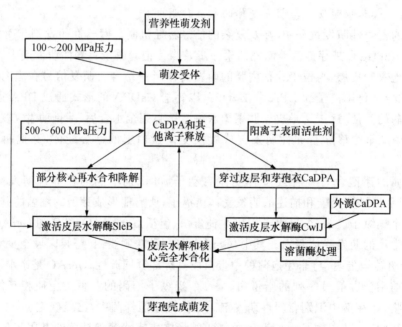

图 6-4　枯草芽孢杆菌芽孢营养性和非营养性萌发途径

6.1.4　食品中芽孢的控制方法

产芽孢菌广泛存在于自然界中,芽孢由于其特殊的结构与组成,对于环境压力如热、酸、盐、辐射、氧化、干燥以及营养缺失具有极强的耐受能力。因此,在加工过程中食品不可避免地会受到芽孢的污染,且食品中芽孢能够感知外界环境的变化,当条件适宜时,芽孢会开始萌发生长,从而引起食品腐败变质或者导致食源性疾病。常见的能够导致食源性疾病的芽孢菌有蜡状芽孢杆菌（*Bacillus cereus*）、产气荚膜梭菌（*Clostridium perfringens*）、肉毒梭状芽孢杆菌（*Clostridium botulinum*）和酸热脂环酸芽孢杆菌（*Alicyclobacillus acidocaldarius*）等。芽孢菌引起食源性致病菌的方式主要有两种：一是芽孢在食品中萌发生长产生毒素，从而引发食源性疾病；二是含有芽孢的食品被人们食用，芽孢进入体内并萌发生长产生毒素，导致食源性疾病。

　　由于芽孢具有不同于营养体的极端环境抗性，且食品体系中含有脂肪、糖类、蛋白质等营养物质，传统的低温杀菌技术不足以将食品中全部微生物杀灭，而高温杀菌则不同程度地导致食品品质的下降。因此有效控制食品中的芽孢对于保障食品安全、消费者健康以及食品品质具有重要意义。为控制食品中的芽孢，保障食品安全、消费者健康以及食品品质，一些新型的食品杀菌技术应运而生。这些新型的杀菌技术主要有物理杀菌方法、化学抑菌剂、天然抑菌剂、萌发诱导剂以及多靶点的协同灭菌技术等。

6.1.4.1　物理杀菌方法

　　常见的物理灭菌手段很容易杀灭产芽孢细菌的营养体，但其芽孢则具有较强的耐受能力。目前，针对食品中产芽孢细菌的物理杀菌技术主要分为以下几种：

　　（1）高温杀菌技术

　　高温是控制食品中产芽孢菌的有效手段，且温度越高、处理时间越长，微生物致死量越大。然而，高温杀菌的同时也会造成食品品质的损失，因此为尽可能减少热处理对食品品质的破坏，降低处理温度或减少热处理时间是目前高温杀菌的研究目标。在此基础上，超高温（Ultra-high temperature，UHT）瞬时杀菌技术得以发展。研究表明，在 121.1℃ 下蘑菇中梭状芽孢杆菌的存活量每 2.22 min 下降 1 个数量级。

　　（2）高压杀菌技术

　　食品超高压灭菌技术（high pressure processing，HPP）就是在密闭的超高压容器内，用水作为介质对软包装食品等物料施以 400～600 MPa 的压力或使用高级液压油施加以 100～1000 MPa 的压力，从而杀死其中几乎所有的细菌、霉菌和酵母菌，而且不会像高温杀菌那样造成营养成分破坏和风味变化。超高压杀菌技术因能使低酸食品中耐热芽孢菌失活而受到广泛关注。为增强其杀菌效果和杀灭芽孢能力，一些学者提出将高静压与中温联合使用实现对食品模型中嗜热脂肪芽孢的杀灭作用。也有研究表明，在超高压杀菌的同时，降低 pH 能够促进芽孢的杀灭。因此，超高压技术对于酸性食品以及可酸化的食品具有良好的应用前景。

　　（3）辐射灭菌技术

　　紫外线杀菌潜力最为人所知，紫外线可改变细胞的 DNA，能形成嘧啶二聚体，这种稳定的二聚体局部阻碍 DNA 的合成，如果不能及时修复，将会导致细胞死亡。在食品工业中广泛使用紫外线辐射对液体食品、固体食品（如鲜活农产品、肉类和鸡蛋）杀菌，以杀灭细菌营养体、减少细菌芽孢数量从而达到延长食品货架期、保障食品安全的作用。然而，食品中常含有一些"光敏性营养素"，如维生素、脂类等，紫外线的照射会破坏这些营养素的结构、改变食品的性状从而降低食品品质。微波灭菌是一种相对较新的灭菌方法，该技术在食品、制药、医疗等领域中具有很好的实用性。研究表明，在 2.0 kW 功率下微波辐射可导致芽孢内外层薄膜破裂。除此之外，^{60}Coγ 射线具有较强的穿透力，能够直接或间接破坏微生物的核糖核酸、蛋白质和酶，从而杀死微生物。^{60}Coγ 射线对核桃粉中耐热芽孢和耐热芽孢杆菌等都具有良好的杀菌效果，且不影响产品的感官性状，有潜力应用到食品中控制食品中的芽孢。

（4）低温等离子体灭菌技术

低温等离子体是继固态、液态、气态之后的物质第四态,当外加电压达到气体的着火电压时,气体分子被击穿,产生包括电子、各种离子、原子和自由基在内的混合体。低温等离子体灭菌技术具有快速、低温、操作简单、无毒性及杀灭效果好的优点。目前,低温等离子体已经应用于食品工业中用于粮食、食品及包装表面的多种微生物及芽孢的杀灭。以高压电源为激发源,以空气为基础气体,以介质阻挡放电（dielectric barrier discharge,DBD）产生大气压低温等离子体可有效灭活枯草杆菌黑色变种芽孢。

（5）脉冲电场

脉冲电场作为非热加工技术之一,能够在低温下杀灭食品中的微生物,保持食品的风味及营养成分,已成为食品杀菌领域的研究热点之一。脉冲电场主要用于液态、半液体食品诸如牛奶、饮料、液体蛋等的杀菌处理上,研究表明,脉冲电场除对细菌营养体具有杀灭作用之外,对芽孢杆菌芽孢也具有一定的灭活作用。

6.1.4.2 化学抑菌剂

某些食品防腐剂、香料及色素等食品添加剂对产芽孢细菌营养体和芽孢具有一定的抑制作用。目前在食品中应用较广的包括以下一些物质:

（1）硝酸盐和亚硝酸盐

硝酸盐和亚硝酸盐是常见的控制食品中芽孢的一类化学防腐剂,主要应用于肉类、鱼类及奶酪产品中。硝酸盐和亚硝酸盐也常作为食品添加剂,在食品中特别是肉类产品中起到增香和护色作用。亚硝酸盐可抑制细菌营养体生长以及芽孢的萌发,但相比于细菌营养体,芽孢对亚硝酸盐的耐受性更强。虽然亚硝酸盐是一种较为有效的抗菌剂,但是,由于亚硝酸盐在体内可形成能够致癌的代谢产物,亚硝酸盐在食品中的使用量需要有一定的限制。

（2）有机酸

有机酸作为常见的食品防腐剂,已被证明可抑制食源性致病菌的生长。在食品工业中常见的有机酸主要有山梨酸和苯甲酸。这两种有机酸以及其对应的盐都已被美国食品药品监督管理局列为公认安全的（generally recognized as safe,GRAS）化合物用作食品防腐剂。研究表明,苯甲酸和山梨酸可抑制产气荚膜梭菌芽孢的萌发及营养体生长。

（3）商业消毒剂及 ClO_2

一些商业消毒剂如次氯酸钠、过氧化氢、硼酸可抑制芽孢杆菌（如酸热脂环酸芽孢杆菌等）芽孢的萌发,但是由于上述消毒剂存在一定的健康隐患,在食品工业中这一类消毒剂均有严格的限量。

二氧化氯（ClO_2）是一种较为安全高效且应用广泛的杀菌剂,其杀菌效果是氯气的 2.5 倍。二氧化氯能够杀灭细菌、病毒、真菌等,且已被世界卫生组织证明具有一定的安全性。FDA 批准二氧化氯可用于水果和蔬菜清洗。目前,欧、美、日等国家和地区将二氧化氯广泛应用于食品行业中水净化、设备消毒、果蔬保鲜等方面。气体二氧化氯对于枯草芽孢杆菌具有一定的杀菌作用,可抑制芽孢杆菌芽孢的萌发。

6.1.4.3 天然抑菌剂

除物理杀菌技术和化学抑菌剂外,研究人员发现某些天然抑菌剂具有良好的抑制微生物、防止食品腐败的作用。在这些天然抑菌剂当中,一些物质显现出较强的杀菌作用,其中一些能够抑制食品中细菌芽孢的萌发及生长。

（1）植物精油

植物精油是萃取植物特有的芳香物质，取自于草本植物的花、叶、根、树皮、果实、种子、树脂等。植物精油可作为食品防腐剂、食品添加剂应用于食品工业中。多种植物精油已被证明具有广谱抗菌作用。肉桂醛作为一种常见的植物精油，已被证明可抑制产气荚膜梭菌、酸热脂环酸芽孢杆菌等产芽孢细菌的营养体的生长以及芽孢萌发。此外，香芹酚、百里酚以及牛至精油可有效抑制酸热脂环酸芽孢杆菌芽孢的萌发及生长。

同时，由于这些植物精油是从植物或水果中提取得到的一些天然分子，因此在食品中应用更容易被广大消费者所接受。因此，植物精油有应用于食品中控制食源性致病菌、降低食源性疾病的发病率、提高食品品质的潜力。

（2）绿茶提取物

绿茶是全球较为受欢迎的饮品之一，其在防癌、降脂和减肥等方面有一定的促进作用。绿茶的主要活性成分为茶多酚，其中包含的表没食子儿茶素、没食子酸酯和表儿茶素均具有抑菌作用。绿茶提取物可抑制肉制品中产气荚膜梭菌芽孢的萌发及生长，其中起主要作用的成分为儿茶素。

（3）溶菌酶

溶菌酶（lysozyme）又称胞壁质酶（muramidase）或 N-乙酰胞壁质聚糖水解酶（N-acetyl-muramideglycanohydrlase），是一种能水解致病菌中黏多糖的碱性酶。主要通过破坏细胞壁中的 N-乙酰胞壁酸和 N-乙酰氨基葡糖之间的 β-1,4 糖苷键，使细胞壁不溶性黏多糖分解成可溶性糖肽，导致细胞壁破裂内容物逸出而使细菌溶解。溶菌酶还可与带负电荷的病毒蛋白直接结合，与 DNA、RNA、脱辅基蛋白形成复盐，使病毒失活。因此，该酶具有抗菌、消炎、抗病毒等作用。溶菌酶对于酸热脂环酸芽孢杆菌有着较好的抑菌作用，有学者指出，该芽孢菌的芽孢对溶菌酶更为敏感。然而溶菌酶的生物活性可能受到不同杀菌介质的影响，在盐溶液中溶菌酶的生物活性可以达到最高。

（4）壳聚糖

壳聚糖（chitosan）又称脱乙酰甲壳素，是由自然界广泛存在的几丁质（chitin）经过脱乙酰作用得到的，这种天然高分子的生物官能性和相容性、血液相容性、安全性、微生物降解性等优良性能被各行各业广泛关注，在医药、食品、化工、化妆品、水处理、金属提取及回收、生化和生物医学工程等诸多领域的应用研究取得重大进展。同时，壳聚糖作为增稠剂、被膜剂列入国家食品添加剂使用标准（GB2760-2014）中。3%壳聚糖可抑制熟牛肉和火鸡中产气荚膜梭菌芽孢的萌发与生长。

（5）片球菌素乳酸链球菌肽和其他细菌素

片球菌素乳酸链球菌肽（nisin）是从乳酸链球菌中提取出的一种抗菌肽。nisin 对革兰氏阳性菌具有广谱抗菌作用。其对酸热脂环酸芽孢杆菌、产气荚膜梭菌等多种产芽孢菌的营养体以及芽孢均有抑制作用。研究表明，nisin 可直接加入果汁中或是在储存的时候加入以控制细菌营养体及芽孢。同时，低酸和低水分活度可增强 nisin 的生物活性。而 nisin 的生物活性更多则是体现在对产芽孢细菌芽孢的抑制作用而不是对营养体：nisin 可提高芽孢的热敏感性。因此，nisin 被定义为一种具有"双重有益效应"的活性化合物，可以增强芽孢热敏感性以及抑制芽孢萌发生长。

除 nisin 外，乳酸菌素等其他细菌素也被证明具有抑制细菌芽孢及营养体的作用。乳酸菌素对于革兰氏阳性菌的抑制作用类似于 nisin,可有效降低猪肉肠中产气荚膜梭菌的含量、抑制细菌营养体及芽孢的生长。

6.1.4.4 萌发诱导剂

细菌芽孢对多种杀菌措施有极端抗性,这为食品安全与保藏带来挑战。芽孢萌发之后,其极端抗性就会消失,从而很容易被杀灭。不同芽孢的萌发时间不同,这也给芽孢控制技术带来挑战。目前,许多因素可诱导芽孢萌发,如营养素、阳离子表面活性剂、外源 DPA、细胞碎片等。因此,可以先使用芽孢萌发诱导剂对细菌芽孢的萌发进行诱导,随后使用温和的方法杀死萌发形成的营养体。这种策略已被证明可有效杀灭一些梭状芽孢杆菌的芽孢。

6.1.4.5 多靶点的协同灭菌技术

众所周知,使用多重靶点的灭菌策略往往是高效、安全的,其实质主要是同时影响细菌的细胞膜、DNA、酶系统等从而引起微生物体内紊乱,使得有害微生物难以存活。在浓缩果汁中,其 pH、水分活度以及环境温度可以相加作用或协同作用抑制芽孢的萌发。此外,pH 和可溶性固形物含量可作为抗菌化合物的增强剂,从而更有效地抑制细菌生长、芽孢萌发,同时可以降低化学抑菌剂的使用量。以下为几种常见的多靶点的协同灭菌技术:

(1)紫外辐照与热效应协同作用

据报道,紫外辐照和温和热处理结合作用可对芽孢杆菌的芽孢有效灭活。灭活的机制可能是紫外线处理使孢子的热敏感性增加,随后经过较温和的热处理即可实现对芽孢的灭活。然而,由于不同物种的芽孢杆菌对紫外线的抗性是不同的,如蜡状芽孢杆菌相比枯草芽孢杆菌对紫外线具有更高的抗性,因此,这种技术的效果因芽孢种类的不同而有所差异。

(2)高压二氧化碳杀菌技术

高压二氧化碳(high pressure carbon dioxide,HPCD)杀菌是指在较低温度和高压(≤30 MPa)下利用 CO_2 杀菌并保持食品品质的一种非热杀菌技术。HPCD 杀菌技术是目前一种新兴的非热杀菌技术,不但能够有效杀死食品中细菌的营养体,而且对细菌芽孢也有一定的杀灭作用;同时,HPCD 杀灭技术处理温度温和,对食品中热敏物质破坏作用较小,有利于保持食品的原有品质。致病菌或腐败细菌营养体在压力低于 30 MPa,温度为 20~40℃时可被HPCD 完全杀灭。然而,该条件对芽孢没有明显的杀灭效果。但适当地延长处理时间、增加作用压力及温度,就能实现对芽孢有效的杀灭。

(3)超高压结合化学萌发诱导剂

芽孢萌发诱导剂能够迅速诱导芽孢萌发,芽孢萌发后,其极端耐受性迅速下降。研究表明,使用 DPA 可使芽孢萌发率高达 95%,且萌发后的芽孢内部结构发生很大改变,形成类似营养体的结构。在此基础上,经高压处理后,可使芽孢内部结构严重受损,因此,超高压结合化学萌发诱导剂可有效杀灭绝大部分芽孢。类似研究表明,在肉制品中使用萌发诱导剂后,将肉制品在 73℃、586 MPa 的条件下处理 10 min,可有效杀灭肉制品中产气荚膜梭菌的芽孢。

除此之外,很多研究报道了多靶点控制芽孢萌发的技术。使用抑菌剂(乳酸链球菌素等)降低芽孢的耐热性,进而使用高温技术对芽孢进行灭活。也有研究表明,高静压和辐射杀菌技术结合传统热处理,可有效防止存活的芽孢萌发;类似地,使用萌发诱导剂对产芽孢细菌营养体及芽孢进行处理,随后使用消毒剂进行杀菌,能显著改善消毒剂的杀菌效果。

以上方法在抑制产芽孢细菌营养体以及芽孢的过程中发挥重要作用,但要将食品中产芽孢细菌的芽孢彻底消除仍存在一定的问题。首先,极端物理压力会影响食品的品质;其次,过量的化学防腐剂会具有一定毒性,对人体健康造成潜在危害。此外,将抗菌药物添加到食品中可能会对胃肠道中微生物造成影响,从而导致肠道菌群紊乱。因此,以上的芽孢控制技术在应用到食品生产及加工之前需确定并评估它们的安全性。同时,由于芽孢萌发的特殊性,一些芽孢在几分钟内就可以萌发,而一些芽孢则需要数小时甚至更长的时间才能够萌发。因此,在此基础上,我们需要对芽孢的萌发机制以及不同物理、化学和天然的抑菌技术的抑菌机制进行更深层次的研究,从而有效地控制食品中的芽孢,为食品安全及消费者健康提供有效的保障。

芽孢虽然对食品生产和食品安全存在众多危害,但同时在生产及生活实际中也能发挥非常重要的作用:不同细菌的芽孢具有不同的形状、大小和表面特征,可以作为分类鉴定的依据;芽孢对不良环境有很强的抵抗力,在实验室是保存菌种的好材料;有些芽孢细菌在产生芽孢的同时,可以产生一种蛋白质毒素,称为伴孢晶体,它可以杀死某些昆虫(特别是鳞翅目)的幼虫,但对其他动物与植物完全没有毒性,因此是一种理想的生物杀虫剂;芽孢表面展示技术利用芽孢特殊的构造,采用一定的策略将外源性功能蛋白锚定在芽孢表面,使该蛋白发挥更佳的功能及稳定性;许多研究发现芽孢杆菌对重金属离子吸附效果明显,可将其应用到重金属废水、重金属污染土壤的修复中;芽孢杆菌还可以用作益生菌,具有调节肠道菌群、提高机体免疫力等益生特征。

6.2　生物被膜

生物被膜(biofilm)是指细菌在生长过程中黏附于有生命或无生命物体表面而形成的由细菌胞外大分子包裹的菌体及其分泌的水合性基质组成的有孔的膜样复合物。

6.2.1　生物被膜的特征

6.2.1.1　生物被膜的形态结构

不同细菌形成的生物被膜的结构基本相同,都是不均质性的,具有通道贯穿且分层的三维结构,由蘑菇样或柱样亚单位组成。亚单位可分根部、茎部、头部 3 部分。根部固定于固体表面,亚单位茎部与茎部、头部与头部、茎部与头部之间形成水通路,水以对流的方式通过通路,输送营养物质,满足细菌生存的需要,同时带走细菌代谢产生的废物。当大量液体流动时,水通路内液体流动常维持同一方向,因此有人把水通路看成类似于高级生物的循环系统。

生物被膜厚度不一,厚者可达数百毫米,最薄者须用电子显微镜才能观察到。其含有诸如蛋白质、多糖、核酸、肽聚糖、脂和磷脂等生物大分子物质,还可含有细菌分泌的大分子多聚物、吸附的营养物质和代谢产物及细菌裂解产物等,其水分含量可高达 97% 左右,是细菌抵抗不利环境、营造适宜生存环境的一种黏附定植式包膜。胞外多糖纤维和多糖/蛋白复合物形成膜的结构骨架,它富含阴离子,高度亲水。这种基质的黏稠度很大,存在多种弱作用力,如疏水力、静电作用力、氢键等,因此细菌生物被膜这一特殊结构坚实稳定,不易破坏,大大提高了细菌的存活能力,为生物被膜内的细菌提供了保护作用。

成熟生物被膜模型由外到内分为主体生物被膜层(bulk of biofilm)、被膜连接层(linking film)、形成条件层(conditioning film)和基质层(substratum)。生物被膜表层和基底层细菌较少,中间层较厚且较致密,从水平断面观察其形状似谷穗状结构。细菌在生物被膜中只占有不到 1/3,其余部分均为细菌分泌的黏性物质。

6.2.1.2　生物被膜的生理生化特性

细菌的生物被膜本身是由菌群还有其分泌的胞外多糖基质等一系列物质包绕所形成的,大部分的结构是水通道(为细菌提供营养物质和氧气,同时排出代谢废物),这种多孔的结构会造成氧的梯度。

根据在生物被膜内位置不同,细菌可分为:深层菌、表层菌和游离菌。生物被膜所包被的细菌称为被膜菌(biofilm bacteria),而那些游离于生物被膜之外独立生长的细菌称为浮游菌(planktonic bacteria)。被膜菌在其生物学特性上与浮游菌有显著不同,由于胞外多糖的包裹,被膜内细菌的生理状态随其在生物被膜结构中的位置不同而有所差异。生物被膜中营养成分的浓度由外向内呈梯度下降,浮游菌易获得营养和氧气,也易于排出代谢物,繁殖快,生长活跃;而被膜菌由于胞外多糖基质的屏障难以获得营养供给,处于乏氧和营养匮乏状态,生长停滞,菌体小,甚至成为休眠菌,对外界刺激不敏感,可以帮助细菌逃逸免疫防御清除作用,诸如宿主的免疫调节作用、补体的裂解作用及吞噬作用。

因此,生物被膜具有 3 个明显的特性,首先被膜菌表现出比浮游菌对抗菌物质、宿主免疫防御系统更强的抗性;其次被膜菌以其独特的生长方式形成了具有组织性的复杂聚集式群落结构;最后,生物被膜的形成过程具有规律性,大致包括细菌黏附、生成胞外物质、微群落形成、成熟生物被膜生成和生物被膜脱落。

6.2.1.3　生物被膜的耐受性

细菌生物被膜由于其特殊的结构,使其对不同环境条件具有较强的耐受性,如耐药性、耐高温、耐低温、耐酸碱性等。

(1)生物被膜的耐药性

被膜细菌对抗生素的抵抗能力是浮游细菌的 10～1 000 倍。有效浓度的抗菌药物能迅速杀死浮游生长的细菌和生物被膜表面的细菌,但对生物被膜深处的细菌却难以有效抑制。成熟的生物被膜可以耐受 1 000～2 000 倍于浮游菌最小抑菌浓度的抗生素,表明细菌生物被膜形成后具有强大的耐药作用。

胞外黏质物在生物被膜的高度耐药中扮演着重要角色。细菌生物被膜中的胞外多糖基质对多种抗菌药物具有屏障作用,它带有大量的阴离子,能通过氢键、共价键、范德瓦耳斯力吸附部分带有阳离子的抗菌药物,使渗入生物被膜内的抗菌药物减少而不能起到抑菌效果。它还带有许多钝化酶、水解酶、过氧化氢酶,从而灭活部分抗菌药物,使药物失效而不能杀灭细菌。同时,细菌自身分泌的多糖/蛋白复合物可与部分抗菌药物发生反应,进而达到中和药物活性的作用。

此外,生物被膜状态下细菌生理上的不均质性和生物被膜本身结构的不均质性使得渗入菌体的抗生素只能杀死一部分细菌,而存活的细菌在合适的条件下可继续生长繁殖。被膜深处的细菌代谢低、氧浓度低可促进细菌生物被膜耐药的形成。耐药性随生长速度减慢而增强,且均在静止期表现出最高的耐药性。另外生物被膜的耐药性可能与生物被膜表型相关,它是由特殊的基因所调控,常存在于一些耐药菌株之中,当抗菌药物作用生物被膜时就会触发这些特殊基因的表达,产生耐药生物被膜表型。

(2)生物被膜的耐热性

生物被膜的形成使细菌具有较强的耐热性。有研究发现嗜水气单胞菌形成的生物被膜对温度有较强的抵抗力。嗜水气单胞菌的细菌生物被膜经 85℃ 高温处理 30 min 或者 −20℃ 低温下放置 80 天后仍具有较强活性,菌体仍大量存活。

(3)生物被膜的耐酸碱性

成熟的生物被膜细胞比浮游状态下的细胞对于酸碱环境具有更强的抵抗力。如有研究发现变异链球菌可在较低 pH 环境下诱导酸耐受反应以增强其生存力。不同的变异链球菌菌株生物被膜细胞的酸耐受反应能力是其相应浮游态下的 820～70 000 倍,较浮游细胞有更强的耐酸性。

6.2.1.4　生物被膜的危害

细菌生物被膜污染环境具有随机性、隐蔽强、易被忽视等特点。细菌生物被膜无处不在,牙齿表面、人体器官组织、人造器官、机体植入材料以及生产加工设备中均可形成。大部分对人体有害的致病微生物均可黏附于食品生产加工设备或食品表面,在不良环境中可形成生物被膜而得以存活。细菌生物被膜不仅可以直接通过残留或者接触的方式对食品造成污染,还可以通过散播微生物或微生物团形成微生物气溶胶的方式污染整个生产环境,造成产品的二次污染和交叉污染,降低产品的品质,缩短货架期,给企业造成严重的经济损失,威胁食品安全和人类健康。

引起食品污染、食物中毒的几种常见细菌(大肠杆菌、金黄色葡萄球菌、李斯特菌、空肠弯曲菌和沙门氏菌)均能在食品加工和保存过程中形成生物被膜。生物被膜在食品生产加工过程中一旦形成将很难清除,致使热传导效率降低、表面流体的摩擦阻力增加、管道阻塞,从而损坏仪器设备,增加能耗,威胁食品安全等。生物被膜还会引起金属电位变化形成原电池加速设备的腐蚀,造成食品设备的穿孔和泄漏,产生常见的跑、冒、滴、漏现象,引发染菌、设备故障等各种生产事故和产品质量事故。

生物被膜的致病性主要表现为对机体组织等接触表面的定植和扩散,以及影响机体的免疫功能。据估计,大约 65% 的人类细菌性感染是由生物被膜细菌引起的,比如慢性呼吸道感染、牙周炎、龋齿、慢性骨髓炎、各种导管引起的感染、亚急性细菌性心内被膜炎、生物材料感染、感染性结石等。抗生素可以控制表层菌和浮游菌引起的感染,但不能有效地作用于生物被膜深层细菌。

生物被膜的形成还可抵抗药物和消毒剂的杀菌作用,增强细菌的耐药性,导致细菌性疾病出现慢性和持续性感染。金黄色葡萄球菌可通过在植入医疗器械、手术器械等医用材料表面形成生物被膜而引起医源性感染;铜绿假单胞菌生物被膜的持续存在也是一些慢性呼吸道疾病难以根治的主要原因;尿道致病性大肠杆菌(UPEC)可通过形成生物被膜造成泌尿道的持续感染。单增李斯特菌一旦在食品环境中形成生物被膜,便难以清除,留下持续的污染源。弧菌生物被膜的形成会对常规的抗生素等药物产生高出游离菌 1000 倍的耐受性,会在水产养殖环境中留下隐秘而又顽固的污染源,引起鱼、虾和贝类等水产动物的疾病,造成水产养殖业的经济损失。此外被弧菌生物被膜污染的食物还可对人体健康产生危害,如引起腹痛、腹泻、呕吐、低热、胃肠炎和败血症等一系列症状,还会导致弧菌病如霍乱的传播。

6.2.2　生物被膜的形成及其分子机制

6.2.2.1　生物被膜的形成过程

生物被膜作为微生物的一种生存形式,是细菌细胞之间相互协调而形成的一种群落式结构。微生物以生物被膜存在的群体方式并不是简单的细胞集合体,总体来说,生物被膜的形成,主要经过 5 个阶段:游离态阶段、可逆黏附阶段、不可逆黏附阶段、生物被膜成熟阶段、生物被膜的主动扩散阶段(图 6-5)。生物被膜形成的这 5 个阶段并不是一直固定不变的,而是随着所处环境条件的改变不断变化,各个阶段可能同时存在,也可能只存在其中的某几个阶段。菌体的生命状态与活力在微环境中处于时刻变化的状态,在生物被膜形成的每个阶段,菌群的聚集变化有着一定的特点。

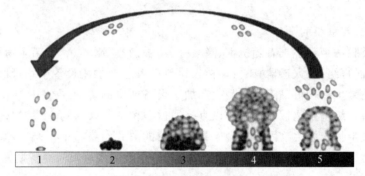

图 6-5　生物被膜形成过程示意图(Yang et al. 2012)

1. 游离态阶段　2. 可逆黏附阶段　3. 不可逆黏附阶段　4. 生物被膜成熟阶段　5. 生物被膜主动扩散阶段

(1)游离态阶段

此阶段又称为浮游态阶段,在此阶段,细菌以单个细胞的形式于液体基质中生长繁殖,同时,会有部分菌体黏附到接触表面,这是生物被膜形成过程中非常必要的一步。此时的细菌生长与其在常规的液体培养无明显差异,是生物被膜形成的基础。

(2)可逆黏附阶段

细菌群体表面存在的各种物理化学成分与菌体自身的泳动能力等因素相互作用促进了细菌的可逆黏附,一些菌体胞外丝状附属物,如鞭毛、菌毛、菌柄和菌杆等在此过程中也起到了重要作用。此阶段,细菌以单层或双层的形式存在于接触表面,较温和的环境因素便可将细菌清除,从而进入到一种生物被膜模式或者离开黏附表面变成游离状态的可逆阶段。

(3)不可逆黏附阶段

细菌进一步在接触表面上生长繁殖,菌体细胞分泌一些胞外聚合物如蛋白质、多糖、核酸、脂类等形成生物被膜基质,使可逆黏附状态变得不可逆,通过菌体生长与接触面之间的多重作用,形成更大的菌体复合物,聚集的菌体也开始形成一定的三维结构,这时菌体与黏附表面连接较为牢固,不易分离,此阶段标志着生物被膜的初步形成。

胞外 DNA(extracellular DNAs,eDNAs)在细菌黏附阶段起到了重要的作用,它不仅来源于裂解的细胞,正常的细胞也能够分泌产生。胞外 DNA 自身的负电荷在细菌最初的黏附阶段起到了阻抗的作用,但当细菌和材料表面距离在几纳米时,其能够与基底层的受体相互作用从而促进菌体的黏附。目前,胞外 DNA 已被证明能够调控铜绿假单胞菌在生物膜形成过程中的蹭行运动,并且能够阻止抗生素的输送从而保护表皮葡萄球菌生物膜中包裹的菌体。

(4)生物被膜成熟阶段

初步形成的生物被膜通过进一步的菌体繁殖和彼此之间的相互作用,并借助菌体分泌的大量胞外介质,形成具有一定空间结构的通道,可作为营养物质、代谢产物和细胞信号分子的进入和排出通道。在此阶段,最显著的特点就是,菌体内的部分功能基因开始表达,产生相应的代谢产物,进一步地对于生物膜的形成与菌体的生长进行调控。

(5)生物被膜的主动扩散阶段

最后,由于营养物质的供应不足,氧气的消耗和其他应力条件的改变,从而促进了微生物分散基因的表达,生物被膜从内部开始消散瓦解,同时外部的部分细菌聚集体或者单个菌体也开始从生物菌膜上脱落、散播。脱落后的菌体成为游离态菌体后可开始新一轮的生物被膜形成过程,脱落的小型聚集体可在原始生物菌膜的周边继续发展、成熟,这个阶段也是生物被膜自发交叉污染的主要阶段。

6.2.2.2　生物被膜形成的影响因素

微生物在接触表面的黏附以及生物被膜的形成是一个动态复杂的过程,受菌种、环境、营养等因素的影响,菌体所形成的生物被膜结构具有差异性。一般来说,菌体比较容易黏附在粗糙、疏水性的表面。菌体表面的特性、接触面的类型、胞外分泌物的产生、细胞间的信号传导、群体感应效应和基因的调控等对生物被膜的形成和发展具有非常重要的作用。除此之外,生物被膜的形成还受到很多环境因素的影响和调控,比如温度、pH、离子浓度等。

(1)微生物的来源及其表面特性

研究表明,菌株分离源是影响致病菌黏附的重要因素,不同分离源菌株黏附性能差异明显。研究表明在 10℃、20℃、25℃和 37℃条件下,医源、环境源、动物源和食品源等不同分离源致病菌的生物被膜形成能力存在显著差异。另外,血清型也是影响食源性致病菌生物被膜形成的关键因素。

菌体细胞通过物理相互作用力如布朗运动、静电相互作用、范德瓦耳斯力、疏水相互作用、重力作用等黏附于固体基质表面,这些表面特性对生物被膜的形成存在重要影响。细菌间彼此的粘连能力以及与附着面的黏附作用在一定程度上取决于菌体细胞表面疏水性结构域的相互作用。大多数微生物细胞都有胞外丝状附属物,如鞭毛、菌毛、菌柄和菌杆等。这些胞外丝状附属物的存在可能影响微生物的黏附率和附着程度。研究发现,在生物被膜形成初期,细菌鞭毛和菌毛的相关基因表达活动比较明显。

(2)培养环境

微生物生长的环境条件对生物被膜的形成有重要的影响,培养环境中的温度、pH、营养基质和离子浓度等均会影响生物被膜形成的速度和成熟度。其中温度是影响生物被膜形成的重要因素。研究表明生物被膜形成量随生长温度的改变表现出较大的变化,在一定范围内温度升高有利于生物被膜的形成。由于食品加工和医疗环境所涉及的温度范围较广,所以研究不同温度下生物被膜形成量的变化对于实际生活中生物被膜的预防有重要指导意义。培养环境中的 pH 会影响微生物的生长速率,而且微生物不同其最适 pH 范围也不同,当微生物处于一种不利于自身生长的环境条件时,就会通过形成大量的生物被膜来抵御不良的外界环境。

(3)接触表面特性

食品加工接触面的材质类型包括不锈钢、玻璃、橡胶、聚氨酯、聚四氟乙烯、丁腈橡胶以及木制品等,材质类型也是影响菌体黏附数量的重要因素。不同材质的表面特性,如疏水性,表面粗糙度、静电荷数等影响细菌的初始黏附能力,从而导致最终生物被膜形成量的差异。多数研究表明菌体在疏水性表面的黏附能力强于其在亲水性表面。

(4)微生物菌体胞外分泌物

胞外分泌物(extracellular polymeric substances,EPS)包括蛋白质、多糖、核酸、脂类、磷脂

和腐殖物质等,是生物被膜的主要组成部分,占生物被膜组分的 50%~90%。在生物被膜形成过程中,胞外分泌物参与细菌的黏附过程,其产生量和性质与生物被膜结构有重要的关系。研究表明,胞外多糖参与细胞的附着和生物被膜形成,其作为惰性表面上的薄膜,有助于菌体在固体表面的黏附,对生物被膜的三维结构起到稳定的作用。

(5)群体感应效应

群体感应效应(quorum sensing)是一种细菌菌体之间的相互交流形式,指菌体通过分泌自诱导物感知周围环境中细菌群体的密度变化,从而调控自身基因表达的现象。群体感应通过影响菌体的移动性和疏水性进而参与生物被膜的形成,在生物被膜中可检测到信号分子的存在,其在生物被膜发展过程中的黏附、成熟和分散等不同阶段都有一定的影响,尤其是在生物被膜成熟过程中细菌群体感应系统起重要作用。

(6)基因调控

在生物被膜形成的不同阶段,与之相关的基因在表达量上也存在差别。在黏附期间,调控细菌菌毛和鞭毛合成的基因表达上调。在成熟期,负责胞外大分子物质合成和调控的相关基因表达显著上升。生物被膜的形成是一个动态变化的过程,因此成熟的生物被膜具有不均质特点。不同时间和空间生成的微菌落内的菌株为适应新环境中渗透压、氧气浓度、抗生素耐药性,其基因表达会发生显著的变化。

除上述影响因素外,细胞间的其他信号传导系统也会影响菌体生物被膜的形成。环二鸟苷酸(cyclic diguanylate,c-di-GMP),是在细菌内广泛分布的第二信使分子,合适浓度的 c-di-GMP 有利于细菌细胞适应环境的一系列生理活动,如细胞分化、毒力因子产生、生物被膜的形成。此外一些小非编码 RNA(sRNA),如大肠杆菌中的 sRNA CsrB 和 CsrC 也在调控细菌生物被膜形成过程中发挥重要的作用。

6.2.3　生物被膜的控制方法

生物被膜是潜在污染源之一,常常是引起产品腐败或感染性疾病发生的重要原因,从而产生严重的卫生问题并造成巨大的经济损失。如何控制生物被膜的形成就显得至关重要。根据生物膜的形成过程,可将常见的控制方法分为 3 类,分别是阻止微生物黏附、抑制生物被膜的形成以及清除已经形成的生物被膜。

6.2.3.1　阻止微生物黏附

细菌通过分泌黏附素蛋白从而黏附在器具表面是形成生物被膜的第一步,因此,有效地抑制细胞的黏附与定植,对于控制细菌生物被膜的产生具有重要的作用。

细菌接触的材料及其光洁度是食品中生物薄膜形成的主要影响因素之一,那么通过改变材料及其光洁度是控制细菌生物被膜形成的一个重要途径。器具表面光洁度不同,生物膜的形成量也不同,裂缝、凹坑有助于微生物吸附而不利于清洗、消毒,从而更易形成生物膜。因此,在生产中接触食品的设备、器具及容器应能抗腐蚀,原料运输管道应采用不锈钢管,不可使用 PVC 或其他管材。另外,使用非离子和阴离子表面活性剂处理不锈钢和玻璃接触表面,绿脓杆菌的黏附抑制率超过 90%;在硅胶表面涂一层共价耦合的季铵可以使得细菌感染率降低。

6.2.3.2　抑制生物被膜的形成

由于细胞间信号系统(群体感应调控系统)的调节在生物被膜形成过程中起着重要作用,

因此可以把控制其信号的传导作为抑制生物被膜形成的重要方法。人工合成的卤代呋喃酮化合物是一种常用的抑制剂,能干扰被膜菌的群体感应调控系统,这种化合物不影响蛋白质合成和细菌生长,不影响细菌生物被膜的起始黏附过程,也不阻止生物被膜的早期发育,但它能抑制生物被膜中毒力因子的产生,影响生物被膜的结构,加速细菌脱离生物被膜,使生物被膜厚度逐渐变薄。

利用噬菌体控制细菌是一种新兴的方法。噬菌体具有抗生物被膜的作用,其原理是噬菌体中有多聚糖降解酶,这种酶可以降解细菌的胞外多糖,再加上部分噬菌体的溶菌作用,噬菌体可以完全抑制早期生物被膜的形成,对于成熟的生物被膜也有较强的清除作用。将病毒噬菌体和碱性清洗剂配合使用,能够抑制大肠杆菌在不锈钢片上生物被膜的形成。

6.2.3.3　清除生物被膜

清除已形成生物被膜的方法多种多样,总的来说可以分为以下三大类:

(1)物理方法

目前已研发出的一些控制生物被膜的物理方法有:紫外灯照射、超声波处理、冷冻法和低电流处理等,这些方法都是通过不同的物理原理,达到去除生物被膜的目的。但这些物理方法单独处理的效果非常有限,不能彻底清除生物被膜,因此在实际操作中常常结合其他方法来协同处理。如将超声波和 EDTA 溶液协同作用,对生物被膜的去除效果更为理想;用抗生素和低电流联合作用产生的生物电效应是控制生物被膜的一种有效方法。

(2)化学方法

常用的化学方法包括清洗剂与消毒剂、抗生素和天然抑菌成分。清洗是保证食品安全和卫生的重要手段,清洗可以除掉接触表面含有的微生物和为微生物提供营养的残渣。清洗剂通常是表面活性剂或碱产品,安全卫生,不易残留,常用的清洗剂可分为碱性清洁剂和酸性清洁剂,一般来说碱性清洁剂的效果较好。消毒是使用抑菌产品杀死微生物,从而抑制生物被膜的形成。在器具表面缺乏有机物的条件下,消毒剂更容易有效去除生物被膜。有机物质、pH、温度、水的硬度、浓度和接触时间都会影响消毒剂的功效。目前使用的消毒剂主要类型包括:酸性化合物、醛类杀菌剂、氯化物、过氧化氢等。研究发现,使用两种或以上的消毒剂比单一使用效果更为显著。近年来,一种酶类清洗剂被发现能用来有效地控制生物被膜,其原理是通过破坏或溶解细菌的胞外多糖,使抑制剂能够直接作用于细菌从而除掉生物被膜。使用酶类洗涤剂控制食品加工过程中生物被膜的方法,又被称为"绿色洗涤"。由于去除不同细菌组成的生物被膜需要使用不同的酶,再加上胞外多糖的异构性和多样性,所以使用混合酶类的洗涤剂可能会更有效。实验表明,蛋白酶、α-淀粉酶、β-葡聚糖酶组成的酶混合物能有效地抑制纸浆制造中集聚形成的生物被膜。由于生物被膜对杀菌剂的抵抗力不断增强,因此酶可以作为洗涤剂和消毒剂的有效补充来有效控制生物被膜的形成。如蛋白水解酶结合表面活性剂能够有效清除嗜热芽孢杆菌生物被膜的形成。

抗生素如大环内酯类抗生素可以有效控制生物被膜多糖蛋白复合物的合成,某些天然抑菌成分如 5-氧-2,5 二氢呋喃-3-烃基类似物可以干扰和破坏群体感应系统,达到控制生物被膜形成的效果。

(3)生物方法

近年来,利用安全、广谱的天然生物制剂的生物方法已成为控制生物被膜的重要趋势。目前已经证明大肠埃希菌小蛋白 Hha(hemolysin expression modulating protein)可以抑制特定功能稀有密码子 tRNAs 的转录和菌毛基因 *fimA* 和 *ihfA* 的转录,使得生物被膜的形成显著减少。大蒜提取物和 4NPO(4-nitro-pyridine-N-oxide)能够阻断铜绿假单胞菌毒力基因的表达和降低对药物的耐受性,从而实现对生物被膜的杀伤。抗菌肽(antimicrobial peptide, AMP)作为一种新型天然的具有抗菌活性的碱性多肽,表现出极好的抗菌性能。抗菌肽可来源于动物、植物和微生物,其中微生物源抗菌肽的使用较多,目前应用较广的是 nisin,nisin 在酸性条件下可以有效抑制单增李斯特菌和金黄色葡萄球菌生物被膜的形成。

6.2.4　生物被膜的检测方法

生物被膜的检测方法有很多种,如结晶紫染色法、银染法、微观成像法和超声波平板计数法。近年来,随着分子生物学的发展,生物被膜的研究也进入了分子层面,出现了如 PCR 法、荧光原位杂交技术等鉴定方法。很多生物菌膜研究中,需将菌体从固体表面剥落,这样会对生物菌膜的结构造成一定程度的破坏,尤其对生物菌膜 EPS 的不利影响更大,近年来发展的拉曼光谱和傅立叶变换近红外光谱技术,对生物菌膜进行原位检测前不需要对样品进行任何处理,这两种技术已被单独或联合应用于研究生物菌膜的组分鉴定、特定物质的演化规律、EPS 的形成和分散等方面。以下介绍两种检测生物被膜最常用的方法:结晶紫染色法及微观成像法。

6.2.4.1　结晶紫染色法

结晶紫染色法常用于检测细菌生物被膜形成,利用一定浓度的结晶紫对胞外多糖进行染色,通过检测其吸光度值实现对生物被膜的定性和定量检测,适用于试管、96 孔板、聚亚氨酯软管及卡尔加里生物膜(Calgary biofilm device,CBD)装置培养的生物被膜检测。它具有简便、快速等优点,对实验条件要求不高,可用于大批量检测细菌生物被膜形成能力。

6.2.4.2　微观成像技术

目前常用的微观成像技术主要有荧光显微镜成像(fluorescence microscope,FM)、扫描电子显微镜成像(scanning electron microscope,SEM)、激光共聚焦显微镜成像(confocal laser scanning microscope,CLSM)等。微观成像技术从生物菌膜的空间立体构象(3-D 结构)、菌体活力状态、生成演化规律、EPS 成分定位和 EPS 表面形态等角度全面解析各种生物菌膜的发展与成熟。

(1)荧光成像

荧光染料作为 FM 和 CLSM 技术的核心,对生物菌膜的微观成像具有决定性的作用,目前常用的染料主要分为三大类:核酸类荧光染料,如 DAPI(蓝色)、吖啶橙(DNA 为绿色、RNA 为橙色)、PI(绿色)、Hoechst 系列等;蛋白类荧光染料,如 SYPRO® Ruby(紫红色)、SYPRO® Red(正红色)和 SYPRO® Tangerine(金橘色)等;多糖类荧光染料,如 FITC-ConA(绿色)和 Alexared—ConA(红色),选择不同的染料组合可以对生物菌膜 EPS 中的特定成分进行空间定位,同时选用不同的染料组合可以表征生物菌膜中菌体的活力状态及其数量,多种微观成像技术联合运用能充分发挥各方法的技术优势,目前已成为研究生物菌膜的关键手段。

(2)扫描电子显微镜

扫描电子显微镜(scanning electron microscope,SEM)可直接观察到生物被膜的形态结构、纤维样黏多糖细胞间质及细菌间的连结,常用于生物被膜基质和胞外聚合物的研究,结果可靠、准确、特异性强、敏感性高,被认为是检测生物被膜形成能力的"金标准";但这种方法操作烦琐、造价较昂贵,并且对样品进行固定时会在一定程度上影响生物被膜的形态。

（3）激光共聚焦扫描显微镜

激光共聚焦扫描显微镜(confocal scanning laser microscope,CSLM)（二维码 6-2)是近年发展起来的,可对透光样本进行分层扫描拍摄,用于组织形态学研究的一项新技术,适用于对生物被膜进行立体结构的形态观察。利用

二维码 6-2　激光共
聚焦扫描显微镜

该技术可以对生物被膜的生物量、厚度、均一性、比表面积等以及细胞的代谢活性和不同菌株形成生物被膜的能力进行检测,但无法使用 CSLM 观察不透光样本。

（4）聚焦离子束显微镜

聚焦离子束(focused ionbeam,FIB)能够观测分析样品内部的选定区域,通过去除已暴露的表层或者切断截面等途径来研究生物被膜内部结构及形态。扫描电子显微镜和聚焦离子束显微镜的协同应用可以较好地解决细菌生物被膜被埋藏在非细胞纤维宿主组织之下,必须去除非细胞纤维宿主组织才能得到生物被膜组织样品的难题。在成像方面,聚焦离子束显微镜和扫描电子显微镜的原理比较相近,虽然聚焦离子束显微镜分辨率不及扫描电子显微镜,但其无需试片制备步骤,在工作时间上较为省时。

6.3　活的但不可培养(VBNC)菌

6.3.1　VBNC 菌的特征

微生物在不良生长环境的压力作用下,除了可以表现出适应、损伤、濒死和死亡等方式外,还可以进入一种活的但不可培养状态(viable but non-culturable state,VBNC)。VBNC 状态是指细菌在受到某种环境胁迫时不能在常规培养基上生长(即形成菌落),但仍然保持着活性的一种特殊生理状态。VBNC 状态是细菌适应不利环境条件的一种存活状态但并不繁殖,在食品生产过程中,高/低温、冷冻、干燥、辐射、高压等物理因素,防腐剂、消毒剂等化学因素以及营养匮乏、高渗透压、极端 pH、极端氧浓度等环境因素均可以使细菌进入 VBNC 状态。不同细菌进入 VBNC 状态所需的条件有所不同,对于环境条件的适应性与耐受性以及诱导时间决定了细菌能否进入 VBNC 状态。

自 20 世纪 80 年代"VBNC 状态"这一概念提出以来,至今人们已发现至少 20 个种属的 60 多种细菌存在 VBNC 状态。这其中包括食品中常见的一些病原菌,如金黄色葡萄球菌、大肠杆菌 O157:H7、副溶血性弧菌、单增李斯特菌、沙门氏菌各血清型、志贺氏菌、蜡状芽孢杆菌、铜绿假单胞菌、荧光假单胞菌、空肠弯曲杆菌、粪肠球菌、创伤弧菌、霍乱弧菌、幽门螺杆菌、小肠结肠炎耶尔森菌、产气荚膜梭菌以及一些暴露在低温、海水、水、唾液、磷酸盐缓冲液和盐腌大马哈鱼鱼卵中的细菌等。食源性致病菌进入 VBNC 状态之后可能发生一系列变化,包括细胞形态、细胞成分、DNA 排列方式、ATP 含量、呼吸频率、代谢活性、生物大分子的合成、基因的表达以及在固体或液体培养基中生长繁殖能力的改变等。常规的检测手段(平板菌落计数法、最大可能近似值法)很容易造成 VBNC 菌的漏检,通常采用活菌直接计数法、核酸染料检测法、呼吸检测法、分子生物学方法、免疫学方法以及流式细胞仪等检测 VBNC 菌的存在。

由于 VBNC 菌在适宜条件下可以复活、繁殖且仍然具有致病性,在随食物进入人体之后仍能导致食源性疾病的发生。因此食品中 VBNC 态致病菌的存在已成为食品行业的隐患,对食品安全和人类健康造成极大威胁。当前国内外研究表明,与正常状态下的细菌相比,VBNC 菌具有以下特征:

6.3.1.1　形态与排列

绝大多数细菌在进入 VBNC 状态后,菌体体积会明显缩小而呈现球形或不规则球形。如,在正常状态下,溶藻弧菌为杆状,大小平均为 $3\ \mu m \times 0.8\ \mu m$,而 VBNC 态的溶藻弧菌由杆状缩为平均直径为 $0.55\ \mu m$ 的球形。采用扫描电镜对副溶血弧菌的 VBNC 状态和正常状态进行观察,发现 VBNC 状态的副溶血弧菌的细胞体积明显缩小,由原来的杆状、短杆状或弧状变为球状。值得注意的是,并非所有的 VBNC 菌都会出现与上述相似的形态变化,有些细菌在进入 VBNC 状态时菌体反而会略有伸长或者变粗。有研究发现 VBNC 态的双歧杆菌在形态上会被拉长、变细,而保加利亚乳杆菌 ND02 进入 VBNC 状态后仅缩短、变粗,但仍保持杆状。另外有些经低温诱导产生的 VBNC 菌菌体形态不会发生变化,但细胞的表面分泌物会增多使细胞黏性增大,并出现成团现象。除形态变化之外,有些细菌在进入 VBNC 状态之后排列方式会发生变化,比如在诱导乳酸杆菌进入 VBNC 状态的过程中,其菌体聚集程度增大,并互相交联呈长链状排列。

6.3.1.2　细胞结构

细菌进入 VBNC 状态以后,其细胞壁、细胞膜及细胞质会发生一系列的变化,这些变化主要表现为细胞壁变厚,富有弹性,对不良环境的耐受性增强;细胞膜表面成分变化;细胞质浓缩。在革兰氏阳性菌和革兰氏阴性菌进入 VBNC 状态时会出现肽聚糖重组现象,这也是 VBNC 菌的一种特点。将 VBNC 状态的副溶血弧菌与对数生长期、稳定期、死亡状态的细胞相比,能够发现 VBNC 菌的细胞壁抗性明显增强,肽聚糖交联度明显增加。相似地,大肠杆菌进入 VBNC 状态后,细胞壁中的肽聚糖以异常的 DAP-DAP 交联方式三倍增加,肽聚糖和脂蛋白的共价结合增多,肽聚糖骨架间的距离减小,使细胞壁更加致密。VBNC 状态下的创伤弧菌,其膜表面主要脂肪酸组成发生变化,C16、C16:1、C18 等脂肪酸含量下降,短链和长链脂肪酸含量增加。而 VBNC 霍乱弧菌的细胞质密度增加,总的细胞脂质、碳水化合物和聚-β-羟丁酸的含量降低。

6.3.1.3　代谢活性

处于 VBNC 状态的细菌,在细胞新陈代谢方面会出现一些明显的变化,表现为对营养物质的吸收减慢,呼吸速率降低,代谢水平和大分子合成速率降低,核糖体和染色质密度降低,细胞质浓缩,蛋白质和脂质总量下降,总体酶活力下降,但仍然能够维持细菌自身的基础代谢。一般来说,VBNC 细菌体内的蛋白表达减少,蛋白含量会降低,但这并不意味着蛋白合成停止,相反细胞会合成一些正常状态菌所不具有的新蛋白来维持代谢,以适应恶劣的生存环境条件。例如,VBNC 状态下的费氏霍乱弧菌能够产生 40 种新的蛋白质,来维持 VBNC 状态时自身的代谢需求。全菌蛋白 SDS 非连续变性电泳显示,诱导 30 天的副溶血性弧菌蛋白条带明显比正常状态菌的条带少,但是诱导 60 天即已经进入 VBNC 状态的副溶血弧菌的蛋白条带比诱导 30 天的蛋白条带多,而比正常状态菌的蛋白条带少。VBNC 状态的痢疾志贺氏菌保持着较高水平的代谢活性,有氧氧化和底物水平磷酸化水平较高,但细菌分裂能力和蛋白表达能力均下降,具体表现为有氧呼吸能力变强、厌氧呼吸减弱,分解代谢能力加强,合成代谢减弱

（如糖和蛋白质），外源核苷酸分解利用能力下降等。VBNC 霍乱弧菌的 DNA、RNA 和蛋白质的含量下降，VBNC 态大肠杆菌和沙门氏菌的 mRNA 浓度小于正常态，且 VBNC 态大肠杆菌的总体酶活力低于正常态。进入 VBNC 态期间，乳酸乳球菌体内的氨肽酶和脂肪酶活性会降低至低于检测的最小值。

当细菌进入 VBNC 状态以后，细胞体内各物质组分密度降低，菌体对底物的利用减少，代谢频率降低而进入休眠状态，保证了细胞在极端条件下仍能维持机体活性。有学者认为在面临环境胁迫时 VBNC 菌以自我消耗的方式提供能量，首先代谢碳水化合物，其次是蛋白质和 RNA，而 DNA 多被保护。DNA 作为遗传指令，是细胞生长和分裂的基础，一旦其含量降低到阈值以下，细胞将难以复苏，并逐渐走向死亡。

6.3.1.4　可复活性

细菌在宿主体内或者在适宜的条件下，从 VBNC 状态转移进入可培养状态（即恢复生长，形成菌落）的过程称之为复活（resuscitation）。可复活性是 VBNC 细菌最明显的特征。复活是一个极其复杂的过程，不是简单的诱导的可逆过程。由于不同菌株对生长环境条件的要求不同，故不同细菌乃至同一细菌的不同菌株对复活条件的要求也不相同，且并非所有的 VBNC 细菌都能实现复活。细菌进入 VBNC 态的时间会影响到 VBNC 菌的复活，因为 VBNC 态细胞具有在一定时期内保持复活的能力，而长时间保持 VBNC 态的细胞会逐渐丧失复活的能力，表现为复活后可培养细胞数量的减少，甚至不能被复活。目前常用的复活方法主要有逐步升温法、添加有机物质法、富营养法和生物法。在复活过程中，RNA 的合成最先开始，其次是蛋白质，最后才恢复至原有形态，但细菌的这些生化过程都是在可耐受的环境条件范围内进行的。

一般来说，VBNC 状态复活后的菌体与正常状态的菌体在细胞形态、生理特性、代谢活性、致病性和毒力方面无明显差异。例如，对复活后的副溶血性弧菌进行生长曲线和生理生化指标测定，以及毒力基因扩增和毒理学试验，结果表明从 VBNC 状态复活后的菌株与标准菌株的生理生化指标和致病性基本一致。研究复活后溶藻弧菌的生理生化特征及对斑马鱼的致病性，结果发现，与正常菌株相比，复活菌株对紫外辐射、热激、冷激的抵抗力没有明显变化，复活菌株对斑马鱼的 LD_{50} 为 6.25×10^6 CFU/尾，与野生菌株的 LD_{50}（4.8×10^6 CFU/尾）没有显著差异。但也有学者发现复活后的 VBNC 菌与正常状态的菌相比，其某些特性会有所改变。例如，金黄色葡萄球菌经肉汤升温方法复活后，其菌落与正常菌落相比呈乳白色，且无溶血圈；其尿素酶为阴性，对环境的应激抵抗力也略有减弱。通过测定发酵期间 pH 和滴定酸度变化，发现 VBNC 态复活的保加利亚乳杆菌 ND02 的发酵性能不及正常态。目前国内外关于此方面的研究还处于初始阶段，其具体的形成机理和调控机制尚不清楚，需要大量深入的研究和探讨。

6.3.1.5　毒力和致病性

VBNC 态致病菌的毒力和致病性一直是相关领域的研究热点，但目前国内外对 VBNC 态病原菌的致病性并没有明确的定论，且大部分研究中所涉及的 VBNC 菌的致病性主要依赖于细菌的复活。

大多数病原菌在进入 VBNC 状态后会保留部分毒力和潜在的致病性，一旦复活便重新具有致病性和感染性。因此，VBNC 病原菌的这种致病潜能不容小觑，因为细菌在适当的体外或体内条件下很容易复活。比如将 VBNC 态空肠弯曲杆菌在无菌条件下注射到鸡胚中，并于

42℃下培养 7 天即可检测到可培养的空肠弯曲杆菌。将 VBNC 状态以及复活后的副溶血弧菌注射至金鱼体内进行毒力测定，可以发现注射 VBNC 状态副溶血弧菌细胞的金鱼在实验期间未出现致病或死亡，而注射复活后副溶血弧菌细胞的金鱼在 5 天后全部死亡。实验结果说明，VBNC 状态的副溶血弧菌保持了其致病潜能，而伴随着复活的实现，其致病性得以恢复。值得注意的是，大多数 VBNC 态病原菌仍保留其致病基因，且部分基因仍然可以表达。有学者曾用 VBNC 态痢疾志贺氏菌感染体外培养的 Vero 非洲绿猴肾细胞和 HT-29 人结肠癌细胞，以此来判断细菌产毒素情况以及细菌的黏附力和侵袭力。结果发现，VBNC 状态的痢疾志贺氏菌血清型 I 型能够表达具有细胞毒性作用的志贺毒素，使贴壁生长的 Vero 细胞丧失贴壁能力，且能够黏附和侵袭 HT-29 肠道上皮细胞。而致病性的弧菌属在进入 VBNC 状态后仍能表达 *ctxAB*、*rtxA*、*hlyA*、*tdh* 和 *vvhA* 毒素以及 *tcpA* 和 *ttss* 毒力基因。

一般来说，病原菌进入 VBNC 态的时间越久，完整性越容易被破坏，其毒力和潜在的致病能力也会有所下降。例如，处于 VBNC 状态的痢疾志贺氏菌血清型 I 型表达外毒素的量、黏附性和侵袭性均低于对数生长期的细菌；*E.coli* O157：H7 在 VBNC 状态下对宿主细胞的黏附能力降低；以浓度为 0.5% 的 NaCl 诱导副溶血弧菌 ST550 进入 VBNC 状态后进行细胞毒性试验，发现 VBNC 菌体的毒性弱于正常对数期菌体。虽然 VBNC 态致病菌的毒力和致病性与正常态相比有所减弱，但仍能造成一定的损伤甚至死亡。比如将 VBNC 态副溶血弧菌 ST550 注射到乳鼠体内，57 h 后乳鼠全部死亡。

6.3.1.6 抗原性与耐药性

VBNC 状态的细菌能够保持正常细胞的部分表面抗原成分，具有一定的抗原性，能与特异性抗体结合，因此可以采用免疫学方法进行检测。有学者将霍乱弧菌 O1 菌株和 O139 菌株放置于 4℃ 营养匮乏的海水中，经过很长一段时间后采用单克隆荧光抗体阳性反应测定，发现这些菌株仍然保持其原有的抗原性。然而，由于 VBNC 菌形态的变化，如皱缩、体积缩小，其与特异性抗体的结合能力会有所下降。有些 VBNC 态细菌具有耐药性，如肠球菌在 VBNC 状态下仍保留对万古霉素的抗性特征，且这一特征在整个 VBNC 状态中不受影响。另外，VBNC 态肠球菌能够维持 *vanA* 和 *vanB* 两种万古霉素抗性基因表达的能力长达一个月，复活后这两种基因在肠球菌细胞中仍然可以表达。VBNC 态的耻垢分枝杆菌对潮霉素和强力霉素具有较强的耐药性。

6.3.2 食品中 VBNC 菌的产生

在 1982 年 VBNC 菌被发现之后，近年来发现了很多不同种类的细菌均具有形成 VBNC 状态的能力。2015 年，据统计共有 68 种 VBNC 细菌，不同环境中所发现 VBNC 菌的种类与日俱增。食品在加工、运输和储存过程中经常暴露在复杂的环境里，其存在的各种胁迫因素为诱导 VBNC 细胞的产生提供了机会，部分细菌会进入 VBNC 状态（图 6-6）。诱导细菌进入 VBNC 状态的因素主要包括低温、寡营养、高渗透压、极端 pH、极端氧气等。例如，葡萄汁具有低 pH、低含量的碳水化合物、天然抗菌物质、低贮藏温度（4~8℃）、贮藏时间（24~48 h）等条件能够使大肠杆菌、单增李斯特菌、鼠伤寒沙门氏菌和志贺氏菌进入 VBNC 状态。总的来说，在很大程度上使得细菌最佳生长条件发生偏离的因素（物理因素、化学因素、生物因素和环境因素）均可能胁迫细菌进入 VBNC 状态（表 6-1）。

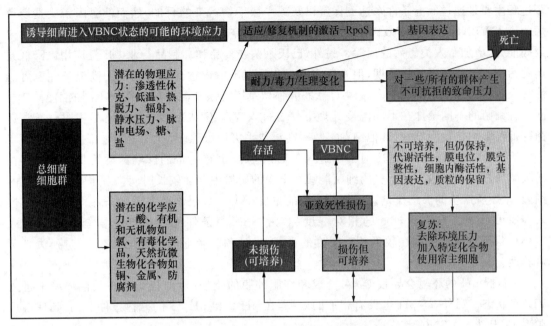

图 6-6　细菌 VBCN 状态的形成过程

表 6-1　常见食源性致病菌形成 VBNC 状态的条件

菌名	存活环境	诱导条件
革兰氏阴性菌 G⁻		
空肠弯曲杆菌	未处理水,生牛奶,家禽肉	富氧,低温
爱德华氏菌	淡水河海洋鱼类	寡营养,低温
阪崎肠肝菌	奶制品	干燥
大肠杆菌	蔬菜,饮用水	寡营养,低温,紫外光,高压 CO_2 处理
假单胞菌	家禽肉	寡营养,氯化作用,高温
沙门氏菌	家禽,鸡蛋	干燥,寡营养,低温
副溶血性弧菌	海鲜,生的或未煮熟的海产品	寡营养,低温,氧化压力
耶尔森氏菌	冷藏产品	寡营养,低温
革兰氏阳性菌 G⁺		
蜡状芽孢杆菌	谷物	高压脉冲电场
单增李斯特菌	生的奶制品,肉制品,蔬菜,香肠,即食食品	寡营养,低 pH,低温,化学食品防腐剂,高压脉冲电场
金黄色葡萄球菌	广泛的食品环境中	寡营养,低温,抗生素(万古霉素,奎奴普丁,达福普丁)

6.3.2.1　物理因素

　　食品加工、贮存和运输过程中采用的一些物理手段和技术可能诱导细菌形成 VBNC 状态,这些物理胁迫因素主要包括温度、冷冻、干燥、渗透压、辐照、脉冲电场、高压、高氧以及低营养环境等。

　　温度:各种物理因素中,温度可能是诱导细菌进入 VBNC 状态最为显著的因子。食品贮藏过程主要是通过低温条件来达到保鲜以及减少微生物污染的目的,然而低温因素又是使致病菌进入 VBNC 状态的有效因素。在 4℃ 的条件下,空肠弯曲杆菌可进入 VBNC 状态并保留致病能力,增加了人类患病的风险。另外,巴氏杀菌在食品和乳制品行业中广泛应用以降低致病菌污染的风险并延长保质期,但有研究发现食品加工中未达到致死温度的高温条件也可能使得大肠杆菌和假单胞菌进入 VBNC 状态并保留基因转录和翻译的功能。不同的细菌,甚至同一种细菌的不同菌株在不同温度处理下是否进入 VBNC 状态的可能性不尽相同。通常弧菌受低温影响比较明显,而其他细菌多数对高温似乎更加敏感。

干燥:在自然环境中,湿度对细菌进入 VBNC 状态也有一定的影响。婴幼儿奶粉中存在的阪崎肠杆菌和其他肠杆菌科的细菌能够在干燥的奶粉中存活较长时间。对于一些植物源的细菌,干燥所产生的渗透压是该类细菌面临的主要压力。短根瘤菌在干燥条件下可被诱导进入 VBNC 状态。香菜叶较低的相对湿度(47%～69%)条件能够诱导单增李斯特菌进入 VBNC 状态。沙门氏菌在较低相对湿度的香菜、大豆和玉米上的数量也会减少,进而失去可培养性。

pH:低 pH 的环境会导致 DNA 合成和细胞外膜的受损,弯曲杆菌可在酸性环境下进入 VBNC 状态。另外,高 pH 也具有相似的效果,在 pH 9 和 pH 11 的碱性条件下,粪肠球菌可在第 15 天进入 VBNC 状态。

渗透压:渗透压也是诱导细菌进入 VBNC 的一个重要的因素,而盐度是产生渗透压的主要原因,多数淡水细菌受渗透压的影响比较明显,如较高渗透压对弯曲杆菌能产生很明显的失活作用,但是对海洋细菌进入 VBNC 状态的影响很小。

寡营养环境:让细菌处于寡营养条件下进而诱导其进入 VBNC 状态是产生 VBNC 菌最常用的手段。将李斯特菌在无菌蒸馏水中培养,25～47 d 可使其进入 VBNC 状态。当然寡营养条件大多是与光照、温度等诱导因素联合起作用,单一的营养缺乏对细胞的影响也不是很明显。同时添加营养并不一定可以增强细菌的活性,如产气杆菌等,会由于营养的突然增加导致细胞代谢紊乱,导致可培养性降低。水中的寡营养条件可使大肠杆菌、弧菌以及空肠弯曲杆菌进入 VBNC 状态,菌体中毒力基因以及代谢相关基因在进入 VBNC 状态 3 个月后仍然能够表达。

富氧:与胃肠道适宜的生存环境相比(低氧水平,高营养,适宜生长温度),大气中的高氧条件是空肠弯曲菌在家禽肉制品、加工、运输和贮藏过程中必须克服的一大压力,富氧条件能够诱导肉制品中 VBNC 菌的产生,而常规手段难以检测,从而对肉制品的贮存和食用安全性造成威胁。

辐照:随着生活水平的提高,人们对食品保鲜度的要求也日益提高,传统的食品热杀菌技术已经不能满足人们对食品高质量的需求,因为热杀菌过程会导致食品中营养物质、色泽、风味在一定程度上遭受破坏,而辐照技术则能在很大程度上避免上述情况的发生,所以辐照技术将在食品加工领域得到更加广泛的应用。辐照技术的流行和广泛应用同样可能导致辐照产品中的 VBNC 状态菌的产生。紫外线杀菌的原理是使微生物细胞内核酸、原浆蛋白、酶类发生化学反应,导致细胞质变性。另外,紫外线在一定程度上可以激发空气中的氧气转变成臭氧并且破坏微生物细胞膜,影响细菌活性,从而迫使其进入 VBNC 状态。研究表明,紫外辐射可引起大肠杆菌和铜绿假单胞菌进入 VBNC 状态且细胞膜仍保持完整性。

脉冲光:脉冲光是以脉冲形式强烈激发的一宽光谱的白色闪光,波长范围从远紫外(200～

300 nm)、近紫外(300~380 nm)、可见光(380~780 nm)到远红外(780~1 100 nm),谱带的分配与太阳光相似,但每一脉冲闪光强度约是海平面处太阳光强度(包括被大气层滤掉的某些紫外线)的 20 000 倍,发射峰值集中在 400~500 nm。脉冲光中的紫外部分有很好的生物作用,这部分波长下光的杀菌作用主要是通过蛋白质和核酸中高度共轭的碳碳双键的吸收引起的。然而,脉冲光具有良好的杀菌效果是由于脉冲光中可见光、红外线和紫外线三者的协同作用。与单纯紫外光相比,脉冲光具有更显著的杀菌效果。通过研究发现脉冲光处理后的单增李斯特菌和大肠杆菌大量进入 VBNC 状态,部分细菌发生代谢损失、细胞膜损伤。

高压二氧化碳(high pressure CO_2, HPCD)技术:HPCD 技术主要应用于液态食品的杀菌,尤其是果蔬汁制品,还有牛奶、啤酒等。虽然 HPCD 技术是一门新兴技术,但也有研究表明 HPCD 技术处理后能致使食源性致病菌进入 VBNC 状态。HPCD 可使细菌的与代谢相关的基因和蛋白发生明显改变,抑制细胞分裂从而诱导大肠杆菌 O157:H7 进入 VBNC 状态。

高压脉冲电场:高压脉冲电场杀菌主要是应用瞬间高压电脉冲作用于放置在两极间的食品,杀灭食品中有害的微生物,从而保持食品的品质并达到一定的保藏期。但研究表明,高压脉冲电场可诱导酵母菌、大肠杆菌、蜡状芽孢杆菌和单增李斯特氏菌进入 VBNC 状态。

6.3.2.2　化学因素

食品加工过程中会经常使用到一些化学物质,比如食品中添加防腐剂延长其保质期,或者用消毒剂对加工厂房及其设备进行消毒。这些防腐剂、消毒剂的适当使用能大大提高食品的安全性,可是一旦使用不当,不但不能提高食品安全性,反而会诱导细菌进入 VBNC 状态,潜在威胁着人体健康。

消毒剂:食品加工储藏过程中经常使用化学物质提高食品安全性,其中消毒剂和防腐剂的不当使用可能是诱导细菌进入 VBNC 状态最常见的化学诱导因素。消毒剂对于防止致病菌、腐败菌对新鲜食品原料及产品所造成的污染发挥重要作用。由于长时间使用低浓度消毒剂导致耐药菌株的产生已经得到证实,事实上消毒剂的短期使用也能诱导致病菌进入 VBNC 状态。分子检测技术的应用证实了含氯消毒剂处理的自来水中存在 VBNC 状态的大肠杆菌 O157:H7、空肠弯曲杆菌、鼠疫耶尔森菌以及嗜肺军团菌。在二级处理废水中,氯消毒已被证明能诱导大肠杆菌和沙门氏菌进入 VBNC 状态。采用加氯二次消毒过的污水培养大肠杆菌和鼠伤寒沙门氏菌诱导其进入 VBNC 状态,表明细菌进入 VBNC 状态后,可以保护自身不受氯处理的影响。然而,不同菌株对消毒剂的响应存在很大的差别,金黄色葡萄球菌只有在高于 2 mg/L 的次氯酸钠环境中,可培养性才会迅速下降,而 1.1 mg/L 的次氯酸钠只需 10 s 即可促使 99% 的大肠杆菌以及鼠伤寒沙门氏菌的可培养性消失。

防腐剂:防腐剂是一类广泛使用的食品添加剂,针对其胁迫效果,研究主要集中在二氧化硫以及一些酸性防腐剂中。在酿酒厂,二氧化硫在食品保存中作为抗菌剂被使用,研究表明,SO_2 也可诱导葡萄酒中的酒香酵母菌进入 VBNC 状态,主要是由于亚硝酸盐的毒性和氧化应激反应。另外,由 SO_2 诱导所形成的一定数量的 VBNC 乳酸菌对苹果酸乳酸发酵具有一定的贡献。在食品保藏中,弱酸经常被用来抑制细菌的生长。食品工厂中常用的弱酸有醋酸、丙酸、山梨酸、乳酸和苯甲酸。在低 pH 环境下,弱酸处于未电离状态,可自由穿过脂膜进入细胞质从而发挥其抑制作用。

6.3.2.3　生物因素

研究表明,万古霉素、奎奴普丁和达福普丁可诱导金黄色葡萄球菌进入 VBNC 状态。抗生素胁迫产生 VBNC 的机制有多种:H_2O_2 和内源性氧化应激源的存在可能在 VBNC 状态的形成中起着重要的作用。奎奴普丁和达福普丁具有抑制蛋白质合成的作用也可能导致 VBNC 的形成。另一方面,万古霉素导致的细胞壁修饰可能使细胞壁厚度增加,形成典型的 VBNC 特征。此外,由于抗生素可以作为基因表达的调节因子,因此它们可以诱导 VBNC 状态的细胞修饰。

粪肠球菌 56R 菌株在 4℃ 湖水中培养 15 天后能够进入 VBNC 状态,这种现象表明 56R 菌株能产生壳质酶,同时也表明海水和湖水中的细菌可以依附在挠足虫类浮游生物上使其逃避不利的生长条件,从而证明活的生物对细菌可能具有一定的保护作用。嗜肺军团菌在合成的饮用水中 25℃ 下培养 30 天后可以进入 VBNC 状态,并且这种状态能持续 190 天,在棘阿米巴属的聚合噬菌体作用下才能够复活。

6.3.2.4　其他因素

一些基因的过度表达也能够促进细菌进入 VBNC 状态。*hipA* 基因的过度表达能促进大肠杆菌进入 VBNC 状态。采用人工海水低温诱导嗜盐弧菌进入 VBNC 状态,同时发现 VBNC 状态下的嗜盐弧菌的谷胱甘肽 S-转移酶得到高效表达,这个过程还可以用来解释在低温海水中存在野生型嗜盐弧菌的原因。将大肠杆菌 K12 菌株在灭菌的寡营养蒸馏水中 4℃ 下培养 56 天后进入 VBNC 状态,在 1% 的 LB 培养基上得到高水平的复活,而大肠杆菌 XL/GFP 株在 28℃ 的活性淤泥上清液中培养 10 天后也进入 VBNC 状态。将单核细胞增生李斯特菌 ScottA 株在污泥中培养 17 天后可诱导其进入 VBNC 状态。

6.3.3　VBNC 菌的复活

6.3.3.1　VBNC 菌复活的定义

"复活"这一概念由 Roszak 在 1984 年首次提出,当时是用来描述处于不可培养状态的肠炎沙门氏菌在加入亚硝酸盐肉汤后恢复到可培养的过程。20 多年后,Baffone 将"复活"定义为 VBNC 细胞在新陈代谢和生理学状态上发生反转变化的过程。据有关研究报道,目前只有 26 种 VBNC 人类致病菌可以被成功复活。这些 VBNC 菌的复活是由许多促进因子参与诱导而发生的,比如提高培养温度、增加营养物质的浓度或者与宿主细胞共同培养(表 6-2)。但如何鉴定新生细胞是来自于 VBNC 菌的"复活"还是原有残存的可培养细胞的正常增殖?至今,科学家们还没有找到一种有效可行的方法去区分这些新生细胞的来源。因此,研究 VBNC 菌"复活"最理想的实验条件是实验样品中不存在可培养细胞。然而,由于检测技术的限制,完全做到消除可培养细胞还无法实现,所以,目前"复活"实验都是在将可培养细胞的数量降低到可检测限以下,并且 VBNC 菌的数量相对较高的实验条件下进行。

6.3.3.2　VBNC 菌复活的影响因素

目前,约有一半的 VBNC 人类致病菌被证实可以实现复活,但这并不意味着,其余的致病菌不具备复活的能力。因为有可能是人们还没有找到复活后者的实验条件。研究人员在鸡胚中培养 VBNC 状态的弯曲空肠杆菌并成功将其复活,但在富营养培养基中却没有成功,这表明,复活所需的培养条件和促进因子是具有高度特异性的。事实上,许多因素都会影响到 VBNC 菌的复活,如 VBNC 菌的种类、诱导形成 VBNC 状态的实验条件,以及提供的复活条

表 6-2　VBNC 状态细菌的复活条件及复活窗

种属	复活条件	复活窗
嗜水气单胞菌	提高温度	
结肠弯曲杆菌	鸡胚	
空肠弯曲杆菌	富营养培养基,小鼠小肠,鸡胚	15 天
弗氏柠檬酸菌	添加肠道菌群自体诱导物的富营养培养基	11 年
迟钝爱德华菌	提高温度,富营养培养基,鸡胚	
粪肠球菌(粪链球菌)	提高温度,富营养基培养,鸡胚,不含丙酮酸钠的琼脂、牛肝过氧化氢酶、超氧化物歧化酶	60 天
大肠杆菌	添加肠道菌群自体诱导物的富营养培养基,添加了氨基酸的基础培养基,活性培养物上清,提高温度	
幽门螺旋杆菌	缓慢升温,不添加过氧化氢酶的琼脂	
嗜肺军团菌	阿米巴变形虫	
单增李斯特氏菌	添加丙酮酸钠的基础培养基	
藤黄微球菌	富营养基培养,活性培养物上清	6 月
耻垢分枝杆菌	富营养基培养,活性培养物上清,Rpf	
结核分枝杆菌	添加过氧化氢酶的富营养基培养	3.5 月
铜绿假单胞菌	提高温度,添加铜离子螯合剂的富营养基培养	
肠炎沙门氏菌	富营养基培养	<21 天
鼠伤寒沙门氏菌	添加肠道菌群自体诱导物的富营养基培养,热激,提高温度	
霍乱弧菌	人类肠道,真核细胞系,兔子肠道	110 天
河流弧菌	富营养基培养	6 年
副溶血性弧菌	提高温度	2 周
创伤弧菌(type 1 & 2)	富营养基培养,提高温度,小鼠,贝类	3 天
鼠疫耶氏菌	富营养基培养	

件等。研究人员通过对 VBNC 大肠杆菌的复活研究后发现:不同种的 VBNC 大肠杆菌复活需要的介质并不相同,这说明其复活过程对 VBNC 菌的种类和培养条件具有高度依赖性;另外,复活过程只发生在细菌进入 VBNC 状态后的一定时间段内,所以 VBNC 菌的菌龄也会影响其复活;此外,研究还发现,在 4℃的培养温度中,通过诱导进入 VBNC 状态的细菌可以通过加入富营养的培养基实现复活,然而在 25℃时进入 VBNC 状态的细菌,无论加入所测试的任意一种培养基都不能实现其复活,这表明诱导 VBNC 状态产生的条件也会影响其复活的成功率。除了这些直接影响因素以外,有些细菌还会与诱导复活的实验条件发生互作效应,如副溶血性弧菌和鼠伤寒沙门氏菌。2013 年,Pinto 首次提出了"复活窗"(resuscitation window)的概念,它表示在复活诱导因子的存在下,VBNC 细胞保留复活能力的时间段。当处在 VBNC 诱导环境中时,同一样品中的不同个体细胞会在不同的时间点进入 VBNC 状态。该理论假设同一物种具有一个固定时间长短的复活窗,所以,较"老"的 VBNC 细菌会比较"年轻"的 VBNC 细菌率先失去复活能力。因此随着时间的推移,复活后的细胞总量会减少。例如研究人员发现霍乱弧菌进入 VBNC 状态后的第 74 天到第 91 天期间,复活的细菌总数呈现出逐渐减少的趋势。然而目前大多数研究中细胞的复活能力都是在细胞全部进入 VBNC 状态后立刻进行测

定的。因此,关于不同菌株的复活窗长短的实验数据并不多见。通常研究人员在某一特定时间点成功复活 VBNC 菌后,不会在后续的某些时间点重复进行 VBNC 菌的复活实验,这也就导致了人们对于复活窗的认识不足。尽管如此,目前还是有研究通过复活不同时期的 VBNC 菌来确定某些菌的复活窗长短(表 6-2)。研究人员通过对不同菌龄的 VBNC 布氏弓形杆菌进行研究,推测菌龄只有在 270 天以内的 VBNC 布氏弓形杆菌才可以在添加富营养培养基的条件下成功复活。此外,菌龄为 3 个月和 6 个月的 VBNC 藤黄微球菌分别可以在 2 个月以内和 10 天以内复活。不同物种具有不同时间长度的复活窗,多至弗劳氏枸橼酸杆菌的 11 年,少至肠炎沙门氏菌的 4 天。

6.3.3.3 复活促进因子

1984 年,Roszak 等通过添加富营养培养基成功复活了 VBNC 肠炎沙门氏菌,因此富营养培养基也成为第一个被发现的复活促进因子。在随后的其他实验中,人们又发现了各种各样的复活促进因子。这其中不仅包括物理促进因子,比如改变培养温度,还包括各种化学促进因子,比如混合气体、氨基酸、活性组织的上清液,活性细胞的分泌物等等。除此之外,宿主细胞也是一种 VBNC 菌的复活促进因子。正如之前所提到的,这些促进因子并不适用于所有种类 VBNC 菌的复活。甚至,在不同实验条件下的同种 VBNC 菌,其促进因子也会不同。例如,提高温度可以复活 VBNC 绿脓假单胞菌,但是不能复活 VBNC 布氏弓形杆菌和幽门螺旋杆菌。在众多的人类致病菌中,弯曲空肠杆菌、大肠杆菌和创伤弧菌可以被多种复活促进因子成功复活。像丙酮酸钠、过氧化氢酶和超氧化物歧化酶这类抗氧化剂能否促进 VBNC 菌的复活,目前存在着一定的争议。研究表明,抗氧化剂只能够复活 VBNC 菌中的亚群 1(P1)。而在鼠伤寒沙门氏菌中,存在着亚群 2(P2),这个亚群不能被抗氧化剂复活,却可以被一种所公认的复活促进因子"自体诱导物"(autoinducer)所复活。

6.3.3.4 复活机制

(1)宿主细胞

宿主细胞作为一种复活促进因子,由于其与细菌之间存在着极其复杂的互作关系,VBNC 细胞在宿主细胞中的复活机制还存在着许多未解之谜。迄今为止,众多的实验已经证明,VBNC 细菌可以在阿米巴变形虫、真核细胞系、蛤类、鸡胚、老鼠、兔子和人体中成功复活。这些细胞或者动物都是细菌在自然界中的典型宿主。例如,VBNC 状态的嗜肺军团菌可以在阿米巴变形虫中复活。作为大多数细菌潜在的宿主,鸡胚可以复活结肠弯曲杆菌,空肠弯曲杆菌、迟钝爱德华菌和粪肠球菌等。这可能是由于鸡胚中含有丰富的营养物质或者适宜的培养温度。

(2)清除环境压力和添加特异的化合物

除了通过宿主细胞进行复活诱导之外,还有两种至关重要的因素也可以促使 VBNC 细胞进行复活。其一,去除外部的环境压力。众所周知,当面临营养物质匮乏和环境温度降低时,细菌会自动进入到 VBNC 状态。因此,消除这些存在的外部压力,比如添加营养物质或者提高培养环境的温度都可以促使 VBNC 细菌复活的发生。然而,营养物质和培养温度都必须达到适宜的条件,并不能一味地增加。例如,由饥饿引发 VBNC 状态的藤黄微球菌复活的比例,取决于培养基中酵母提取物的浓度,而酵母提取物的适宜浓度又会随 VBNC 菌的菌龄而变化。高浓度的酵母提取物可能损伤复活细胞的细胞膜进而影响细胞的培养活性。与培养基浓度相似的是,过高的温度也会抑制 VBNC 菌的复活,由低温诱导进入 VBNC 状态的副溶血性弧菌可以在 22℃ 下成功复活,但却不能在 37℃ 复活。相反,VBNC 状态的大肠杆菌大多都是在 37℃ 时复活成功,这表明复活的适宜温度具有物种特异性。研究人员通过向培养基中添加铜离子螯合剂的方法,成功复活了因铜离子而引发 VBNC 状态的铜绿假单胞菌,这表明了去除环境压力能促进 VBNC 菌的复活。

　　另外一种 VBNC 菌复活机制的假说认为 VBNC 菌的复活过程中产生了一些特定的信号分子。这些信号分子包括氨基酸、复活促进因子(Rpfs)和自体诱导物(autoinducers)等。研究人员认为 VBNC 菌的复活类似于休眠孢子的萌发,两者都会借助于某种氨基酸的刺激。通过在基本培养基中添加亮氨酸、谷氨酸、甲硫氨酸和苏氨酸的混合物,研究人员成功复活了大肠杆菌,这表明这些氨基酸可能会结合到细胞表面的受体或者进入到细胞体内进而引发 VBNC 菌的复活。

　　(3)复活促进因子 Rpfs

　　Rpf 蛋白首次在藤黄微球菌被发现,这种蛋白能够缩短细胞生长的迟滞期并且能够在极低的浓度下复活 VBNC 细胞。Rpf 蛋白属于胞外蛋白,这种蛋白活性具有物种交叉性,即 Rpf 可以影响不同种的微球菌的生长。藤黄微球菌分泌的 Rpf 蛋白可成功复活 VBNC 状态的包皮垢分枝杆菌,此外包皮垢分枝杆菌也能分泌类似 Rpf 蛋白的复活促进因子。

　　不同于上述两种细菌,结核分枝杆菌可以分泌 5 种 Rpf 蛋白类似物,这 5 种蛋白分别由基因 $rpfA$、B、C、D、E 所编码。由于这 5 种蛋白具有相似的结构和功能,并且将这 5 种基因全部敲除后细菌仍能正常生长。但在细菌的对数生长期、细菌处于某种环境压力下和早期的复活阶段时,这些基因的表达情况存在差异,这表明这 5 种基因或许在细菌的生长和生存中扮演着不同的角色。研究人员将其中 3 种 rpf 基因敲除后,结核分枝杆菌在老鼠体内的生长受到了抑制,同时阻止了 VBNC 菌的复活,这表明这 3 种基因的功能不能被其余两种基因所替代。研究者将不同 rpf 基因缺失株混合后,其在琼脂板上的生长,对 SDS 的敏感度以及毒力都会发生明显的变化。所有这些发现都说明结核分枝杆菌分泌的这 5 种 Rpf 蛋白对于细菌的生长并不是完全多余的。

　　目前,科学界提出了 3 种模型用来揭示 Rpf 蛋白所介导的 VBNC 细胞复活机制。第一种模型认为,Rpf 蛋白是由具有生长活性的细菌分泌的细胞信号分子,这些信号分子可以结合到细胞表面的受体上,进而引发 VBNC 菌的复活。第二种模型认为,Rpf 可以降解或者改变 VBNC 细菌细胞壁中的肽聚糖,从而诱导细菌复活的进行。然而,目前还没有研究能直接证明 VBNC 菌的复活跟肽聚糖的改变有关。提出这一模型主要是根据所有发现的 Rpf 蛋白都含有一个高度保守的结构域,该结构域与溶菌酶和糖基转移酶具有高度的相似性,而后两者都能够降解细菌细胞壁中的肽聚糖。此外,RpfB、RpfE 可以与 Rpf 互作蛋白 A(RipA)发生相互作用,而 RipA 是一种肽聚糖水解酶。第三种模型也是基于 Rpf 蛋白对肽聚糖的降解。然而,与第二种模型不同的是,Rpf 不是直接改变 VBNC 细胞的细胞壁,而是通过肽聚糖分解后产生的次级代谢物与细胞表面的受体结合从而引起 VBNC 细胞的复活。这一模型的提出主要是根据两点:①Rpf 是结合到细胞膜上,并非分泌到培养基中;②通过 Rpf 降解或者超声波裂解的肽聚糖代谢物都可以促进微球菌的复活。PknB 是一种丝氨酸/苏氨酸膜激酶,它的胞外结构域可以与肽聚糖裂解物结合。一种人工合成的胞壁肽被证明与 VBNC 菌的复活有关,而 PknB 与这种胞壁肽又有着密切的关系,因此 PknB 可能也与 VBNC 菌的复活相关。这种模型也为 VBNC 能在动物模型中复活提供了很好的证据,因为动物的免疫组织可以分泌溶菌酶分解细菌的细胞壁产生的肽聚糖裂解物，进而引起 VBNC 菌在动物体内的复活。

（4）自体诱导物（autoinducers）

自体诱导物具有热稳定性，许多革兰氏阴性菌和部分革兰氏阳性菌都能产生，而 Rpf 大多见于微球菌属和分枝杆菌属。1999 年，研究人员等首次在添加了儿茶酚胺类激素和去甲肾上腺素的大肠杆菌培养基中发现了自体诱导物，随后又在未添加去甲肾上腺素的培养介质中也发现了自体诱导物。自体诱导物除了具有热稳定性外，还具有透析性、酸碱稳定性、抗蛋白酶等特性。大肠杆菌至少可以分泌两种自体诱导物 AI-2 和 AI-3，这两种诱导物可以通过靶细胞上的 TonB 依赖性受体进入细胞体内。在创伤弧菌中，添加 LuxR 抑制剂可以延缓由 AI-2介导的 VBNC 菌复活过程。这表明，这种自体诱导物可以与群体感应调控子 SmcR 发生相互作用。同时，他们还发现 RpoS 对于 VBNC 菌的复活也起到了重要的作用，增加 AI-2 的含量可以提高 RpoS 表达量，进而促成了 VBNC 菌复活。除此之外，自体诱导物也具有物种交叉性，即不同物种分泌的自体诱导物对除了自身之外的 VBNC 菌也具有促进其复活的功能。研究者利用鲁氏耶尔森氏菌产生的自体诱导物成功复活了 VBNC 状态的弗氏枸橼酸杆菌、大肠杆菌、聚团肠杆菌和鼠伤寒沙门氏菌。

6.3.3.5 复活机制待解决的问题

细菌产生的复活促进因子和自体诱导物对 VBNC 菌的复活具有极其重要的作用，但 VBNC 菌的复活究竟是需要适宜的环境条件还是仅靠这些细菌产生的促进因子就可以诱导复活的进行目前并未清楚。2009 年，Epstein 等提出细菌可以随机地复活并且不需要环境因素的诱导。根据这一假说，VBNC 状态的细菌也可能具有随机复活的特性。如果环境条件合适，这些随机复活的细胞就可能增殖出新的菌群或者分泌出信号分子去诱导其他 VBNC 菌的复活。研究人员在创伤弧菌研究中发现自体诱导物 AI-2 的含量会在环境温度提高 5 h 之后达到一个峰值，但是 VBNC 菌的复活却要在 7 h 以后才能检测到，这可能表明，导致大部分细胞复活的信号分子是由那些一小部分难以检测但是随机复活的细胞所产生，当然信号分子也可能是由于 VBNC 菌受到环境因素改变的刺激而产生的。目前唯一能够确定的是复活促进因子和自体诱导物的产生以及大多数 VBNC 菌的复活都需要特定的环境因素作为先决条件。自从 20 世纪 80 年代发现 VBNC 菌起，关于复活机制的研究并不多，人们对复活机制也是知之甚少。2008 年，Asakura 发现 *ompW* 基因可以调控 VBNC 大肠杆菌的复活。2014 年，Ayrapetyan 等发现 *luxS* 基因可以调控 AI-2 的产生进而影响到 VBNC 创伤弧菌的复活。然而，更多有关复活机制的分子机理尚待进一步挖掘。

❓复习思考题

1.为什么芽孢具有极强的抗逆性，并且对热、碱、酸、高渗以及辐射均有强耐受性？

2.芽孢形成和萌发的分子机制以及影响因素是什么？

3.试述芽孢在食品工业中的危害以及食品加工过程中常用的控制芽孢的方法。

4.芽孢在生产生活中有哪些有益的应用？

5.什么是生物被膜？生物被膜有哪些特性？

6.试述生物被膜形成的阶段及影响生物被膜形成的因素。

7.目前控制生物被膜主要包括哪些方法？

8.VBNC 菌的特征有哪些？举例说明 VBNC 菌与正态状态下的细菌的区别。

9.诱导食品中细菌进入 VBNC 状态的因素有哪些?

10.食品中 VBNC 菌在什么条件下可以复活?

参考文献

[1]李颖,关国华. 微生物生理学. 北京:科学出版社,2013.

[2]Adam Driks,Patrick Eichenberger. The bacterial spore:from molecules to systems,1st ed. Washington DC:ASM Press.

[3]Mckenney PT,Driks A,Eichenberger P. The *Bacillus subtilis* endospore:assembly and functions of the multilayered coat. Nature Reviews Microbiology. 2013;11(1):33.

[4]Paredessabja D,Setlow P,Sarker MR. Germination of spores of *Bacillales* and *Clostridiales* species:mechanisms and proteins involved. Trends in Microbiology. 2011;19(2):85-94.

[5]Talukdar PK,Udompijitkul P,Hossain A,Sarker MR. Inactivation strategies for *Clostridium perfringens* spores and vegetative cells. Applied & Environmental Microbiology. 2016;83(1):16.

[6]Wellsbennik MHJ,Eijlander RT,Besten HMWD,et al. Bacterial spores in food:survival,emergence,and outgrowth. Annual Review of Food Science and Technology. 2016;7(1):457-482.

[7]王一晓,张海红,章中. 理化因素诱导芽孢萌发研究进展. 农业科学研究,2016,37(01):58-64.

[8]Rabin N,Zheng Y,Opokutemeng C,et al. Biofilm formation mechanisms and targets for developing antibiofilm agents. Future Medicinal Chemistry,2015,7(4):493-512.

[9]Yang L,Liu Y,Wu H,et al. Combating biofilms. FEMS Immunology & Medical Microbiology,2012,65(2):146-157.

[10]Ramamurthy T,Ghosh A,Pazhaini,GP,et al. Current perspectives on viable but non-culturable(VBNC)pathogenic bacteria. Frontiers in Public Health,2014,2(Article 103).

[11]Zhao X,Zhong J,Wei C,et al. Currentperspectives on viable but non-culturable state in foodborne pathogens. Frontiers in Microbiology,2017,8(Article 580).

[12]王秀娟,朱琳,陈中智,等. 细菌"活得不可培养状态"的生态意义及研究进展. 微生物学通报(专论与综述),2008,35(12):1938-1942.

第 7 章

食品微生物对胁迫环境的应激性反应

本章学习目的与要求

1. 掌握微生物胁迫的基本概念与种类；
2. 了解几种常见的环境胁迫对食品微生物的影响；
3. 掌握渗透压胁迫的作用机制及其应激调控机理；
4. 掌握氧化胁迫对几种常见的食品微生物的作用机制及应激途径。

对微生物产生伤害的环境称为逆境,又称为胁迫。胁迫作用即逆境对微生物的作用。胁迫因素包括非生物因素和生物因素。胁迫(stress)原本用于逆境生理学的研究中,是生物所处的不利环境的总称。对生态学中"胁迫"概念,学者们有着不同的理解,Odum 等认为胁迫是生态系统正常状态的偏移或改变;Barrett 等将胁迫视为与"反应(response)"意义相关的概念;Knight 等把胁迫定义为作用于生态系统并且使系统产生相应反应的刺激。广义的胁迫可概括为引起生态系统发生变化、产生反应或功能失调的作用因子。逆境对微生物的伤害主要表现在细胞脱水、膜系统受破坏、酶活性受影响,从而导致细胞代谢紊乱。有些微生物在长期的适应过程中形成了各种各样抵抗或适应逆境的本领,在生理上以形成胁迫蛋白,增加渗透调节物质(如脯氨酸含量),提高保护酶活性等方式提高细胞对各种逆境的抵抗能力。

7.1　微生物热应激机制

7.1.1　微生物热应激简介

高于正常最适生长温度的温度称为热胁迫(heat stress)。热胁迫能破坏微生物细胞内的稳态,产生许多不利的影响。持续的热胁迫可以降低细胞活力,致使细胞畸变,抑制细胞的分裂生长,造成细胞膜及线粒体膜不完整,引起质膜流动性变化,破坏细胞骨架,阻断细胞代谢,抑制蛋白质合成,致使蛋白质变性发生聚集沉淀、染色体结构发生损坏等,最终导致细胞死亡。

当微生物受到热胁迫时,为了能尽快适应周围环境温度的变化,微生物的生物代谢网络会在基因、蛋白质和代谢物等水平上发生一系列动态变化,从而产生系列的热胁迫响应(heat stress responses),激发热激反应(heat shock responses),使其免受热胁迫的伤害。参与热耐性的分子包括热激蛋白(heat shock protein,HSP)、海藻糖(trehalose)、应激糖蛋白(stress glycoprotein)、超氧化物歧化酶(superoxide dismutase,SOD)、ClpP 蛋白酶(caseinolytic protease,ClpP)、膜结合 ATP 酶等,其中热激蛋白、海藻糖和应激糖蛋白对微生物耐热影响的研究已经取得了很大进步。

7.1.2　热激蛋白

7.1.2.1　热激蛋白简介

热激蛋白又称热休克蛋白或应激蛋白,是细胞或生物体在一定时间(几小时、几分钟,甚至几秒钟)内遭受高于其正常生长温度 8~12℃［一般称为亚致死温度(sub-lethal temperature)］时新合成的或含量增加的一类蛋白质,它广泛分布于各种生物体内。在分子生物学水平上,热胁迫响应是指正常蛋白质合成受阻同时产生热激蛋白的一种细胞生理活动。1982 年,在美国冷泉召开第一届研究热激蛋白的国际会议,从此,世界上对热激蛋白的研究蓬勃发展,对热应激机制的研究方法也从经典的遗传学方法过渡到了分子生物学技术上。热激蛋白广泛分布在原核和真核微生物的体内,是目前发现的最保守的蛋白质之一,微生物经过热激短时间内就可合成热激蛋白。高温以外的其他胁迫也都能诱导热激蛋白的表达和积累,热激蛋白具有交叉保护功能,一种胁迫诱导产生的热激蛋白能够提高生物体耐受其他胁迫的能力。

由于热激蛋白在表达上的多样性,根据其在十二烷基硫酸钠-聚丙烯酰胺凝胶电泳上表现的分子量大小、氨基酸序列的同源程度其及功能,它们可分为 6 个家族:HSP100、HSP90、

HSP70、HSP60、HSP40、小分子量 HSP(small HSP,smHSP),它们在生物体正常的生理代谢或胁迫响应中担负不同功能。热激蛋白家族包括组成型和诱导型,在正常的细胞中,组成型热激蛋白的丰度很高,而诱导型的热激蛋白几乎检测不到,只有受到胁迫时才会被大量地诱导表达。

7.1.2.2　热激蛋白的生物学功能

(1)分子伴侣功能

1987 年 Ellis 提出了关于蛋白质折叠与装配的辅助性组装(assisted assembly)学说,即活细胞内蛋白质的折叠及其寡聚体的装配,需要其他辅助因子,如分子伴侣(molecular chaperones)的参与。分子伴侣能够识别并结合到不完整折叠或装配的蛋白质,帮助这些多肽正确折叠、转运或防止他们聚集,是和蛋白质的跨膜运输相关的一类特殊蛋白质分子,它本身并不参与蛋白质的组成。Laskey 等提出大部分的热激蛋白发挥着分子伴侣的作用。HSP60 最早被称为分子伴侣,目前已经证明 HSP90、HSP70、smHSP 都具有分子伴侣的作用。

在正常未受胁迫细胞中,HSP70 家族成员参与 2 种伴侣功能。首先,HSP70 与核糖体上新生多肽结合,以控制新合成蛋白的折叠。其次,这些 HSP70 分子伴侣携带蛋白,将其运到不同的细胞区室,包括陪伴蛋白跨膜转运,或通过核膜孔与小泡循环中的网格蛋白相互作用。内质网上 HSP70 家族的代表性成员 BiP(Grp78)的分子伴侣功能是将蛋白转运过网膜和在网腔内再折叠和组装蛋白。在变性蛋白的再折叠过程中 HSP70、HSP40(或 Dna J)及 HSP90 均发挥着伴侣蛋白的功能。酿酒酵母中 HSP70 的辅助分子伴侣是 HSP30、Mdj1p。

在高温胁迫下,热激蛋白能够防止变性蛋白聚集和积累,协助异常蛋白降解,与细胞内变性蛋白质结合,修复错误折叠的蛋白,调节 ATP 的供能系统等,继续维持其正确的空间构象和生理生化功能。HSP90、HSP70、HSP60 和 smHSP 都具有分子伴侣的功能,其中 HSP60 和 HSP70 在新生肽的合成过程中具有协同作用。不同的家族所担负的主要功能又有所差异(表 7-1)。

表 7-1　主要热激蛋白家族及其相应的主要功能

分子伴侣家族	拓扑结构	主要功能
HSP100	寡聚合体,6 个结构域组成玫瑰环结构;2 个 ATP 酶活性部位在 N 端	水解酶活性;解聚变性的多肽聚合体
HSP90	寡聚合体,N 端为左右对称结构,N 端和 C 端之间有结合 ATP 和底物的特点	ATP 酶和组氨酸酶活性维持和稳定近成熟构象;信号传导
HSP70	环状,N 端具 ATP 酶活性	结合线形多肽并折叠成功能构象;转移和定位多亚基复合体蛋白质
HSP60 (GroEL,TriC)	14 个同型亚基构成环状多聚体,亚基具有 ATP 酶和底物结合特性	折叠"可溶性球型"蛋白质或亚基
Small HSP	双链构成的单体聚合成环状多聚体,每个单位具非折叠的 N 端和疏水的底物结合部位	抑制热激伤害造成的多肽聚合体形成

(2)使生物获得耐热性

生物获得的耐热性是指细胞或生物体在预先受到亚致死温度时,对后来的热胁迫产生抗性的能力。大量研究都证明诱导型热激蛋白的累积决定着真核细胞的耐热性,而且 HSP 的生成量与耐热性呈正相关。获得耐热性这一现象是瞬间发生的,主要依赖于起始热胁迫的强度。通常最初的热剂量越大,耐热性的强度越大,持续时间越长。受热后将在几个小时内表现出耐热性,并持续 3～5 天。耐热性诱导和消退的动力学与 HSP70 的诱导和降解有平行关系。

（3）调控细胞骨架动力学

HSP90 家族蛋白的一个重要功能是参与了细胞骨架动力学、细胞形态和机动性的调控。HSP90 能与肌动蛋白和微管蛋白结合,并大量存在于折叠的膜上。HSP90 以一种依赖 ATP 的机制调控肌动蛋白和肌球蛋白的相互作用。无细胞系统的试验表明,ATP 能诱导 HSP90 从 F-肌动蛋白上解离下来。此外,细胞中 HSP90 表达水平的升高能改变细胞形态和增加细胞的迁移能力。有些胞质内的 HSP70 与细胞骨架相关联,结合到肌动蛋白胁迫纤维、微管网络和中间型纤维上。

（4）交叉保护功能

不同逆境胁迫信号途径存在交叉,不同逆境胁迫蛋白也存在功能的重叠。热激蛋白受多种逆境胁迫如高温、氧化、干旱、盐等诱导,HSP 的合成和积累能够提高生物对这些逆境的抵抗能力,减轻逆境引起的伤害并对其进行修复。

7.1.2.3　热激蛋白的调控机制

生物体受到热激时,HSP 基因转录被激活,多数正常蛋白质基因的转录被抑制,同时正常温度下存在的大多数 mRNA 的翻译降低或停止,生物体优先翻译 HSP 的 mRNA,迅速对热激做出反应。这种调节可以使 HSP mRNA 增加 10～100 倍,而其他基因的转录会受到抑制。

在 HSP 基因转录水平中起调控作用的 DNA 序列被称为热激元件（heat shock element,HSE）。转录因子经热激而活化成的热激转录因子 HSF（heat shock factor,HSF）可识别存在于 HSP 基因上游启动子区域的热激元件而诱导 HSP 的转录。常温下 HSF 以单体形式与阻遏蛋白结合,而不能结合到 HSE 上,经热刺激 HSF 与阻遏蛋白分离,在 HSE 附近形成三聚体,三聚体一旦形成,便与 HSE 特异结合,促进基因转录开始。

在热激蛋白基因转录的 mRNA 上游的非编码区,RNA 通过碱基互补配对形成特殊的茎环结构,可以将核糖体结合位点（ribosomebinding site,RBS）和起始密码子包裹隐藏,这种特殊的稳定结构被称为 RNA 温度计。在正常温度下,RNA 温度计呈现茎环结构,从而阻止下游热激蛋白的翻译,但是在高温下可以打开茎环结构,RBS 和起始密码子的暴露使得热激蛋白翻译,从而发挥特殊的耐热功能。温度感应功能保证了热激蛋白在特定温度下的翻译。有些研究者认为 HSP70 本身可作为感温计,而细胞通过它调节特定的代谢。在非胁迫条件下 HSP70 与 HSF 结合,从而抑制 HSF 活性。在热胁迫状况下胞内异常蛋白增多,HSP70 结合到折叠蛋白上,使 HSF 释放出来,之后 HSF 进入细胞核,形成具有生物功能的多聚体,并与 HSE 结合而启动 HSF 基因转录;但是胁迫解除后,HSF70 重新与 HSF 结合,关闭 HSF 活性。酵母是在 HSF 和 Msn2p/Msn4p 两种热激转录因子的作用下,使得一类热保护基因上调,其上调基因产物为热激蛋白。

7.1.3　海藻糖

有着"生命之糖"美誉的海藻糖是一种天然糖类。1932 年 Wiggers 首次将其从黑麦的麦角菌中提取出来,之后又发现在藻类、低等植物、细菌、真菌、酵母、昆虫及无脊椎动物中普遍存在海藻糖。海藻糖是非还原性糖,由 $\alpha,\alpha,1,1$-糖苷键将 2 个葡萄糖分子连接,它既是一种贮藏性糖类,又是在应答胁迫环境的重要代谢产物。

海藻糖对多种生物活性物质具有保护作用,原因在于其自身性质非常稳定,海藻糖由海藻糖-6-磷酸合成酶/磷酸酶复合体合成,这个复合体包括 4 个亚基:TPS1,TPS2,TPS3 和 TSL1。其中海藻糖-6-磷酸合成酶是海藻糖合成酶的功能中心,4 个亚基的保守序列在它们形成复合物时具有一定的相互作用,只有 TPS1 具有海藻糖-6-磷酸酶活性。具有调控合成酶活性的功能的亚基 TPS3 和 TPL1 可以稳定海藻糖合成酶复合物结构的功能。在热应激条件下,4 种亚基 TPS1、TPS2、TPS3 和 TSL1 的基因表达明显上调,并且其催化活性也随着温度的升高而增大。

Hottiger 等发现海藻糖能增加热环境下蛋白稳定性,并能抑制热应激所导致的蛋白凝集现象。它的稳定性是由海藻糖通过结合蛋白表面的亲水基团来抑制其疏水基团的暴露,从而稳定蛋白质结构。Singer 提出,海藻糖可维持变性蛋白的半折叠状态,有利于分子伴侣的进一步加工,海藻糖在热激反应后就会迅速水解,可见海藻糖的持续存在可能会影响蛋白的复性。Mari Simola 等明确提出并证明海藻糖的抗高温功能在于其协助分子伴侣重新折叠由于热激而导致的变性蛋白。它具有维持蛋白质现状的功能,可以阻止蛋白质继续降解,从而等待分子伴侣的结合,重新折叠蛋白,起到稳定蛋白质的作用,同时保护细胞的功能,从而维持生物体的生命过程。

7.1.4　应激糖蛋白

细胞受热后热激蛋白高表达的同时伴有糖蛋白(glycoprotein,GPs)的大量聚积,研究发现这些 GPs 与细胞的热耐受有重要关系,其中关系较密切的 4 种蛋白 GP50、GP62、P2SG67 和 P2SG64 的胞内含量均与细胞的热耐受能力呈正相关。还发现 GP50 既与变性蛋白发生反应,又与 HSP70 及 HSP90 发生反应,说明 GPs 和 HSP 在协助变性蛋白复性方面存在协同效应。

7.2　微生物冷应激机制

7.2.1　微生物冷应激简介

微生物在低于最适温度下生长时会发生一系列的生理和形态变化,影响细胞的生长速率、饱和脂肪酸的利用率以及 DNA、RNA 和蛋白质的合成,称为冷激反应(cold shock response,也称冷休克反应)。当温度骤然降低时,大多数蛋白质的合成受到抑制,然而冷诱导蛋白(cold induced proteins,CIPs)会急剧增加。其中一些小分子量(大约 7.5 ku)的酸性蛋白质被强烈诱导产生,称之为冷激蛋白(cold shock proteins,CSPs)。由于酶活性的影响,代谢产物也可能会发生变化,低温环境也可能导致微生物代谢不平衡以及生长停止。冷激蛋白在细胞适应低温环境和增强抗冻能力方面发挥着重要作用,这意味着对冷激蛋白的研究有着广泛的应用价值。典型的例子是选育乳酸菌的抗冻菌株。

伴随着温度降低,微生物细胞的膜脂质组分的改变提高了一些微生物的适应能力,从而使其能够在低温下生长。据报道,在生长温度降低时,细菌和酵母细胞内不饱和脂肪酸的比例升高,这对于低温下细胞中膜结构发挥正常功能是至关重要的。温度降低时,一些正常的流动成分变成了胶状,这会阻碍蛋白质发挥正常的功能,导致微生物的膜泄露。然而,如果细胞膜的组成成分做出相应的改变(如不饱和脂肪酸的比例升高)将会使膜结构在温度降低时仍然保持流动性,从而可以阻止胶状体形成,微生物也可以继续生长。另外,微生物在温度迅速降低时与基因表达模式相关的应答包括冷激蛋白和冷适应蛋白(cold acclimatization proteins)的诱导,以及热激蛋白(heat shock proteins)的抑制。

7.2.2　脂肪酸成分的改变

在细胞膜内,磷脂以双分子层的形式排列,在细胞内和细胞外表面具有极性头部基团。因此,这些基团能够与细胞内外的水相相互作用。相反,脂肪酸酰基链以与膜平面成直角的角度堆放,末端甲基位于双分子层的内部。据记载,微生物可以调节自身的膜脂质成分来响应生长温度的变化以确保膜功能,如酶活性的变化和溶质运输能力的变化。一般微生物在低温下生长时,最常见的是磷脂和糖脂的脂肪酸组成发生改变,原因是脂肪酸结构的改变对于膜流动性的改变更为有效。

为了使细胞正常发挥功能,膜脂双层需要在很大程度上是流体,使膜蛋白可以继续泵离子,吸收营养,并执行呼吸。因此,膜脂质的液晶状态是至关重要的。当微生物的生长温度降低时,一些通常是流体的组分变成凝胶状,这阻止了蛋白质发挥正常的功能;而脂肪酸模式的变化可以使这些组分保持充分的流动性。

当温度降低时,最常见的变化是脂肪酸链的不饱和度升高,从而使膜的流动性增加。因为不饱和脂肪酸对膜的干扰作用比饱和的链更强,并且能通过位于本身膜中的去饱和酶来实现细胞膜的流动性,因此能够迅速作出反应。例如,当温度从37℃降至8℃后,肉毒杆菌的细胞膜上脂肪酸的不饱和度从27%上升到40%。在低温下,黑曲霉、粗链孢霉、黄青霉和里氏木霉细胞膜中的脂肪酸不饱和度也增加了。然而,也有许多其他的变化可能发生在气温下降之后。平均脂肪酸链长度的缩短可以增加细胞膜的流动性,因为相邻链之间的碳-碳相互作用减少。例如,嗜冷微球菌的细胞膜在所有生长条件下都含有高比例的不饱和脂肪酸,通过降低脂肪酸的平均链长作为对温度从20℃降低到0℃的应答。在较低的温度下接合酵母细胞膜中脂肪酸的平均链长也下降。温度下降后,支链脂肪酸的数量和/或种类也可能增加,环脂肪酸的比例可能降低,单不饱和直链脂肪酸的比例增加。这些因素使细胞膜的流动性进一步增大,因为双键比环丙烷环会对双层脂肪酸链的堆积造成更多的干扰。所有这些变化(表7-2)都导致了"膜通过在膜脂中结合更低熔点的脂肪酸,通过产生更低的凝胶向液晶转变的温度来保持其流动性",从而使细胞膜正常运转,保持其调节溶质转运系统活性和必需膜结合酶功能的能力,以及补偿生长温度下降。

表 7-2　低温下微生物细胞膜结构脂肪酸组成变化

脂肪酸组成的变化	作用
脂肪酸不饱和度的变化	
Ante-iso/iso 分支模式的改变	维持细胞膜的流动性
脂肪酸链长度缩短	

温度降低对单核增生李斯特菌的细胞膜的脂肪酸组成的影响被广泛研究。当温度降至最佳温度以下(例如,7℃)时,观察到的细胞膜中脂肪酸组成的主要变化是 $C_{15:0}$(十五碳饱和脂

肪酸)的比例增加,而 $C_{17:0}$(十七碳饱和脂肪酸)的比例降低。脂肪酸链长度的缩短将降低它们的熔化温度,从而有助于在较低的温度下保持膜的流动性。$C_{18:1}$(十八碳单不饱和脂肪酸)也有少量增加,这种不饱和度的增加将有助于增强在较低温度下膜的流动性。六种李斯特菌,包括单核细胞增生李斯特菌也是通过增加 $C_{15:0}$ 的比例来应对低温。$C_{15:0}$ 对于单核细胞增生李斯特菌在低温下的生长起着至关重要的作用,可能是通过其物理性质及保持膜脂质的流体、液晶状态来发挥作用。其他具有类似反应的微生物包括荧光假单胞菌、大肠杆菌 ML30、胚芽乳杆菌和结肠炎耶尔森杆菌,通过增加细胞膜中不饱和脂肪酸与饱和脂肪酸的比例来应对低温胁迫。

低温引起脂肪酸组成变化的机理和膜脂修饰的不同调控水平有较为详细的研究,但其机理复杂。对于枯草芽孢杆菌,当温度从 37℃降至 15℃,枯草杆菌的膜组成发生了变化,主要是通过增加前支链脂肪酸含量和降低异分支脂肪酸含量来实现。然而,异亮氨酸缺乏的菌株在温度降低后无法合成更多的前支链脂肪酸,这表明温度从 37℃降至 15℃时,异亮氨酸对枯草芽孢杆菌生存非常重要。

7.2.3　溶质跨膜转运系统

为了使微生物如嗜冷微生物能在较低的温度下快速生长,它们必须能够有效地在细胞质膜上运输可溶性分子。例如,一种耐冷糖转运系统可以提供高浓度的细胞内底物从而刺激嗜冷性单核细胞李斯特菌的生长。Baxter 和 Gibbons 比较了不同温度下嗜冷假丝酵母菌和嗜中温假丝酵母菌的代谢活性。嗜冷菌能在 0℃下氧化外源葡萄糖,然而嗜中温菌在温度低于5℃时无法氧化外源葡萄糖。但是,嗜中温菌能在温度低于 5℃时进行内源性代谢,表明低温(低于 5℃)是限制细胞膜运输外源葡萄糖进入细胞的主要因素。相反,也有研究发现底物的吸收在很大程度上与温度无关。以下几种理论解释了嗜冷菌和嗜中温菌在低温下将溶质转运到细胞中能力的差异:嗜冷菌的膜通透性比嗜中温菌对低温失活的敏感性低,即嗜冷菌的膜通透性比嗜中温菌在低温胁迫下更强;嗜中温菌中的渗透酶不是冷敏感,但细胞膜的磷脂双分子层变化使渗透酶无法绑定到底物上;而且在低温下,嗜中温细胞中缺乏为细胞膜的主动运输提供能量的能源。

7.2.4　冷激蛋白

目前,普遍认为冷激蛋白的功能是其作为 RNA 分子伴侣与 mRNA 结合,起到稳定mRNA 的作用,促进翻译顺利进行。Csp 基因族是指编码冷激蛋白的基因。低温微生物,特别是耐冷菌生活在温度变化的环境中,它们必须能忍受温度的快速降低,这与它们合成的冷激蛋白有关。冷激蛋白在温度骤降的过程中显著表达,如大肠杆菌 *E. coli*、嗜热链球菌*S. thermophilus* 的冷激蛋白基因在冷激后短时间内转录水平均会显著提高,合成的冷激蛋白充当冷冻保护剂或调控其他与低温生存相关基因的表达。当温度从 21℃降至 5℃时,可诱导嗜冷酵母菌在 12 h 内合成 26 种冷激蛋白。还发现在 10℃时,耐冷菌合成冷激蛋白,在温度较高时就不能合成这些蛋白质。这说明冷激蛋白可以协助微生物适应低温环境。

冷激蛋白有一个复杂的表达调控机制,大部分冷激蛋白都存在基因转录、mRNA 稳定性和翻译水平三个层面上表达调控。

7.2.4.1　转录水平的调控

嗜热链球菌冷激蛋白的 mRNA 水平在 42℃ 时很低,而经过 2～4 h 20℃ 冷激后,mRNA 水平陡增 7～9 倍。在冷激状态下,枯草芽孢杆菌的 CspB 和 CspC 的基因转录水平也增加了 4 倍。这些都表明冷激蛋白基因表达水平在冷激过程中明显增加,这种冷激后 mRNA 转录水平增加的原因可能在于其启动子结构上,研究证明,E.coli 的 CspA 启动子-35 区包含一个 25 bp 的富含 AT 的上游序列,枯草芽孢杆菌的 CspB 启动子也有着序列上的相似性。

7.2.4.2　mRNA 的稳定性

E.coli 在 37℃ 时基本上观察不到有 CspA 的表达(营养增加时除外),而在冷激状态下却有大量 CspA 产生。有研究证实,E.coli CspA 的启动子在 37℃ 时有很强的活性,说明该温度下基因转录应该是正常的。事实上 E.coli CspA 的 mRNA 在 37℃ 时非常不稳定,相反在冷激状态下变得稳定起来,看来 mRNA 的不稳定性才是 CspA 在 37℃ 微量表达或不表达的最主要原因,所以说 E.coli CspA 的表达是一种典型的转录后调控。有资料显示,CspA 基因的 5'非翻译区(5'-untranslation region,5'-UTR)对 mRNA 的稳定性有着极大的影响,特别是当 SD(Shine-Dalgarno,SD)序列中有 3 个碱基被取代时,mRNA 的稳定性将大大提高。再则,37℃ 时 CspH 的 mRNA 比任何其他冷激蛋白的 mRNA 都稳定(半衰期 70 s,而 CspA mRNA 的半衰期只有 20 s),其 mRNA 的 5'-UTR 也极短。冷激蛋白表达调控深层次的原因或许在于其 5'-UTR。枯草芽孢杆菌 CspB 和 CspC 的基因转录水平在冷激状态下有所增加,而在此过程中,mRNA 的水平却保持稳定。这种现象并不是由 37℃ 时 CspB 和 CspC mRNA 的不稳定引起的,因为 CspA 和 CspB 在低温表达时有着不同的调控机制。

在冷适应后期,冷激蛋白 mRNA 的选择性降解与多聚核苷酸磷酸化酶(PNPase)有关系。PNP 突变菌株在冷激后 24 h 内维持着高水平冷激蛋白,而高水平的冷激蛋白 mRNA 会抑制冷激后菌株的继续生长,因此 25℃ 以下无法形成菌落。由此可见,这两个阶段 mRNA 的稳定性调节机制不同,因为 37℃ 时 mRNA 的降解与 PNPase 并无关系。

7.2.4.3　翻译水平的调控

CspA 和 CspB 的 mRNA 都含有特殊的长链 5'-UTR(159～161 nt),且具有相似的二级结构(图 7-1)。对 E.coli 的研究发现,若把该结构的 Δ56～86 和 Δ86～117 敲除,37℃ 时 CspA 的表达会明显增强,说明在此区域有对翻译起负面作用的顺式作用元件存在。若把 Δ28～55、Δ86～117 和 Δ118～143 敲除,则引起冷激状态下 CspA 表达明显减弱,即使仅 Δ118～143 突变都能降低 CspA mRNA 的翻译效率。在 Δ123～135(SD 序列上游 11 nt)处有一个 13 nt 的 UB 框(upstream-box,UB)。根据上述实验,UB 框应是 CspA 翻译调控的一个控制位点,因为 UB 包含一个回文序列,能够形成稳定的二级结构,抑制 SD 二级结构的形成,若 UB 被敲除,SD 就能形成稳定的二级结构,阻碍 mRNA 与核糖体的结合。总的看来,冷激时 CspA mRNA 5'-UTR 的二级结构(尤其是围绕 SD 序列和 UB 序列)可能与 37℃ 时很不相同,这种结构的变化可易化 mRNA 与核糖体的结合。这便是 UB 调节翻译效率的机理。

同时,E.coli mRNA 5'-UTR 中的两个冷框(cold box1、cold box2)在调控中也起着重要的作用。若冷框序列被敲除,则 CspA 表达水平明显下降,相反,5'-UTR 序列过量产生时,CspA 表达水平又会反弹,说明冷框序列也是参与 CSPs 转录调控的因素之一。

此外,枯草芽孢杆菌 CspB 的低温诱导还需要一个顺式作用元件 DB 框(down-stream box)的存在。DB 框是一个位于翻译起始密码子下游 12 nt 处的长度为 14 nt 的保守序列,作

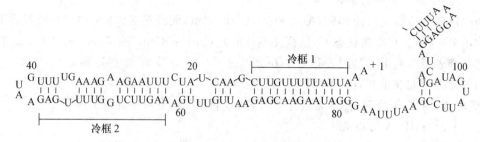

图 7-1　CspB 5′-UTR 可能的二级结构

为翻译增强子,它能抵消冷激导致的翻译抑制的影响,当然 DB 框的作用也并不孤立,它与 SD 序列共同作用,完成对 CspB 表达的调控。DB 是除了 SD 和 UB 序列外的又一影响 mRNA 翻译效率的顺式作用元件。

综上所述,伴随着温度降低,微生物细胞的膜脂质组分改变是一些微生物的重要适应能力,从而使其能够在低温下生长。在温度骤降的情况下,大肠杆菌和其他生物被证明能诱导一种特定的基因表达模式,这很可能是在低温胁迫下的一种重要的适应性应答。在大肠杆菌中,温度降低会影响核糖体活性和其他生理变化,从而导致冷激反应中从 DNA 超卷曲到翻译起始的各种细胞功能相关的蛋白质的优先合成。这种冷激反应对微生物的生存起着重要作用,从而影响微生物的存活率。制作酸奶的嗜热链球菌在 20℃温育 4 h 后经冷冻,其存活率约为未经低温处理的 1 000 倍,存活率的提高可能与冷休克蛋白表达及其参与调控网络相关。

冷激蛋白的重要功能在于其能减轻温度骤降对微生物伤害,对微生物适应低温生长环境起着关键作用。目前对于其结构研究比较彻底,而对于温度的敏感性、冷激蛋白确切的生理作用和冷诱导的调控以及与其他环境刺激的交互作用仍需进一步深入研究。冷激蛋白的生理功能具有多样性,将冷激蛋白的冷激基因用于生物体性状改良,能提高菌株对低温、高温、干旱等逆境的适应性,体现了冷激蛋白和冷激基因广泛的实际应用潜力,也间接证明冷激蛋白在食品、农产品和生物资源等方面具有极高的应用价值。

微生物在低温条件下应激反应过程有助于了解微生物在加工食品中的行为和预贮藏温度对冷激反应的影响程度。在冷冻或冷藏前不同的冷处理会导致微生物存活和生长的差异,这可能会导致低温冷冻和冷藏产品中微生物有更高的存活率和生长速度,从而导致更短的滞后时间,达到缩短保质期的目的。进一步了解冷适应机制可以为控制冷冻、冷藏食品中嗜冷微生物的生长提供新的思路。

7.3　微生物高渗透压和干燥应激机制

水是微生物生命活动的必需物质之一,水分活度(water activity,aw)是指系统中水分存在的状态,水分活度值是指在相同温度下样品中水的蒸气分压 P 与纯水蒸气压 Q 的比值,aw＝P/Q。各类微生物生长都需要一定的水分活度,只有基质的水分活度大于某一临界值时,微生物才可能生长,所以水分活度是食品贮藏期限的一个重要因素。水分活度越小的食品品质越稳定,较少出现腐败变质现象。食品工业中常用高盐、高糖、高渗透压及干燥等处理方式降低食品的水分活度,抑制微生物的生长,延长食品的保质期和货架期。比如耐高渗透压酵母在食品工业或生物工程方面常被用于生产甘油、赤藓糖、乙醇等生物制品,在其生产过程中可有效避免杂菌污染。为了更好地利用高渗透压、干燥等方式保藏食品,对微生物高渗透压和干燥胁迫的应激机制受到关注并逐步得到揭示。

7.3.1　高渗透压和干燥对微生物的影响

渗透压对微生物生命活动有较大的影响。微生物的生活环境必须具有与其细胞大致相等的渗透压,超过一定限度或突然改变渗透压,会抑制微生物的生命活动,甚至会引起微生物的死亡。在低渗透压溶液中,水分向细胞内渗透,细胞吸水膨胀,导致细胞被破坏。在等渗溶液中,微生物的代谢活动最好,细胞既不收缩,也不膨胀,能保持原形。例如,常用的生理盐水(0.85% NaCl)就是一种等渗溶液。在高渗透压溶液中微生物细胞脱水,原生质收缩,细胞质变稠,引起质壁分离,如食品中常出现盐或糖形成的高渗透压环境。

食盐具有增高渗透压和降低水分活性的作用,在腌制中起防腐、脱水、变脆等作用。这些作用的大小与盐的浓度成正比,盐浓度越高,则原料失水越多,变脆和防腐的效果也越好,如酱菜瓜、盐渍黄瓜均利用高浓度盐形成的高渗透压环境起到长期贮藏的作用。高浓度糖类能够产生强大的渗透压。据测定 1% 的蔗糖溶液可产生 71 kPa 的渗透压,糖制品一般含 60%～70% 的糖(以可溶性固形物计),可产生相当于 4.1～4.9 MPa 的渗透压。而大多数微生物的耐压能力只有 0.35～1.6 MPa,糖制品中食糖所产生的渗透压远远高于微生物的耐压能力,在如此高浓度的糖溶液中,微生物细胞里的水分就会通过细胞膜向外流动,形成反渗透现象,微生物则会因失水而产生生理干燥现象,严重时会出现质壁分离,从而抑制微生物的生长,达到食品保藏的目的。

干燥是指从湿物料中除去水分或其他湿分的各种操作过程,自然干燥(如葡萄的晾干)和人工干燥(如喷雾干燥,热风干燥等)广泛用于延长食品的保质期。干燥对微生物带来的影响主要有:盐和溶质的积累、高渗透压、水分减少都会在一定程度上造成微生物的代谢损伤和微生物中生物大分子物质除去水层后造成的损伤,进而抑制微生物生长、繁殖,达到食品保藏的目的。

7.3.2　微生物高渗透压应激机制

当渗透压发生改变时,微生物细胞内的水分活度及各种组分的浓度会发生相应的变化,导致胞内各种生理代谢活动紊乱,微生物也随之停止生长甚至死亡。高渗透环境对于菌体生长和代谢具有不利的影响。一般来说,微生物对于高渗透胁迫都有自身的应激响应机制。目前,已经明确的高渗透压应激机制主要有两种:离子转运的稳定机制和相容性溶质适应机制。

7.3.2.1　离子转运的稳定机制

当微生物遭遇高渗透压胁迫时,首要的任务就是保持胞质中离子浓度相对稳定。在原核微生物中,一般都是质膜上的 ABC 转运蛋白(ATP binding cassette transporters)将过高浓度的离子转运到胞外;在真核微生物中,除了质膜上的 ABC 转运蛋白外,液泡膜上的 ABC 转运蛋白也会将过高浓度的离子部分转移到液泡中储存起来。

钠泵是镶嵌在细胞膜磷脂双分子层之间的一种特殊蛋白质,它是一种大分子蛋白,具有 ATP 酶活性,当细胞内 Na^+ 增加或细胞膜外 K^+ 增加时钠泵会被激活,因此又称为钠-钾依赖式 ATP 酶。如在酿酒酵母(*Saccharomyces cerevisiae*)中,胞质中过量的 Na^+ 和 K^+ 分别是通过 Nha1p(Na$^+$/H$^+$-反向转运蛋白)和 Ena1p(Na$^+$-ATP 酶)来实现的(图 7-2)。液泡 ATP
酶的研究早期源于植物,如小麦、水稻等。当在酿酒酵母中过表达来源于植物的这种酶时,酿
酒酵母的耐高渗透压胁迫能力明显提高。嗜盐微生物常利用钠泵系统排出细胞内多余的
Na$^+$,维持胞内的盐浓度恒定,从而保证正常的细胞形态、结构和生理功能。根据转运物质的
种类和方式,钠泵系统可分为初级钠泵系统和次级钠泵系统。

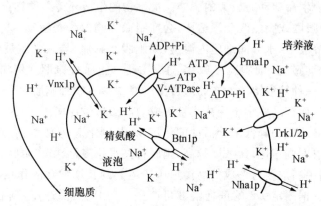

图 7-2　典型真核微生物中 Na$^+$、K$^+$ 相关的 ABC 转运蛋白

(1)初级钠泵系统

初级钠泵首先在肋生盐弧菌和解藻朊弧菌中发现并得到鉴定,目前在大肠杆菌、肺炎克氏
杆菌等少数微生物中对初级钠泵系统做了较为深入的研究。微生物中初级钠泵主要包
括 ATP 酶、脱羧酶、NADH 泛醌氧化还原酶和甲基四氢甲烷蝶呤辅酶 M 甲基转移酶等 4 种
类型。

ATP 酶包括 F-ATP 酶、V-ATP 酶和 P-ATP 酶,其中,F-ATP 酶和 V-ATP 酶在 ATP 合
成过程中与 Na$^+$ 输入偶联,V-ATP 酶在 ATP 水解过程中与 Na$^+$ 输出相偶联。脱羧酶在催化
脱羧反应时能够向细胞膜外输出 Na$^+$,具有 Na$^+$ 输出功能的脱羧酶主要有草酰乙酸酶、甲基
丙二酰辅酶 A 脱羧酶、戊烯二酰辅酶 A 脱羧酶和丙二酸脱羧酶,主要存在于几种厌氧菌中。
NADH 泛醌氧化还原酶在解藻朊酸菌(*Vibro alginolyticus*)中被首次发现,在泛醌还原的过
程中偶联输出 Na$^+$,解藻朊酸菌中存在着两种 NADH 泛醌氧化还原酶,即 NQR1 和 NQR2。
甲基四氢甲烷蝶呤辅酶 M 甲基转移酶是产甲烷古菌的一种初级钠泵,催化甲基从甲基四氢甲
烷蝶呤到辅酶 M 的转移,并在此过程中偶联输出 Na$^+$。

(2)次级钠泵系统

次级钠泵又称为 Na$^+$/H$^+$ 逆转运蛋白(Na$^+$/H$^+$ antiporter),是一类镶嵌在细胞膜上的蛋
白家族,最早由 West 在大肠杆菌中发现,后来的研究发现这类蛋白广泛存在于各种生物体
中,是微生物外排 Na$^+$ 的主要途径。如各种嗜盐微生物中,Na$^+$/H$^+$ 逆转运蛋白主要有以下 4
个方面的功能:以跨膜质子电化学梯度(Δp)为动力,形成 Na$^+$ 跨膜驱动力,参与同 Na$^+$ 相偶
联的一系列生理生化过程(如 Na$^+$/溶质的协同运输以及 Na$^+$ 驱动的鞭毛运动);排除细胞质
中的 Na$^+$/Li$^+$ 以消除其对细胞的毒害;调控细胞内 pH,维持细胞内环境的稳定;调控细胞的
体积及繁殖。根据其结构特点,Na$^+$/H$^+$ 逆转运蛋白可分为单亚基型 Na$^+$/H$^+$ 逆转运蛋白和
多亚基型 Na$^+$/H$^+$ 逆转运蛋白。

绝大多数嗜盐微生物的 Na^+/H^+ 逆转运蛋白为单亚基型 Na^+/H^+ 逆转运蛋白,且多属于 CPA-1 蛋白家族成员,其次为 CPA-2 蛋白家族的成员。到目前为止,已有包括 NhaA、NhaB、NhaC、NhaD、NhaG、NhaK、NhaP 和 NapA 在内的 10 余种单亚基型 Na^+/H^+ 逆转运蛋白得到研究。如在大肠杆菌中发现含有 Ec-NhaA、Ec-NhaB、ChaA 和 MdfA 等 4 种单亚基型 Na^+/H^+ 逆转运蛋白。其中,Ec-NhaA 是在微生物界发现的第一个 Na^+/H^+ 逆转运蛋白,分子量为 33 ku,包含 12 个跨膜区域,是大肠杆菌适应高浓度 Na^+、Li^+ 和高 pH 所必需的蛋白,具有显著的 pH 依耐性,当细胞内 pH 高于 7.6 时才具有活性。在霍乱弧菌(*Vibrio cholerae*)中已确定存在 Vc-nhaA、Vc-nhaB 和 Vc-nhaD 等 3 种 Na^+/H^+ 逆转运蛋白。在枯草芽孢杆菌(*Bacillus subtilis*)168 已发现 NhaC(YheL)、NhaK(YvgP)和 MleN(YqkI)等 3 种单亚基型 Na^+/H^+ 逆转运蛋白。

多亚基型 Na^+/H^+ 逆转运蛋白复合体属于跨膜转运蛋白 CPA-3 家族的成员,曾被命名为 Mnh、Mrp、Pha 和 Sha 等,现统称为 Mrp。多亚基型 Na^+/H^+ 逆转运蛋白复合体最早在耐盐芽孢杆菌(*Bacillus halodurans*)C-125 中发现,典型的多亚基型 Na^+/H^+ 逆转运蛋白复合体有 6～7 个亚基,以异源复合体的形式发挥功能,每个亚基对于维持蛋白复合体的完整功能都是必不可少的。如金黄色葡萄球菌的多亚基型 Na^+/H^+ 逆转运蛋白复合体由 7 个开放阅读框编码的亚基组成,具有很高的 Na^+/H^+ 逆转运活性,支持细胞对盐碱的耐受性,并协同转运丝氨酸。枯草芽孢杆菌具有多种多亚基型 Na^+/H^+ 逆转运蛋白复合体,其中,Bs-mrp 蛋白的主要功能是维持细胞对 Na^+ 和胆酸盐的抗性。

7.3.2.2　相容性溶质的适应机制

"相容性溶质"一词最早由澳大利亚人 Brown 和 Simpson 于 1972 年提出,主要指极性易溶、生理 pH 范围内不带电荷并且可以在细胞内高浓度积累(>1 mol/kg)而不妨碍重要的细胞活动如 DNA 修复、DNA-蛋白质相互作用和细胞代谢的小分子有机物质。在高渗透压条件下,相容性溶质对微生物具有保护作用,主要功能有:①维持正常的细胞膨压,以保证对细胞外环境的渗透平衡;②在低水分活度中维持酶的稳定性;③在脱水状态下保证生物膜的完整性。不同微生物在高渗透压胁迫下,合成的相容性溶质具有明显差异,目前已发现的相容性溶质主要有氨基酸及其衍生物类、糖和糖苷类、醇类以及甘露糖甘油酸酯和葡萄糖甘油酸酯等(表 7-3)。

(1)氨基酸及其衍生物类

氨基酸是原核生物中广泛存在的相容性溶质。作为相溶性溶质的氨基酸类主要有丙氨酸、谷氨酰胺和脯氨酸(图 7-3)。一些革兰氏阳性细菌中会积累一些低水平的丙氨酸和谷氨酰胺,但是在高盐浓度下也可以积累一些脯氨酸。通常情况下,α-谷氨酸在适应渗透压之前就积累到了一个生理性高水平,少量的 β-谷氨酸存在于海洋细菌和一些产甲烷的古菌中。在一些链霉菌属(*Streptomeces*)菌株中,以上 3 种氨基酸在盐胁迫下均可以累积。例如,在棒状杆菌属(*Corynebacterium*)中 α-谷氨酰胺因其较低的溶解度常常累积到几乎析出的浓度。谷氨酰胺的 β-异构体只在嗜盐甲烷菌中出现,但在一些菌种中可达到非常高的水平,由于它的高溶解性,使它在渗透适应性调节中是一种高效的相容性溶质。在伸长盐单胞菌中,随着培养基中盐浓度的提高,胞内氨基酸总量(如谷氨酸、丙氨酸和谷氨酰胺)不断增加。在嗜盐单胞菌中,细胞内甘氨酸和天冬氨酸的含量随着盐浓度的升高而增加。肋生盐弧菌在 NaCl 胁迫时,谷氨酸含量升高。

表 7-3　相容性溶质及其对应的微生物

相容性溶质种类	微生物种类
氨基酸类	
N-ε-乙酰-β-赖氨酸	产甲烷古菌
N-δ-乙酰-鸟氨酸	芽孢杆菌、耻垢分枝杆菌、嗜盐芽孢八叠球菌
丙氨酸	链霉菌属
四氢嘧啶和羟基四氢嘧啶	嗜盐芽孢杆菌、盐绿外硫红螺菌、需氧异养菌、大多数嗜盐变形杆菌、微球菌、芽孢杆菌、海球菌、嗜盐喜盐芽孢杆菌
α-谷氨酸	一些产甲烷古菌、海洋细菌、嗜盐菌、嗜火液菌、嗜盐喜盐芽孢杆菌
α-谷氨酰胺	链霉菌属、棒状杆菌属、嗜盐喜盐芽孢杆菌
β-谷氨酰胺	产甲烷嗜盐菌
甘氨酸甜菜碱	细菌、古细菌
脯氨酸	链霉菌属、嗜盐/耐盐芽孢杆菌、嗜盐芽孢杆菌、枯草芽孢杆菌（非嗜盐）
糖类	
蔗糖	鱼腥藻属、集胞蓝细菌属、亚硝酸单胞菌
海藻糖	谷氨酸棒杆菌、副结核分枝杆菌、嗜热栖热菌、嗜热菌
磷酸二酯	
磷酸二肌醇脂	沃式热球菌、气火菌属、产水菌属、古生球菌属、热网菌属、火叶菌属、施铁特菌属、热球菌属、栖热袍菌属、嗜热菌
二甘露糖基磷酸二肌醇脂	栖热袍菌属
甘油肌醇磷酸酯	嗜火液菌、闪烁古生球菌
甘油酸衍生物	
2,3-二磷酸甘油酸	炽热甲烷嗜热菌、嗜热自养甲烷杆菌、坎德勒氏甲烷嗜热菌
甘露糖基甘油酸	嗜热栖热菌、海洋红嗜热盐菌、嗜热菌、热球菌属、古老球菌属、气火菌属、施铁特菌属
甘露糖基甘油酯	海洋红嗜热盐菌
葡萄糖基甘油酸	菊果胶杆菌、*Agmenellum auodruplicatium*、*Persephonella marina*
1,6-二葡萄糖基甘油酸	*Persephonell marina*
1-甘露糖基-2-葡萄糖基甘油酸	石油神袍菌属中 *Petrotoga miotherma*
醇类	
山梨醇	移动单胞菌
甘露醇	恶臭假单胞菌
葡萄糖基甘油醇	门多萨单胞菌、嗜根寡养单胞菌、集胞蓝细菌属

　　甜菜碱及其衍生物、四氢嘧啶及其衍生物类物质是发现较早、研究较多的两类氨基酸衍生物类相容性溶质。甜菜碱是大肠杆菌（*Escherichia coli*）中最活跃的渗透保护分子。当大肠杆菌受到热激时,甜菜碱被大量积累,并用于保护蛋白质,防止蛋白质热变性。甘氨酸甜菜碱最早是在 1968 年被猜测在嗜盐异养菌中可能发挥着平衡渗透压的作用。目前在细菌、古菌和嗜盐植物、藻类中都发现了甘氨酸甜菜碱,因此甘氨酸甜菜碱被认为是最普遍的相容性溶质之一。

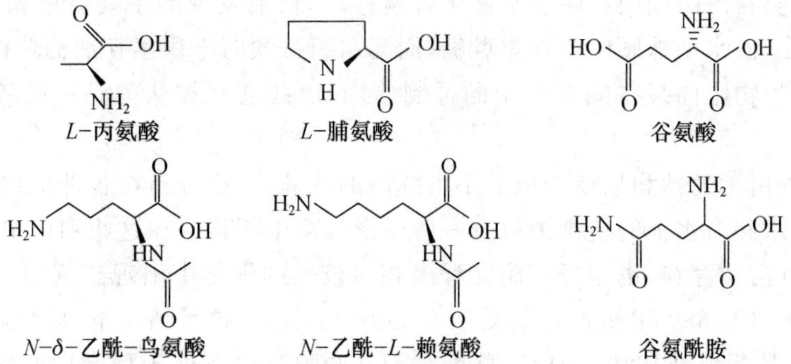

图 7-3　部分氨基酸相容性溶质的化学结构

四氢嘧啶（Ectoine，Ec）作为相容性溶质首先在极端嗜盐菌 *Ectothiorhodospira halochloris* 中被 Galinski 等发现并进行了结构鉴定（图 7-4），Inbar 等在革兰氏阳性土壤细菌 *Streptomyces parvulus* 中发现四氢嘧啶的羟基化衍生物——羟基化四氢嘧啶（Hydroxyectoine，HE）。四氢嘧啶及其衍生物是许多嗜盐及耐盐微生物胞内合成的一类能够抵御外界高盐胁迫的相容性溶质，可以作为中度嗜盐菌的一个标志性物质。四氢嘧啶类物质一方面通过对蛋白、核酸、细胞膜等保护作用实现对处于极端条件下细胞的保护；另一方面通过提高脂膜表面的水合作用增强脂膜流态化，从而提高细胞膜承受极端环境的能力。

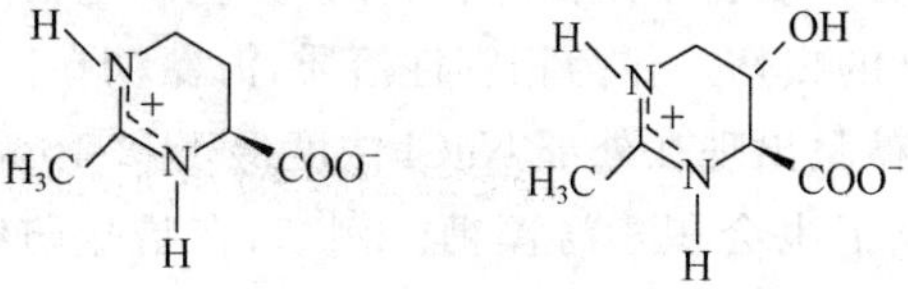

图 7-4　四氢嘧啶(左)和羟基化四氢嘧啶(右)

四氢嘧啶及其衍生物相关合成机制已经在基因水平和酶水平上有了较为深入的研究。四氢嘧啶的合成过程共 3 步：由 3 个基因（*ectA*、*ectB*、*ectC*）编码的 3 个酶来调控，第一步是天冬氨酸-B-半醛经二氨基丁酸氨基转移酶（EctA）催化得到产物 2,4-二氨基丁酸，随之由二氨基丁酸乙酰基转移酶（EctB）催化转化为 Nc-乙酰基-2,4-二氨基丁酸，最后四氢嘧啶合成酶（EctC）将其环化成 Ec。而羟基化四氢嘧啶（HE）的合成由 Ec 经 *ectD*（或 *thpD*）基因编码的羟基化酶（EctD）催化得到。

次级转运蛋白 MHS(ProP)、BCCT 家族(BetP，EctP，LcoP)作为能够吸收脯氨酸、甜菜碱以及四氢嘧啶的转运系统在大肠杆菌以及土壤细菌中广泛存在，在细菌细胞内它们起到渗透传感器以及渗透调节子的作用。近年来在革兰氏阴性嗜盐菌中发现的新型渗透压调节系统/TRAP-TeaABC 转运系统是嗜盐菌中唯一的四氢嘧啶类分泌吸收通道系统，能够根据渗透压的变化调控四氢嘧啶类物质的吸收分泌，当环境渗透压过高的时候把相容性溶质泵入胞内，过低的时候再把过量的溶质泵到体外，以维持细胞的平衡。

此外，部分菌株可同时积累甜菜碱类和四氢嘧啶类物质调节胞内渗透压。如脱硫弧菌（*Desulfovibrio vulgaris*）在盐胁迫下会累积甘氨酸甜菜碱、四氢嘧啶等渗透调节物质以抵抗高渗透压。高渗适应性的霍乱弧菌（*Vibrio cholerae*）细胞也可以积累四氢嘧啶和甜菜碱。

（2）糖类、糖苷类

　　糖类、糖苷类在海生细菌和嗜盐细菌中普遍存在,目前发现的主要有蔗糖、海藻糖和甘油葡萄糖苷。其中,淡水菌株倾向于积累蔗糖,而海水菌株倾向于积累甘油葡萄糖苷。由于糖类浓度过高,对微生物胞内某些酶有一定的抑制作用,因此通常被认为是一类较低级的相容性溶质。

　　蔗糖是一种由葡萄糖和果糖构成的不可降解的双糖,广泛分布在各种植物中,在原核生物中,蔗糖仅在淡水和海水中的蓝细菌以及一些变形杆菌中积累。在这些细菌中,蔗糖作为平衡渗透压的相容性溶质存在,也主要在耐盐程度相对较低的细胞中出现。例如,集胞藻属(*Synechocystis*)菌株 PCC 6803T 最高可耐受 1.2 mol/L NaCl。这种情况下,蔗糖通常是少量的溶质,主要的溶质是葡萄糖甘油。但是,蔗糖对于盐胁迫环境下处于稳定期的细胞生存非常关键,因为稳定期营养胁迫条件下比较活跃的代谢调控途径主要由蔗糖来调控。

　　蔗糖的合成路径最先在植物中发现,后来在绿藻和蓝细菌中逐渐被发现。其中一个合成路径包括两步,由蔗糖-6-磷酸合成酶(SPS)和蔗糖-6-磷酸磷酸合成酶(SPP)通过磷酸化中间产物来催化,此路径与合成海藻糖的 TPS/TPP 路径相似。另外一个替代的合成途径,在高等植物和鱼腥藻属(*Anabaena*)的一些丝状蓝细菌中发现,此路径由蔗糖合成酶(SUS)催化 ADP一蔗糖和果糖的缩合,从而生成蔗糖。但是,SUS 的活性是可逆的,只能说明这种酶有参与蔗糖合成的潜在可能。

　　海藻糖是由 2 个葡萄糖分子缩合而成的非还原性双糖,结构稳定,化学惰性,无毒性。在细菌、古菌、真菌、植物和无脊椎动物中广泛存在,保护大量的生物结构免受干燥、氧化、热、冷、脱水和高渗等多种应急环境的损伤。作为相容性溶质,海藻糖在一些细胞中偏好于低盐浓度,如在以色列色盐杆菌,海藻糖只出现在外部 NaCl 浓度低于 0.6 mol/L 的细胞中。当然,微生物在一些盐浓度较高的环境下也会积累海藻糖。例如,在嗜盐防线多袍菌(*Actinopolyspora halophila*)中,细胞盐生长浓度为 24% 时,海藻糖的积累浓度为 15%。

　　目前,已知合成海藻糖过程中包括 5 种不同的酶系统:TPS/TPP、TreS、Trey-TreZ、TreeP 和 TreT。绝大多数的微生物只依赖其中单一的通路,有些微生物如结核杆菌(*Mycobacterium tuberculosa*)、谷氨酸棒杆菌(*Corynebacterium glutamicum*)和嗜热栖热菌(*Thermos termophilus*)依赖其中的 2 个甚至 3 个通路。最特别的是,在嗜热菌 *Rubrobacter xylanophilus* 中鉴定发现 TPS/TPP、TreS、Trey-TreZ 和 TreT 等 4 种通路上合成海藻糖的编码基因,而这株嗜热菌属于放射菌的一个古老家系,是抗辐射最强的微生物之一。*Rubrobacter xylanophilus* 在各种生长环境中都积累较高水平海藻糖作为主要的有机溶质。海藻糖合成通路的多样性和普遍性已经预示着其在 *Rubrobacter xylanophilus* 中的重要作用。当丝状真菌遭遇高渗胁迫时,胞内也会相应地积累海藻糖等相容性溶质,如米根霉(*Rhizopus oryzae*)、卷枝毛霉菌(*Mucor circinelloides*)等。

　　(3)醇类

　　几乎所有真菌都积累或者生产各种各样的醇及其衍生物,如甘油、赤藓糖醇、阿拉伯糖醇、木糖醇、甘露醇、山梨醇等。醇类由于含羟基,亲水性能好,能有效地维持细胞内水分活度。含有的羟基越多,这种能力越强。

　　在所有的醇类相容性溶质中,甘油是一种很好的溶质,且对酶的活性几乎没有抑制作用。例如,盐敏感菌汉逊德巴利酵母(*Saccharomyces cerevisiae*)几乎只利用甘油作为渗透物。甘油是酵母菌应对盐度压力时普遍利用的渗透调节物质,分别在酿酒酵母(*Saccharomyces cere-*

visiae)、鲁氏酵母(*Zygosaccharomy cesrouxii*)、毕赤酵母(*Pichia sorbitophila*)和光滑假丝酵母(*Candida glabrata*)中发现了甘油的渗透调节作用。高渗透压甘油促分裂原活化蛋白激酶(high osmolarity glycerolmitogen-activated protein kinase,HOG-MAPK)途径是包括酿酒酵母在内的真核微生物调节高渗透压应激的主要信号转导机制,它通过促进甘油积累及其他相关的生理调节,暂时停止细胞生长以抵抗胁迫。HOG-MAPK 途径高度保守,在高渗应激环境下控制信号转导和基因表达,能调节高渗应激信号转导,是细胞生存所必需的。

HOG-MAPK 途径包括三级激酶级联系统 MAPKKK(Ssk2p、Ssk22p 和 Stel11p)→MAPKK(Pbs2p)→MAPK(Hog1p),在系统上游有 2 个感应渗透信号的分支 Sln1p 和 Sho1p,它们将信号传递给三级激酶系统,通过级联机制激活 Hog1p,最终通过转录因子参与基因转录调控或进行其他调节。此外,Hog1p 同时受到酪氨酸蛋白磷酸酯酶 PTP(Ptp2p,Ptp3p)和丝氨酸-苏氨酸蛋白磷酸酯酶 PTC(Ptc1p、Ptc2p 和 Ptc3p)的负调节,可以反馈调控HOG-MAPK 途径。

某些微生物的甘油合成也会受 Na^+ 浓度影响。这是由于甘油的合成是由编码磷酸脱氢酶(Glycerol-3-phosphatedehydrogenase)的 GPD1 基因及编码甘油-3-磷酸酶(Glycerol-3-phosphatase)的 GPD2 基因表达增加引起的。耐盐型黑酵母(*Hortaea werneckii*)的渗透调节过程中,除了积累甘油外还会积累糖类及其他醇类有机物,如赤藻糖醇、阿拉伯糖醇、甘露醇。通常来说,醇类是较为常见的相容性溶质。但是它们渗透保护功能有限,需要其他物质共同作用维持渗透压。如汉逊德巴利酵母(*Debaryomyces hansenii*)在高盐浓度(2.0~3.0 mol/L)环境下可同时积累甘油和海藻糖。酿酒酵母 AWRI R2 在高渗透压环境中的主要相容性溶质为海藻糖和甘油。

(4)其他相容性溶质

除上面提到的一些比较典型的相容性溶质外,近年来研究发现三甲基巯基丙酸(DMSP)、甘露糖甘油酸酯(MG)、葡萄糖甘油酸酯(GG)等物质在微生物耐受高渗透压胁迫时也具有重要的保护作用。三甲基巯基丙酸(DMSP)是甘氨酸甜菜碱的结构类似物。它普遍存在于海洋微藻中,特别是甲藻门和定鞭藻门下许多属,如 *Symbiodinium* sp. ,*Lithothamnion glaciale*,*Phaeocystis* sp. 。甘露糖甘油酸酯(MG)在自然界中非常罕见,目前检测到利用甘露糖甘油酸酯作为相容性溶质的微生物仅有变形菌门、泉古菌门和广古菌门的几个菌种。葡萄糖甘油酸酯(GG)是甘露糖甘油酸酯的结构类似物,在联合盐胁迫和氮缺乏条件下,常作为一种"应激"相容性溶质被嗜温微生物广泛利用,包括肠道微生物、蓝细菌等。此外,不同菌株中陆续发现可以利用不同物质作为自身的相容性溶质。如蜡状芽孢杆菌(*Bacillus cereus*)CECT 148T 可以利用 N-乙酰-β-赖氨酸(N-acetyl-β-lysine)作为相容性溶质;观察巴西固氮螺菌(*Azospirillum brasilense*)遭遇高渗透压胁迫时的生理变化时发现,微生物胞内会大量积累糖原作为相容性溶质。

当然,不同微生物中各种相容性溶质的合成、积累和作用机制是一个极其复杂的过程,其在细胞内合成、运输方面的信号控制、蛋白表达等具体过程并未得到完全阐释。尤其是对真核生物来讲,由于其遗传系统的复杂性,以及缺乏有效的分子遗传工具,在分子水平上对微生物相容性溶质的研究仍有很长的路要走。

7.3.3　微生物干燥应激机制

一些菌株可以在低水分活度食品中长期存活。如食品中的大肠杆菌和常存在于婴儿配方奶粉中的阪崎肠杆菌。在食品干燥过程中,水分活度未下降到大肠杆菌致死的水平前,其对水分含量的减少会做出应激响应,诱导相关基因的表达,合成一些特殊的物质,降低由于水分活度下降对其生长造成的影响,并且进入休眠期长时间存活。据报道,这类微生物有胞外抵抗机制和胞内调节机制应对干燥胁迫。

在胞外抵抗机制过程中糖被(glycocalyx)或荚膜(capsule)起着关键作用。糖被是包被于大肠杆菌细胞壁外的一层厚度不定的透明胶状物质,主要由胞外多糖和蛋白质构成。糖被的成分一般是多糖,少数是蛋白质或多肽,也有多糖与多肽复合型的,大量的极性基团可保护大肠杆菌菌体减少水分流失造成的损伤。胞外聚合物(extracellular polymeric substances,EPs)的产生可以增强细胞对外界环境压力的抵抗力。据报道,2株带荚膜的阪崎肠杆菌株在脱水的婴儿配方奶粉中至少可存活 2.5 年,并且其 PFGE 图谱一直未发生改变,而 2.5 年之后回收不到未形成荚膜的阪崎肠杆菌株。荚膜在干燥环境中的重要性同样在 *K.oxytoca*、*E.vulneris* 和 *Pantoea sp.* 等菌株中得到证实。

在胞内调节中,海藻糖起主要作用。海藻糖对多种生物体具有高效保护作用,因为在干燥失水等恶劣环境条件下,海藻糖可在细胞大分子表面形成独特的保护膜,有效地稳定细胞膜上的蛋白质和脂质的结构与功能。如有相关研究证实大肠杆菌胞内合成海藻糖的浓度与其抵抗干燥能力成正相关。大肠杆菌中海藻糖可由 OtsAB 操纵子的编码产物合成:OtsA 是海藻糖-6-磷酸合成酶,OtsB 是海藻糖-6-磷酸酶。阪崎肠杆菌的干燥抗性与海藻糖也有一定的关联。近年来研究证明其他一些小分子物质(如单糖、双糖、甘油等)也可以代替膜磷脂和蛋白质的极性基团周围的水分子,在缺少水分时,这些小分子物质可以保留膜和蛋白质结构、功能和完整性,因此,人们提出了"水分替代"假说。

7.4　微生物酸胁迫应激机制

7.4.1　微生物酸胁迫简介

酸胁迫是微生物在自然环境以及生产实践中最常遇到的胁迫之一,基质中酸性环境以及发酵过程中乙酸、甲酸、乳酸、酪酸、柠檬酸、苹果酸、延胡索酸、琥珀酸、氨基酸(例如天冬氨酸和谷氨酸)、丙酸等酸类物质积累都会造成酸胁迫。例如,乳酸菌在人体的肠胃系统中受到胃酸的酸胁迫,而在发酵过程中伴随着乳酸、琥珀酸等物质的积累从而产生酸性胁迫;酿酒酵母在酒精发酵的过程中会遭遇到副产物乙酸、甲酸等胁迫。酸通常分为无机酸和有机酸,而根据酸在水溶液中电离度的大小,可以分为强酸和弱酸,通常盐酸、硝酸等强酸在水溶液中完全电离,乙酸、酒石酸、柠檬酸等弱酸在水溶液中部分电离。

酸胁迫主要通过改变微生物胞内 pH 来发挥作用。强酸或强碱能改变环境质子浓度,但由于强酸或强碱完全电离而带电荷使其不能透过生物膜,因此它们对细胞的影响有限。而弱有机酸通常处于质子化和去质子化的平衡状态而存在。当外界 pH 低于弱有机酸的值时,弱有机酸主要以亲脂性的非电解形式存在,它可以通过简单扩散进入质膜,例如,乙酸能经过水通道蛋白协助扩散过程进入酵母细胞中。在近中性的细胞质中,大多数弱有机酸能解离,导致质子和阴离子在细胞内释放。由于带电荷,这些离子不能跨过质膜的疏水双分子层,因而在细胞内部积累。为了维持胞内的中性环境,细胞会增加耗能物质质膜酶的活性,促进质子的排出,该过程一方面导致大量能量丧失;另一方面由于介质的抵制,排出的质子会和阴离子重新结合,再次穿过细胞膜进入胞内,导致细胞内的能量不断被消耗,胞内酸化越来越严重,从而形成一个恶性循环。细胞内一些对酸敏感的 DNA 结构会遭到破坏,氨基酸残基带电基团受到影响,蛋白质折叠发生改变,酶活性丧失,蛋白质、脂质、代谢物之间的互作平衡被打破,最终影响微生物对营养物质的吸收利用、细胞的生长繁殖、产物生成积累等。

微生物在漫长的生物进化过程中形成了自身对酸胁迫的生理应激机制以适应环境压力。但是对于不同物质造成的酸胁迫,微生物的应激机制并不完全相同。当面对强酸时,微生物会通过内部的缓冲作用和离子流作用快速调整胞内 pH,一些在转录水平的调控在强酸环境下无法做出快速响应。当面对弱酸时,由于弱酸的解离速度低于强酸,其耐受机制更为复杂。不同的弱酸的特定理化性质及周围环境 pH 的差异会有不同的应激反应。例如对于氨基酸产生的酸胁迫,大肠杆菌一般通过脱羧或脱氨基的方法降低胞内质子浓度;对于乳酸产生的酸胁迫,乳酸菌通常利用乳酸-苹果酸反向转运蛋白将其泵出胞外;对于乙酸造成的酸性胁迫,酵母通过转运、细胞壁重构、转录因子调控等多种途径共同实现调控作用。虽然不同的微生物在不同的酸胁迫环境中各自的响应机制不尽相同,但总体来看主要通过改变细胞壁和细胞膜的组分、质子泵、脱羧反应和脱氨基反应、大分子的修复和保护作用以及改变基因表达及蛋白调控来实现对酸胁迫的应激。

7.4.2　改变细胞壁和细胞膜的成分

细胞壁和细胞膜是菌体细胞应对各种环境的第一道屏障,其对酸胁迫的抵御能力主要通过改变组成成分从而改变细胞壁和细胞膜的通透性和流动性来实现。细胞膜对质子的通透性决定了质子流入细胞内的速率,耐酸菌的细胞膜对质子的通透性极低以防止质子随意流入。例如大肠杆菌通过降低不饱和脂肪酸的浓度并提高环丙烷脂肪酸的浓度来改变细胞膜的组分,结合在外膜孔道蛋白的多磷酸盐或五甲烯二胺从而降低质子流的形成应对酸胁迫;乳酸菌通过增加膜脂的不饱和度和碳链长度来应对酸胁迫;变形链球菌(*Streptococcus mutans*)中参与细胞膜脂磷壁酸合成的 *dltc* 基因失活时,细胞膜对质子的通透性增大,其酸适应能力大大降低,生长量较对照组下降了 33%,当 pH 低于 6.5 时,细胞停止生长。

7.4.3　质子泵

质子转运 ATP 酶(H-ATPase)位于植物、真菌和细菌等细胞膜上,主要负责维持细胞内pH 平衡,是生物体能量转换的核心酶。H-ATPase 由球状的 F1 头部和包埋在内膜中的 F0基部两部分组成,F1F0-ATP 酶能通过水解 ATP 提供的能量将细胞内的质子泵出胞外,以维持 pH 平衡。在酸性胁迫条件下,H-ATPase 作为响应酶会适当地改变亚基的表达和酶结构,以维持细胞质中的离子稳定,使 H^+ 的浓度处于一个动态的平衡中。当胞外 pH 降低至某一临界值时,会刺激 H-ATPase 的合成,通过增加 H^+ 移出达到提高 pH 的目的;当细胞质 pH 恢复到临界值后,H-ATPase 降解速率恢复到基本水平,H^+ 的移出减少,细胞质的碱化被削弱,通过 H^+ 浓度的条件维持了细胞质 pH 动态平衡。例如,在 pH 2.5 的酸性环境中,敲除

F1F0-ATP 基因会降低大肠杆菌生存水平;大肠杆菌中四碳二羧酸转运蛋白 DctA 和 Dcu 可以协助细胞对琥珀酸和柠檬酸进行摄入和外排作用;在酿酒酵母中,羧酸分子外排泵 Pdr12p 对一元羧酸具有耐受作用;德巴利酵母(*Debaryomyces hansenii*)在酸性培养基中培养 H-ATPase 酶活是正常条件下的 1.5 倍。

7.4.4　脱羧反应和脱氨基反应

　　氨基酸脱羧酶在消耗质子的同时,使谷氨酸、赖氨酸、精氨酸和鸟氨酸进行脱羧反应。每一种氨基酸脱羧酶会与识别它的反向转运体相结合,在外界 pH 降低到阈值以下被激活,不同的氨基酸底物在不同的 pH 条件下会产生不同的脱羧后产物。微生物通过脱氨基产生的氨与质子结合形成铵离子来提高胞内的 pH 水平。精氨酸脱亚胺酶系统一般由精氨酸脱亚胺酶(ADI)、鸟氨酸氨甲酰转移酶(OTC)、氨甲酰磷酸激酶(CK)所组成,这些酶均在 pH 3.1 或更低的 pH 条件下具有活性。该系统能催化精氨酸转化为鸟氨酸、二氧化碳和氨,并且产生的 ATP 还可以用于 F1F0-ATP 酶对胞浆质子的外排。此外,谷氨酰胺酶和腺苷脱氨酶也在大肠杆菌的酸胁迫过程中利用类似的机制发挥抗酸作用。

7.4.5　改变基因表达及蛋白调控

　　微生物受到外界环境刺激后,除了细胞生理发生变化外,在基因表达水平及调控因子调节等方面均会做出相应的改变,以适应外界逆环境。例如不同 pH 条件下对嗜酸乳杆菌(*Lactobacillus acidophilus* NCFM)进行基因表达变化的研究发现,与蛋白水解相关的重要调控因子——双组分调控系统(LBA1524HPK)对 pH 变化下细胞保护具有重要作用;干酪乳酸杆菌(*Lactobacillus paracasei* ATCC334)在酸胁迫条件下参与合成组氨酸的组氨酸渗透酶的基因都出现显著上调;大肠杆菌在乙酸和丙酸胁迫下一些介导趋化现象和鞭毛运动相关的基因表达水平上调,而对碳源摄取和利用的相关基因表达水平下降,丙酸胁迫下苏氨酸和异亮氨酸生物合成途径中的相关基因表达上调。

7.4.6　热休克蛋白对细胞酸胁迫的保护机制

　　在正常条件下,热休克蛋白可以对蛋白进行折叠、跨膜转运蛋白、组装和分解寡聚蛋白或者帮助降解不稳定的蛋白防止蛋白聚集。当胞内处于酸性胁迫时,暴露在其中的蛋白质大分子会受到损伤以及错误折叠并在胞内大量积累,影响正常的生理功能和新陈代谢。热休克蛋白能防止蛋白聚集、修复损伤的蛋白并促进蛋白正确折叠。在革兰氏阴性菌如大肠杆菌中,热休克蛋白可以分为 DnaK(Hsp70)、DnaJ(Hsp40)、GrpE、GroEL(Hsp60)、GroES(Hsp10)和 Clp(Hsp100)。而在革兰氏阳性菌如枯草芽孢杆菌 *Bacillus subtilis* 中,热休克蛋白主要包括 *dnaK* 和 *groESL* 操纵子编码的基因、σB 因子调控的基因等。其中,DnaK 是一种 ATP 依赖性的伴侣蛋白,能参与应激反应的转录、翻译和翻译后调节。DnaK 的转录水平和蛋白表达水平在接受酸应激(acid shock)的细胞中均会增高,且在已产生酸适应的细胞中也可被碱应激(alkali shock)所诱导。有研究认为,通过表达来自大肠杆菌的 DnaK 基因,利用分子伴侣保护机制,可以提高乳酸乳球菌(*Lactococcus lactis* NZ9000)对酸、盐浓度和乙醇浓度等多种环境刺激的耐受性,细胞存活率提高 4.6 倍。干酪乳杆菌(*Lactobacillus casei* Zhang)在酸胁迫条件下分子伴侣 DnaK 和热应激蛋白 GroES、GroEL 等表达水平显著上调。此外,一些微生物会通过介导 Clp 蛋白酶复合物来去除受损的蛋白质。

7.5　微生物氧化胁迫应激机制

7.5.1　氧化胁迫简介

氧气可以跨越细胞膜,从电子传递酶类暴露的还原基团处接受电子,产生不完全还原的活性氧(reactive oxygen species,ROS)。在生物体正常的生理代谢过程中,所有生物(厌氧生物除外)都会产生一定数量的活性氧,由于细胞内抗氧化系统的作用,使得活性氧的产生与清除处于动态平衡,生物体内氧自由基浓度处于安全水平。但是在外界不良因素的胁迫下,如电离、紫外辐射、高温、缺氧等环境都会引起生物体代谢变化,当这些物理或化学源刺激超过生物体所能承受的强度时,引起细胞内代谢紊乱,其中最为常见的一种应激反应就是氧化胁迫反应。

生物个体处于氧化胁迫状态时,会导致产生大量的活性氧。活性氧种类包括超氧阴离子自由基(superoxide anion,$O_2^- \cdot$)、羟基自由基(Hydroxyl Radical,$HO \cdot$),及由此衍生的有机过氧化物自由基(peroxide free radicals,$RO \cdot$、$ROO \cdot$)和氢过氧化物(hydrogen peroxide,$ROOH$)等。这些物质都是直接或间接由氧分子在生物体内转化而来的。当活性氧的产生速度超过机体抗氧化防御系统的清除能力时,过多的活性氧就会攻击细胞成分,造成细胞的蛋白质、核酸和脂类等氧化损伤(图 7-5)。其中蛋白质的损伤是对生物体造成的最严重的危害,主要是攻击蛋白质中的活性位点引起其生物学功能改变,或者是造成其高级结构被破坏,同样引起其功能的丧失;自由基可以导致 DNA 碱基的修饰改变,造成复制时碱基的错误配对和编码,活性氧还能引起 DNA 链断裂。DNA 分子是亲核性的,自由基和 DNA 分子的结合是比较容易的,两者结合后就会导致机体 DNA 分子碱基的修饰发生改变,鸟嘌呤 C8 位被氧化后形成 8-羟化脱氧鸟苷(8-OHdG)是最常见的,8-OHdG 能引起生物体细胞中 DNA 分子中链的断裂,断裂下来的 DNA 链会不断地被复制。在 DNA 复制过程中,被攻击的 DNA 会自我修复,但由于生物体中参与 DNA 修复的酶也会受到自由基的破坏,从而使 DNA 的修复无法正常进行,因而在 DNA 复制过程中就会出现编码错误,进一步导致细胞基因突变,甚至促使细胞死

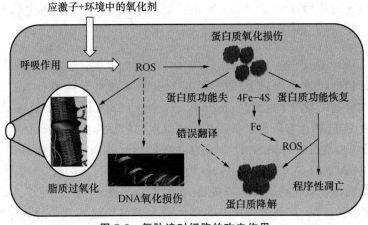

图 7-5　氧胁迫对细胞的攻击作用

亡。细胞中产生 ROS 的主要场所是线粒体,因此线粒体中 DNA 更容易受到 ROS 攻击;脂质中不饱和脂肪酸含有多个双键,而且其化学性质比较活泼,极其容易受到活性氧(尤其是 HO·)攻击并引起氧化反应。磷脂双分子层作为细胞生物膜上的重要成分,很容易被自由基破坏,进而导致细胞生物膜结构的破坏,造成细胞生理功能的紊乱和丧失。自由基链式反应是自由基与不饱和脂肪酸最为典型的反应。在这种链式反应中,先生成脂质自由基 L·,再生成脂质过氧自由基 LOO·,LOO·又能与另一个脂质分子反应形成新的脂类自由基。这样就形成不断循环,导致脂质过氧链式反应发生,终产物为各种醛类和短链烃类。

微生物细胞中有一类特殊的调节因子,它们负责调控抗氧化酶或蛋白因子的转录和表达,如在原核细胞中 OxyR 是负责对 H_2O_2 胁迫产生应激反应的转录子。而活性氧分子不仅造成细胞结构和功能的损伤,同时 H_2O_2 与 O_2^-· 等活性氧分子也可以起到调节因子的积极作用,以信号的形式在细胞中传导。比如 H_2O_2 可以作为第二信使分子来协调抗氧化酶合成的表达,可及时清除细胞中产生的活性氧自由基,将其维持在正常水平。因此活性氧分子具有毒性及信号传导双重作用,密切关系到胞内活性氧释放系统及活性氧清除系统的调控系统的复杂调节,对细胞而言具有重要的生理意义。而这些感应系统调控抗氧化酶或者非酶系统清除活性氧。

7.5.2　抗氧化酶清除剂

微生物体内存在生物普遍共有的抗氧化酶类清除剂如超氧化物歧化酶(superoxide dismutase,SOD)、过氧化氢酶(catalase,CAT)、谷胱甘肽过氧化物酶(glutathione,GPx)和谷胱甘肽还原酶(glutathinoe reductase,GR)等以及金属螯合剂如乙二胺四乙酸(ethylene diamine tetraacetic acid,EDTA)和去铁敏(deferoxamine Mesylate)。在氧化胁迫下,微生物中抗氧化酶的合成水平受到胁迫类型、胁迫程度、细胞生长阶段等因素影响,因而表现出一定差异。细胞内抗氧化酶活性的变化,在生理生化水平上最直接体现出是否能有效抵抗活性氧胁迫攻击。因此抗氧化物酶合成水平的提高及抗氧化物酶活性的变化,是直观地反映微生物细胞对氧化胁迫应答水平的指标。

7.5.2.1　SOD

SOD 是生物体内以 O_2^-· 作为底物的酶类,通过歧化反应 SOD,使其歧化为 H_2O_2 和 O_2,从而起到清除 O_2^-· 的作用;产生的 H_2O_2 则在 CAT 作用下被清除,分解生成 H_2O 和 O_2。如下式所示:

$$2O_2^- \cdot + 2H^+ \rightarrow H_2O_2 + O_2$$

SOD 是一种辅助因子上含有金属的酶,根据其金属的特异性可分为 Cu/Zn-SOD,Mn-SOD,Fe-SOD 和镍超氧化物歧化酶(nickel-containing superoxidedismutase,Ni-SOD),大部分微生物体内的 SOD 都含有两个亚基。在真核微生物的细胞质中主要为 Cu/Zn-SOD,在其他细胞器中的分布也有报道,Mn-SOD 一般存在于丝状真菌和酵母的线粒体;对于原核微生物,其细胞质中主要以 Fe-SOD 和 Mn-SOD 为主。

SOD 作为生物体抗氧化体系的主要成员,在微生物抗逆境中的各种不良条件下的生理代谢过程中发挥重要的作用,其合成表达及其活性在生长各阶段均有差异,而且还受到外界因素、活性氧自由基等环境胁迫因素的影响呈现不同。

对于大多数细胞来说,SOD 主要负责清除细胞 $O_2^-\cdot$,胞内 $O_2^-\cdot$ 浓度的升高能够刺激 SOD 的合成水平。如提高环境的溶氧浓度、氧化剂(甲萘醌、百草枯等)存在等都会造成胞内 $O_2^-\cdot$ 的积累和升高。通过比较不同溶氧浓度下敏感型和非敏感型乳酸杆菌中 SOD 合成的情况,结果表明在高氧浓度下,非敏感型乳酸杆菌胞内 SOD 水平比敏感型提高 20 倍左右,同时敏感型菌株生长受到了强烈抑制。对大肠杆菌研究显示,$O_2^-\cdot$ 与胞内重要的抗氧化酶 SOD,两者之间能够相互调控,胞内 $O_2^-\cdot$ 一般维持稳定水平。

H_2O_2 胁迫对真核微生物 SOD 合成的影响与微生物的种类有关,取决于微生物是否具有 H_2O_2 和 $O_2^-\cdot$ 的转录子。一般认为外源 H_2O_2 可以引起内源活性氧 $O_2^-\cdot$ 的产生速率和 H_2O_2 积累浓度提高。通过比较高溶氧浓度和 H_2O_2 胁迫下 SOD 的合成发现,虽然两种胁迫都能够刺激酶的合成,但高氧胁迫对 SOD 的刺激作用要高于 H_2O_2,说明 $O_2^-\cdot$ 对 SOD 酶的响应程度要强于 H_2O_2 胁迫。白色念珠菌中含有相同的 H_2O_2 和 $O_2^-\cdot$ 转录子,因此 H_2O_2 和 $O_2^-\cdot$ 同样也能刺激 SOD 合成。对于酵母细胞而言,H_2O_2 同样可以引起胞内 SOD 表达的上调。相比 H_2O_2 的胁迫,$O_2^-\cdot$ 胁迫引起微生物的响应更加迅速。这是因为 SOD 在清除 $O_2^-\cdot$ 的时候,由于歧化作用会导致 H_2O_2 产生,也就是说 SOD 对于 $O_2^-\cdot$ 应激响应的同时,其表达的上调会导致 H_2O_2 产生,这就要求细胞在提高 SOD 活性的同时,必须也相应地提高 CAT 活性,及时清除产生的 H_2O_2,在两者协同作用下 $O_2^-\cdot$ 和 H_2O_2 才能最终被分解为无毒的 H_2O 和 O_2,减少 Fenton 反应和 Haber-Weiss 反应的发生,从而降低产生对细胞毒性更大的 $HO\cdot$ 威胁。

7.5.2.2　CAT

CAT 是一类广泛存在于植物、动物和有氧微生物体内的末端氧化酶,而在大多数厌氧微生物中几乎不存在。CAT 以 H_2O_2 为专一性的底物,可将组织细胞中的 H_2O_2 催化反应转变为 H_2O 和 O_2,是生物体内抗氧化胁迫体系中的关键酶系之一。

在原核微生物中 CAT 是活性氧胁迫下细胞中主要的抗氧化物酶。CAT 作用的底物 H_2O_2 直接影响 CAT 酶蛋白合成,H_2O_2 的浓度决定了对 CAT 的响应程度。较低浓度 H_2O_2 能刺激 CAT 的表达上调,如低浓度 H_2O_2 处理能够提高米曲霉、构巢曲霉菌丝中 CAT 表达。不论是外源添加的 H_2O_2 还是内源细胞内部产生的 H_2O_2,一定浓度的 H_2O_2 会引起微生物细胞内 CAT 表达的变化。CAT 能及时分解细胞内由 SOD 歧化反应产生的内源性 H_2O_2,或者是经过扩散作用进入胞内的外源性 H_2O_2,其最主要的生物学意义在于不仅能消除 H_2O_2 对血红蛋白及其他的含巯基蛋白质的氧化作用,更为重要的是能阻止通过 Fenton 和 Haber-Weirs 反应产生的毒性最强的 $HO\cdot$,从而避免了 $HO\cdot$ 对细胞器和功能大分子的损害。如下式所示:

$$H_2O_2 + CAT \rightarrow H_2O + O_2$$

好氧微生物能够抵抗 H_2O_2 的胁迫,主要是因为需氧微生物体内存在着大量的 CAT。但是对于那些不存在 CAT 的厌氧微生物,其抗 H_2O_2 胁迫的途径有所不同。也有些微生物由于缺乏 CAT 在 H_2O_2 胁迫下可能会促使细胞凋亡。比如有研究报道,H_2O_2 对双歧杆菌中糖代谢相关的酶果糖-6-磷酸磷酸酮酶(fructose-6-phosphate phosphoketolase,F6PPK)的活性有极大影响。与需氧菌不同的是,双歧杆菌缺乏将溶解氧转化成水分子的系统,由于电子传递链的中断导致氧气不能完全被还原成 H_2O_2。另外,双歧杆菌体内缺乏分解 H_2O_2 的酶,与氧气接触后导致一些活性氧(比如 O_2^{-} 、OH^{-} 、H_2O_2)大量积累,最终导致细胞凋亡。同时研究表明,在氧胁迫下 H_2O_2 的累积是导致双歧杆菌生长受到抑制或者死亡的原因之一。在氧胁迫下,对氧气比较敏感的双歧杆菌菌株在微氧或者好氧条件下均产生大量的 H_2O_2;但是一些对氧胁迫比较敏感的双歧杆菌菌株,其生长在氧气的刺激下会受到抑制时,但加入一定量的过氧化氢酶可以使其恢复生长。著名学者 De Vries 于 1969 年提出了双歧杆菌的厌氧机理(二维码 7-1)。Ballongue 于 1993 年提出了一个比较可靠的双歧杆菌在氧胁迫下氧的代谢途径模型。他认为,在氧胁迫下氧气在双歧杆菌细胞 NADH 氧化酶的作用下生成 H_2O_2,或者氧分子在细胞内转化为 $O_2^- \cdot$ 后由于 SOD 歧化作用转化为 H_2O_2,最后由 NADH 过氧化物酶将 H_2O_2 水解为水。在这个机理图中,与双歧杆菌细胞氧代谢有关的酶有 NADH 氧化酶、NADH 过氧化物酶和 SOD,而 NADH 过氧化物酶的存在显得更为重要。在厌氧微生物体内,有两种形式的 NADH 氧化酶:NADH-H_2O_2 氧化酶、NADH-H_2O 氧化酶。其中 NADH-H_2O_2 氧化酶参与将 O_2 转变成 H_2O_2 的反应(图 7-6,反应 1),而 NADH-H_2O 氧化酶可将氧气直接还原为 H_2O(图 7-6,反应 2)。同样,NADH 氧化酶也可以将氧气不完全还原为超氧阴离子(图 7-6,反应 3),于是内源性或者外源性的 H_2O_2 也能被不存在 CAT 的双歧杆菌代谢。

$$NADH + H^+ + O_2 \xrightarrow{NADH-H_2O_2\ 氧化酶} NAD^+ + H_2O_2 \qquad 反应 1$$

$$2NADH + 2H^+ + O_2 \xrightarrow{NADH-H_2O\ 氧化酶} NAD^+ + 2H_2O \qquad 反应 2$$

$$NADH + 2O_2 \xrightarrow{NADH\ 氧化酶} NAD^+ + H^+ + 2O_2^- \cdot \qquad 反应 3$$

图 7-6　氧气与 NADH 氧化酶在双歧杆菌体内的反应

7.5.2.3　GPx

二维码 7-1　厌氧代谢机理

谷胱甘肽过氧化物酶(GPx)是机体内广泛存在的一种重要的过氧化物分解酶,微生物中 GPx 主要功能是清除过氧化氢以及脂质过氧化物,保护生物膜,GPx 与体内的 SOD 和 CAT 一起构成了机体的抗氧化防御体系。GPx 发生作用必须有谷胱甘肽(GSH)的参与,才能保证活性氧自由基清除发生,一般都与相关酶组成 GSH/GPx 抗氧化系统,并且在不同微生物种类抗氧胁迫方面的作用和功能并不一致。

GSH 是细胞内最重要的非蛋白巯基化合物,是 L-Glu、L-Cys 和 Gly 在 ATP 的存在下,经过 γ-谷氨酰半胱氨酸合成酶(GSH1)和谷胱甘肽合成酶(GSH2)催化反应合成的,反应过程见图 7-7:

$$L\text{-Glu} + L\text{-Cys} + ATP \xrightarrow{GSH1} \gamma\text{-}L\text{-Glu-}L\text{-Cys} + ADP + Pi$$

$$\gamma\text{-}L\text{-Glu-}L\text{-Cys} + ATP \xrightarrow{GSH2} GSH + ADP + Pi$$

图 7-7　GSH 合成途径

真核微生物特别是酵母菌普遍具有合成 GSH 的能力。研究表明,GSH 在维持细胞内氧化还原环境及抗氧化的过程中起着重要的作用。将产朊假丝酵母中合成 GSH1 的相关基因进行敲除后,该 GSH1 突变菌株细胞内 GSH 合成量比出发菌降低了 61%,GSH1 酶活比出发菌株降低了 17.5%,而该 GSH1 突变菌株在 H_2O_2 胁迫条件下,胞内 GSH 合成量却升高了 22%,细胞可能通过增加 GSH 的合成来应对 H_2O_2 胁迫。GSH2 缺失突变株虽然在基本培养基中生长状况不好,但对 H_2O_2、O_2^-· 和烷基过氧化氢引发的氧胁迫仍有抗性。这可能是因为 GSH2 缺失突变株胞内积累了 γ-谷氨酰半胱氨酸,该物质能够部分代替 GSH 来抵抗氧胁迫。

真核微生物中可能普遍存在 GSH/GPx 系统(图 7-8),并且 GPx 一般都为多基因家族,而且不同类型和种属的真核微生物中可能存在较大差异,抵抗氧化胁迫应答方式也不同。酵母中存在含硒的 GPx 和不含硒的 GPx 两种形式,酵母中 GPx 活性受生理条件的变化而改变,而且与氧的代谢是紧密相连的。H_2O_2 会引起含硒的 GPx 和不含硒的 GPx 两种形式酶的含量增加;酵母在含 Cu^{2+} 培养基中生长时,Cu^{2+} 造成细胞内巯基化合物和其他还原性物质的自动氧化速度上升,细胞 SOD 活性的升高导致胞内 H_2O_2 的产生,进

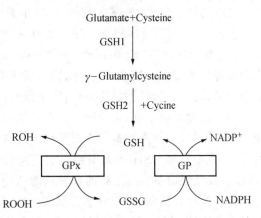

图 7-8　GSH/GPx 抗氧化系统示意图

而使 GPx 活性增大,特别是硒 GPx 活性增幅较大。新型隐球菌 GPx 缺失突变株对 H_2O_2 表现敏感,说明新型隐球菌中 GPx 与氧化胁迫具有一定的相关性。此外,GPx 还具有清除脂质过氧化物(ROOH)的作用。

GSH/GPx 系统在原核微生物中并非普遍存在,而是存在着种属依赖性,如大肠杆菌由于缺乏 GPx 基因,因而其不存在依赖于 GSH/GPx 的抗氧化系统,但其含有谷氧还蛋白,因此其胞内的 GSH、GR 和 NADPH 可能与谷氧还蛋白组成了依赖于 GSH 的另一种还原系统。然而该系统对于大肠杆菌清除过氧化物没有贡献,只在 DNA 合成中起着重要作用。

相对于具备完整抗氧胁迫机制的好氧微生物而言,乳酸菌抗氧胁迫体系不健全,仅具备一种或缺少抗氧胁迫机制,必然导致乳酸菌对氧胁迫要比好氧微生物敏感。分子氧对于包括保加利亚乳杆菌、嗜热链球菌等在内的多数乳酸菌生长存在抑制作用。与许多生物不同,乳酸菌的大部分种属不能生物合成 GSH,但部分种属具有从外界吸收 GSH 的能力。同时,在本身不含 GSH 的部分乳酸菌内,还检测到了谷胱甘肽还原酶和谷胱甘肽过氧化物酶的活性。吸收外源性 GSH 的乳酸菌(如乳酸乳球菌)对氧胁迫的抵抗能力显著增强。但是某些乳酸菌中也存在 GR 和依赖于 GSH 的 GPx,且有些菌株能够从胞外吸收 GSH,并与对照(培养基中不加 GSH)相比,从培养基中吸收了 GSH 的乳酸菌 SK11 细胞对 H_2O_2 的抗性(5 mmol/L H_2O_2 处理 5 min)提高了 5 倍;且当培养基中 GSH 浓度为 $1\sim10$ μmol/L 时就可赋予菌株 SK11 对 H_2O_2 的抗性,且这种抗性随着胞内 GSH 积累量的增加而提高。或者某些乳酸菌具有从培养基中摄取外源 GSH 并在胞内积累的能力,胞内积累一定浓度的谷胱甘肽后,这些菌株对 H_2O_2 的抗性大大增强。乳酸菌对 GSH 的这种特异性吸收对自身保持旺盛的生命活性具有重要意义。

作为一个整体抗氧化系统,微生物细胞内抗氧化酶合成是极其复杂的。从横向来看,其调控不仅涉及酶本身调节因子的作用,也与不同酶之间的相互协调有关。从纵向来看,对抗氧化酶调节水平不但发生在转录阶段,而且还与酶蛋白的翻译和翻译后修饰阶段有关。

7.5.3 非酶清除剂

微生物体内还存在许多非酶类的小分子抗氧化剂,水溶性的抗氧化剂有维生素 C (vitamin C)、GSH、甘露醇、硫辛酸、辅酶 A、半胱氨酸等;脂溶性抗氧化剂有维生素 E(vitamin E)、胆红素、类胡萝卜素、胆固醇、视黄醇等;金属结合蛋白(包括铜蓝蛋白、转铁蛋白、白蛋白)以及柠檬酸等多种有机酸、酚类化合物、黄酮类化合物等这些小分子抗氧化剂都可清除多余的氧自由基,防止细胞受到氧化损伤,对于维持体内氧自由基代谢平衡方面发挥着重要的作用。

在不同微生物中,氧化胁迫系统在抗氧胁迫方面有所不同。比如在大肠杆菌等原核微生物中,烷基过氧化氢酶主要用于清除低水平的 H_2O_2,而用 CAT 清除高水平的 H_2O_2。在酿酒酵母中,主要依靠 GSH/谷胱甘肽过氧化物酶(GPx)系统来抵抗氧胁迫。同时,在酵母细胞中 GSH 直接或间接参与微生物的各种代谢活动,GSH/GPx 抗氧化系统就是依赖于 GSH 还原系统中一个重要的系统,它由 γ-谷氨酰半胱氨酸合成酶(GSH1)、谷胱甘肽合成酶(GSH2)、谷胱甘肽还原酶(GR)、GPx 和 NADPH 组成。如厌氧微生物——双歧杆菌在氧胁迫下其细胞形态发生改变。当双歧杆菌在厌氧条件下生长时,呈现出 Y、V 等双歧杆菌典型的形态,细胞长度在 $1.2\sim3.5\ \mu m$ 之间。但是在氧胁迫下,双歧杆菌的大部分 V、Y 形态消失了,细胞大部分拉长至 $5\sim7\ \mu m$;细胞表面也会变得粗糙,并有小的突起现象,这可能是由于不完全的细胞分裂所造成的。还有些对氧气比较敏感的菌株(如大部分的青春双歧杆菌)在微氧胁迫条件下几乎不生长;但是在微氧的情况培养下,一些具有较强的氧胁迫能力的菌株达到最高生长量所需要的时间会有所延长。而对氧气比较敏感的菌株,即便在微氧的胁迫条件下也几乎不生长。

7.6　微生物辐射胁迫应激机制

7.6.1 微生物辐射胁迫简介

辐射照射法最早是由德国及法国科学家在 1895 年首度尝试,在 1968 年获得国际原子总署(IAEA)、国际粮农组织(FAO)及世界卫生组织(WHO)认同其应用之可行性,并在 1980 年宣布 10 kGy 的照射剂量是可靠安全值。美国食品药品管理局(FDA)在 1986 年通过了辐射保存法,批准对某些食物可做有限的处理,目前全世界已有超过 30 个国家采用此食品保存技术。辐射可分为非离子化辐射和离子化辐射两类,非离子化辐射指辐射照射物质不会产生离子化现象,如微波、红外线、日光等;离子化辐射即辐射照射物质会引起物质内的分子产生离子化现象,如 X-射线、γ-射线、α-射线、β-射线。

食品辐射照射法(food irradiation)是一种采用电离辐射来进行杀菌(或寄生虫、虫卵),使食物不易腐化;同时可抑制农产品发芽生根,推迟细胞生长,控制蔬果成熟速度,以利于延长保存期限;或使酶失去活力,防止食物变质。一般常用的放射源是钴 60(^{60}Co)或铯 137(^{137}Cs)所发出来的 γ-射线,辐射照射法所用的剂量与杀菌力成正比(表 7-4)。要杀死越低级生物,所需的能量越高。食品照射按照目的不同可细分成不同的剂量区范围。格雷(Gy)为放射线量的单位,即 1 kg 的物质由放射线吸收 1 J 的能量称为被照射 1 Gy。对不同的微生物,其致死量的辐射量也不同。一般来说,辐射也并未将所有的微生物都杀死,只是将其数量减少到安全并可控制的水平。

表 7-4　食品照射对于杀菌的效果

照射效果	适用剂量	对象食品
完全杀菌	3～5 Mrad	畜肉、鱼肉加工品、发酵原料饲料、病患食物
食物中毒细菌的杀减	0.5～0.8 Mrad	畜肉、蛋中沙门氏菌的杀减
不完全杀菌	0.1～0.3 Mrad	家禽肉、鱼贝类、水果、蔬菜、畜肉、加工品

7.6.2　细菌对辐射胁迫的应激机制

不同细胞对辐照的抵抗能力不同,一般来说,脊椎动物对辐照损伤的敏感性要大于其他动物,10 Gy 强度的辐照就会威胁到人类的生存,而细菌可以忍受高达 100 Gy 的辐照,耐辐射奇球菌却在 1 500 Gy 的辐照下仍然可以完全存活下来。

细菌种类不同,对辐照的敏感性也不同。一般来说,革兰氏阳性菌比革兰氏阴性菌敏感性强;耐热性强的细菌,对放射线的抵抗力也强。但也有例外,如引起罐头发酸变质的嗜热脂肪芽孢杆菌,对热有特别强的抵抗力,但是对放射线却相当敏感;不形成孢子的小球菌对辐照有较强的抵抗力,然而并不耐热。

由于辐射杀灭有害微生物的机制是对微生物细胞中的核酸物质(特别是脱氧核糖核酸分子)产生损伤,并破坏细胞质膜,引起酶系统紊乱,造成生理生化反应的延缓或停止、新陈代谢的紊乱或中断,从而导致细胞死亡。所以微生物对于辐射胁迫的应激往往集中在对 DNA 的修复行为。以大肠杆菌为例,有 5 种 DNA 修复系统(表 7-5)用于应对不同的 DNA 受损情况。

表 7-5　大肠杆菌中 DNA 修复系统

DNA 修复系统	功能
错配修复	恢复错配
切除修复(碱基、核苷酸)	切除突变的碱基和核苷酸片段
重组修复	复制后的修复,重新启动停滞的复制叉
DNA 直接修复	修复嘧啶二体或甲基化 DNA
SOS 系统	DNA 的修复,导致变异

其中因紫外光照射而引起 DNA 破坏的修复机制被广泛了解。紫外光照射可以使 DNA 链中相邻的嘧啶形成一个环形丁烷,主要产生胸腺嘧啶二聚体(图 7-9)。二聚体的形成使 DNA 的复制和转录功能受到阻碍,因而必须除去。

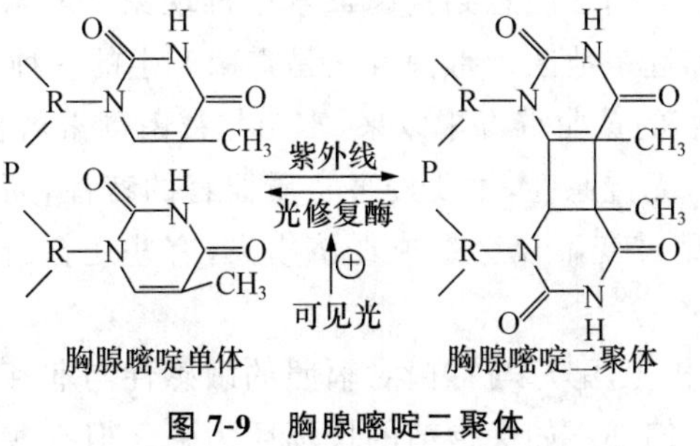

图 7-9　胸腺嘧啶二聚体

一种修复系统是光复活修复(图 7-10)。光复活机制是可见光激活了光复活酶,使之能分解由于紫外光照射而产生的嘧啶二体。光复活酶的专一性较高(只作用于因紫外光照射而形成的嘧啶二体),它的分布很广,从单细胞生物一直到鸟类都有,但在高等哺乳动物中不存在。

另外一种修复系统是暗修复,共包括 4 个步骤:①专一的内切酶在靠近二聚体处切断单链 DNA;②DNA 聚合酶利用完整的互补链为模板,在断口处进行局部的修复合成;③5′-核酸外切酶切去含嘧啶二聚体的寡核苷酸片段;④连接酶将新合成的 DNA 链与原来的 DNA 链连在一起。这种修复机制也称为切除修复,是比较普遍的一种修复机制,对多种损伤均能起修复作用。

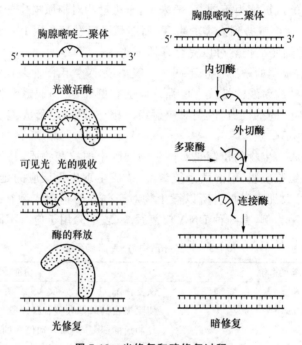

图 7-10　光修复和暗修复过程

大肠杆菌 DNA 聚合酶Ⅰ和Ⅲ在修复 DNA 损伤中起作用。这两种酶兼有聚合酶和 5′→3′ 外切酶活力,因此修复合成和切除两步反应可由同一酶催化。

7.6.3　真菌对辐射胁迫的应激机制

早在 20 世纪 20 年代,人们已注意到真菌毒素中毒现象。麦角中毒是发现最早的霉菌中毒症,曾广泛发生于欧洲和远东地区。霉菌毒素是霉菌产生的一种有毒的次生代谢产物,自从 20 世纪 60 年代发现强致癌的黄曲霉毒素以来,霉菌与霉菌毒素对食品的污染日益引起重视。霉菌毒素通常具有耐高温,无抗原性,主要侵害实质器官的特性,而且霉菌毒素多数还具有致癌作用。因此,粮食及食品霉变不仅会造成经济损失,有些还会造成误食人畜急性或慢性中毒,甚至导致癌症。

与细菌的抗辐射能力相比,酵母与霉菌对辐照的敏感性与非芽孢细菌相当。酵母菌与霉菌相比前者大于后者,但它们都不如芽孢菌的抗辐照力强。但有些假丝酵母菌株的抗辐照力与某些细菌的芽孢不相上下。杀灭引起水果腐败和软化的霉菌所需的剂量常高于水果的耐辐照量,对酵母也有类似状况,通过热处理或其他方法再结合低剂量辐照则可克服上述缺陷。

使用辐射处理食品中的有害真菌微生物时,其对于辐射胁迫的应激与细菌的 DNA 修复系统相似。不同的是,真核细胞中的 DNA 聚合酶 β 可能在 DNA 损伤的修复中起作用。真核细胞的 DNA 聚合酶一般不具有外切酶的活力,推测切除作用是由另外的外切酶催化的。

7.6.4　以极端微生物耐辐射奇球菌为例的抗辐射应激机制

耐辐射奇球菌(*Deinococcus radiodurans*,DR)因其强大的辐射抗性而闻名于世。耐辐射奇球菌是 1956 年美国科学家 Anderson 等在经过 X 射线辐照过的肉类罐头中首次分离得到的一种极端微生物,之后不久在医院的空气污染物中也分离到耐辐射球菌 SARK 菌株。耐辐射球菌以其惊人的电离辐射抗性而闻名,它能在慢性辐照下(60 Gy/h)正常生长而不影响外源基因的表达;在超过 15 kGy/h 的急性辐照条件下既不会死亡也不会产生突变。然而,大肠杆菌在 60 Gy/h 的辐照条件下就不能生长而且被杀死,枯草芽孢杆菌在此条件下也不能生长。耐辐射球菌不仅对电离辐射而且对干燥、紫外线、强氧化剂和丝裂霉素等各种化学诱变剂都表现出超强的抗性。它拥有极强的电离辐射抗性,且对紫外线、干燥、氧化剂等造成的 DNA 损伤有强大的修复作用,因此被公认为是研究辐射抗性的模式生物。研究生物的抗辐射机制及更好地将其中的研究成果应用于实际生产和环境治理方面,奇球菌属有着不可取代的研究价值和应用前景。

就目前的研究成果来看,DR 的辐射抗性机制主要包括特殊的生理特性与功能、高效的 DNA 修复能力、强大的抗氧化能力。

7.6.4.1　DR 的特殊生理特性与功能

DR 是一种橘红色非致病细菌,以二联体或四联体的形式存在。从细胞壁成分上看,DR 属于革兰氏阴性菌,但是对革兰氏染色却呈阳性反应,这可能是由于它的肽聚糖层太厚,不容易脱色所致。White 等对 DR 进行了全基因组测序,发现 DR 有冗长的基因组。DNA 双链在受到外界攻击断裂后,会迅速启动同源重组修复,在此过程中需要寻找它的同源片段。DR 拥有多拷贝的基因组数,这使其损伤的 DNA 更易找到同源的片段进行修复,从而有效抵抗损伤。且 DR 基因组中的 GC(鸟嘌呤与胞嘧啶)含量很高,达 66.6%,较高的 GC 含量使得 DNA 密度更高,也不易变性。DR 的类核在生长平台期呈现环状结构,这种致密的结构即使在辐射状态下也不会发生改变,这样基因组在外界胁迫条件下可以被更好地保护起来。

7.6.4.2　DR 的 DNA 修复功能

电离辐射作用于生命体,会直接造成 DNA 的损伤。DR 与其他辐射敏感细菌一样,在极端的环境下都会产生大量的 DNA 碎片,但它却能在十几个小时内将产生的碎片修复而不发生突变。存在于 DR 中的 DNA 修复路径主要有重组修复、错配修复和切除修复等(图 7-11)。同源重组修复是利用同源 DNA 为模板,修复损伤处的 DNA。RecA 是同源重组修复中的重要蛋白,它能结合双链 DNA,在 ATP 存在的情况下形成螺旋丝,对 DNA 起保护作用。单链退火途径是一种非依赖 RecA 的修复途径,通过 ddrA、ddrB 等蛋白的作用,在早期保护单链 DNA 免受降解并促进修复。Zahradka 等发现的延伸合成依赖的单链退火途径是 DR 中一种更为高效的修复机制,它使具有重叠同源末端的染色体片段既可作为引物,又可作为模板,使得修复更加精准有效。错配修复主要用来纠正复制过程中产生的错配碱基。MutS 能识别并结合错配的碱基位点,在 ATP 存在的情况下募集修复蛋白,最终在 DNA 聚合酶Ⅲ和 DNA 连接酶的作用下完成修复,从而保证了 DR 复制和重组的高保真性。切除修复是将损伤的碱基或核苷酸进行切除从而达到 DNA 修复的目的。DR 中包括多种与碱基切除修复相关的核酸内切酶、核酸外切酶以及糖苷水解酶,这使得这种简单高效的修复途径在 DR 中有效发挥作用。核苷酸切除修复主要对于嘧啶二聚体的形成进行切除,DR 中包括 UvrABC 和 UvDE 两条路径,研究发现,其中任何一条路径的缺失都不会影响其核苷酸切除修复功能的发挥,显示出 DR 修复机制的精密与高效性。过多的 DNA 碎片堆积会对细胞产生有害作用,DR 除具有高效的 DNA 修复能力外,还能及时地将多余的 DNA 碎片排出细胞,并通过细胞外核酸酶降解,防止受损的碱基重组。

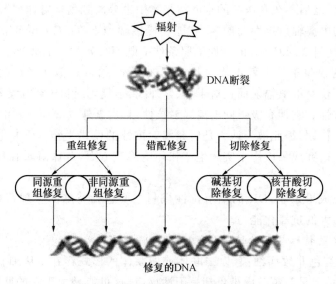

图 7-11   DNA 修复途径

7.6.4.3　DR 的抗氧化能力

电离辐射在直接导致生物大分子物质(DNA、RNA 及蛋白质等)发生电离和激发等损伤的同时,也可致使大量活性氧自由基的产生,从而对生命体产生间接损害。DR 能抵抗多种外界压力,其强大的抗氧化作用不容忽视。存在于 DR 中的抗氧化物质分为酶类和非酶类两种,酶类主要包括过氧化氢酶和超氧化物歧化酶等,其中过氧化氢酶的活性比大肠杆菌高 30 倍,而超氧化物歧化酶的活性比大肠杆菌高 6 倍。非酶类物质的抗氧化作用主要与类胡萝卜素及胞内高 Mn^{2+}/Fe^{2+} 值相关。DR 编码一种特有的类胡萝卜素 deinoxanthin,它是其自身呈现特殊橘红色的主要色素。所有的类胡萝卜素均含有一种特殊的共轭双键结构,这一结构决定着它的抗氧化能力,deinoxanthin 含有 13 个共轭双键,使它比其他种类的类胡萝卜素具有更强的氧化抗性能力。研究发现,deinoxanthin 不仅能有效清除单线态氧和过氧化物自由基,还能对 DNA 起保护作用,并防止蛋白质被氧化。说明这一特有的色素在 DR 的抗性能力中发挥着重要功能。

金属离子通过结合蛋白质在生物体的生命活动中发挥重要功能。DR 体内的 Mn^{2+}/Fe^{2+} 值为辐射敏感细菌的 70~300 倍。研究表明,Mn^{2+} 的聚集并不能防止 DNA 双链的断裂,它的功能在于对蛋白质的保护,使其不被氧化,并参与对活性氧自由基的清除。游离的 Fe^{2+} 会催化 H_2O_2 发生芬顿反应(Fenton reaction)产生大量自由基,从而导致细胞的氧化损伤。在细胞受损后,自由基首要的攻击对象就是以 Fe^{2+} 作为辅基的蛋白,在 DR 中,由于 Mn^{2+} 浓度较高而 Fe^{2+} 浓度较低,蛋白会倾向以 Mn^{2+} 作为辅基,这样可以减少蛋白损伤。DR 的整个抗氧化系统相辅相成,在抗击外界辐射、氧化等多种胁迫过程中发挥有效作用。

7.6.4.4　其他与抗性机制相关的基因

与特殊的生理特性与功能、高效的 DNA 修复能力、强大的抗氧化能力三大类主要抗性机制相关的还有许多 DR 中的特有基因,它们在其抗性能力中发挥重要作用。$pprI$ 被认为是调节多种辐射相关蛋白的开关基因,在 DR 受到辐射后,它可上调至少 210 个基因的表达,其中 21 个与 DNA 的损伤修复相关。DdrO 被认为是一种负性调控蛋白,它可与许多辐射抗性相关基因(如 $recA$、ssB、$pprA$ 等)的启动子相结合,从而抑制其表达。Wang 等发现,在 Mn^{2+} 存在情况下,PprI 蛋白能将 DdrO 切割,阻止它与其他基因启动子的结合,直接在转录水平上调节基因的表达。这一研究说明了 PprI 的重要性,也从侧面证明了高浓度的 Mn^{2+} 在 DR 中的重要功能。PprM 是一个依赖 $pprI$ 的调控发挥作用的冷激蛋白,研究表明 $pprM$ 基因的缺失会导致 DR 的辐射抗性下降。近来有报道称,$pprM$ 能调节 DR 中过氧化氢酶 KatE1 的表达,凸显了 $pprM$ 在其氧化抗性中的地位。李伟对 PprM 蛋白的结构进行分析,发现它拥有 DNA 和 RNA 结合位点,并能与编码组氨酸激酶 DR_A0355 的 mRNA 区域相互作用,猜测 $pprM$ 可能是潜在的结合 RNA 的辐射应激开关。

根据目前研究进展,DR 中还含有大量功能未知的高表达基因(约 105 个)和一些多结构域的基因(或基因家族)(Nudix、Rad、PprI 等),极有可能在辐射抗性方面起着关键性的作用。因此现阶段进一步阐明这些基因的结构及其调控机制,对理解 DR 细菌的极端抗性尤为重要。同时 DR 细菌奇特的 DNA 修复能力为研究人类基因组关于 DNA 修复缺陷方面提供了实质性的思路。

7.7　微生物其他应激机制

本章前面的内容讨论了温度、渗透压、干燥、pH、氧以及辐射对微生物的胁迫作用。除了这些因素造成的胁迫以外,食品相关的微生物还受到诸如营养、重金属及有机溶剂等因素胁迫。这些因素在食品生产加工、贮藏、消费乃至食用过程中也起到重要作用。

7.7.1　营养胁迫

营养对微生物的生长繁殖起到极其重要的作用。营养充足且营养素种类适宜的环境有利于微生物的生长繁殖。而不利的营养环境会对微生物造成营养胁迫(nutritional stress)。

营养胁迫可以分为两种情况,一种由微生物营养饥饿导致,也被称为饥饿胁迫(starvation stress);另一种是微生物细胞必须进行的代谢产生的有毒副产物对微生物本身造成胁迫的情况。饥饿胁迫被定义为贫营养环境中微生物的存活,这些营养环境具有足够的氧气浓度,但是营养却不足以支持生化代谢活动和繁殖。在动物尸体、食物、设备表面、墙壁、地面和水等载体,大部分微生物容易发生饥饿胁迫。自然环境中营养素水平往往是对微生物生长有限制的,且可利用的营养素水平往往处于快速的变化中。

7.7.1.1　食源性致病微生物的饥饿胁迫与应激

微生物在滞后期、指数生长期、缓慢生长期、稳定期和死亡期处于不同的生理状态中。营养缺乏会导致细菌胞外多糖水平的增加或减少,并影响微生物进入生长稳定期。在稳定期,细菌的全局调控反应(global regulatory responses)上调,造成细菌被膜(cell envelope),细胞膜的膜组成和 DNA 结构发生急剧变化。饥饿还会导致其他生理变化,包括细胞大小减小,膜流动性降低和蛋白质周转(protein turnover)增加。营养缺陷环境中的微生物整合了细胞密度和饥饿应激信号,从而影响细胞表面的修饰和替代能源的利用。在饥饿胁迫下,细菌的细胞形态和细胞表面成分发生转变,细菌的黏附性增强,并可能促成生物膜的形成。

隐性生长(cryptic growth)是一种死亡生物为存活生物的繁殖提供营养的现象。当微生物细胞溶解时,其中的有机细胞物质溶解于水中,形成可被细胞重新利用的自底基质(autochonus substrate),微生物以自底基质作为生长底物可进行重复新陈代谢。该现象也能在生长停止后很好地促进种群生存。

7.7.1.2　酵母的营养胁迫与应激

谷胱甘肽(glutathione,L-g-Glutamyl-L-Cysteinylglycine,GSH)是一种含 γ-酰胺键和巯基的三肽,由谷氨酸、半胱氨酸及甘氨酸组成。酵母是食品工业中最常用的一类微生物。谷胱甘肽是酵母中主要的非蛋白巯基化合物,其在酵母对营养和其他胁迫的应激中起到重要作用。

7.7.2　胆汁胁迫与应激

胆汁是一种消化液,有乳化脂肪的作用。胆汁对脂肪的消化和吸收具有重要作用。胆汁中胆盐、胆固醇和卵磷脂等可降低脂肪的表面张力,使脂肪乳化成许多微滴,利于脂肪的消化;胆盐还可与脂肪酸甘油一酯等结合,形成水溶性复合物,促进脂肪消化产物的吸收,并能促进脂溶性维生素的吸收。当食品中微生物连同食品一起进入人体的消化道,将发生微生物的胆汁胁迫。胆汁主要对微生物的细胞膜发挥作用,但也具有许多其他作用,包括扰乱大分子稳定性,引起氧化应激以及螯合钙和铁。至今,已经发现多种基因有助于微生物对胆汁的耐受,包括有编码外排泵、转录调节因子、双组分系统、DNA 修复蛋白和维持膜完整性的蛋白质的多个基因。一些革兰氏阳性细菌还拥有水解胆汁盐的胆汁盐水解酶。

7.7.3　重金属胁迫与应激

随着工业化发展,重金属被广泛使用并释放到环境中。由于其难以用生物化学方法降解,通过食物链累积,从而严重威胁人类健康,因此全世界越来越关注重金属污染问题。环境中的重金属能够通过食物链等多种形式污染食品生产过程或食品本身。酿酒酵母是发酵工业的重要微生物,又是进行机理研究的理想生物材料,了解重金属对酿酒酵母的胁迫可使酿酒酵母在工业上有更广泛的应用。这里,我们主要介绍铜和镉对酿酒酵母的胁迫。

酵母镉因子 YCF1 是一种 ATP 结合转运蛋白,其可以转运谷胱甘肽-镉结合物,从而提高细胞的重金属耐受性。最初,YCF1 的分离就是根据其赋予酿酒酵母的镉抗性能力进行的。最近研究表明,YCF1 选择性地催化双(谷胱甘肽)镉结合物转运到液泡中的过程,这一新的途径被认为对解除 Cd^{2+} 的毒性有很大的作用。当粟酒裂殖酵母(*Schizosaccharomyces pombe*)和光滑念珠菌(*Candida glabrata*)暴露于含有镉盐的环境时,会分泌涉及镉离子和多个谷胱甘肽部分的肽衍生物,其中包括了具有与植物螯合素一般结构(γ-Glu-Cys)n-Gly 相似的衍生物。而谷胱甘肽缺陷型突变体没有排泄镉的能力,对铜、锌、铅、银等重金属也比较敏感。

铜是生物生长代谢必需的金属元素,低 Cu^{2+} 浓度促进酿酒酵母的代谢,但高 Cu^{2+} 浓度会对酵母造成胁迫作用。0.05 mmol/L 以上的铜胁迫即可降低酵母的醋酸代谢能力及 ACS 酶活性；随着铜离子浓度升高，酵母的迟滞期延长，数量越少；且过量的铜是氧化还原反应的活泼因子，参与芬顿反应，产生与过氧化氢类似的氧化胁迫；铜离子浓度过高时，还会刺激机体产生 O_2^-· 伤害机体。铜胁迫刺激酿酒酵母细胞内活性氧（ROS）的形成，ROS 会通过损坏细胞内的脂类、蛋白质、核酸等生物大分子物质，破坏细胞膜的完整性和有序性，导致细胞死亡。

铜对酿酒酵母的胁迫受到各种因素的影响，如铜离子的浓度、酿酒酵母的菌株差异、酿酒酵母的生长介质（如 pH、时间、温度）等。这些因素在一定程度上影响着重金属铜对酿酒酵母细胞的危害程度。

复习思考题

1. 简述食品微生物常见的胁迫因子种类。
2. 请阐述热应激与冷应激的概念及其响应机制的差异。
3. 以双歧杆菌为例，请阐述氧胁迫对其胁迫的影响及其应激机制。
4. 请阐述渗透压和干燥对食品微生物的影响，及其在食品加工中的应用实例。
5. 请论述活性氧的种类及其来源。
6. 请举例说明食品加工中常见的几种食品微生物胁迫环境与应用实例。

参考文献

[1]苗朝华. 中度嗜盐新种黄河盐单胞菌盐胁迫的适应机制研究. 中国农业大学,2016.

[2]何国庆,贾英民,丁立孝. 食品微生物学. 北京:中国农业大学出版社,2016

[3]Kuksal N,Chalker J,Mailloux R J. Progress in understanding the molecular oxygen paradox-function of mitochondrial reactive oxygen species in cell signaling. Biological Chemistry,2017,398(11):1209-1227.

[4]董明盛,贾英民. 食品微生物学. 北京:中国轻工业出版社,2008.

[5]江汉湖,董明盛. 食品微生物学. 北京:中国农业出版社,2010.

[6]Pobegalov G,Cherevatenko G,Alekseev A,et al. Deinococcus radiodurans RecA nucleoprotein filaments characterized at the single-molecule level with optical tweezers. Biochemical & Biophysical Research Communications,2015,466(3):426-30.

[7]Foo J L,Jensen H M,Dahl R H,et al.Improving microbial biogasoline production in escherichia coli using tolerance engineering. Mbio,2014,5(6).

[8]Stanley D,Fraser S,Chambers P J,et al. Generation and characterisation of stable ethanol-tolerant mutants of *Saccharomyces cerevisiae*. Journal of Industrial Microbiology & Biotechnology 2010,37(2),139-149.

[9]Guan N ,Li J,Shin H D,et al. Microbial response to environmental stresses:from fundamental mechanisms to practical applications. Applied microbiology and biotechnology,2017,101(10),3991-4008.

第 8 章

新兴分子生物学技术在食品微生物中的应用

本章学习目的与要求

1. 掌握第一代及新一代测序技术的基本原理和基本特点；
2. 认识高通量测序技术在食品微生物领域的发展及应用；
3. 认识各类组学技术的原理及在食品微生物领域的应用；
4. 了解新型基因组编辑技术。

8.1　新一代测序技术

基因测序技术(gene sequencing technology),也被称为 DNA 测序技术(DNA sequencing technology),就是对遗传物质中核苷酸排列顺序进行测定的一种技术。一切生命体的基因排列顺序如同一座宝库,蕴含着几千年来人民迫切想知道的秘密:它控制着一切生命活动的各种信息,决定生物个体的遗传性状,对人类的健康也具有重要的影响。

随着现代科学技术的发展,生命科学已进入到组学研究时代,基因测序技术作为分子生物学研究中最常用的技术之一,已成为基因组学研究中不可或缺的重要组成部分。近年来,飞速发展的新兴测序技术,极大地推动了食品、医药、环境保护等生命科学各领域的迅猛发展。总的来说,通量、读长和成本,是衡量测序技术进步的标尺。

8.1.1　测序技术的历史及第一代测序技术

8.1.1.1　测序技术的历史

测序是基因组学研究的基础。从遗传物质双螺旋模型的提出到第一个被测序的真核生物酿酒酵母,再到人类基因组计划的完成(human genome project,HGP,1995—2003),人们对生命遗传信息的探索从未停止,测序技术随之不断革新。

基因测序技术相对于蛋白质和 RNA 测序技术出现得较晚。最初的研究也是借鉴于 20 世纪 60 年代发展起来的小片段重叠法 RNA 测定技术;1965 年,Robert Holley 采用该方法首次对酵母菌丙氨酰-tRNA 序列的 76 个核苷酸序列进行测定;1971 年,Ray Wu 提出引物延伸的测序策略,利用 DNA 聚合酶在单链末端增加放射性标记的互补核苷酸,并经酶切和色谱分离等方法,成功测定了 N 噬菌体单链末端的 12 个碱基;1973 年,Allan Maxam 和 Walter Gilbert 采用部分酶切消化的嘧啶指纹、色谱层析和体外转录 RNA 分子的酶切反应等一系列复合方法,测定了大肠杆菌(*Escherichia coli*)基因组中乳糖操纵子的 24 个碱基序列。在此之后,DNA 测序技术很快超越了蛋白质和 RNA 测序技术。

1975 年,Sanger 最早发明了基于 DNA 聚合酶合成反应的 DNA 测序技术。1977 年改进并引入双脱氧核苷三磷酸(ddNTP),形成双脱氧链终止法,也即现今称为的"Sanger 测序法",极大地提高了 DNA 测序的效率及准确性。1977 年 Walter Gilbert 和 Allan Maxam 报道了通过化学降解法进行的 DNA 序列测定,也称之为"Maxam-Gilbert 法"。此后很多年,DNA 测序技术进入稳步发展阶段,之后的多种 DNA 测序技术,都是在上述基础上发展形成的。

随着计算机技术以及分子生物学技术的快速发展,1986 年 Smith 对 Sanger 法进行了重要的改进,通过荧光染料取代了新合成 DNA 片段上的放射性同位素标记,并用成像系统检测。这一系列改进使得基因的自动化测序成为可能,同时显著提高了 DNA 测序的速度和准确性。Hood、Hunkapiler 等开发出 DNA 测序仪,主要包括将 4 种不同颜色的荧光标记物连接在 4 种双脱氧核苷酸链终止子上,将延伸终止的产物进行电泳分离,并通过荧光检测,进而解析出 DNA 序列。1990 年美国的 Mathies 实验室将荧光检测与毛细管电泳相结合,保证了电泳结果稳定性并提升了电泳速度,测序仪在同一时间能处理更多的样本。至此,双脱氧终止法、荧光标记、毛细管电泳分离以及激光检测技术构建起了高通量 Sanger 测序方法。随后的大约 30 年里,该方法因操作简便、测序读长大、准确性高等特点,一直是应用最为广泛的基因测序方法，甚至成为至今验证新一代测序结果的"黄金标准"。

8.1.1.2 第一代测序技术

传统的双脱氧链终止法、化学降解法以及在此基础上发展而来的衍生测序技术（如荧光自动测序技术、杂交测序技术），统称为第一代测序技术。正是第一代测序技术的产生，使得人们拥有了解读生物基因组秘密的有效工具。第一代测序技术为当时的分子生物学研究发挥了重要作用。从 20 世纪 90 年代至 21 世纪初，科研工作者们先后利用第一代测序技术完成了一系列生物的全基因组测序，如秀丽线虫（The *C. elegans* Sequencing Consortium，1998）、拟南芥（The *Arabidopsis* Genome Initiative，2000）、果蝇（Adams，2000）、水稻（Goff，2002）等基因组。

人类基因组计划的完成也主要基于第一代测序技术。该计划由美国科学家于 1985 年率先提出，1990 年正式启动，旨在测定人类染色体（单倍体）中所包含的 30 亿个碱基对构成的核苷酸序列，进而绘制人类基因组图谱，以期辨识相关功能基因及其序列，达到破译人类遗传信息的最终目的。人类基因组序列图谱绘制工作于 2003 年由美、英、德、法、日、中 6 国几千个科学实验室共同完成。为进一步了解生命起源、生命体生长发育、疾病的产生机制及诊治等提供科学依据。

（1）双脱氧链终止法

①定义：双脱氧链终止法（dideoxy chain termination method），又称桑格法（Sanger method），是根据 DNA 链合成过程中，通过引入双脱氧核苷酸使合成反应随机地在某一个特定的碱基处终止，产生以 A、T、C、G 结束的四组不同长度的一系列核苷酸，然后通过电泳检测，进而读取 DNA 碱基序列的方法。该方法是一种常用的核酸测序技术，主要用于 DNA 的分析。

②原理：核酸模板在 DNA 聚合酶、引物、脱氧核苷三磷酸（dNTP）的条件下复制扩增。测序过程是由 4 个单独的反应构成，每个反应含有 4 种脱氧核苷三磷酸（dATP、dTTP、dCTP、dGTP，其中一种以放射性^{32}P 标记），并混入一定比例的一种不同的双脱氧核苷三磷酸（ddNTP）。

在链延长反应中，当链端结合 dNTP 时 DNA 片段会不断延伸，而当结合 ddNTP 时，由于 ddNTP 缺少一个形成磷酸二酯键所必需的 3'-OH 基团而使得 DNA 片段在对应的 A、T、C 或 G 处终止延伸。反应过程添加的每一种 dNTP 和 ddNTP 相对浓度可调，从而使 DNA 延伸反应得到一组长几百至几千个碱基的链终止产物。每管反应体系中均合成以共同引物为 5'-端，以各自的双脱氧碱基为 3'-端的一系列长度不等的 DNA 片段。

反应终止后，将 4 组产物分别点加在变性聚丙烯酰胺凝胶电泳板上，各个组分将按其链的长短得到分离，每个泳道对应一种碱基，通过电泳可将相差一个碱基的扩增产物分开。电泳结束后制得相应的放射自显影图谱。其中每一条暗带代表一个以双脱氧核苷酸（ddATP、ddTTP、ddCTP、ddGTP）结尾的终止 DNA 片段。通过 4 个泳道之间不同暗带的对应位置便可依次阅读合成片段的碱基排列顺序。与 DNA 复制不同的是 Sanger 测序中的引物是单引物或者是单链。

③双脱氧核苷三磷酸（2',3'-ddNTP）的介绍：2',3'-ddNTP，其核糖单位的第 2 位碳原子和第 3 位碳原子上的羟基都被氢原子取代。与 dNTP 的不同就在于脱氧核糖的 3' 位置缺少一个羟基，有双脱氧腺苷三磷酸（ddATP）、双脱氧鸟苷三磷酸（ddGTP）、双脱氧胞苷三磷酸（ddCTP）和双脱氧胸腺苷三磷酸（ddTTP）4 种。在 DNA 合成的过程中，2',3'-ddNTP 在

DNA 聚合酶的作用下使其 5′-三磷酸基团连接到增长的 DNA 链上,但由于缺少 3′羟基,不能与后续的 dNTP 连接形成磷酸二酯键,进而使得 DNA 合成被随机终止。因此,DNA 合成过程中,在 4 组独立的酶反应体系下采用 4 种不同的少量 ddNTP,将产生 4 组系列寡核苷酸。它们每组都将分别终止于模板链的每一个 A、T、C 或 G。

④Sanger 法的特点:Sanger 法测序读长可以达到 1 000 bp,具有操作简便,流程细致、精准,质控环节多,污染低,结果直观可视,假性结果极低的特点,得到广泛的应用。后来在此基础上发展出多种 DNA 测序技术,如荧光自动测序技术。

(2)化学降解法

化学降解法,也称为 Maxam-Gilbert 化学降解法,是 1977 年由 Maxam 和 Gilbert 首先建立的一种 DNA 片段序列测定方法。该法是一种将 DNA 片段的 5′-磷酸基进行放射性标记,再分别采用不同的化学试剂(如硫酸二甲酯、哌啶甲酸、肼等)修饰和断裂特定碱基(表 8-1),进而产生一系列长度不一的 DNA 片段,通过凝胶电泳分离,再经放射自显影,以确定各片段的末端碱基,进而得到目的 DNA 的核苷酸序列。Maxam-Gilbert 化学降解法测序原理如图 8-1 所示:

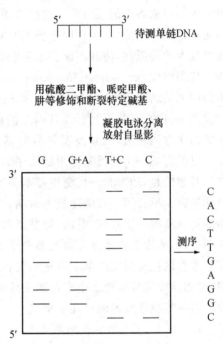

图 8-1　Maxam-Gilbert
化学降解法测序原理

Maxam-Gilbert 化学降解法测序不经过酶催化合成 DNA,可对未经克隆的 DNA 片段直接测序,减少了由酶催化合成而带来的误差;化学降解法特别适用于测定含有如 5-甲基腺嘌呤(A)或者胞嘧啶(C)、鸟嘌呤(G)含量较高的 DNA 片段,以及较短的寡核苷酸片段序列。化学降解法在测序过程中除了可以标记 5′-末端,也可以标记 3′-末端。如果从两端分别测定同一条 DNA 链的核苷酸序列,相互比对测定结果,可以获得更为准确的 DNA 序列。

双脱氧链终止法和化学降解法虽然原理不同,但两者都是通过放射性标记寡核苷酸,每组核苷酸具有共同的起点,且随机终止于某种特定的碱基,形成一系列长度不同的寡核苷酸混合物,其长度则是由该特定碱基在待测 DNA 片段上的位置所决定。结合高分辨率变性聚丙烯酰胺凝胶电泳,即可分离出 500～800 个核苷酸且相差一个核苷酸的单链 DNA 分子,进而读取并测定出 DNA 序列。

表 8-1　Maxam-Gilbert 化学降解法测序的常用化学试剂

碱基体系	化学修饰试剂	化学反应	断裂部位
G	硫酸二甲酯	甲基化	G
A+G	哌啶甲酸,pH 2.0	脱嘌呤	G 和 A
C+T	肼(联氨)	打开嘧啶环	C 和 T
C	肼+1.5 mol/L NaCl	打开胞嘧啶环	C
A>C	90℃,1.2 mol/L NaOH	断裂反应	A 和 C

借助第一代测序技术，人类获得了探究生命遗传奥秘的能力，并以此为开端步入了基因组学时代。第一代测序技术测序读长较长（可达 1 000 bp），准确性高（99.999%），但受限于成本高、通量低等缺点，严重影响了其真正大规模的应用。因此，寻找一种成本低、通量高的方法是测序技术发展的必然趋势。

8.1.2　新一代测序技术

通常，当知识或技术积累到一定程度时，针对某一科学问题，不同学科领域交叉会产生不同见解并形成各自的新方法。这些方法会不断进行竞争并逐渐形成较为成熟的理论或技术。很明显，从 20 世纪 70 年代以来的 DNA 测序就是一个很好的例证。由于传统的第一代基因测序技术的局限性，使其不能满足各物种大规模基因测序以及深度测序的要求。这就促使了新一代测序（next generation sequencing，NGS）技术的诞生和不断发展。它是一系列在 2004年后问世的新的 DNA 测序技术。新一代测序技术的定义是指，能够在单次的生化反应中同时检测来自数千（甚至数百万）DNA 模板上碱基序列的 DNA 测序技术。这些新技术不同于传统的化学测序法，依靠高度并行的基因序列读取方式，取得了难以置信的 DNA 测序高通量。以前完成一个人类基因组的测序需要 3 年时间，如果使用新一代测序技术则仅需要 1 周。

有趣的是，随着新一代测序技术的不断发展，测序技术不断影响并逐渐奠定了在生命科学界的地位。早在第一代测序技术时期，多数 DNA 测序是在科研人员各自的实验室完成，他们不断地重复着手工灌胶、电泳、碱基读取的烦琐步骤。而各类昂贵的自动化高通量 DNA 测序仪诞生后，测序工作逐渐交由大型专业的 DNA 测序公司以及测序承包商来完成。新一代测序技术将依托着强大的基础设施、超高运算及生物信息分析的优势，为各类分子生物研究实验室、临床诊疗实验室提供全方位测序外包服务。本节将按照测序技术出现的时间顺序，介绍主要的新一代测序技术的原理及特点。

8.1.2.1　454 焦磷酸测序技术

2005 年，454 生命科学公司首次在 *Nature* 杂志发表了基于焦磷酸测序法的超高通量基因组测序，对生殖支原体（*Mycoplasma genitalium*）和肺炎链球菌（*Streptococcus pneumoniae*）进行了全基因组测序，测序基因覆盖了全基因组的 96%，准确率达 99.96%，从此开创了边合成边测序（sequencing-by-synthesis）的先河。同年并推出第一款二代测序仪 Genome Sequencer 20（GS20），每轮反应约能测 2 500 万个碱基，其中每条读序（read）长度为 80～120 个碱基。2007 年，他们又推出了性能更优的商业化 454 测序仪—— Genome Sequencer FLX System（GS FLX）。2010 年，454 又发布了升级版 GS FLX Titanium，每轮反应可检测 4 亿～6 亿个碱基数目的基因序列，其中平均读长达 400 个碱基，read 数量增加到 100 万以上，所需时间为 10 h。

GS FLX 系统的流程概括起来，就是"1 个片段（one fragment）=1 个磁珠（one bead）=1条读长（one read）"。主要步骤包括：①序列文库的制备。基因组 DNA 随机被打断成 300～800 bp 大小的片段，在单链 DNA 片段的 3′端和 5′端添加接头（adaptor）形成序列文库；②乳化 PCR 扩增（emulsion PCR，emPCR）。磁珠表面带有和文库一端接头互补的寡聚核苷酸，通过控制比例使 1 个磁珠（直径约 28 μm,）只与 1 个单链序列文库结合（1 个片段=1 个磁珠），然后将这些带有文库 DNA 的磁珠乳化，形成油包水乳化液结构，每个水滴中只包含有 1 个磁珠及 PCR 扩增所需的所有成分（DNA 聚合酶、dNTP 和扩增引物等）。乳化 PCR 在每个微反应器中独立进行,这个过程将 DNA 模板从单拷贝扩增到每个磁珠上数百万个相同拷贝。
③测序:将富集后的磁珠放入约含有 200 万个小孔(直径约 45 μm)的(60×60)mm² 光纤板
(pico titer plate,PTP)中,每个小孔只能容纳 1 个微球。测序开始时,4 种碱基依照 T、A、C、G
的顺序依次循环进入 PTP,每次只进入 1 个碱基。如果发生碱基配对,就会释放 1 个焦磷酸。
释放的焦磷酸基团通过 ATP 硫酸化酶-荧光素酶-荧光素通路发出荧光信号。荧光信号实时
被仪器配置的光学仪器捕获到。有 1 个碱基和测序模板进行配对,就会捕获到 1 分子的光信
号。这样就得到该反应中被合成的基因序列(1 个磁珠=1 条读长)。如此多次循环之后,测序
系统就获得了待测 DNA 模板的序列信息。测序仪及测序原理见图 8-2。

焦磷酸测序的特点及缺点:

由于在 1 个 DNA 合成循环中每次只加入 1 种核苷酸碱基,焦磷酸测序过程的碱基识别
误差率很低。然而,454 焦磷酸测序有 1 个关键缺陷。当 1 个模板 DNA 含有某个碱基的同聚
物(如 TTTTT)时,该碱基会同时加入到增长链上,造成 1 个强荧光信号的出现。如果同聚物
的碱基数目超过 8 个或者 9 个,系统就很难精确分辨出加入的碱基数量。因此焦磷酸测序的
主要错误类型是插入-缺失,而不是替换。

焦磷酸测序常被应于小 RNA 测序、古生物学和古 DNA 研究、环境基因组学和感染性疾
病研究以及个体基因组的测序。如该技术已用于对 38 000 年前的尼安德特人化石基因组
DNA 序列的测序,长毛猛犸象、更新世狼的基因组测序以及黑比诺葡萄全基因组测序。该方
法也很适合通过特异靶基因的"深度测序"来辨识和发现稀有变异,如异质性肿瘤样本细胞病
变、血液中耐药 HIV 序列变异等。目前焦磷酸测序也广泛应用于食品原料中过敏原基因的快
速检测,并形成花生过敏原基因 *Ara h6*、大豆过敏原基因 *Glym Bd30K* 等的快速检测方法。

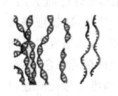

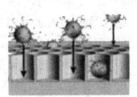
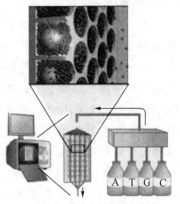

1.DNA随机打断,添加　　2.乳化PCR扩增　　3.磁珠装载到光纤板
接头形成序列文库

4.利用测序分析仪进行顺序

图 8-2　454 GS FLX 测序仪及其测序原理图

(引自 *Nature Biotechnologys*)

8.1.2.2　Illumina 测序技术

Illumina 测序平台是继 454 焦磷酸测序平台之后在高通量测序领域出现的第二个测序平
台,也是目前应用最为广泛的新一代基因测序平台。Illumina 测序技术是由剑桥大学的
Shankar Balasubramanian 和 David Klenerman 开发的,它使用边合成边测序的方式来实现大
规模平行测序。

Illumina 测序平台具有高准确性、高通量、高灵敏度和低运行成本等优点。例如,

HiSeq2000 测序仪一轮测序反应能测得接近 10 亿个碱基的 DNA 序列,可以读出双端 100 bp。HiSeq3000/4000 读长可达双端 150 bp。MiSeq 可达最长读长双端 300 bp。

Illumina 测序在 Sanger 等测序方法的基础上,通过技术创新,用特殊处理的 4 种不同颜色的荧光标记 dNTP,当 DNA 聚合酶参与合成互补链时,每一种 dNTP 会释放出对应的荧光,根据捕捉的荧光信号及计算机软件的处理,得到待测 DNA 的序列信息。此外,Illumina 测序的另一个创新,是将模板分子在固定的表面上进行扩增,进而产生基因簇,Illumina 测序平台结合成像分析技术分辨并获得高质量的 DNA 序列数据。

Illumina 测序技术的基本流程包括:

(1)文库制备(sequencing library preparation)

采用物理(超声)或酶切方法,将待测基因组 DNA 制成 300～800 bp 的小片段,经过片段末端补平修饰、磷酸化、3′端加 A-黏性末端,用连接酶在 DNA 片段两端加上 Illumina 测序专用的接头(adapter),连接的产物经扩增、选择及纯化,形成 Illumina 测序的文库。

(2)扩增成簇(cluster generation)

在含有 8 个泳道(lane)的流通池(flow cell)表面连接有一层单链寡聚核苷酸引物,DNA 片段变成单链后,通过与表面引物特异性互补被一端"固定"在流通池上。另一端随机和附近的另一个引物互补,也被"固定",形成"桥"(bridge)。经过 30 轮桥式扩增(bridge amplification),把含有待测片段的文库扩增 1000 倍,每个拷贝都具有相同的序列,成为单克隆 DNA 簇(DNA cluster)。扩增成簇的过程实质上可作为一个测序荧光信号放大的过程。它能够使测序仪的 CCD(charge coupled device)光学成像系统清晰捕捉并准确记录每一次合成所产生的荧光激发信号,进而获得高质量的 DNA 序列数据。

(3)测序

Illumina 测序平台采用了边合成边测序(sequencing by synthesis,SBS)技术和 3′端可逆终结子(3′-blocked reversible terminator)技术进行测序。其核心是加入特殊处理过的 A、T、C、G 4 种碱基。上述碱基将脱氧核糖 3 号位加入了叠氮基团而不是常规的羟基,这保证每次只能够在序列上添加 1 个碱基;另一方面是碱基部分加入了不同的荧光基团,可以激发出不同的颜色。1 轮测序,由于 1 个 DNA 簇所有的序列是同样的,这时候该簇发出的荧光颜色一致。测序仪会发出激发光,并扫描记录每个位置的荧光。随后加入试剂,将脱氧核糖 3 号位的叠氮基团改变成羟基,然后切掉荧光基团,使其在下一轮反应中不再发出荧光。如此往复,经过 100 或 150 个循环,就完成每个簇上 DNA 模板的 100 bp 或 150 bp 的正向单向测序(single read sequencing)。如果要进行双端测序(paired-end sequencing),在单项测序完成后,洗掉测序过程合成的 DNA 链,将系统合成原有模板的互补链作为反向测序的模板链,以同样的方式进行反向测序。从而获得同一个测序模板的一对正向和反向序列,合称为双端序列。

Illumina 测序技术最大的特点是测序通量高,从而大大地降低了测序成本。采用 Illumina HiSeq X-Ten 对人的全基因组进行测序花费仅为 1000 美元。在测序误差率方面,由于采用单个碱基通过统一方式加入到模板并进行合成,在测序过程中,每个簇的 DNA 读长均为相同长度,系统也能够对同聚物区域进行精准的检测。Illumina 测序的准确度很高,可达 99.5% 以上,平均误差率在 1% 以下。

8.1.2.3　SOLiD 测序技术

该技术首次由 Church 提出,并通过 ABI 公司于 2007 年开始投入商业测序应用。该技术采用寡聚物连接检测测序方法（supported oligo ligation detection），简称 SOLiD 测序技术。它不同于 454 和 Illumina 的合成法测序（sequencing by synthesis），而是采用连接法测序（sequencing by ligation）。SOLiD 测序基于"双碱基编码系统"的颜色编码序列（图 8-3），经过荧光标记寡聚核苷酸的连续连接反应，每个探针每次能够检测两个碱基。随后的数据分析比较原始颜色序列与转换成颜色编码的参考序列。进而对序列进行误差校正，而且非常适合检测碱基突变（如插入、缺失、置换等）。这种方式对后续分析数据的生物信息学方法产生了很大影响。

SOLiD 测序技术的基本流程包括：

（1）文库制备

SOLiD 测序文库制备与 454 相似，基因组 DNA 首先进行打断处理，并在两端连接寡聚核苷酸接头，建立样品片段的单链 DNA 文库。

（2）乳化 PCR 扩增

SOLiD 的 PCR 扩增方法也与 454 类似，同样采用乳化 PCR。小分子模板连接在包被着单链模板分子的磁珠（直径 1 μm）上，模板分子在磁珠表面通过乳化 PCR 进行桥式扩增，进而使得每一个磁珠都带有一条片段序列的大量拷贝。对磁珠上扩展模板的 $3'$ 端进行修饰使其以共价键连接到玻片表面的流通池上。

（3）连接酶测序

SOLiD 测序采用 DNA 连接酶，而不是以前常用的 DNA 聚合酶。向体系加入与接头序列互补的测序寡聚核苷酸引物后，通过该酶介导随后的连接反应。此外 SOLiD 连接反应的底物是 1 个荧光标记的八聚体（8 个碱基的单链荧光探针），可将其简单表示为：$3'$-XXyyyzzz-$5'$。在这个 8 聚体探针中，自 $3'$ 端开始，第 1、2 位碱基（XX）是确定的，根据两碱基一定的排列原则（图 8-3a）在探针 6～8 位（zzz，也称终止子序列）的 $5'$ 末端分别标记 CY5、Texas Red、CY3、6-FAM这 4 种颜色的荧光染料。简而言之，第 1、2 位碱基确定 1 个荧光信号。而第 3～5 位碱基（yyy）为随机性碱基。连接反应中，这些探针按照碱基互补规则与磁珠上的单链 DNA 模板链配对。当连接上时，就会发出代表第 1、2 位碱基对应的荧光信号（图 8-3a 中的比色板所表示的是第 1、2 位碱基的不同组合与荧光颜色的关系）。在记录下荧光信号后，通过化学方法在第 5 和第 6 位碱基之间进行切割，荧光标记和终止子序列同时被移除，随即再次连接下一组荧光标记的八聚体。这样的过程可以重复数个循环，每次加入 5 个碱基，进而检测与模板杂交的位点 1、2、6、7、11、12、…的碱基。

在一次测序完成后，将新合成的整套链变性，洗脱去除。接着用新的测序引物（$n-1$）与磁珠上的接头结合并进行第二轮测序。引物 $n-1$ 与引物 n 的区别是，二者相差 1 个碱基。也即是，在新一轮测序后，模板杂交的位点 0、1、5、6、10、11、…的碱基被测定。再次变性、洗脱去除后，再用另外 3 个测序引物（$n-2$、$n-3$、$n-4$）继续重复以上过程。最终，完成模板序列上所有位置的碱基测序，并且每个位置的碱基均被检测了两次。由于双次检测，这一技术的原始测序准确性高达 99.94％。

（4）颜色间隔与碱基识别

SOLiD 采用双碱基编码系统，4 种荧光染料代表 4 个潜在的二核苷酸组合。在 SOLiD 测序过程中，每个碱基被检测两次，每次连接反应循环的每个模板磁珠的荧光颜色都被记录。它能使序列产生"颜色间隔"（color space）（图 8-4）。所谓的颜色间隔，就是通过双碱基编码的颜色序列来代表核苷酸序列。如果要读取整个片段的序列，至少需要 1 个已知碱基。这个碱基

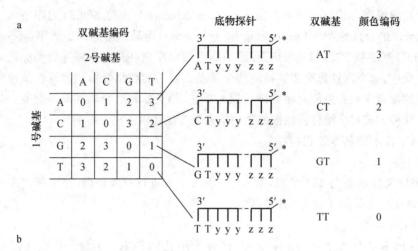

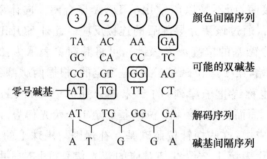

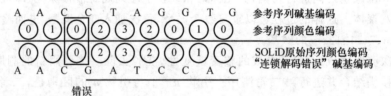

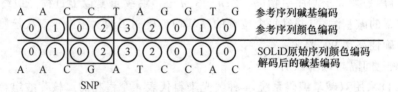

图 8-3 双碱基编码的原理及特点

a. 双碱基编码系统   b. 检测原理   c. 精确检测单碱基突变

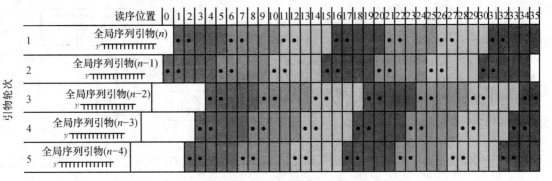

● 表示测得碱基的位置

图 8-4　基于颜色编码的 SOLiD 测序原理

（引自 *Next-generation DNA sequencing informatics*）

可以从连接模板片段上游的引物序列得知。

在 SOLiD 测序过程中,如果荧光检测中出现一个错误,通过寡聚物颜色结果与组装好的参考序列进行比对,会产生一个单独的颜色改变。如果是发生了 1 个碱基突变,会在比对结果中出现 2 个相邻的颜色改变。因此,这种双碱基编码系统能非常方便地区分单碱基突变(single base mutations,SNP)和测序误差。

SOLiD 系统通过引入连接酶化学反应的高准确性、引物重置、双基因编码三方面的创新,保证了高通量变异的准确检测。由于每个碱基被双次检测,大大减少了测序带来的错误率,其序列总体准确率达 99.94%。它的通量和可扩展性为大规模重测序、数字化基因表达、基因组甲基化分析、染色质免疫沉淀的研究提供高度敏感的检测保障。

8.1.2.4　其他测序技术

454 焦磷酸测序、Illumina 测序以及 SOLiD 测序虽然实现了高通量自动化测序,但是它们面临的共同缺点就是每条读出的 DNA 序列太短,使得后续工作烦琐。此后各类不同的测序技术做出了一些改进,出现了 HeliScope 测序技术、纳米孔(nanopore)测序技术、单分子实时(single molecule real time,SMRT)测序技术以及 Ion Torrent 测序技术等(图 8-5)。这些技术通过使用单分子模板,改变检测方式及灵敏度,简化样品处理过程,加快了测序速度,降低测序费

二维码 8-1　各种测序平台及仪器的比较

用,同时还简化了数据分析流程,最主要的特征是单分子测序,测序过程无须进行 PCR 扩增。各种测序平台及仪器详细的比较见二维码 8-1。

（1）HeliScope 测序技术

HeliScope 测序技术是基于边合成边测序的思想。HeliScope 测序技术无须进行 PCR 扩增,采用极高灵敏度荧光检测仪识别测序过程中的荧光信号。首先,将待测序列打成小片段,并在 3′末端加上 poly(A),另一端添加 Cy3 荧光标记。然后与表面带有 poly(T)的载片结合,加入 DNA 聚合酶、Cy5 荧光标记的 dNTP 进行合成反应。每次添加 1 种 dNTP,洗脱后检测并记录碱基,然后用化学法去除荧光标记后进行下一轮反应。经过反复合成、洗脱、检测、猝灭以完成测序。可通过"两步法",即测序两次以提高准确性。Heliscope 的读取长度一般为 30～35 bp。由于大量未标记碱基、不发荧光碱基或污染碱基掺入,使 Heliscope 在检测缺失突

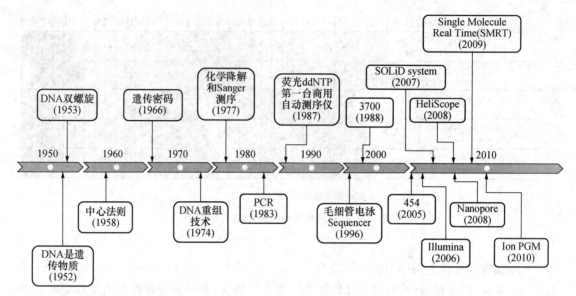

图 8-5　测序技术的发展

变时误差率很高,两次检测误差率为 0.2%～1%。但在检测碱基替换突变时误差率极低,两次检测误差率为 0.001%。另外,在面对同聚物时,HeliScope 测序技术可以通过控制每轮反应中碱基的加入速度来解决同聚物碱基数目的准确性问题。

（2）纳米孔测序技术

纳米孔(nanopore)测序技术与以往的测序技术均不同,它是基于电信号而非光信号的测序技术。该技术的关键是设计了一种 α-溶血素为材料的纳米孔,孔内共价结合分子接头环糊精。采用核酸外切酶消化单链 DNA 时,逐一切下的单个碱基与纳米孔的环糊精发生相互作用,阻碍了穿过孔中的电流。由于每个碱基都有自己特有的电流振幅,因此可通过纳米孔中的电流变化幅度来识别切下的每种碱基。

纳米孔测序技术也无须 PCR 扩增,理论上只要 DNA 分子不断开,就可以一直通过纳米孔,因此具有超长读长(可达 100 kb)。该技术还能够直接读取甲基化的胞嘧啶,省略了传统方法对 DNA 的亚硫酸氢钠处理。此外具有通量高、错误率(随机错误)介于 1%～4%、起始 DNA 在测序过程中不被破坏以及样品制备简单等特点。

（3）单分子实时测序技术

单分子实时测序技术是基于边合成边测序的思想,以 SMRT 芯片为测序载体。将 DNA 聚合酶、待测序列以及 4 种不同荧光标记的 dNTP 放入"零模波导孔"(zero-mode waveguides,ZMW)进行合成反应。当某一 dNTP 分子被添加到合成链上时,它会通过 ZMW 孔底部的荧光信号检测区,并在激光束的激发下发出荧光,进而判定 dNTP 的种类。SMRT 测序速度很快,每秒约 10 个 dNTP。读长超长,平均读长 8～12 kb,最长可达 40～70 kb。但是其错误率较高(可达 15%),好在其出错是随机的,因此可以通过多次测序来进行纠错。SMRT 技术也可以检测出碱基修饰。当碱基有额外修饰时,DNA 聚合酶的合成速度会减慢,通过聚合酶反应的动力学变化直接反映出来。

（4）Ion Torrent 测序技术

Ion Torrent 测序技术也采用边合成边测序的策略,但是其检测方法不同于其他测序平台。其独特之处在于它利用半导体传感器记录体系内 pH 的变化来识别核苷酸类型,而非通过光学系统来判定测序结果,因此也常被称为半导体测序技术。该技术采用了一种表面密布微小的小孔阵列半导体芯片,其中每个小孔就是一个测序流通池。当 DNA 聚合酶把核苷酸聚合到延伸中的 DNA 链上时,不仅会释放出一个焦磷酸,也会释放出一个氢离子,反应池中的 pH 发生改变,位于池下的离子感受器通过检测氢离子信号,再转化为数字信号,从而读出 DNA 序列。Ion Torrent 测序技术的文库和样本制备与 454 焦磷酸测序技术相近,但是测序过程中不是通过检测焦磷酸荧光显色,而是通过检测 H$^+$ 信号的变化来获得序列碱基信息。Ion Torrent 相比于其他测序技术来说,不需要昂贵的成像设备,成本相对低廉,操作简单,适合小基因组和外显子验证测序。

8.1.3　新一代测序技术在食品微生物研究中的主要应用

8.1.3.1　新一代测序技术在改善食品微生物功能研究中的应用

新一代测序技术最显著的特征是高通量,能对几十万至几百万条 DNA 分子同时进行序列测序,这使物种的全基因组测序变得方便易行。全基因组测序是依托新一代测序技术对物种个体或群体的基因组进行测序,并通过生物信息学技术对序列特征进行分析,以在全基因组水平探究未知基因组序列及已知基因组序列的物种进化规律和筛选功能基因,了解物种进化过程及遗传机制,是深入到生命本质的研究。

食品微生物的功能研究是指在食品生产加工过程中,通过微生物(如醋酸杆菌、酵母菌等)的发酵代谢、生物转化改善食品的品质及营养,在系统水平上开展该类微生物所具有的某种专一性功能的研究。其研究对象主要针对食品发酵微生物。传统食品微生物功能研究主要包括提高发酵产物的功能物质、口味、营养物质、产量等。近年来,通过新一代测序技术对食品中的微生物进行全基因组测序,并对数据进行生物信息学分析,可预测对发酵过程或产品性能产生重要作用的基因,并提供菌种的代谢途径及其与环境的相互关系,从而对提高菌种性能提供重要的借鉴和指导。

酿酒酵母是葡萄酒发酵工业中的主导微生物,其性能直接影响葡萄酒的产量、质量和经济效益。对酿酒酵母进行基因组分析和分子生物学研究发现,改变基因 MSN2 中的启动子能提高酿酒酵母在发酵过程中的抗性。MSN2 是编码启动抗性相关基因转录的蛋白因子,通过基因 ADH7 的启动子代替此基因自身的启动子来调控 MSN2 的过量表达,获得糠醛耐受能力更强的改良菌株,从而改善酿酒酵母的发酵性能。

全基因组测序是研究微生物功能多样性的一个重要手段。真核生物中酿酒酵母的全基因组测序工作第一个完成。2010 年 Brenda 和 Charles 等团队对 540 万个基因对进行研究,构建了酿酒酵母的基因组相互作用图谱,涵盖了 75% 的酿酒酵母基因,通过该图谱可以得知许多基因在遗传水平上的功能。Argueso 对工业用酵母菌株 JAY270 与野生型酵母菌株 PE-2 的基因组进行 454 焦磷酸测序和 Illumina 平台测序,通过芯片比较基因组杂交和脉冲电场凝胶电泳分析,发现菌株 JAY270 在减数分裂时期没有隐性致死突变,染色体分离时端点的基因会发生基因重组,从而菌株 JAY270 具有耐高温、产物多、氧化应激能力强等优良特性。

对新一代测序技术获得的全基因组数据进行代谢模型网络重构,利用计算的方法模拟代谢过程,预测菌株特异性表型,实现菌株改造或发酵过程优化并提高产品品质。干酪乳杆菌在工业中被广泛使用,通过使用子系统技术的快速注释(rapid annotations using subsystems technology,RAST Server)和国家生物技术信息中心(national center for biotechnology infor-mation,NCBI)数据,分析干酪乳杆菌 ATCC 334 和干乳酪杆菌 12A 的基因组结构及功能,建立代谢模型,并通过此模型预测菌株发酵过程中的产物生成、氨基酸代谢、碳源需求、功能基因及基因型与表型的关系,从而对菌株性能和功能基因进行准确研究。这种方式已成为工业生产中菌株开发和选择的重要方法。

8.1.3.2　新一代测序技术在食品安全研究中的应用

在追求绿色、健康生活的今天,食品安全已成为大众最为关注的问题之一。其中由腐败微生物和食源性致病菌引起的食品安全问题不仅给全球造成了巨大的经济损失,而且严重危害了人类的身体健康。通过新一代测序技术可实现食品中微生物的快速检测及鉴定,这对预防和控制由微生物引起的食品安全问题具有重要意义。

长久以来,保存食物对于人类的生存是必需的。早期人们常采用干燥、盐渍、加热或发酵等方法抑制腐败微生物的生长,并且沿用至今。然而,食品在运输、加工和储藏等过程中不可避免地会受到微生物的污染,微生物的生长代谢使食物的质地、营养成分与感官性状发生各种变化,极大地降低了食品的营养价值及商业价值。每种食品在生产和储存过程中的任何特定时间都有各自特征的微生物群落。这种微生物群落由原料菌群以及加工、保存和储藏条件共同决定。因此准确地预测哪些微生物在特定产品中生长并主导对食品的保鲜将具有重要的指导意义。传统的微生物检测鉴定是建立在微生物纯培养的基础之上,由于方法费时费力,且受到培养方法、培养条件的限制,使得只有不到 1% 的微生物通过传统纯培养方法被分离出来。因此,无法完整地反映出样品中微生物的组成和群落特征。采用新一代测序技术,可避免烦琐的前处理步骤,直接提取样品中微生物的总 DNA。之后采用不同的引物扩增微生物 16S rRNA 可变区,如利用引物 520F 和 802R 扩增 16S rRNA 的 V4 区,扩增后的 PCR 产物经纯化后直接测序。因其可实现对样品中所有微生物的 16S rRNA 的测定,且具有高通量、高准确率和低成本的特点,已被应用于各种食物的微生物组成研究。运用新一代测序技术对新鲜和腐败食物进行分析,首先可以获得详细的菌群组成和特定腐败菌信息。其中特定腐败菌是特定条件下引起食物腐败的一种或几种微生物,它们的生长与食品货架期有着极大的相关性。因此,利用 16S rRNA 可变区域的新一代测序技术监测不同储存条件下食品中微生物菌群结构和特定腐败菌数量,可以建立食品货架期预测系统。在食品腐败机制的研究中,对特定腐败菌进行全基因组测序,可从代谢途径方面确定食物腐败的根本原因。

食源性致病菌是导致食品安全问题的重要来源,包括沙门氏菌、霍乱弧菌、志贺氏菌、金黄色葡萄球菌、副溶血性弧菌等。例如,据统计全球每年由沙门氏菌引起的食物中毒的人数就有 1 600 万。因此如何有效地检测、鉴定食源性致病菌是食源性疾病预防与控制的关键环节。全基因组测序可以揭示有机体完整的 DNA 组成,与传统分子生物学方法相比具有更高的分辨率,是研究食源性致病菌的遗传、代谢和致病机制的有力工具。由于高通量测序速度的加快和操作成本的降低,食源性致病菌的比较基因组分析越来越多地被纳入监测、控制和研究中,对食源性致病菌的溯源与追踪、疫情的调查与监控具有重要意义。此外,食源性致病菌的许多重要的表型是微生物风险评估的重要指标,包括毒力、宿主适应性、生长/生存潜力和抗逆性等,这使得新一代测序技术在微生物风险评估领域将有广阔的应用前景。由加州大学戴维斯分校 Bart Weimer 教授发起,美国食品药品监督管理局、美国疾病预防和控制中心、美国农业部等多个机构共同合作的"100 k 食源性病原微生物基因组计划"于 2012 年 7 月推出。2014

年,中国参与了该项计划。旨在对 100 000 种感染性微生物的基因组进行测序,创建一个用于公共卫生、疫情检测和细菌病原体检测的细菌基因组序列数据库,加速食源性疾病的诊断,减少传染病的暴发。该计划采用的正是高通量新一代测序技术——SMRT 技术,以零模波导技术和荧光基团标记为核心,无须模板扩增且具有超长读长,可实现碱基序列快速测定。

8.1.3.3　新一代测序技术在食品微生物元基因组研究中的应用

微生物在工业、农业、卫生医疗、环境保护等方面受到越来越多的关注,其传统研究首先要对目标微生物进行分离和培养。然而,绝大多数微生物(99% 以上)不能依靠这样的方式获得,这极大地限制了人们对各类微生物的研究。随着测序技术和数据处理分析能力的飞速发展,以及人们对微生物之间的共生互利和平衡关系的深入认识,一种不依靠培养就能研究环境中所有微生物的新方法——元基因组学应运而生。元基因组,即宏基因组,也称微生物环境基因组或群落基因组,是指生活环境中全部微小生物遗传物质的总和,包含了可培养的和不可培养的微生物的基因。新一代测序技术是目前应用最广泛的一种测序技术,能够快速准确地对大量样本同时测序并获得大量数据,适合于元基因组的深度测序研究。元基因组数据使得人们能够系统地分析微生物的生理代谢、群落相互作用及其对环境的反应机制。

元基因组学与传统微生物研究方式的最大区别在于元基因组学克服了复杂环境中微生物难以培养的困难,将环境中全部微生物的遗传信息看作一个整体并直接对其进行高通量测序,并结合生物信息学和系统生物学的方法,自上而下地研究微生物群落结构与环境或生物体之间的关系,全面认识微生物的功能和生态特征。随着元基因组学研究技术的发展,其研究手段和研究对象的重点也不断发生着变化,大致可以分为 3 个阶段:①以 16S rRNA 为主要研究对象的核糖体 RNA 研究;②以环境中所有遗传物质为研究对象;③以环境中所有转录本为主要研究对象的宏转录组研究。微生物既是发酵食品产生的基础,也是食品污染和腐败的关键因素,关系着食品的质量和安全。为了进一步了解食品微生物生态,保障食品质量和安全,元基因组学以及新一代测序技术被广泛应用于食品微生物多样性、群落结构变化以及功能微生物的研究中。

新一代测序技术的快速发展对食品微生物发酵过程和机制研究产生了深刻的影响,主要体现在食品微生物生理功能、代谢能力和进化的研究以及食品微生物群落结构、动态变化及其对环境的响应机制等方面。元基因组对研究群落结构相对复杂的食品微生物发酵过程非常有效。在研究汾酒发酵过程中的微生物群落组成时,对细菌 16S rRNA 和真菌 ITS 序列克隆文库进行焦磷酸测序。结果显示,与真菌相比,细菌有着更加丰富的种群多样性。在窖泥的表面,主要是乳杆菌科,而在空气和水分相对稀少的窖泥内部,则主要是以芽孢杆菌科为主。真菌的含量在汾酒发酵过程中保持相对稳定。

在对微生物群落不同角色的功能研究中,以新一代测序技术得到的元基因组数据为基础,构建代谢途径,能够为微生物群落的代谢特征提供更加详细的解析。对巴西可可豆菌群进行元基因组分析,发现酵母、乳酸菌和醋酸菌是发酵菌群的主要微生物。在发酵初始阶段,酵母菌占主导地位,其对可可酱进行脱水并分解碳水化合物产生乙醇。在发酵过程中,乳酸菌消耗葡萄糖、果糖和柠檬酸产生乳酸、醋酸和甘露醇。随着发酵环境的变化,醋酸菌开始起主要作用,将乙醇和乳酸氧化成醋酸再进一步将醋酸氧化生成二氧化碳和水。

目前,已有相当多的元基因组研究工作是建立在新一代测序技术的基础上的,然而高通量测序读长短、数据量大,一方面,对元基因组数据的处理形成挑战,形成了许多元基因组特有的算法和工具。另一方面,促进了增加读长、降低测序错误率的高通量测序技术的开发。这将为食品微生物元基因组学的发展提供重要的支持和更为广阔的空间。

8.1.3.4　新一代测序技术在发酵食品研究中的应用

微生物用于食品发酵有非常悠久的历史,通过特定的微生物发酵可以提高食品的营养成分、改变食品的风味、使某些食品更易于消化。食品微生物发酵通常是一个复杂的过程,发酵过程中微生物群落结构的动态规律直接影响发酵产品的风味和质量,而一些病原微生物的繁殖还可能带来潜在的食品安全隐患。因此掌握发酵过程中微生物生长规律,控制有害微生物繁殖对保证发酵产品质量至关重要。新一代测序技术因其检测通量高、用时更少、准确度更高等优点已成为研究微生物群落动态变化及其相互作用的重要手段,在植物发酵食品、发酵乳制品及发酵肉制品等方面均得到有效应用。

(1)植物发酵食品

植物发酵食品是指以蔬果、谷类等为原料,在微生物产生的一系列特定酶的作用下,经一系列生化代谢得到的一类食品,具有独特的风味和营养价值。日常接触较多的植物发酵制品有谷物发酵制品、豆类发酵制品和发酵茶制品。谷物发酵食品包括甜面酱、米醋、米酒等,谷物发酵后氨基酸、维生素、矿物质元素等含量和种类都有所增加。豆类发酵食品包括豆豉、腐乳、酱油等,发酵的过程中游离氨基酸增多,抗营养物质(如单宁、植酸、皂苷)减少,同时会产生独特的风味。发酵茶制品根据发酵微生物的种类分为细菌发酵茶、酵母菌发酵茶和霉菌发酵茶等,不同微生物利用茶叶中不同的成分进行特定的生理代谢,使发酵茶制品具有多样的风味和功效。

豆豉因其独特的风味和丰富的保健功能而备受关注。云南特殊的地理环境创造了当地特有的传统发酵豆豉,其中蕴藏着丰富而独特的微生物资源。对云南传统发酵豆豉中存活的微生物进行富集培养,提取总DNA并对其16S rRNA进行扩增和焦磷酸测序,分析云南传统发酵豆豉中的微生物多样性。发现豆豉中主要的菌群为肠球菌、甲基营养型芽孢菌、乳酸片球菌、枯草芽孢杆菌。新一代测序技术避免了传统培养方法对微生物种类的限制,较好地分析了传统发酵豆豉的微生物多样性。

康普茶是以红茶茶汤和糖作为发酵基质,经醋酸菌、酵母菌和乳酸菌等天然存在的混合菌群发酵而成,含有丰富的茶多酚、葡萄糖酸、维生素等有益成分,具有重要的药用价值。为了对康普茶的微生物群落有一个整体综合性的了解,采用了非培养高通量测序的方法。取康普茶发酵过程中2个时间点的5个菌膜,利用454焦磷酸测序技术对其细菌和真菌的组成结构进行分析。经分析确定,发酵优势菌为葡糖醋杆菌属,在多数样品中含量可达到85%。其次为乳杆菌属,含量30%左右,同时检测到很少的醋酸杆菌属(<2%)。此外,利用该测序技术还在菌膜中发现了拉氏假丝酵母、马克斯克鲁维酵母等之前报道中没有检测到的菌种。证明了新一代测序技术在检测微生物菌群结构方面具有高准确性和全面性。

(2)牛乳和发酵乳制品

牛乳是细菌生长与繁殖的良好基质,优质的原料乳是生产优质产品的关键。利用Illumina Miseq测序平台对牛乳样品中微生物基因组的16S rRNA基因V1-V3可变区扩增产物进行序列测定,确定样品中微生物的多样性和丰度,这对了解原料乳中微生物的存在状况,及加工、运输和储藏过程中牛乳的污染状况,具有重要的实际意义。

在牛乳发酵过程中,微生物直接影响乳制品的感官品质。在早期的乳制品微生物研究中,采用传统技术可以从样品中获取部分可培养和相对含量较高的微生物,但部分难以分离的微生物无法检测,因此难以全面地了解乳制品微生物的多样性。为了系统了解乳制品中未知菌群的分布和多样性,采用 454 高通量测序,对西藏地区自然发酵牦牛乳的微生物多样性进行研究,以 16S rRNA 的 V3 区为扩增、测序靶点,分别获得 1 626 条和 2 101 条高质量的细菌和真菌序列。结果表明细菌的优势菌为乳杆菌属,真菌的优势菌为耐碱酵母属,其中真菌的丰度大于细菌。尽管应用传统技术也能检测到乳制品中的优势菌群,但是不能全面解析菌群结构,特别是真菌的含量以及多样性差异,而应用高通量技术能够全面地解析乳制品中细菌和真菌的组成,可为西藏传统发酵牦牛乳中微生物群落定向调控和牦牛乳品质改良提供借鉴。

另外,通过设计特异性标签序列,对市场上各种类型的酸奶、乳酸菌饮料进行 PCR 及 Illumina Hiseq2000 深度测序,获得益生菌种类及序列等详细信息,利用 16s 数据库分析微生物多样性,可以证实产品中的实际菌株是否和标签标注一致,还能分析不同益生菌产品间菌株的差异。各种类型的酸奶、乳酸菌饮料所含的菌株相似度极高(如含有嗜热链球菌、德式乳杆菌保加利亚亚种、嗜酸乳杆菌、干酪乳杆菌等)。然而,也有某些产品标签标注的菌种与实际略有差异,这可能是添加的菌种在发酵、储藏等过程中对环境要求苛刻不易存活引起的。

(3)肉和发酵肉制品

发酵肉制品是指在自然或人工控制条件下,利用微生物或酶的发酵作用,使原料肉发生一系列生物化学变化及物理变化而形成具有特殊风味、色泽和质地的肉制品。其主要特点是营养丰富、风味独特、保存期长。腌制发酵的海产品在亚洲被广泛地生产和消费,韩国的 Jeotgal 就是鱼贝类加大量的盐再经原料或微生物的内源酶发酵得到的。选择 7 种 Jeotgal 采用焦磷酸测序和变性梯度凝胶电泳(PCR-DGGE)检测其古细菌和细菌种群的多样性。确定样品中最主要类型的古细菌和细菌包括嗜盐杆菌属极端嗜盐古细菌、各种未被培养出的中温泉古菌和属于乳杆菌属和魏斯氏属的乳酸菌。PCR-DGGE 方法的一个缺点是在复杂群落的图谱中检测到的条带是有限的,这可能不会显示样品中较小的古细菌和细菌种群。然而,焦磷酸测序法提供了对 16S rRNA 基因序列的深入分析,这可以弥补 PCR-DGGE 方法在检测样品中较小种群方面的不足,使分析确定的群落更多样化。

意大利 Salami 香肠是一种享誉国内外的发酵肉制品,为了对其不同成熟阶段的细菌多样性进行更深入的了解,采用新一代测序技术对其研究。选取意大利 6 个工厂的不同成熟阶段香肠样品,利用 Illumina Miseq 系统检测样品的 16S rRNA V3-V4 可变区域,将测序结果与 PCR-DGGE 的检测结果进行对比。在主要发酵菌种方面,新一代测序技术与 PCR-DGGE 检测结果相似,但新一代测序技术具有更高的分辨率且可定量分析,这是通过传统方法分析凝胶条带所无法实现的。另一方面,应用新一代测序技术检测到样品中 98 个稀有种的微生物,且所有分析样品中检测的平均覆盖率约为全部菌群的 90%,其中 99.5% 的序列可以准确划分到种。证实 16S rRNA 的新一代测序技术在描述地区产品中细菌群落结构的可行性较高。与 PCR-DGGE 结果相比,新一代测序技术可以更好地区分食品中的细菌群落,一些较为稀有的种属也可以鉴定出来。

目前,454、Illumina 和 SOLiD 测序技术在第一代测序的基础上降低了测序成本,极大提高了测序速度,并保持了高准确率,在测序市场上占据着绝对的优势位置。但以 Heliscope 和纳米孔等为代表的新兴测序技术快速发展,其基于单分子读取技术,有着更快的数据读取速度。同时实现了 DNA 聚合酶自身的延续性,解决了 454、Illumina 和 SOLiD 测序技术读长较短的问题。但错误率依然偏高，有待进一步的稳定和成熟，目前还未在食品微生物中广泛应用。但可以预见，超高速、高通量、高效益和低成本的测序技术，将会帮助我们对食品中的微生物多样性、菌群结构和微生物数量动态变化等有更深的理解。

8.2　组学技术

8.2.1　基因组学

8.2.1.1　微生物基因组计划

基因组(genome)是指生命体整套染色体所含有的全部 DNA 序列。基因组学(genomics)是从系统整体的观念研究生物体全部遗传物质结构与功能的一门科学。自从 1990 年人类基因组计划实施以来，基因组学取得了迅猛的发展，近年来随着高通量测序技术、生物信息学和其他组学的飞速发展，基因组学进入了广泛的物种测序以及全面的组学研究阶段。微生物基因组学是基因组学的一个分支学科，通过高通量测序技术，得到微生物全基因组序列信息，解释基因的结构、功能和进化，阐明基因调控和互作的原理。1995 年美国基因研究所(The Institute of Genome Research US, TIGR)采用全基因组随机测序法(whole-genome shotgun sequencing)对流感嗜血杆菌(*Haemophilus influenzae*)全基因组进行测序和序列组装，完成了第一株细菌的全基因组序列测定，它的基因组包含了 1 830 140 个碱基对及 1 740 个基因。随后许多微生物的序列相继被测定，包括病原微生物、重要的工业微生物以及特殊环境下生活的微生物等。2007 年，美国国立卫生研究院(National Institutes of Health, NIH)主导启动"人类微生物组计划"，该项目由美国主导，由多个欧盟国家、日本和中国等十几个国家参加，采用新一代 DNA 测序技术对人类微生物基因组测序，是 2005 年人类基因组计划完成后的一项规模更大的基因组测序计划，目标是通过绘制人体不同器官中微生物元基因组图谱，解析微生物菌群结构变化对人类健康的影响。我国于 2009 年 8 月启动了"万种微生物基因组计划"，此计划由国内 20 多家科研机构的科学家共同发起，计划完成一万种微生物物种全基因组序列图谱的构建，涵盖了工业微生物、农业微生物、医学微生物等，测序菌株种类包括古细菌、细菌、真菌、藻类和病毒，对我国的微生物基因组研究起到了很大的推动作用。

随着新一代测序技术的突破，测序通量极大提高，成本则大幅降低，越来越多的菌株完成了测序，海量的序列数据也促使了生物信息数据不断累积和更新，迄今为止世界各国建立的种类繁多的数据库几乎涵盖了整个生命科学的各个研究领域。目前国际上 3 个主要的核酸、蛋白质的公共数据库分别是：美国国家生物技术信息中心(National Center for Biotechnology Information, NCBI)的 GenBank 库(http://www.ncbi.nlm.nih.gov)、欧洲生物信息学研究所(European Bioinformatics Institute, EBI)的核酸序列数据库 EMBL(https://www.ebi.ac.uk/)和日本信息生物学中心(Center for Information Biology, CIB)的 DNA 数据库 DDBJ(http://www.ddbj.nig.ac.jp)，这三个数据库每天都会进行数据的交换和共享，达到数据同步。截止到 2017 年 12 月，在 NCBI 上公布的微生物全基因组序列(http://www.ncbi.nlm.nih.gov/genome/browse/)共有 33 567 个，其中古菌 1365 个，细菌 20 550 个，真菌 2 709 个，病毒及类病毒 8 943 个，微生物基因组的测序工作仍在不断地进行之中，数据在不断更新中。

8.2.1.2　基因组学的研究方法

(1)基因组的注释分析与基因搜寻

基因组完成序列测定以后,接下来的任务是要对基因组序列进行注释和分析,即理解和弄清基因组序列中所包含的全部遗传信息,各部分的信息之间的关联是怎样的,及基因组的功能是如何实现的。目前大量食品微生物菌种已完成基因组测序,但是对基因组的注释还仅仅限于很有限的范围,特别是对于基因调控顺序和功能等。由于真核微生物基因结构多样,类型复杂,而且基因组中含有大量的非编码序列,目前尚无普遍使用的注释方法,这类非编码序列的功能只能采用实验方法鉴别,有待发展合适的研究方法。

微生物基因组测序完成后,一般需要做如下的分析和注释工作:①碱基(GC 含量)组成分析;②密码子偏好性(codon usage bias)分析;③开放阅读框(open reading frame,ORF)的鉴定;④移框(frame-shift)检测;⑤编码序列(coding sequence,CDSs)分析;⑥tRNA 基因分析;⑦rRNA 基因的鉴定;⑧重复序列、插入序列和转座子等元件的分析;⑨复制原点鉴定;⑩同源性基因分析。近年来,生物信息学的快速发展为基因组的分析注释提供了很大的便利,利用数据库的检索和分析以及基于蛋白序列相似性的规则可实现对部分序列进行自动注释和分析,表 8-2 中列出了常用的数据库和相关程序。

表 8-2　常用的基因组分析和注释数据库及相关程序

数据库及相关程序	主要功能	网址
BLAST	将待分析序列与数据库中的其他序列进行比对,并在设置的阈值范围内计算出相似度,可用于菌种的鉴定、结构域定位和功能注释	https://blast.ncbi.nlm.nih.gov/Blast.cgi
HMMER	与 BLAST 功能相似,用于一条或多条未知的序列在蛋白质数据库中寻找比对及自动注释蛋白质结构域	http://hmmer.janelia.org http://www.ebi.ac.uk/Tools/hmmer/search/jackhmmer
GenomeThreader	对基因结构预测的计算以相似性为基础并进行剪接相似性比对	http://genomethreader.org/
Glimmer	基于已知的基因序列生成模型参数集合,应用此集合对 DNA 序列进行基因预测,适用于原核生物	http://www.cbcb.umd.edu/software/glimmer/glimmer302.tar.gz
GeneMark	为原核基因组和病毒基因组以及元基因组分析而设计,用于预测基因、蛋白质编码区阅读框的位移	http://exon.gatech.edu/GeneMark/
RAST	针对完整的或将近完整(draft genome or complete genome)的细菌和古菌基因组的注释工具,可以用来预测 ORF,rRNA,tRNA,以及相应的功能基因分析注释	http://rast.nmpdr.org/

由于目前所有已开发设计的基因组或基因注释软件都只是针对某些特征编写的,还无法涵盖所有的情况,因此采用人工检测评价自动注释的结果及根据其他数据进行分析与校正是

十分必要的,特别是对于编码蛋白的功能基因的搜寻和验证,还需设计实验并根据实验结果进行检测。功能基因的搜寻一般通过以下两种方式:一种方式是根据基因的结构特征查找。编码蛋白质的基因都含有开放读框(ORF),由起始密码子(一般为 ATG)开始,以终止密码子(分别为 TAA,TAG 或 TGA)结束,因此可根据 ORF 的结构来搜寻基因。细菌基因组的 ORF 阅读相对比较简单,基因组中缺少内含子,且非编码序列少,对读框的搜寻干扰较少,错误的概率较小。而真核微生物基因组的 ORF 比较复杂,绝大多数基因含有内含子,且存在大量非编码序列,外显子的长度也没有一定的规律可循,因此常需要结合密码子偏好性、外显子-内含子边界、上游控制序列等其他与基因相关的结构特征来确定目标基因序列。另一种方式是同源基因查询。近缘种微生物的基因组之间含有高度同源的基因,其中有很多基因是共同含有的。而即使在亲缘关系较远的物种间也存在有同源基因成员。同源基因之间的编码序列、基因结构与组成、调控序列的组成都保持了进化的保守性,这种相似性为搜寻基因和分析基因组提供了有效的途径。由于在长期的进化过程中,同源基因会发生不同程度的碱基突变,如果以核酸序列作为比较,可能会发生基因分析和搜寻的错误。大多数的同源基因编码的蛋白在功能上有较大相似性,在序列上表现为关键位置的氨基酸高度保守,因此在采用同源查询时,一般采用氨基酸的序列作为比较的基础,这样搜寻的结果较为可靠。当某一序列从数据库中无法找到同源序列,同时又无法确认其为其他基因的可能性时,必须通过实验进行确认。

(2)功能基因的预测和基因功能检测

获得基因组序列后,对其进行分析和注释仅仅完成了基因组解读的初步工作,对具体基因的功能还不能完全了解。如何确定一个基因的功能是基因组研究中最困难的问题之一。采用同源性分析虽然可快速便利地对于基因功能进行分析和注释,但这种方法的应用仅局限于对已知功能的基因,在基因组序列中存在相当一部分缺少功能搜寻线索的基因,同时也可能存在大量未知的基因,此时就需有新的方法对基因的功能进行预测。目前,根据基因结构、功能与进化的内在联系,采用生物信息学进行基因功能预测是常采用的方法,已成为基因功能前期研究的主要内容。序列相似性搜索预测是将由基因组序列初步注释的蛋白编码序列与已知功能蛋白质数据库以及代谢途径数据库进行比对,获得功能相关信息和可能参与的代谢途径信息,对基因组的功能进行预测。蛋白质结构域是蛋白质高级结构中具有的相对独立的亚结构区,具有相对独立的功能,而蛋白质的整体功能是通过各个结构域之间的协同作用而实现的。不同物种在维持基本生命活动中所需的蛋白质功能是相同的,虽然编码它的基因可能有很大不同,但是在蛋白结构域却有相同的起源,仍然保留了大量的可分辨的信息,因此可利用蛋白质结构域作为预测基因功能的主要依据。将基因组序列中可能编码蛋白质的氨基酸序列,与数据库中每个蛋白家族结构域功能节点进行比对分析,确立与各功能节点的对应关系,从而预测基因编码蛋白质可能的生物功能。

通过生物信息学预测的基因的功能,需经过实验进行验证。传统的方法是通过紫外线或化学诱变剂获得突变株,然后通过遗传分析定位突变基因,观察该基因的突变是否与改变的表型对应,在此基础上进一步分离与克隆目标基因。与传统的从表型特征出发找到相关基因的遗传分析路线不同,现在的基因功能研究通过有目的地改变目标基因来观察表型的变化,有基于基因失活和基于基因表达的两种分析基因功能的方法。

基因敲除(gene knock-out)是常用的基因失活方法,最简便的做法是用一段无关的 DNA 片段替代特定基因中的部分片段而使该基因失活。在这一段无关片段的两侧连接与替代基片段两侧相同的序列,将其导入目的细胞,通过同源片段之间的重组(homologous recombination),无关片段取代靶基因整合到基因组上,再通过筛选获得基因敲除的突变株。获得突变株后,再检测突变型和野生型菌株表型特征的改变,最终验证目标基因的功能。然而,由于某种表型特征常常是多个基因共同作用的结果,失活其中某个基因对表型的影响程度有限,在实际工作中检测基因失活的表型效应常不易分辨,此时需要结合转录组和蛋白质组的数据结果,分析基因转录和表达的特征。对于与代谢途径相关的基因,可通过色谱-质谱同时检测多种代谢中间产物浓度的改变来判断单个基因对代谢路线的影响,有些突变可同时影响一种或几种中间产物的浓度,但对其他中间产物浓度的影响不同,因而可对突变进行代谢效应分类。

基因的异源表达是将含有目的片段的质粒转移到外源宿主细胞中进行异源表达,外源宿主本身并不能代谢产生目标产物,但是含有外源表达载体的细胞能够产生目标产物,从而实现对目的基因的功能分析与验证。这种异源表达的方法对于那些自身产物代谢水平很低的菌株是十分有利的,同时也适用于由菌体生长缓慢导致的代谢产物生成速率较慢的菌株,此外对于大规模筛选具有生物活性的天然产物及其生物合成途径相关基因的研究非常适用。基因的过量表达是另一种通过基因表达来检测基因功能的方法。正常情况下细胞内基因表达产物的数量是一定的,且与其他产物达到某种平衡状态,基因产物的不足与过量都会破坏这种平衡,并表现出表型特征或代谢产物较大的改变。当目的片段连接到具有强启动子的载体上,然后将载体导入宿主细胞,或采用强自我复制能力的载体增加目的基因的拷贝数,促使基因在细胞内超表达,检测上述操作引起的变化即可确定基因的功能。

(3)比较基因组学

通过对微生物基因组的注释可以得到很多信息,但对于基因的生物学功能,通过简单的注释很难得到完全的阐明。如果将两个亲缘关系相近而表型有明显差异的菌株的基因组进行比较,就能容易地鉴定出导致表型差异的基因,进而明确这些基因的功能。比较基因组学(comparative genomics)是基于基因组图谱和测序技术以及生物信息学的发展,通过对多个物种的基因组序列进行比较分析,能够获得这些物种之间的进化关系及其他特性信息,从基因水平分析不同菌株表型的相似性和差异性,了解基因功能、表达调控机制,阐明在物种进化上的内在联系和基因组之间序列和结构上的同源性,揭示引起表型差异的原因。主要研究内容包括不同物种基因的功能、表达机理以及物种进化等。具有亲缘关系物种基因组序列的相关信息,通过比对可获得可识别编码区域、非编码区域以及其他特有序列。亲缘关系较远的物种则可获得在基因组序列的组成、密码子的使用偏好性、生物系统进化关系、同线性关系以及基因排列顺序方面异同的信息。

微生物比较基因组学研究主要有两种方式,一种方式是对选择对象的全基因组序列进行比对,基于生物信息学的分析,全面地找出比较对象之间的差异性和共线性,能够从分子水平揭示不同物种之间的进化关系,也能够发现不同物种间的核心基因组和泛基因组,核心基因组的比较能够发现不同物种间共性产生的根本原因,而泛基因组的比较则可以揭示环境与物种进化的关系。此外,基因组比较作图也是常采用的方法,利用分子标记、基因的 cDNA 克隆以及基因克隆等共同的遗传标记对相关物种进行遗传或物理作图,对在不同物种基因组中标记的分布情况进行比较,揭示物种之间 DNA 或 DNA 片段上的同线性、共线性和微共线性。对种内群体基因组序列的比较,以分析基因组内存在的多态性和保守性,弄清具体基因的功能和作用,也可以发现具有重要作用的新基因。另一种方式是利用基因组杂交的技术,即 DNA 芯片杂交技术,对已完全测序基因组设计探针,对未测序基因组与参考基因组间的比较基因组进行杂交分析,检测对应 DNA 区域中的缺失或变异情况。相对低成本的 DNA 芯片比较基因组杂交技术是建立于参考基因组全测序的基础上,是在基因组水平上研究微生物基因缺失或变异的主要策略之一,如果获得某细菌的全部开放阅读框序列而制备相应 DNA 芯片后,还可以进行表达谱分析,为阐明基因的功能提供完备的基础数据。

8.2.1.3 基因组学在食品微生物学研究中的应用

微生物发酵是食品加工的重要方法之一,目前食品工业应用的重要发酵菌株如乳杆菌(*Lactobacillus*)、乳球菌(*Lactococcus*)、链球菌(*Streptococcus*)、酿酒酵母(*Saccharomyces cerevisiae*)等都已经完成了基因组测序。对这些发酵菌株基因组学的研究揭示了它们驯化过程是如何适应食品发酵环境的。罗伊乳杆菌(*Lactobacillus reuteri*)原本来源于人体肠道,在食品加工中常用于酸面团的发酵剂,通过比较肠道的和酸面团发酵的罗伊乳杆菌株的基因组发现,用于面团发酵的菌株出现了基因水平转移和基因缺失,并且参与能量代谢和碳水化合物代谢的基因在这些菌株中更为普遍,以便于其在酸面团发酵过程中表现出竞争优势。传统筛选发酵菌株的方法是从自然发酵食品上分离,然后经过筛选实验确定,噬菌体抗性、胞外多糖(exopolysaccharides,EPS)合成和对风味形成的促进作用是筛选发酵菌株常考虑的主要特性。通过对基因组的生物信息学分析,搜寻和这些特性相关的 CRISPR-Cas 系统基因、EPS 基因和氨基酸合成相关基因,可以快速筛选合适的发酵菌株。目前,213 个和工业发酵相关的乳杆菌菌株测序已完成,通过对这些基因组进行生物信息学分析,确定了 48 个和糖代谢相关的糖苷水解酶基因,60 个和发酵食品风味形成相关的细胞壁蛋白酶(cell envelope proteinase)基因,同时还发现 CRISPR-Cas 系统基因在大多数测试菌株中存在,表明用于食品发酵的乳杆菌广泛拥有防御噬菌体侵染的机制。

益生菌菌株的基因组学研究揭示了相关基因对菌株益生特性的重要性。对短双歧杆菌(*Bifidobacterium breve*)UCC2003 的基因组序列分析表明,它含有编码具备黏附细胞功能的 IV 型纤毛(type IV Tad-pili)基因族,实验表明通过插入式失活该基因得到的突变株无法在小鼠的肠道定殖,说明该基因对益生菌在肠道内定殖起到重要的作用。通过对双歧杆菌的比较基因组学分析显示,该基因在双歧杆菌菌株中高度保守,表明 type IV Tad-pili 基因介导的宿主细胞定殖是双歧杆菌属下成员发挥益生特性的共同特征。除了对个体基因组的研究之外,比较基因组学也可以解释为什么不同的益生菌菌株具有不同的益生效果。如有一些益生菌株和人体体重增加有关,而另一些益生菌菌株则无增重效果,比较基因组学分析表明,能使体重增加的菌株基因组无编码果糖降解酶的基因,取而代之的是能将蔗糖水解为果糖和葡萄糖的蔗糖水解酶基因。而无增重效果菌株的基因组不仅有编码果糖降解酶的基因,而且还含有具备合成醋酸盐、葡聚糖和 L-鼠李糖等抗肥胖成分功能的蛋白基因。无增重菌株具有的降解糖的能力,减少了糖在体内的积累,从而防止了体重的增加。对嗜酸乳杆菌(*Lactobacillus acidophilus*)商业菌株基因组的分析表明,不同来源菌株的遗传多样性很小,这些菌株几乎共享了相同的基因组,这表明不同的嗜酸乳杆菌可能通过相同的机制产生益生效果。

在食源性致病菌的研究中,应用基因组学能够揭示致病菌的致病机制。细菌致病机制的研究主要集中在细菌毒力因子的鉴定上,生物信息学方法是基于大量微生物基因组序列的一种高效筛选和分析毒力基因的方法。多数编码毒力因子的基因是成簇排布并分布于可移动的遗传元件中。在一些革兰氏阳性菌,如链球菌(*Streptococcus*)、肠球菌(*Enterococcus*)等的基因组上,毒力相关的基因簇集中在典型的基因组岛(genomic islands)上。细菌基因组中毒力岛(pathogenicity island,PI)的鉴定和分析是发掘毒力基因的重要方法之一。毒力岛在很多致病菌中都存在,有时多个毒力岛可能存在于同一病原菌中,并且可能与新发现的致病性细菌有关。毒力岛常位于细菌基因组上的特定区域,编码成簇毒力相关基因的 DNA 片段,与细菌的致病能力密切相关。毒力岛核酸片段一般较大(10~200 kb),GC 含量、密码子偏好性等与细菌基因组有显著差异,两侧具有重复序列或插入元件,具有整合酶和转座酶等可移动元件,大多能够编码分泌蛋白或细胞表面蛋白,有些编码细菌分泌系统、调节系统或信号传导系统。比较基因组学分析是采用与已知毒力基因数据库进行 BLAST(basic local alignment search tool)比对分析的方法来寻找毒力相关基因。将微生物全部基因与毒力基因数据库进行比对,找出同源性较高的基因即可初步判断为毒力基因。如果要鉴定的基因并非目前已知的毒力基因,则对同一物种不同致病菌株、致病株与非致病株进行比较基因组学分析,筛选出候选毒力基因,并设计表型实验进行毒力验证。

8.2.2　转录组学

8.2.2.1　转录组学的概念

转录组(transcriptome)指细胞在一定条件下所有转录产物的集合,包括信使 RNA(messenger ribonucleic acid,mRNA)、转运 RNA(transfer ribonucleic acid,tRNA)、核糖体 RNA(ribosomal ribonucleic acid,rRNA)和非编码 RNA(non-coding ribonucleic acid,ncRNA)。微生物的不同种属、不同生长阶段及生长环境等,都会影响其 RNA 的转录状况,因此转录组涵盖了基因在时间和空间上表达的信息,对揭示基因的功能、基因间的调控及互作机制等有重要的研究价值。转录组学(transcriptomics)是从整体水平上研究细胞中基因转录和调控规律的科学。具体而言,它研究某一时间和空间下,细胞中基因的全部转录本的种类、结构、功能和转录调控,即从 RNA 水平研究基因表达和调控的情况。随着越来越多的微生物全基因组测序的完成,下一阶段的主要问题是探究基因的功能、表达的调控、基因与基因产物之间的相互作用等。转录组学研究作为明确基因功能的一个重要手段,在庞大的全基因组测序数据挖掘中起重要作用,为这些问题的解决提供了非常有效的解决方案。

8.2.2.2　转录组学的研究方法

用于推断和定量转录组的传统方法包括表达序列标签技术(expressed sequence tag,EST)和基于序列杂交的芯片技术,近年来新一代高通量测序技术被应用于转录组测序(RNA sequencing,RNA-seq)中,由于其高通量、高检测灵敏度以及低运行成本等优点,引领转录组研究进入了一个新的时代,并推动了生物信息学、系统生物学等交叉学科的迅猛发展。在微生物转录组学研究中,应用比较广泛的是基因芯片技术和转录组高通量测序技术。

(1)基因芯片技术

基因芯片技术原理是杂交测序方法,即通过与一组已知序列的核酸探针杂交进行核酸序列测定,将 DNA 分子固定在支持物的表面,组成二维分子阵列,当待测样品中的核酸片段与基因芯片上的探针互补匹配时通过确定发出荧光的探针位置,通过收集杂交信号的强弱从而判断待测样本中靶分子的数目。数据处理方法包括原始数据预处理、均一化及数据转换、聚类分析等步骤,最后获得可用于转录组分析的信息(图 8-6)。由于各个芯片的绝对光密度值不同,直接比较多个芯片表达的结果显然会导致错误的结论,因此在比较多个芯片实验时必须减少或消除各个实验之间的差异,对芯片数据进行归一化处理,如用特定的对照基因做参照,或对各点光密度值或比值取平均值作为该芯片的内部对照。聚类分析是基因芯片数据分析的常用方法,在相似的基础上收集数据来分类,得到处理后的分类数据。基因芯片可实现微量化、规模化、并行化和高度自动化处理生物信息,成为研究大量基因信息的重要分析工具。基因芯片技术已广泛用于基因表达检测、基因多态性分析、生物体全局转录谱的分析等研究中,可以实现发现新基因、获得可变剪接、RNA结合蛋白目标识别、比较转录组学等生物学信息。但是,基因芯片分析得到的关于基因功能的研究结果只是推测结果,基因功能的确定还需通过常规分子生物学技术的鉴定。基因芯片技术极大地促进了转录组学研究的开展。基因芯片的数据处理目前仍在发展之中,并不断有新的技术或方法被应用,随着基因芯片的广泛应用,芯片的数据处理将日臻完善。

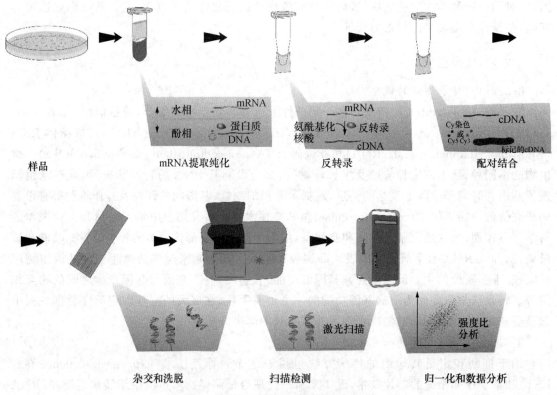

图 8-6　基因芯片技术原理及操作过程

注:Cy 染料(Cyanine dyes),3H-吲哚菁类荧光染料,一般有 Cy3 和 Cy5 两种,其中采用 Cy3 标记
受激发后发绿色荧光,采用 Cy5 标记受激发后发红色荧光。

(图片来源:https://commons.wikimedia.org/wiki/File:Microarray_exp_horizontal.svg)

(2)转录组高通量测序技术

高通量测序技术一次能对几十万到几百万条核酸分子进行测定,使得从转录组水平对一个物种进行全面的分析成为可能。RNA-seq 是使用高通量深度测序技术进行转录组分析的方法。该技术能够在单核苷酸水平对任意物种的整体转录活动进行检测,对样本进行深度测序可获得低表达的基因,而对不同样本同时进行测序可得到样品之间的表达差异基因。在分析转录本的结构和表达水平的同时,还能发现未知转录本和稀有转录本,精确地识别可变剪切位点、SNP(编码序列单核苷酸多态性)分析、非翻译区、内含子边界鉴定等,提供更为全面的转录组信息,并从整体水平反映基因表达水平、基因功能和结构,揭示特定生物学过程中的分子机理。

RNA-seq 技术的过程是把细胞中所有的 RNA 反转录成 cDNA 文库,然后利用高通量测序技术对 cDNA 文库进行测序(图 8-7)。RNA-seq 的主要技术流程包括:

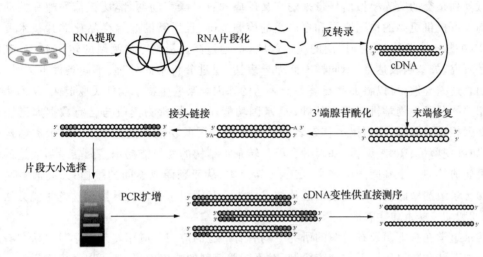

图 8-7　RNA-seq 的主要技术流程

①样本 RNA 的提取与纯化。对于 RNA-seq 实验,获得无基因组和蛋白质组污染的高纯度和完整性良好的 RNA 至关重要。采用机械破碎法或酶解法破碎细胞提取总 RNA,对于真核微生物,用带有多聚胸腺嘧啶[Oligo(dT)]的磁珠富集 mRNA;对于原核生物,需先去除 rRNA 后再富集 mRNA。去除 rRNA 的常用方法有:rRNA 消减杂交法,通过使用与 rRNA 互补的寡核苷酸探针与总 RNA 样品杂交去除 16S 和 23S rRNA;5′单核苷酸依赖的外切酶处理法以及与 RNA 结合蛋白的免疫共沉淀法等。

②cDNA 文库的构建。在 mRNA 富集完毕后,用水解法或者酶解法将 mRNA 打断成碎片以适应不同的测序平台,富集适合的片段(一般选取 200~250 nt 大小的片段),以富集后的 mRNA 为模板,经反转录酶催化生成 cDNA 的第一链,再经 DNA 聚合酶等多种酶的共同作用生成 cDNA 的第二链。将合成的双链 cDNA 纯化后进行末端修复、加 A 尾并连接测序接头等修饰,然后进行 PCR 扩增,纯化 PCR 产物得到最终的文库。

③高通量测序和数据分析。构建好的文库用 Illumina 等平台进行测序,高通量测序的数据为 FASTQ 格式,一般情况下高通量得到的原始数据要经过处理,比如去除接头和一些低质量的读段(reads)等得到干净读段(clean reads)。RNA-seq 测序获得的数据量大,信息丰富,测序数据的生物信息学处理与分析一般有两种策略:一种是基因组引导的方法,即将测序获得读段直接映射到参考基因组,根据读段映射信息把对比上的读段组装成转录本或片段,主要适合于具有高质量组装的可用参考基因组的物种;另一种是独立于基因组的方法,无需参考基因组,直接由读段从头拼接组装成转录本,生成全基因组范围的转录谱,对于有无参考基因组的物种均适用。

虽然基因芯片方法比较成熟,用于分析数据的软件也较多,但只限用于已知序列,无法检测到新的 RNA,且杂交技术灵敏度有限,低丰度的目标难以检测,融合基因转录、多顺反子转录等异常转录产物也难以检测,无法捕捉到目的基因表达水平的微小变化。相对于传统的芯片杂交,近年来发展起来的 RNA-Seq 技术具有许多优势:首先无须预先制备针对已知序列设计探针,即可对任意物种的整体转录活动进行检测;其次具有单核苷酸分辨率的精确度,可以检测单个碱基差异、基因家族中相似基因以及可变剪接造成的不同转录本的表达,同时不存在传统微阵列杂交的荧光模拟信号带来的交叉反应和背景噪声问题,能覆盖信号超高的动态变化范围。可提供更高的检测通量和更广泛的检测范围,且所需的起始样品比芯片技术要少得多。RNA-Seq 技术具有十分广泛的应用领域:a. 通过高通量测序检测新的转录本;b. 基因转录水平研究,如基因表达量、不同样本间差异表达,通过分析不同处理、不同条件下、不同时间的基因表达差异性,可以将那些显著差异表达的基因与某些生物学功能关联起来,从而为深入研究相关的分子生物学机制奠定基础;c. 基因功能注释,将所测读段与已有数据库已注释功能的基因相比对分析,从而揭示特定转录状态下的基因的功能和通路等;d. 转录本结构变异研究,如可变剪接、RNA 编辑、基因融合等。转录本结构的变异能揭示基因转录后表达的多样性。可变剪接使一个基因产生多个 mRNA 转录本,从而翻译成不同的蛋白;以高通量测序为基础的转录组测序已逐渐取代基因芯片技术成为全基因组水平研究基因表达的主流方法。

8.2.2.3　转录组学在食品微生物研究中的应用

转录组学在有害菌及有益菌的研究中均有着广泛的应用。应用转录组学可以研究有害菌在食品加工储藏胁迫环境下的响应机制、对不同杀菌剂的响应模式,还可以探索毒素产生等特定的信号调节系统及生物合成途径等,这些都对食源性致病菌的安全控制提供了有力的科学依据。而研究有益菌在食品中的应激机制,为有益菌或者发酵菌株活力提高方法的开发提供了依据。一些定制或商业化的基因芯片已经用于检测相关食源性病原菌的转录组表达,近年来,转录组高通量测序技术也被越来越多地使用在食品微生物研究中。

例如,单核增生李斯特菌(*Listeria monocytogenes*)是通过食源性途径引起人或动物侵染性疾病的病原菌之一,由于它具有形成生物被膜和在极端环境条件下生存的能力,常污染食品加工设备、设施以及食品,造成了极大的安全隐患。目前已经利用基因芯片技术研究了单增李斯特菌在酸、碱、高静压力、低温的条件下的转录组学,分析了其在不同胁迫环境下的差异表达基因,在转录水平上探讨了该致病菌在适应环境过程中的分子机制。另外,表达谱芯片技术也已经用于挖掘致病菌生物被膜形成相关的基因,以及判断采用化学方法破坏和防止生物膜形成的有效性研究。除此之外,转录组学用来研究抑菌剂对致病菌作用的分子机制。有机酸及其盐类是食品中常用的防腐保鲜剂,能显著地抑制细菌、酵母和霉菌的生长,因此研究有机酸对食源致病菌的生长抑制能够为有机酸在食品保鲜中的进一步应用提供理论支撑。单增李斯特菌在乳酸盐和双乙酸盐单独或混合使用的食品中生长受到显著抑制,通过转录组测序分析表明,这两种有机酸盐的协同效应使得该菌株需要通过调节代谢途径中相关基因的转录来适应环境的变化,即减少自身乳酸和乙酸的合成,同时增加了 3-羟基丁酮的合成。3-羟基丁酮有助于防止细胞质的进一步酸化,但和直接生成乳酸和乙酸为产物的代谢过程比较,生成 3-羟基丁酮的过程降低了分解代谢中能量的利用率,从而导致了单增李斯特菌生长速率的降低。转录组测序的数据除了提供有关细菌如何应对外界控制其生长的手段的信息外,还表明通过干扰其能量生成过程的方法可用于进一步降低单增李斯特菌的生长能力。转录组测序技术研究有机酸对蜡状芽孢杆菌的抑制过程表明,经有机酸处理后的蜡状芽孢杆菌氨基酸代谢、脂肪酸代谢以及电子转移链等都发生变化,说明有机酸对菌体的正常生长代谢产生了抑制效果。山梨酸和乙酸对枯草芽孢杆菌作用后,转录组学分析表明弱有机酸主要是通过影响营养代谢、导致细胞质酸化和细胞膜组成发生变化最终破坏细胞膜导致菌体的死亡。

真菌毒素是引起全世界范围内食品安全重大问题的主要因素之一。理解真菌生产毒素及其次生代谢物的分子机制,对预防食品和食品加工设备中的产毒素真菌和相关毒素污染有着重要的意义。基于已知的相关真菌毒素的生物合成基因制备转录检测基因芯片,可用于食品及在加工过程中产毒素真菌及其合成毒素过程检测和监控,目前在谷物类粮食原料及其食品加工中的检测已有相关的应用。

随着高通量测序技术的成熟和广泛应用,彻底地改变了过去的研究模式,给食品微生物学研究方面带来了全新的变化。RNA-Seq 技术在研究基因的表达水平时,无论从单碱基覆盖度,还是从表达谱,都可以尽可能地深度挖掘转录组信息,从而更全面地了解整个生物转录本的情况,最大限度地揭示转录谱的真实面貌。制定针对食品中食源性致病菌的合理控制策略,必须首先理解致病菌在食品中的生理状态。致病菌在外界胁迫下,特定的响应基因表达会发生上调或下调,可以通过转录组学研究这个过程中涉及的基因表达变化,以确定致病菌在不同条件下的生理状态。如大肠杆菌(*Escherichia coli*)O157:H7 菌株在牛肉的冷冻过程中受到低水分活度和低温条件的刺激,转录组分析表明,菌体表现出了应激反应基因的表达,包括一般应激反应、细胞膜应激反应以及氧化应激反应基因,而这些应激反应相关基因的激活,可能会增加后续加工过程中杀灭或抑制这些菌体繁殖的难度,同时也增加了菌体对化学杀菌(抑菌)剂的耐药性。

引起乳酸菌应激反应的主要因素有:温度升高或降低、pH 变化、刺激物浓度升高、不同培养基质等,利用乳酸菌基因表达谱芯片研究这些刺激应答,可以揭示不同环境条件下基因组中基因和不同基因组中对应基因的转录水平差异来研究其环境胁迫机制。*Lactobacillus acidophilus* NCFM 对碳水化合物代谢的基因表达芯片研究表明,该菌通过磷酸转移酶系统(phosphotransferase system,PTS)、ATP 结合区和半乳糖戊糖己糖醛酶(galactoside-pentose hexuronide,GPH)3 种不同的转运系统代谢单糖、双糖及多糖等不同的碳水化合物。同时,与糖酵解酶、水解酶、转运蛋白及调控蛋白相关的基因高水平表达,显示该菌在有限碳源情况下能够从转录水平上对碳源进行灵活调控以适应环境的变化。与在体外培养相比,益生菌在宿主或肠道内的生存环境存在很大的不同,一方面宿主体内的环境有很大的差异,另一方面在体内还存在其他微生物群落之间的相互作用。通过益生菌全基因组的转录组测序研究,可揭示益生菌株如何适应体内环境(如胆盐、不同低聚糖条件下)生长的分子机制。如双歧杆菌的胆盐耐受性转录组分析表明,一些双歧杆菌菌株存在受胆盐诱导的转运系统转录单元,这个转录单元受到胆盐的严格调控,不仅起到促进有利于菌体在肠道环境生存的相关蛋白翻译的重要作用,而且还可以激发基于这个转录单元启动子的基因传递系统发展。在益生菌对宿主肠道微生物群变化影响方面,宏转录组测序技术可提供更深入和全面的信息。宏转录组学(metatranscriptomics)是利用高通量测序技术对环境样品中所有的 mRNA 进行测序来检测样品中微生物的基因表达情况。能够反映出环境样本中所有基因的表达情况,有助于更好地了解环境样本的基因表达及代谢情况。利用宏转录组测序技术研究用含有益生菌饲料喂养小鼠的肠道微生物结果表明,与不使用益生菌的对照组比,尽管添加益生菌后肠道内菌群的组成变化不大,但是这些益生菌能够在肠道内生存和定殖,并引起了肠道菌群转录组的变化,主要包括糖转运和代谢过程中相关的基因,进而导致肠道菌群代谢产物的变化。

8.2.3 蛋白质组学

8.2.3.1 蛋白质组学的概念

蛋白质组(proteome)是指由基因组表达产生的所有相应的蛋白质。与具有同源性和普遍性的基因组相比,蛋白质组是对某一生物或细胞在特定条件下表达的所有蛋白质的特征、数量和功能进行系统性的研究,能提供全面的细胞动力学过程的信息,具有动态性、时间性、空间性和特异性,更能在细胞和生命的整体水平上阐明生命现象的本质和活动规律。蛋白质组学(proteomics)以蛋白质组为研究对象,在整体水平上大规模、高通量、系统性地分析研究蛋白质组中的蛋白特性、表达量及功能的动态变化等,包括蛋白质的组成成分、蛋白的定性及定量、蛋白的结构与功能、蛋白翻译后加工修饰的状态及各种蛋白之间的相互作用等。由于生命活动中蛋白质组的构成是动态的,所以蛋白质组学的研究对象也是动态的,可以随着环境的变化不断变化。通过蛋白质组学,特别是差异蛋白质组学(differential proteomics)的研究,可以对生命体在不同营养和环境等条件下的蛋白质组表达变化及深入的应对机制进行研究。

蛋白质组学研究由最早的双向电泳技术发展而来,即通过双向电泳将细胞中的大量蛋白分离开来,寻找差异表达蛋白。近年来,随着质谱技术的飞速发展,特别是能用于生物大分子分析的离子化技术:基质辅助激光解吸附/离子化(matrix-assisted laser desorption/ionization,MALDI)和电喷雾离子化(electrospray ionization,ESI)和质谱结合,促进了更高精度、更快扫描速度质谱仪的发展,使蛋白质组学进入基于质谱的定量蛋白质组学研究时代。定量蛋白质组学可以检测多个不同条件下生物样本中蛋白质表达量的变化,实现在一次实验中对成百上千个蛋白质的定量测定和比较分析,可准确高效地鉴定和量化特定细胞生命过程中的差异变化,还可了解蛋白质与蛋白质之间的相互作用,为规模化筛选目的蛋白、阐明生物体变化机制等提供了重要手段。

蛋白质组学研究通常分为两种策略:一种是通过比较双向电泳图谱,寻找差异蛋白,然后在凝胶上选取差异蛋白点,采用胰蛋白酶将其水解成肽段,再用质谱进行肽段鉴定,最后通过生物信息学分析鉴定蛋白;另一种是完全基于质谱的定量蛋白质组学。该策略根据是否对蛋白质/多肽进行标记分为标记和非标记两类,即通过对蛋白或多肽进行体外或体内的同位素标记来进行定量,或者直接通过多肽对应的色谱峰面积来定量,从而寻找差异蛋白(图 8-8)。

8.2.3.2 蛋白质组学的研究方法

双向凝胶电泳,也称为二维电泳(two dimensional-electrophoresis,2D-E),是蛋白质组学中最经典的分离蛋白的方法,基本原理是利用样品中各个蛋白质的等电点(isoelectric point,pI)和分子量(molecular weight,MW)不同分离蛋白质,首先在第一维采用等电聚焦(isoelectric focusing,IEF)电泳,根据蛋白质的等电点不同将蛋白质分离;然后在第二维进行SDS-聚丙烯酰胺凝胶电泳(SDS-PAGE),电泳体系中加入十二烷基磺酸钠(SDS)去除了蛋白带电荷的影响,因此在电泳图谱上仅体现蛋白质分子大小的差异,从而将蛋白质分离(图 8-9)。2-DE 一次可以从细胞或其他生物样本中分离上千种蛋白质,凝胶上的斑点都对应着样品中的蛋白质,且各种蛋白质的等电点、分子量和含量的信息也能通过质谱鉴定和软件分析获得。电泳完后可通过银染法染色,得到染色的凝胶后,通常用光密度仪扫描成像,然后使用专业图像分析软件来进行表达量差异分析,常用的软件有 PDQuest,ImageMaster 2D 等。找到

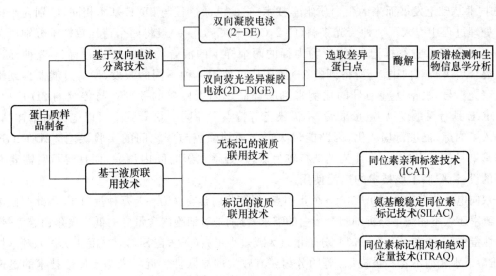

图 8-8　蛋白质组学技术流程与研究策略

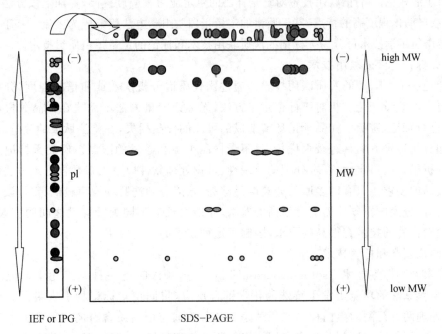

图 8-9　双向电泳的原理

差异蛋白点后,从双向电泳凝胶上挖取蛋白点,使用胰蛋白酶酶解成肽段后,采用基质辅助激光解吸电离飞行时间质谱(MALDI-TOF/TOF mass spectrometry)鉴定,得到肽段序列信息后,再搜索生物信息数据库,鉴定出得到的蛋白点的相关信息。双向电泳特点是能够直观地从电泳图谱上分析蛋白质的表达量差异,双向电泳分辨率的高低取决于样品的制备,好的样品才能得到高质量的图谱。样品溶解度差或者样品中含有一定数量的盐、多糖、核酸、多酚、脂肪或其他杂质时,都会影响图谱的质量。

双向荧光差异凝胶电泳(two-dimension difference gel electrophoresis,2D-DIGE)是在

2-DE技术基础上发展而来的蛋白质组学技术,它的电泳过程与2D-E基本相同,区别在于样品的前处理过程中引入了3种荧光染料(Cy2,Cy3和Cy5)。一般将两个待比较样本分别用荧光染料Cy3和Cy5进行标记,而将作为内标的两个样本的混合物用Cy2进行标记,3种标记物等量混合后进行双向电泳,所得到的2D胶图像可使用3种不同的激发/发射过滤器得到不同颜色荧光信号,根据这些信号的比例来判断样品之间蛋白质的差异。与传统的2D-E相比,2D-DIGE具有灵敏度高,定量准确,不需染色等特点。在同一块凝胶上可以电泳两个样品,并且引入了内标,能进行均一化,因此能最大可能地消除胶与胶之间的实验误差。2D-DIGE的缺陷是染料的成本过高,并且荧光染料较为敏感,必须在短时间内用完,而且运行时需要专门订制的设备,限制了该技术的广泛使用。

双向电泳能分辨3 000~5 000个蛋白点,但细胞内含有3万~5万种蛋白质,因此双向电泳的分辨率还远不能满足分析细胞全蛋白的需求,特别是对细胞内含量少的低丰度蛋白、极酸性和极碱性蛋白(无法在IEF上分离)、分子量过大或过小蛋白(无法在SDS-PAGE上分离)、疏水性蛋白(难溶于水相而不容易被提取)等的分离还有较大的局限性。近年来基于质谱技术的迅速发展,通常使用液相色谱-质谱联用(LC-MS)方法进行分离、鉴定和定量,已广泛用于定量蛋白质组学中。由于液相色谱-质谱联用技术对复杂样品的鉴定能力大幅度提高,再加上该方法中样品处理步骤少、自动化程度高的特点,基于质谱的定量蛋白质组学方法逐渐成为主流。基于色谱分离的定量蛋白质组学技术可分为无标记的液质联用技术和标记的定量蛋白质组技术。

(1)无标记的液质联用技术

无标记(label-free)的液质联用技术是通过比较质谱分析次数或质谱峰强度,分析不同来源样品蛋白的数量变化。相对于标记定量方法,无标记定量方法不需要在样品分析前对蛋白质/多肽进行标记,避免了样品标记环节造成的可能的样品损失,在检测肽段的数量、蛋白质的覆盖率和分析通量方面具有较大优势,且不受样品来源和数量的限制。然而无标记定量技术对质谱分析平台的稳定性、样本处理的重现性、数据处理软件以及大量数据处理方法的可靠性等都有极高的要求。只有对多肽的分离度足够高,才能得到洗脱峰噪声较低、定量误差小的图谱;此外色谱分离的重复性需满足很高的要求,才能实现对不同处理样品之间的有效比较,同时对实验操作者的技术有很高的要求,限制了这种技术的广泛应用。

(2)同位素亲和标签技术

同位素亲和标签技术(isotope-coded affinity tag,ICAT)是一种基于化学标记的定量方法,通过与氨基酸的功能团发生特殊的化学键合反应,将同位素标记物引入蛋白进行定量分析,同时处理两种待测的蛋白样品。原理是ICAT试剂与蛋白质含有的半胱氨酸的巯基发生反应而结合,而ICAT试剂分为含有用8个氢原子标记的轻试剂和8个氘原子标记的重试剂,将两个蛋白样品中的一个用轻试剂结合而标记,另一个样品用重试剂标记,标记后两个样品按照一定比例混合,经胰蛋白酶水解得到肽段,进行HPLC-MS/MS分析,通过一级质谱图中标签的同位素峰的强度进行定量,通过二级质谱进行蛋白鉴定。ICAT方法的优点是研究对象具有广泛的兼容性,可以分析各种类型的样品,并且对质谱仪类型要求不高;缺点是无法标记到不含半胱氨酸的蛋白质,而且在一级图谱上定量杂峰相对较多,增加了数据库检索的复杂程度。ICAT原理和技术过程见二维码8-2。

二维码8-2　ICAT原理和技术过程

（3）氨基酸稳定同位素标记技术

氨基酸稳定同位素标记技术（stable isotope labeling by amino acids，SILAC）是代谢标记法中最广泛使用的一种体内标记技术。SILAC 与 ICAT 的主要区别在于 SILAC 是使用稳定同位素标记铵盐（如^{15}N 标记）或必需氨基酸（主要是 Lys 和 Arg）标记蛋白，实验时将标记物添加到培养基中，用含不同标记物的培养基培养不同样品，经多次细胞倍增周期和代谢过程，培养物中的蛋白质绝大多数都是用带标记的氨基酸作为原料合成的，不同标记的蛋白按一定比例混合后一同处理，经分离纯化后，进行质谱鉴定和定量分析，通过对氨基酸序列相同、不同同位素标记肽段丰度的比较，可以得到细胞内各种蛋白在不同处理过程中表达的定量关系。与体外标记技术相比，SILAC 有以下优势：①高通量，可同时标记细胞内的蛋白，与质谱联用可同时分析鉴定多种蛋白；②同位素标记效率高、稳定，不受裂解液影响，结果重复性好，可信度高；③灵敏度高，实验所需蛋白量明显减少；④体内标记，结果更接近真实生理状态。在实际应用中，ICAT 技术通常用于两个样本之间的比较，而 SILAC 技术可以通过不同类型标记氨基酸的组合来分析多个样本。SILAC 原理和技术过程见二维码 8-3。

二维码 8-3 SILAC 原理和技术过程

（4）同位素标记相对和绝对定量技术

同位素标记相对和绝对定量技术（isobaric tags for relative and absolute quantitation，iTRAQ）由美国 AB SCIEX 公司研发，利用同位素试剂标记多肽，经高分辨质谱仪串联分析，可同时比较多达 8 种样品之间的蛋白质表达量，同时兼具灵敏度高、分离能力强、适用范围广、高通量、结果可靠和自动化程度高等优点。iTRAQ 技术已成为目前定量蛋白质组学中十分重要的技术之一。

iTRAQ 试剂由 3 部分组成：报告基团（report group），有 8 种（分子量 114～121），因此可以同时标记 8 组样品；肽反应基团（reactive group）可与肽段 N-端或赖氨酸侧链发生反应形成共价键从而完成对肽段的标记；平衡基团（balance group）保证 iTRAQ 标记的同一肽段的质荷比相同（图 8-10a）。由于 iTRAQ 试剂是等分子量的，任何一种 iTRAQ 试剂标记在不同样本中的同一蛋白质，分子量完全相同，即在一级质谱图中表现为相同的质荷比，8 个不同来源的同一蛋白会在同一个标记肽段上表现为一个峰；对加入标记的肽段进行碰撞诱导解离，然后进行二级质谱检测，平衡基团会从报告基团上脱落，由于报告基团的分子量差异，其在二级质谱低质量区域会产生 8 个报告离子信号，其强度分别代表 8 个标记样本的同一肽段，在二级串联质谱中，信号离子表现为不同质荷比的峰，因此根据波峰的高度及面积，可以鉴定出蛋白质和分析出同一蛋白质不同处理的定量信息（图 8-10b）。iTRAQ 可同时处理 8 个蛋白样品，并可同时标记几乎所有肽段，蛋白覆盖率高，提高了定性和定量的分析可信度。iTRAQ 的缺点在于该方法在平行样品的预处理和酶解操作过程易产生偏差，可能会造成平行样品进入质谱检测时产生较大误差。

8.2.3.3 蛋白质组学在食品微生物研究中的应用

在食品加工过程病原菌和腐败菌的研究中，蛋白质组学是鉴定食品中致病菌，阐明其在食品中的生存状态以及生物被膜形成分子机制等的重要研究手段。传统基于微生物学培养的致病菌检测方法，存在耗时长、特异性不高及不能实现实时有效监测与预防的作用等缺点，此外也对一些不能培养的微生物的检测无能为力。而基于 DNA 检测的分子生物学方法，由于食

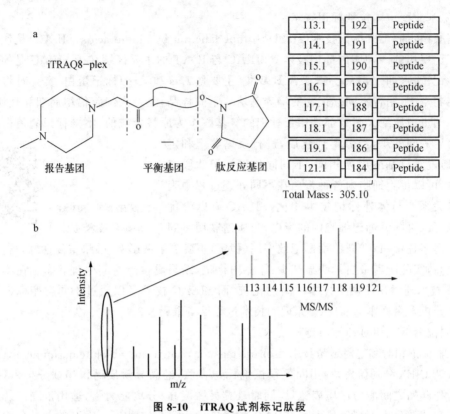

图 8-10　iTRAQ 试剂标记肽段

a. 与二级质谱定量检测的蛋白　b. 原理

品中成分的复杂性导致核酸提取困难,并且食品中的其他成分也会对结果产生干扰。基于高灵敏度质谱(如 MALDI-TOF MS)的蛋白质组学为快速、低成本及样品用量少的食品病原和腐败微生物检测提供了有效的解决方法。每种细菌都有区别于其他种的特有的蛋白质组,MALDI-TOF MS 具有很高的灵敏度和分辨率,能识别细菌蛋白质组的特征组分,形成针对特定细菌属、种的特征图谱,从而能在属、种甚至是种内菌株的水平加以区分鉴定。通过对大肠杆菌的不同菌株利用 MALDI-TOF 质谱进行鉴定,建立参考菌株光谱指纹图谱的特异峰列表,可作为生物标记物用来快速对大肠杆菌菌株进行分型。将 MALDI-TOF MS 测定的结果与化学计量学结合,建立食品中腐败菌检测的模型,在用于牛奶和猪肉腐败菌的检测中获得了很好的定量结果,表明 MALDI-TOF 质谱结合化学计量学的方法可作为食品加工中对微生物进行常规快速定量检测的重要辅助方法。

采用蛋白质组学技术可以研究食品微生物在食品加工条件下的变化响应,理解微生物在食品中的生理特性,从而对食品生产及供应链中致病微生物进行风险评估。超高压技术是食品非热加工中常用的灭菌方法之一,原理是通过高静压使微生物细胞内的关键酶(如 DNA 复制和转录酶)失活而达到杀菌的目的。然而像蜡样芽孢杆菌(*Bacillus cereus*)等产芽孢细菌能抵抗高压的作用而存活,通过 2D-DIGE 技术分析蜡样芽孢杆菌在超高压条件下蛋白质组的变化,发现蛋白质组在数量和组成上都发生了改变,特别是与核酸代谢过程相关的蛋白表达有较大的变化,而糖代谢和转运、氨基酸合成、细菌纤毛和鞭毛等其他蛋白的表达也出现了改变,通过蛋白质组学技术为理解产芽孢细菌如何改变自身生理状态适应高压环境提供了重要线索。

生物被膜(biofilm)是某些细菌在器壁上形成的由胞外大分子包裹的有组织的细菌群体,生物被膜中存在各种主要的生物大分子如蛋白质、多糖、核酸等,使细菌有更好的生存和抵抗外界不利条件的能力。在食品加工设备的内壁上,某些能形成生物被膜的致病菌如致病性大肠杆菌、单核增生李斯特菌等给设备的清洗和消毒带来很大的难度,最终可能残留在食品中影响食品安全。生物被膜中的微生物细胞的蛋白质组分析对理解微生物在食品加工、食品污染、食品毒性及应对抗生素胁迫的研究中有重要意义。除了从细菌生理学和基因组学上研究生物被膜形成的过程外,蛋白质组学为理解这些细菌在食品加工储存过程中的生理活动,在清洗和消毒过程的存活以及对杀菌(抑菌)剂的防御机制提供重要的信息。被生物膜污染的生产设备加工出的食品可能会有货架期短的缺陷,甚至导致食源性疾病的发生。对铜绿假单胞菌(*Pseudomonas aeruginosa*)生物被膜形成过程的蛋白质组分析表明,形成生物被膜过程中有 35% 的蛋白质与浮游态是不同的。在生物被膜形成的早期阶段,膜蛋白相关蛋白质组变化最大,说明膜蛋白在细胞附着和生物被膜形成的早期中扮演了重要的角色;此外和物质转运、氨基酸代谢、多糖或脂多糖合成、抗生素耐药性和毒性相关的蛋白质都有不同程度的累积,表明在早期的黏附过程中细胞壁是最先出现改变的。在成熟的生物被膜内,蛋白质组学分析鉴定出 30% 的被膜基质蛋白为外膜蛋白(outer membrane protein,OMP),这些蛋白存在于细菌的外膜囊泡(outer membrane vesicles,OMVs)内,OMVs 能介导细菌与其他细菌之间物质和小信号分子的交换,有利于细菌之间的信息传递及自身的进化,还可以增强细菌抵抗外部不良刺激的能力和细菌的毒力。通过蛋白质组学研究对理解铜绿假单胞菌生物被膜形成的机制具有重要意义。

蛋白质组学被广泛应用于功能性益生菌的研究,主要利用二维电泳(2-DE)分离结合蛋白质谱(MALDI-TOF/MS)鉴定的方法,即采用二维电泳分离蛋白,通过 2-DE 图谱差异寻找差异蛋白质,再对这些差异蛋白质进行质谱鉴定,确定与益生菌活动相关的蛋白质,用于阐明益生菌株对环境胁迫的应对机制,和筛选适应低 pH 及胆盐胁迫条件下益生菌菌株。益生菌在环境胁迫条件下,如碳源或氮源改变、营养限制、氧化休克、渗透压改变以及其他因素的改变等,会由环境胁迫因子诱导基因调节作用,从而影响到细胞的生理状况和性质,直接影响其发酵特性和益生功效等。蛋白质组学可以对菌株在生长过程中的蛋白质表达情况进行系统性的识别与量化,得到相关菌株的蛋白质标准图谱,从而获得菌株如何生长和适应环境的重要信息。2-DE 图谱比较蛋白质组学的方法在植物乳杆菌(*L. plantarum*)、德氏乳杆菌保加利亚亚种(*L. delbruekii* subsp. *bulgaricus*)、嗜酸乳杆菌(*L. acidophilus*)、长双歧杆菌(*B. longum*)等乳酸菌研究中都已有应用,对理解益生菌的存活机制以及其在胆汁盐、低 pH 和渗透压等人体肠道环境条件下蛋白质表达的变化有重要的意义。如通过对 *L. plantarum* WCFS 菌株在标准培养基中从对数生长期到稳定期菌体可溶性蛋白质绘制 2-DE 图谱,比较不同时间图谱上的差异蛋白点,选取蛋白质表达差异 2 倍以上的蛋白质点进行 MALDI-TOF/MS 鉴定,结果表明,在鉴定的蛋白质中有 57% 与菌体的代谢有关,其中 29% 的蛋白质与合成代谢相关,这些合成代谢相关的蛋白质在对数生长期中晚期和稳定期早期的表达量显著上调。比较蛋白质组学的研究揭示了在低 pH 刺激下,不同种的益生菌存在不同的分子机制:在低 pH 条件下长双歧杆菌的谷氨酰胺合成酶和支链氨基酸合成相关酶出现过量表达,有助于在支链氨基酸合成过程中释放更多的副产物氨,从而中和部分氢离子以维持细胞质 pH 稳定;而鼠李糖乳杆菌(*L. rhamnosus* GG)在酸刺激下谷氨酰胺合成酶和糖代谢中磷酸化相关的蛋白表达下调,维持细胞内的 pH 稳定主要是通过激活精氨酸脱氨酶(arginine deaminase,ADI)途径释放氨来实现。

8.3 新型基因组编辑技术

8.3.1 新型基因组编辑技术概述

随着 DNA 测序技术的飞速发展,微生物在内的各种生物的基因组序列成为已知,人类已经步入了后基因组学阶段,但鉴定基因功能依然是一项十分艰巨的任务。获得突变体并进一步研究突变导致的生物体表型性状,是鉴定基因功能最重要的策略。然而,无论是依赖自发突变还是通过射线、诱变剂处理,或者利用转座子以及 T-DNA 插入,都只能获得随机出现的基因突变体,并且基因出现突变的频率通常较低。

基因编辑技术飞速发展,使定向改变基因的组成和结构成为可能,具有高效、可控和定向操作的特点。基因编辑(gene editing)是在基因组水平上对核苷酸序列进行改造(基因敲除、插入、替换),使之产生可遗传的改变。出现相对较早的基因组编辑技术是同源重组技术,也是现在食品微生物中应用最为广泛的基因编辑技术,其原理已经在第 2 章中进行了探讨。基因编辑技术的发展随着生命科学的发展而不断地突破与创新,近十几年的研究中,研究人员逐步创建出能够根据人们的意愿特异切割 DNA 靶序列的人工核酸内切酶(engineered endonuclease,EN),并在此理论上实现了对任意物种/基因组的任意位点进行靶向修饰的工程。该项技术的核心思路是针对目标位点(基因组上特定的 DNA 序列)设计并通过基因工程的方法构建特定的核酸内切酶,使其能够特异识别、结合并切割该靶序列,从而在基因组的特定位点造成 DNA 双链断裂(double strand break,DSB),最终利用细胞自身的 DNA 损伤修复的容错性造成靶位点序列产生突变。

近年来出现的锌指核酸酶(zinc finger nucleases,ZFNs)、转录激活因子样效应物核酸酶(transcription activator-like(TAL)effector nucleases,TALENs)、CRISPR/Cas9 系统新型基因编辑技术都是建立在 DSB 的基础上,因为双链断裂激活了细胞对于基因损伤的修复,大量研究表明该过程的完成主要有两种方式:同源重组(homologous recombination,HR)和非同源末端连接(non-homologous end joining,NHEJ)。在外界提供供体碱基序列的情况下,细胞以同源重组的方式修复基因组,反之,在没有供体碱基序列的情况下,细胞则通过非同源末端连接来完成基因修复。

8.3.2 ZFNs 技术

ZFNs 由特异性识别序列的锌指蛋白和 Fok I 核酸内切酶组成。其中,由 ZFP 构成的识别域能识别特异 DNA 位点并与之结合,而由 Fok I 构成的切割域能执行剪切功能,两者结合可使靶位点的双链 DNA 断裂。细胞可以通过同源重组和非同源末端连接修复机制来修复DNA。HR 修复有可能会对靶标位点进行恢复修饰或者插入修饰,而 NHEJ 修复极易发生插入突变或缺失突变。两者都可造成移码突变,因此达到基因敲除的目的。

锌指蛋白结构含 24~30 个氨基酸,在锌离子存在的情况下重叠弯曲构成 β-β-α 结构,半胱氨酸(Cys)及组氨酸(His)和锌离子以共价键形式连接在一起。从 α 螺旋开始-1、2、3、6 位点的氨基酸残基与 DNA 相互作用,形成对碱基位点识别的特异性。除识别位点以外,其他位置的氨基酸高度保守。单个锌指结构能够特异地识别 DNA 碱基序列中 3 个连续的脱氧核糖核苷酸。通过体外人工设计串联 3~6 个识别不同靶位点序列的重组锌指蛋白,就能够与靶序列实现较高特异性的结合。把若干锌指蛋白串联构成的 DNA 结合域与 IIs 型限制性核酸内切酶 FokⅠ具有切割活性的切割域相融合,就组装成为 ZFNs,实现对靶序列的定点切割。

ZFN 的切割结构域与结合结构域的 C 端相连,目前多应用来源于海床黄杆菌(*Flavobacterium okeanokoites*)的 FokⅠ核酸酶,FokⅠ能够二聚化产生核酸内切酶活性。将 ZFN 的质粒或 mRNA 通过转染或注射进入细胞后,核定位信号引导 ZFN 进入细胞系,两个 ZFN 分子的 FokⅠ结合结构域与目标位点结合,如果 DNA 双链上的这两个位点的方向和距离合适,两个 FokⅠ分子在间隔区形成二聚体,造成 DSB,启动 DNA 修复机制。针对不同长度的靶基因增加串联锌指的数目,能够提高基因组序列定点编辑的特异性,细胞对锌指核酸酶产生的 DNA 的 DSB 具有自我修复功能。

20 世纪初,Urnov 等首次用锌指核酸酶技术对实验室培养的人体细胞实施了基因的定点敲除以及定点插入。目前,锌指核酸酶技术已应用于植物、动物和微生物的基因定点编辑中。相较于传统的基因编辑技术,锌指核酸酶技术的优势在于实现了定点结合剪切的突破。但是锌指核酸酶的设计筛选耗时费力,不能实现对任意序列打靶,而且可能存在脱靶效应,使其未能成为广泛应用的常规技术。

8.3.3　TALENs 技术

TALENs 是一种可靶向修饰特异 DNA 序列的酶,它借助于一种由植物病原菌黄单胞菌自然分泌的天然蛋白即激活因子样效应物(TAL effectors,TALEs),该蛋白能够识别特异性 DNA 碱基对。研究人员通过设计 1 串合适的 TALEs 来识别和结合到任何特定的 DNA 序列,此外再附加一个在特定位点切断 DNA 双链的核酸酶,就生成了 TALENs。TAL 效应核酸酶可与 DNA 结合并在特异位点对 DNA 链进行切割,从而利用这种 TALEN 就可以在细胞基因组中引入新的遗传物质。

相对锌指核酸酶而言,TALEN 能够靶向更长的基因序列,而且也更容易构建。TALEN 靶向基因敲除技术是一种崭新的分子生物学工具,现已应用于植物、细胞、酵母、斑马鱼及大、小鼠等各类研究对象。研究发现,黄单胞菌 TAL 蛋白核酸结合域的氨基酸序列与其靶位点的核酸序列有较恒定的对应关系。研究者们利用来自黄单胞菌 TAL 的序列模块,构建针对任意核酸靶序列的重组核酸酶,在特异的位点打断目标基因,敲除该基因功能。成功解决了常规的 ZFN 方法不能识别任意目标基因序列,以及识别序列经常受上下游序列影响识别特性的问题,使基因敲除变得简单方便。

TALENs 是由 TALEs 替换掉锌指蛋白作为 DNA 结合域与 FokⅠ切割结构域融合成核酸酶。通过 TALE 蛋白识别并结合到目的基因两侧的碱基序列上,FokⅠ二聚化后产生核酸内切酶的切割活性,在特定的 DNA 碱基序列上造成 DSB 以实现精确的基因编辑。

通过对目前已知 TALE 蛋白结构分析发现,TALE 蛋白中 DNA 结合域有共同的特点,不同的 TALE 蛋白的 DNA 结合域是由不同数目、高度保守的重复单元组成,每个重复单元含有 33~35 个氨基酸残基。这些 TALE 重复结构的氨基酸序列相当保守,只有在第 12 和 13 位氨基酸能够变化,剩余的氨基酸都是不变的,12 及 13 位置上的可变氨基酸被称为重复序列可变的双氨基酸残基(repeat variable diresidues,RVDs)。TALE 能够特异结合 DNA 碱基的关键在于每个重复单元的可变氨基酸残基 RVDs 能够选择性地识别 DNA 4 种碱基中的 1 种。目前发现的 5 种 RVD 中,组氨酸-天冬氨酸(HD)特异识别碱基 C;天冬酰胺-异亮氨酸(NI)识别碱基 A;天冬酰胺-天冬酰胺(NN)识别碱基 G 或 A;天冬酰胺-甘氨酸(NG)识别碱基 T;天冬酰胺-丝氨酸(NS)可以识别 A、T、G、C 中的任一种。在自然界中野生型的 TALE 蛋白在与 DNA 序列结合时总是以一个 T 碱基的结合开始,这是由 TALE 蛋白的框架决定的。基于 TALE 蛋白的这些特点,研究人员就可以针对不同的基因设计出相应的靶向结合的 TALE 蛋白。

目前已报道,科学家们应用 TALENs 对果蝇、线虫、斑马鱼、非洲爪蟾、大鼠和猪等模式生物进行了基因组定点编辑。同时在牛、蟋蟀和家蚕等非模式生物中进行内源基因的定点修饰。在一些研究中,通过设计两条 TALEN,打靶一个染色体中的两个不同位置,实现了基因组较长序列的敲除。在斑马鱼以及人的染色体中,研究人员通过 TALEN 技术人为引入了同源片段,实现了 DNA 的定点插入。与此同时,各种基于 Golden Gate 克隆方法,高效率地组装 TALEN 的方法也相继出现。

TALEN 技术相对于 ZFN 技术优势是明显的:第一,TALEN 筛选简便,一般的分子生物学操作技术就能完成高效的 TALEN 的组装,而 ZFN 则会消耗很多时间和精力;第二,TALEN 特异识别 DNA 碱基序列的能力更强,更具有特异性,用不经改造的野生型 Fok I 产生的脱靶率要比 ZFN 的小,造成细胞毒性概率要低。同时 TALEN 技术也存在一些缺点,首先 TALEN 的分子量比 ZFN 大得多,过大的蛋白分子往往增加分子操作的难度,造成细胞对其的排斥性;虽然 TALEN 的特异性有所增强,但同样存在脱靶效应,对于一些要求严格的基因试验来说,不允许脱靶情况的出现。

8.3.4　CRISPR/Cas 系统

规律成簇间隔短回文重复(clustered regularly interspaced short palindromic repeats,CRISPRs)是一类广泛分布于细菌和古菌基因组中的重复结构。CRISPR 为原核生物提供对抗噬菌体等外源基因的获得性免疫能力。这种结构的作用机理可能与真核生物的 RNA 干扰过程类似,最早于 1987 年在大肠杆菌 K12 的基因侧翼序列中被发现。

CRISPR/Cas 系统由 Cas9 核酸内切酶与 sgRNA 构成。转录的 sgRNA 折叠成特定的三维结构后与 Cas9 蛋白形成复合体,指导 Cas9 核酸内切酶识别特定靶标位点,在 PAM 序列上游处切割 DNA 造成双链 DNA 断裂,并启动 DNA 损伤修复机制。从不同菌种中分离的 CRISPR/Cas 系统,其 crRNA(或者是人工构建的 sgRNA)靶向序列的长度不同,PAM 序列也可能不同。

CRISPR 是一个特殊的 DNA 重复序列家族,广泛分布于细菌和古细菌基因组中。Cas(CRISPR associated)存在于 CRISPR 位点附近,是一种双链 DNA 核酸酶,能在向导 RNA(guidance RNA)引导下对靶位点进行切割。它与 Fok I 酶功能类似,但是它并不需要形成二聚体才能发挥作用。CRISPR-Cas 系统赋予原核细胞针对外源 DNA 的特异性免疫,而这种特异性是由间隔序列决定的。在宿主防御噬菌体攻击中,针对自然界中庞大的噬菌体种群,细菌进化了 CRISPR 介导的适应性免疫。这种免疫功能的发挥是由 CRISPR 间隔序列的动态性变化(即通过增加或删除间隔序列来实现的。CRISPR-Cas 系统的出现使得基因编辑变得更加有效,具有更大的潜力。在细菌中,CRISPR 参与协助一些细菌躲避哺乳动物免疫系统。目前已经发现 3 种类型的 CRISPR-Cas 系统,这 3 种类型可根据 Cas 位点基因组织源性的不同来区分。这 3 种类型进一步又可分成 10 种亚型,并表达针对干扰的不同蛋白复合物。虽然有很多 CRISPR-Cas 系统需要多种蛋白的参与,但是在很多细菌的胞内都只需要 Cas9 内切酶就足够,这种 CRISPR-Cas 系统被称作 2 型系统(Type Ⅱ systems)。2 型系统以 Cas9 蛋白以及向导 RNA 为核心,即 CRISPR-Cas RNA 引导核酸酶(CRISPR-Cas RNA-guided nuclease,CRISPR-Cas RGN),Cas9 内切酶是一种 DNA 内切酶,很多细菌都可以表达该蛋白,Cas9 内切酶能够为细菌提供一种防御机制,避免病毒或质粒等外源 DNA 的侵入。在 2 型 CRISPR-Cas 系统中,短链外源 DNA 整合在 CRISPR 基因组中,转录加工成 CRISPR RNA(crRNA),这些 crRNA 参与反式调控激活 crRNA(tracrRNAs),指导 Cas 蛋白特异性位点剪切。然而,最近有研究发现,这两种 RNA 可以被“改装”成一个向导 RNA(single-guide RNA,sgRNA)。这个 sgRNA 足以帮助 Cas9 内切酶对 DNA 进行定点切割。

　　大量研究表明,Cas9 蛋白对靶序列的识别需要的是 crRNA 中一段种子序列及与靶 DNA 序列互补的序列(PAM 序列)。Cas9 内切酶在向导 RNA 分子的引导下对特定位点的 DNA 进行切割,形成双链 DNA 缺口,然后细胞会借助同源重组机制或者非同源末端连接机制对断裂的 DNA 进行修复。如果细胞通过同源重组机制进行修复,会用另外一段 DNA 片段填补断裂的 DNA 缺口,因而会引入一段新的遗传信息。并且可通过设计不同的 crRNA,使得 CRISPR-Cas 系统能剪切不同的 DNA 序列。CRISPR-Cas 系统可以通过共转染表达 Cas9 蛋白及 crRNA 的质粒带入到任意人类细胞中。另外,这种 RNA 引导的 DNA 内切酶具有复杂的基因干扰能力,还可以定向整合到诱导性多能干细胞中。Cas9 内切酶还可以转换成其他内切酶,能对 DNA 修复机制进行更多的调控。但是还需要更多的研究来证明这种系统的工作能力及潜在的脱靶影响。

　　从实际应用的角度来看,CRISPR-Cas 系统比 TALENs 更容易操作。因为每一对 TALENs 都需要重新合成。而用于 CRISPR 的 gRNA 只需要替换 20 个核苷酸就行。其中 2 型 CRISPR-Cas 系统由于其简便性而应用得更多。研究者发现对化脓性链球菌编码的 Cas9 内切酶进行改造之后,也可以让它们在人类细胞的细胞核中被活化,然后再搭配针对人体 DNA 序列设计的长约 20 bp 的双 RNA 复合体或者 sgRNA 就可以对人体基因组进行定点切割和改造。这套 Cas9 系统能在多种人体细胞包括诱导多能干细胞预定的 DNA 位点进行基因组双链 DNA 切割,并存在后续的修复现象,成功率高达 38%。并且 Cas9 内切酶对细胞几乎没有毒性并能以非常高的效率对普通的基因组位点进行定向基因替换的操作。

　　2013 年 1 月,洛克菲勒大学的研究者利用 CRISPR-Cas9 系统将设计好的 DNA 模板替换相应基因来达到基因的定向修饰。他们用这种方法对肺炎链球菌和大肠杆菌进行基因突变,发现 100% 的肺炎链球菌和 65% 的

二维码 8-4　CRISPR-Cas9 的应用(源自 Sternberg SH,Doudna JA. Expanding the Biologist's Toolkit with CRISPR-Cas9. Mol Cell. 2015,58(4):568-74.)

大肠杆菌带有突变,证实了这种方法可以用于细菌的基因组修饰。这一技术可以对各种微生物进行遗传学改造,打造出符合人类需要的工程微生物,使其造福人类,在生物能源或生物制药等诸多领域都具有极大的应用潜力。CRISPR-Cas9 的应用见二维码 8-4。

　　在 CRISPR-Cas9 系统的基础上,又发展出一些新的基因编辑技术。例如:①由于在

CRISPR-Cas9 系统中,一条 RNA 链和一个 Cas9 酶的组合太过庞大,并不适合用于目前最常用的疾病治疗——将外源基因整合到病毒上再转入人体细胞这一过程。目前的解决方案是采用一种从金黄色葡萄球菌里提取的 mini-Cas9,它足够小能够进入目前市场上用于基因疗法的病毒内部。②Cas9 并不是随意剪辑基因,而只能在有特定 DNA 序列的位点进行剪辑,很多基因组都能满足这个需求,但仍然有一些不满足。研究人员正在寻找能够提供剪辑不同序列的酶的微生物,这样才能扩大能够修饰的基因的范围。其中一种叫作 Cpf1 的酶可能会成为一种有吸引力的选择,它比 Cas9 小,可剪辑不同序列并且高度特异。另外一种酶 C2c2,它的靶序列是 RNA 而不是 DNA,它的潜力在于可以通过研究 RNA 序列来对抗病毒。

8.3.5　三种编辑技术的比较

结构相似:无论是 ZFNs、TALENs 还是 CRISPR/Cas9,都是由 DNA 识别域和核酸内切酶两部分组成。其中 ZFNs 技术具有锌指结构域能够识别靶点 DNA,而 TALENs 的 DNA 识别区域是重复可变双残基的重复,DNA 剪切区域都是一种名为 Fok I 的核酸内切酶结构。CRISPR 的 DNA 识别区域是 crRNA 或向导 RNA,Cas9 蛋白负责 DNA 的剪切。当 DNA 结合域识别靶点 DNA 序列后,核酸内切酶或 Cas9 蛋白将 DNA 剪切,靶 DNA 双链断裂,再启动 DNA 损伤修复机制,实现基因敲除、插入等。作用过程相似:通过 DNA 识别模块对特异性的 DNA 位点识别并结合,然后在相关核酸内切酶的作用下完成特定位点的剪切,从而借助于细胞内固有的 HR 或 NHEJ 途径修复过程完成特定序列的插入、删除及基因融合。

这三种新型编辑技术的不同见表 8-3。

表 8-3　三种基因编辑技术的差异

项目	ZFNs	TALENs	CRISPR 系统
识别模式	蛋白质—DNA	蛋白质—DNA	RNA—DNA
靶向元件	ZF array 蛋白	TALE array 蛋白	sgRNA 蛋白
切割元件	Fok I 蛋白	Fok I 蛋白	Cas9 蛋白
识别长度	$(3\sim6)\times3\times2$ bp	$(12\sim20)\times2$ bp	20 bp
识别序列特点	以 3 bp 为单位	5′前一位为 T	3′序列为 NGC
优点	平台成熟、效率高于被动同源重组	设计较 ZFN 简单、特异性高	靶向精确、脱靶率低、细胞毒性低、廉价
缺点	设计依赖上下游序列、脱靶率高、具有细胞毒性	细胞毒性、模块组装过程烦琐、需要大量测序工作、一般大型公司才有能力开展、成本高	靶区前无 PAM 则不能切割、特异性不高、NHEJ 依然会产生随机毒性
能否编辑 RNA	不可以	不可以	可以

❓复习思考题

1.解释双脱氧链终止法与化学降解法的异同。

2.新一代测序技术的特点是什么?试列举新一代测序方法并简要介绍其原理及应用。

3.基因组测序完成后需要进一步做哪些工作?

4.什么是比较基因组学?简要介绍其原理和应用。

5.简述 RNA-seq 技术的原理和过程。

6.简述基于双向电泳技术的蛋白质组学方法的策略和流程。

7.基于色谱的定量蛋白质组学有哪些主要的方法,简要介绍其原理及应用。

8.同源重组机制与非同源末端连接机制修复方式异同点有哪些?

参考文献

[1]Margulies M,Egholm M,Altman W E,et al. Genome sequencing in microfabricated high-density picolitre reactors. Nature,2005,437:376-380.

[2]Rothberg J M,Leamon J H. The development and impact of 454 sequencing.Nature Biotechnology,2008,26(10):1117-1124.

[3]Brown S M. Next-generation DNA sequencing informatics. Cold Spring Harbor Laboratory Press,2013.

[4] Feng H, Z. Qin, X. Zhang. Opportunities and methods for studying alternative splicing in cancer with RNA-Seq. Cancer Letters,2013,340(2):179-191.

[5] Aggarwal S, A. K. Yadav. Dissecting the iTRAQ data analysis, in statistical analysis in proteomics,Springer New York,2016,277-291.

[6]Brul S,et al. 'Omics'technologies in quantitative microbial risk assessment. Trends in Food Science & Technology,2012,27(1):12-24.

[7]Bergholz T M,A I M Switt,M Wiedmann.Omics approaches in food safety:fulfilling the promise? Trends in Microbiology,2014. 22(5):275-281.

[8]Khemiri A,T Jouenne,P Cosette. Proteomics dedicated to biofilmology:What have we learned from a decade of research? Medical Microbiology and Immunology,2016,205(1):1-19.

[9] Nicolaou N, Y Xu, R Goodacre, Detection and quantification of bacterial spoilage in milk and pork meat using MALDI-TOF-MS and multivariate analysis. Analytical Chemistry,2012,84(14):5951-5958.

[10]De Angelis M,et al. Functional proteomics within the genus Lactobacillus. Proteomics,2016,16(6):946-962.

[11]Neidhardt F C. How microbial proteomics got started. Proteomics,2011,11(15):2943-2946.

[12]Siciliano R A,M F Mazzeo. Molecular mechanisms of probiotic action:a proteomic perspective. Current Opinion in Microbiology,2012,15(3):390-396.

[13]Kucharova V,H G Wiker. Proteogenomics in microbiology:Taking the right turn at the junction of genomics and proteomics. Proteomics,2014,14(23-24):2660-2675.

[14]Urnov F D, Rebar E J, Holmes M C, et al. Genome engineering with zinc-finger. Nature Reviews Genetics,2010,11:636-646.

推荐参考书

1.张慧展 . 基因工程原理 .4 版 . 上海:华东理工大学出版社 .

2.马文丽 . 基因测序实验技术 . 北京:化学工业出版社 .

3.A. M. 莱斯克. 基因组学概论.2 版. 薛庆中,胡松年,译. 北京:科学出版社,2016.

4.邓子新,喻子牛. 微生物基因组学及合成生物学进展. 北京:科学出版社,2016.

5.M. R. 威尔金斯. 蛋白质组学研究:概念、技术及应用. 北京:科学出版社,2010.

6.饶子和. 蛋白质组学方法. 北京:科学出版社,2012.

7.Deng X, Bakker H C D, Hendriksen R S. Applied Genomics of Foodborne Pathogens. Springer International Publishing,2017.

8.杨焕明. 基因组学. 北京:科学出版社,2017.

9.杨明译. 遗传学:基因和基因组分析.8 版. 北京:科学出版社,2017.

第 9 章
食品微生物的分子改良

本章学习目的与要求

1. 掌握食品微生物分子改良的概念和内涵；
2. 掌握食品微生物分子改良的原理和重要方法；
3. 熟悉食品微生物分子改良的应用及其重要意义。

9.1　概述

现代生物技术迅猛发展,已成为世界高新技术革命浪潮的重要组成部分。这一方兴未艾的绿色革命在世界范围内对相关传统行业的技术改造和产业结构调整产生了深刻影响,有助于进一步挖掘农业、食品、轻工、环保和医疗等产业的发展潜力,为当代人类社会所面临的人口膨胀、食物短缺、资源匮乏、环境污染加剧和疑难病症诊断治疗等全球性重大问题提供解决方案,蕴藏着巨大的经济效益和社会效益。

食品微生物是人类发展进程的重要参与者和贡献者,广泛应用于食品和农业生产等领域,在人类经济活动中具有不可或缺的重要地位。现代生物技术的发展进步,为充分利用和深度挖掘食品微生物的潜能,服务于社会生活和经济发展提供了重要的研究基础和技术支撑。

自然界中复杂多变的环境下天然存在着丰富多样、性状独特和功能各异的微生物,这些微小生物的性状多样性源于特殊环境下漫长的适应性进化和演变,并且会随着环境条件的变化而变化,其本质是基因的突变、转移或重组。自然环境下微生物的基因及其对应性状的变化往往具有随机性。而对于具有重要研究或应用价值的微生物,人类需要定向控制其向有益的方向演变进化。因此,基于分子生物学和分子遗传学原理,利用体外 DNA 重组和转基因技术,有目的地对微生物进行遗传改良,在短期内创造符合人类需求的新的微生物类型,获得特定的基因产物,即为微生物的分子改良。食品微生物的分子改良以食品微生物为研究对象,利用基因工程的技术和方法,在分子水平上对其基因进行重组,获得新性状,应用于农业、食品和药品的研发和生产等领域。

9.2　食品微生物分子改良的基本原理

实现微生物的分子改良,核心技术是基因工程技术。基因工程的发展建立在分子生物学和分子遗传学理论基础之上,其技术的基本原理包括:

①所有生物的基因均由特定的核苷酸序列组成,具有相同的化学物质基础和基本结构,因此可以进行重组交换。

②基因可以进行切割、拼接和转移,因此可对基因进行操作而不影响其功能。

③基因的表达遵循通用的遗传密码。即使基因来源不同、基因表达的受体细胞不同,具有相同核苷酸序列的基因将会表达出同样的氨基酸产物。

④基因所携带的遗传信息是可以稳定遗传的。经过基因改良的生物可将新的基因及其对应性状稳定传递到下一代。

⑤利用载体 DNA 在受体细胞中独立于染色体而自主复制的特性,将外源基因与载体分子重组,通过载体的扩增提高外源基因的表达水平。

⑥对基因转录调控元件(启动子、增强子、操作子、终止子等)和 mRNA 翻译调控元件(核糖体结合位点、密码子等)进行筛选、修饰和重组,强化目的基因的转录表达和目的蛋白的生物合成。

基于上述原理,人们可以打破物种间遗传物质交换的屏障,将不同来源的生物遗传物质进行有目的的重组交换,最终使受体生物获得能够稳定遗传的新性状。

微生物的分子改良是利用 DNA 的提取、重组和转化技术,在体外通过人工剪切和拼接对特定的基因进行"外科手术式"的改造和重新组合,再将重组的"新基因"导入宿主中,使重组基因能够高效表达,获得所需要的基因产物(图 9-1)。由此可见,对微生物进行分子改良,一般的操作过程包括:

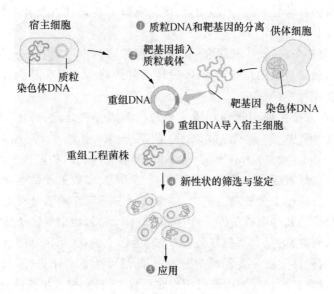

图 9-1　微生物分子改良的基本过程

①从供体中分离出基因组 DNA,利用限制性内切酶切割或人工合成的方法获得特定的目的基因。

②制备基因载体 DNA 分子(质粒、病毒或噬菌体)。

③用限制性核酸内切酶对目的基因和载体分子进行切割。

④用 DNA 连接酶将目的基因和载体 DNA 分子进行连接,形成 DNA 重组分子。

⑤借助细胞转化手段将 DNA 重组分子导入受体细胞中。

⑥短期培养转化细胞,以扩增 DNA 重组分子或使其整合到受体细胞的基因组中。

⑦筛选和鉴定携带外源 DNA 重组分子的转化受体细胞,获得外源基因高效稳定表达的基因工程菌或细胞。

9.3　食品微生物分子改良的技术方法

为了获得具有特定优良遗传性状的突变菌株,以满足科学研究和生产实践的需要,多种分子改良方法被应用于食品微生物的遗传修饰和改造。随着人们对微生物遗传和代谢认识的不断深入,食品微生物分子改良方法也在不断发展进步,经历了传统诱变选育、单基因的克隆和高效表达、在基因水平上对蛋白质结构和功能进行局部修饰、利用重组 DNA 技术对细胞内的代谢途径和信号转导途径进行改造设计等阶段,显著促进了食品微生物新功能的挖掘和应用的拓展。

9.3.1　优良菌株的诱变选育

诱变选育是用物理、化学等各种诱变剂处理微生物细胞,显著提高基因的随机突变频率,然后采用简便、快捷、高效的筛选方法,从中挑选少数符合育种目的的优良突变菌株,用于提高目的产物产量,改善菌种特性,提高产品质量,简化发酵工业条件以及开发新品种等科学研究或生产实践。

诱变育种的主要环节包括:①选择合适的出发菌株,制备单细胞(单孢子)悬浮液;②选择简便有效的诱变剂,确定最适的诱变剂量;③设计高效的筛选方案和筛选方法;④对突变菌株进行初筛、复筛和性能测定。

微生物诱变选育方法主要包括物理诱变剂和化学诱变剂处理。物理诱变剂主要有紫外线、X射线、γ射线、快中子、激光、微波、高能离子束、空间射线、常压室温等离子体(atmospheric and room temperature plasma,ARTP)等。传统的物理诱变剂一般通过电磁辐射、电离辐射、光效应、热效应等方式引起基因的突变,是大多数工业微生物育种最重要、最有效的技术,在生产中的应用十分普遍。例如,以海藻糖发酵菌株酿酒酵母HY01为出发菌,通过3轮紫外诱变,获得的高产菌株中海藻糖含量高达19.5%,比出发菌株提高了35%;以我国生产的中温中性α-淀粉酶的枯草芽孢杆菌BF7658为出发菌株,采用低能N^+离子注入诱变技术筛选出一株高产耐酸性中温α-淀粉酶的突变株,酶活可达207 IU/mL,且遗传稳定性较好;利用离子注入诱变选育高产多种酶的饲料用黑曲霉益生菌,突变益生菌株分泌的酸性蛋白酶、纤维素酶和果胶酶的酶活分别由初发菌株的71.6 IU/g、141.7 IU/g和264.8 IU/g分别提高到996.5 IU/g、940.4 IU/g和906.5 IU/g;利用微波处理干酪乳杆菌鼠李糖亚种X1-12,得到的产酸性状稳定的突变菌株W4-3-9,其L-乳酸产量为115.8 g/L,比原始菌株提高了58%;以产凝乳酶活力较高的黑曲霉JG作为出发菌株,通过微波辐照孢子悬浮液筛选出凝乳活力高、蛋白水解活力低且具有遗传稳定性的菌株WB6-3,WB6-3中凝乳酶活力比出发菌株提高了35%。

ARTP是一种新型的物理诱变剂,能够在大气压下产生高活性粒子,使微生物细胞壁和细胞膜的结构及通透性改变,并引起DNA多样性损伤,进而导致细胞基因序列和代谢网络发生显著变化,获得突变体。与传统方法相比,ARTP具有对操作者安全、环境友好、操作简便、突变快速、突变率高、获得的突变体性状稳定等特点,目前已成功应用于包括细菌、放线菌、真菌、酵母、微藻等在内的40余种微生物的诱变育种。在细菌分子改良方面,利用ARTP对氨基酸发酵菌种嗜醋酸棒杆菌进行诱变,其脯氨酸的产量由54.7 g/L提高到65.8 g/L;ARTP处理后的大肠杆菌的琥珀酸产量明显提高,高于其他已知菌株的生产能力;利用ARTP对芽孢杆菌C2进行突变获得了丁醇产量提高24%以上的菌株,总溶剂产量提高了19.1%。在真菌分子改良方面,利用ARTP对产油的圆红冬孢酵母进行诱变,突变株的细胞生物量提高1.5倍,产油量由1.87%提高到4.07%;而强化了木糖利用能力的圆红冬孢酵母突变株在最优条件下以木糖为唯一碳源培养120 h后油脂产量达到43.42%,比原始菌提高2倍。

化学诱变剂主要有烷化剂(甲基磺酸乙酯、硫酸二乙酯等),核苷酸类似物(5-溴尿嘧啶、2-氨基嘌呤等)、氯化锂、亚硝基化合物(亚硝基胍、亚硝基乙基脲等)、叠氮化物(叠氮化钠等)、抗生素(丝裂霉素C、重氮丝氨酸等)、DNA嵌入染料(吖啶橙、溴化乙锭等)等。化学诱变剂通过改变"遗传密码"、使DNA复制发生错配、扰乱DNA合成和分解等方式获得突变体,具有简便易行,投入较少等优势。作为一种传统而经典的微生物育种技术,化学诱变在高产工业菌株选育中得到了广泛应用。例如,用硫酸二乙酯进行单一诱变产 D-核糖的转酮醇酶缺陷型枯草芽孢杆菌 HG02,获得了高产突变株 HG03,其 D-核糖产量比原始菌提高了 81.7%;利用亚硝基胍诱变产 L-乳酸的根霉菌,突变株的乳酸产量超过 90 g/L,是原始菌产量的 2 倍;以丁二酮产生菌乳酸乳球菌乳酸亚种 X67 为出发菌,采用亚硝基胍进行诱变选育,得到高产丁二酮的突变株,其产量比出发菌提高了 12.9 倍,且遗传性质稳定;利用硫酸二乙酯对 1,3-丙二醇产生菌丁酸梭菌 209 进行多轮诱变,突变株中 1,3-丙二醇的产量提高 113%。

微生物突变机制复杂,且各种诱变因子的作用机制不同,故单一诱变剂处理的突变率相对较低,突变类别较少,往往难以达到预期目的。因此,多种诱变因子复合处理可取长补短,提高正向诱变效率,其应用也越来越多。例如,以产 DHA 的酒香酵母为原始出发菌(油脂含量为10.5%,油脂中 DHA 含量为 41.3%),用紫外和硫酸二乙酯进行了复合诱变育种,突变株中油脂含量高达 50.4%,油脂中 DHA 含量达 42.8%。

诱变选育技术操作简单、容易实现,是微生物分子改良的常用方法。但其明显的缺陷是非定向性,正向突变率较低,需要从大量随机突变中筛选满足需要的突变体。随着分子生物学技术的进步,人们可以利用 DNA 重组技术根据需要定向地对微生物菌种进行分子改造,服务于科学研究和生产实践。

9.3.2　靶基因高效表达工程菌株的构建

利用 DNA 重组技术对靶基因进行克隆并实现其在宿主细胞中的高效表达,是有针对性地对微生物进行定向分子改良的基本方法。实现靶基因的高效表达,强化靶基因编码蛋白质的生物合成,首先需要选择合适的"载体—受体"表达系统;其次,通过表达调控元件的筛选和精确组装来控制靶基因拷贝数、基因转录水平和 mRNA 翻译速率的时序性。

9.3.2.1　基因克隆表达载体

在不同的微生物菌株中实现靶基因的高效表达,首先需要选择与之相匹配的表达载体。表达载体的可转移性和可复制性是实现靶基因导入受体细胞的先决条件,取决于载体和宿主细胞的相容关系。一般而言,理想的表达载体应具备以下特性:①具有对受体细胞良好的亲和性和可转移性,便于表达载体的导入;②具有与受体细胞匹配的复制位点或整合位点,便于靶基因导入后能够稳定复制并遗传;③具有多克隆位点(多种单一的限制性内切酶识别切割位点),便于靶基因和表达调控元件的插入重组;④具有受体细胞敏感的筛选标记,便于重组菌株的筛选;⑤具有相应的基因表达调控元件,便于靶基因的正常表达与调控,以及基因产物的释放与分泌。

常用的表达载体均是以微生物中天然存在的质粒或病毒(噬菌体)DNA 为骨架,利用分子克隆技术进行了必要的修饰和改造而来。表达载体通常含有的元件包括:复制子、选择性筛选标记、启动子、核糖体结合位点(SD 序列)、终止子、多克隆位点等;有的表达载体为了方便蛋白分泌和纯化的需要,还组装有信号肽和寡肽标签(His-tag)编码序列。除了第 2 章中介绍的大肠杆菌和酵母菌的基因克隆表达载体之外,还存在着很多其他表达载体。

(1)乳酸细菌基因克隆表达载体

乳酸细菌与人类生活密切相关,在食品、医药、工业、农业及环保等领域具有极高的应用价值。对乳酸细菌进行遗传改造,也是微生物分子改良的重要内容之一。很多乳酸细菌细胞内天然含有若干质粒,质粒的丢失不会影响宿主的生长,因此可用于改造为外源基因表达的载体工具。根据作用方式不同,乳酸细菌的克隆和表达载体可分为质粒型和整合型。根据质粒来源及其复制子类型不同,质粒型克隆载体主要有接合转移型质粒 pIP501 和 pAMβ1 的衍生系列载体、隐蔽型质粒改造而来的衍生载体。pIP501 衍生系列载体和 pAMβ1 衍生系列载体(pTRK)具有宿主范围广、遗传稳定性好等优点,但同时具有载体分子质量较大、限制性内切酶位点较少、拷贝数较低等不足。隐蔽型质粒的衍生载体主要有 pWV01 衍生系列载体(pGK 系列)和

二维码 9-1 乳酸菌常用的系列载体

pSH71 衍生系列载体(pNZ 系列),其特点是在大肠杆菌和革兰氏阳性菌中均能复制,但在大肠杆菌中的拷贝数较高,在革兰氏阳性菌中的拷贝数较低。上述乳酸菌常用的系列载体见二维码 9-1。

(2)芽孢杆菌基因克隆表达载体

枯草芽孢杆菌、解淀粉芽孢杆菌、短小芽孢杆菌等芽孢杆菌是安全的微生物,广泛应用于农业和发酵工业,具有重要的经济价值。许多芽孢杆菌已被开发成为具有广泛应用前景的表达系统。目前用于芽孢杆菌基因克隆和表达的载体可分为自主复制型质粒载体、整合型质粒载体和噬菌体载体三大类。自主复制型质粒载体大多是分离自金黄色葡萄球菌和短小芽孢杆菌的

二维码 9-2 用于芽孢杆菌基因克隆和表达的载体

天然野生型质粒。不同的野生型质粒的复制子结构和选择性标记不同,拷贝数为 10~50 个/细胞,可作为骨架构建基因克隆载体、穿梭质粒载体、表达载体和分泌载体等(二维码 9-2)。整合型载体通常携带大肠杆菌质粒的复制子,常见以 α-淀粉酶编码基因 *amyE* 序列为同源整合位点(二维码 9-2)。噬菌体载体主要以枯草芽孢杆菌温和型噬菌体 Φ105 和 SPβ 的基因组DNA 为骨架构建,Φ105-MU 系列表达载体含有氯霉素抗性基因、噬菌体自身的启动子等元件,其优势在于:噬菌体载体携带靶基因整合至染色体上,重组 DNA 分子稳定性好;噬菌体的启动子能诱导靶基因拷贝数随噬菌体 DNA 的复制而迅速增加;可防止宿主细胞的裂解而有利于重组蛋白的表达。

(3)棒状杆菌基因克隆表达载体

非致病的谷氨酸棒状杆菌主要用于微生物发酵生产氨基酸,工业应用价值显著。棒状杆菌自身含有大量天然的隐蔽型质粒(pBL1、pSR1、pCC1、pCG2),以隐蔽型质粒为基础构建了系列棒状杆菌克隆表达载体。pAJ 系列穿梭质粒载体是由 pBL1 和 pSR1 分别与大肠杆菌质粒 pBR325 和金黄色葡萄球菌 pUB110 重组而成(二维码 9-3),pCE 系列穿梭质粒载体是由 pSR1

二维码 9-3 棒状杆菌 pAJ 系列穿梭质粒载体

和 pCG2 与大肠杆菌质粒 pGA22 重组而成;这些穿梭质粒能够在不同菌株中复制,但其分子量较大,在多轮复制过程中的稳定性较差。将产乳酸短杆菌 F-1A 噬菌体 *cos* 序列插入穿梭载体 pAJ43,构建了考斯质粒 pAJ667,可在 F-1A 噬菌体的辅助下转入产乳酸短杆菌。利用接合质粒构建的谷氨酸棒状杆菌-大肠杆菌穿梭质粒 pECM1 可在特殊大肠杆菌供体(染色体整合了接合功能区 RP4)的辅助下转入产乳酸短杆菌和谷氨酸棒杆菌。

(4)丝状真菌基因克隆表达载体

　　许多丝状真菌是重要的食品和酶制剂的生产菌种,以丝状真菌为受体的分子改良研究具有重要的应用价值。传统诱变技术在丝状真菌的分子改良中应用较多,效果良好;随着以构巢曲霉和粗糙脉孢霉为模式菌株的基础研究的深入,利用基因工程技术对具有重要工业应用价值的丝状真菌进行精确分子改良也迅速发展起来。但与其他食品微生物相比,用于丝状真菌的分子改良载体工具依然相对匮乏。大多数丝状真菌不含有天然质粒,而利用染色体 DNA 构建的自主复制型质粒在丝状真菌多核生长状态下的稳定性较差。利用野生型质粒 pILJ16 和构巢曲霉染色体 DNA 片段 AMA1 重组构建的自主复制型质粒 ARp1 能够在构巢曲霉、米曲霉和黑曲霉中自主复制,且具有较好的稳定性。整合型载体在丝状真菌中的转化效率较低,一般转化子在 $10\sim20$ 个/μg DNA。ANEp/ANIp 是一套可用于基因表达、整合、探测等多样化用途的黑曲霉质粒载体系统(二维码 9-4)。整合型表达质粒 ANIp4 以大肠杆菌质粒 pUC18 为骨架,多克隆位点插入了黑曲霉尿嘧啶营养缺陷型筛选标记基因 pyrG、黑曲霉葡萄糖淀粉酶基因 glaA 的启动子 P_{glaA} 以及转录终止子和 polyA 化信号序列 galTt。将构巢曲霉染色体

二维码 9-4　黑曲霉 ANEp/ANIp 和 pARA 系列载体

DNA 片段 AMA1 与 ANIp4 重组,构建了自主复制型穿梭表达载体 ANEp1。以自主复制型穿梭表达载体 ANEp8 为基础,删除自主复制序列 AMA1,再引入多克隆位点、蔗糖诱导型强启动子 P_{sucA} 和蛋白亲和层析寡肽标签,构建了整合型胞内重组蛋白表达 pARA 系列载体,其在黑曲霉中具有较高的诱导表达效率且重组蛋白纯化方便(二维码 9-4)。

9.3.2.2　基因表达优化策略

　　影响基因高效表达的调控元件包括启动子、终止子、核糖体结合位点、密码子、质粒拷贝数、信号肽等。选择合适的基因表达调控元件并进行精确组装,是实现靶基因高效表达的重要前提和基础。

　　(1)启动子

　　启动子是直接控制靶基因转录的重要元件,启动子的强弱显著影响 mRNA 的转录速率,继而影响靶基因编码蛋白的翻译。靶基因的高效表达需要强启动子元件。构建在表达载体上的启动子元件需与宿主菌株匹配,能够被宿主 RNA 聚合酶特异识别和结合,以便于高效驱动靶基因的转录。根据对基因转录的作用方式不同,启动子可分为组成型和诱导型。组成型启动子可驱动靶基因的持续转录,但靶基因的全程高效表达通常会对宿主细胞的生理生化过程产生不利影响,或造成载体质粒的丢失而使重组菌株不稳定。在诱导型启动子作用下,靶基因的表达具有可控性,即可通过诱导物控制启动子的活性,从而调整靶基因的表达时序,将其表达限制在特定阶段,以减少对宿主细胞生长代谢循环的不利影响。

　　强启动子一般从宿主菌株或其噬菌体基因组中筛选和克隆。此外,可利用能够检测启动子转录效率的探针载体筛选强启动子。将不同的启动子与报告基因重组,根据报告基因的表达效率的差异来衡量和筛选不同启动子的强弱。对天然启动子及其调控序列进行体外随机突变,构建人工合成启动子文库,是获得优良启动子的另一种策略。一般可采用易错 PCR 技术对启动子序列或其调控序列进行随机突变,构建突变文库,利用启动子探针载体筛选出优良的启动子序列。

　　大肠杆菌表达载体上常用的启动子包括乳糖操纵子启动子 P_{lac}、色氨酸操纵子启动子 P_{trp}、λ噬菌体左向早期操纵子启动子 P_L 和 recA 基因启动子 P_{recA} 等。上述启动子均含有两

个序列相对保守的区域，—10区（TATAAT）和—35区（TTGACA）；不同启动子上述保守区域的序列并不完全相同，启动子强弱也有显著差异。为获得更强的启动子用于表达载体的构建，可对天然的启动子进行改造和重新构建。大肠杆菌乳糖操纵子 P_{lac} 启动子的—10区（TATAAT）和色氨酸操纵子 P_{trp} 启动子的—35区（TTGACA）重组构建的杂合启动子 P_{tac} 的效率分别比 P_{lac} 启动子和 P_{trp} 启动子提高了10倍和2倍，广泛应用于大肠杆菌 pGEX 系列表达载体上。

上述乳糖操纵子启动子 P_{lac}、色氨酸操纵子启动子 P_{trp} 均为大肠杆菌的诱导型启动子。对于乳糖操纵子启动子 P_{lac}，在未添加诱导物乳糖或 IPTG（异丙基-β-D-硫代半乳糖苷）的情况下，诱导型启动子处于阻遏状态，其控制的基因通常以极低的水平表达甚至不表达；加入诱导物，诱导物与乳糖阻遏蛋白（LacI）特异性结合并使之从乳糖操纵子上脱落下来，P_{lac} 便开始启动基因转录。色氨酸操纵子启动子 P_{trp} 的作用方式与 P_{lac} 不同，未添加诱导物时，色氨酸激活阻遏蛋白，P_{trp} 启动子无法启动靶基因表达；当色氨酸耗尽或添加色氨酸的结构类似物 3-吲哚丙烯酸（IAA）竞争结合阻遏蛋白而改变其空间构象，即可解除阻遏蛋白对 P_{trp} 启动子的阻遏效应，启动靶基因的表达。

枯草芽孢杆菌的启动子也具有相似的—10区和—35区的特征序列。许多大肠杆菌及其噬菌体来源的启动子也能在枯草芽孢杆菌中有效地启动靶基因转录。芽孢杆菌中常用的启动子根据诱导机制和条件的不同可分为诱导剂特异型启动子、生长期特异型启动子、自诱导特异型启动子。诱导剂特异型启动子需要在添加诱导物的条件下介导靶基因的转录，包括：受控于大肠杆菌的 lac 操纵子的枯草芽孢杆菌噬菌体 SPO-1 启动子 P_{spac}，以 IPTG 为诱导剂；受控于调控元件 O_{xylA} 的芽孢杆菌木糖异构酶编码基因 xylA 启动子 P_{xylA}，以木糖为诱导剂；受控于调控元件 cre 的枯草芽孢杆菌柠檬酸转运子基因 citM 启动子 P_{citM}，以柠檬酸为诱导剂；受控于下游 SD 序列的枯草芽孢杆菌蔗糖 6-果糖基转移酶基因 sacB 启动子 P_{sacB}，以蔗糖为诱导剂；受控于 gcv 核糖开关的芽孢杆菌甘氨酸降解基因 gcv 启动子 Pgcv，以甘氨酸为诱导剂。生长期特异型启动子在特定的生长期被激活，从而启动靶基因的转录，包括：在对数生长期全程被激活的核糖体蛋白 S6 编码基因 rpsF 的启动子 P_{rpsF}、在对数生长期晚期被激活的枯草杆菌蛋白酶编码基因 αprE 的启动子 P_{aprE}、在对数生长期晚期被激活的枯草菌素应答调控元件的启动子 P_{spaS}、在静止期被激活的短小芽孢杆菌胞壁蛋白基因的启动子 P_{cwp}。自诱导特异型启动子通常响应细胞内外环境中的各种压力而呈现激活或关闭状态，包括：受控于 PhoP/PhoR 双组分系统的磷酸传递响应基因启动子 P_{pst} 和 P_{phoD}，能够被磷酸饥饿诱导；受控于 σ^B 因子的基本压力蛋白基因启动子 P_{gsiB}，能够被热休克、乙醇或缺氧诱导；受控于芽孢杆菌 lysC 核糖开关的天冬氨酸激酶 II α 亚基因启动子 P_{lysC}，能够被赖氨酸饥饿诱导；受控于 DesK/DesR 双组分系统的脂肪酸去饱和酶基因 P_{des}，能够被 25℃ 低温诱导。

谷氨酸棒杆菌的启动子根据介导基因转录调控模式可分为组成型、诱导型和修饰型。谷氨酸棒杆菌天然的组成型强启动子包括分泌型表层蛋白编码基因 cspB 的启动子、甘油醛-3-磷酸脱氢酶编码基因 gapA 的启动子、翻译延伸因子 ET-Tu 编码基因的启动子、超氧化物歧化酶编码基因 sod 和 tuf 的启动子，均广泛应用于靶基因的高效表达。谷氨酸棒杆菌天然的诱导型启动子包括乙酸诱导型启动子 $P_{pta-ack}$、葡萄糖糖酸诱导型启动子 P_{git1}、麦芽糖诱导型启动子 P_{malE1}、丙酸诱导型启动子 P_{prpD2}；此外，大肠杆菌 L-阿拉伯糖操纵子的启动子 P_{araBAD}、IPTG 诱导型启动子 P_{lac}、P_{tac}、P_{trc} 和 λ 噬菌体诱导型启动子 P_L 也可用于谷氨酸棒杆菌中基

因的高效表达。与天然启动子不同,修饰型启动子是采用
启动子序列特异性点突变策略人工构建的系列优化启动
子。通过在谷氨酸棒杆菌天然启动子(例如二氢甲基吡啶
酸合成酶基因 $dapA$ 启动子 P_{dapA}、脱氢酶基因 gdh 启动
子 P_{gdh}、二羟酸脱水酶基因 $ilvD$ 启动子 P_{ilvD} 和转氨酶基

二维码 9-5　谷氨酸
棒杆菌修饰
型启动子

因 $ilvE$ 启动子 P_{ilvE})的—10 区和—35 区进行特异性点突变,构建获得了一系列强度各异的启
动子(二维码 9-5),应用于靶基因转录的优化控制。

　　乳酸菌的启动子既可以从乳酸菌自身基因组中克隆,也可以根据保守序列进行人工合成。
乳酸菌天然的启动子也具有高度保守性,存在类似于大肠杆菌的—10 区(TATAAT)和—35
区(TTGACA)的特征序列,在—15 位点上是高度保守的两个核苷酸 TG,在—35 区的上游是
富含 AT 的区域。Jansen 等根据乳酸菌启动子的保守性,在保守区域内随机增加不同的空间,
构建了 38 个启动子,具有不同的表达强度,且在乳球菌和大肠杆菌中均有活性。为了避免组
成型启动子介导过量表达的蛋白对细胞造成不利影响,乳酸菌中表达载体中常采用诱导型的
启动子,通过诱导物、阻遏物和环境因素控制靶基因的表达。乳酸菌常用的诱导型启动子主要
有:糖诱导启动子、噬菌体 Φ31 诱导启动子、温度诱导启动子、pH 诱导启动子、nisin 诱导启动
子等。乳酸乳球菌中由启动子 P_{lacA}、P_{lacR} 和 $P_{lacA/T7}$ 介导的基因转录可被乳糖诱导,诱导效率
可达 10~20 倍。戊糖乳杆菌中由启动子 P_{xylA} 介导的基因转录可被木糖诱导,诱导效率可达
60 倍。乳糖乳球菌中由启动子 $P_{Φ31}$ 介导的基因转录可被噬菌体感染诱导,诱导效率可高于
1 000 倍。乳酸乳球菌中由启动子 P_{pa170} 介导的基因转录可被低 pH 和低温诱导,诱导效率可
达 50~100 倍;而由启动子 P_{tec} 介导的基因转录可被升温诱导,诱导效率可高于 500 倍。乳酸
乳球菌中由启动子 P_{nisA} 介导的基因转录可被乳链菌素 nisin 诱导,诱导效率可高于 1 000 倍,
构建的 nisin 调控表达系统是乳酸菌中应用最广、可控性最强的表达系统。

　　与原核微生物启动子不同,丝状真菌启动子的组成缺乏统一性,其转录启动活性似乎不依
赖于典型的保守序列。丝状真菌中使用的启动子主要有
天然组成型启动子和天然诱导型启动子。天然组成型启
动子包括黑曲霉的乙醇脱氢酶编码基因 $adhA$ 启动子
P_{adhA} 和蛋白激酶 A 编码基因 $pkiA$ 启动子 P_{pkiA}、米曲霉
的磷酸甘油酸激酶编码基因 $pgkA$ 启动子 P_{pgkA} 和翻译延

二维码 9-6　常用于
基因表达的丝状
真菌启动子

伸因子Ⅰa 编码基因 $tef1$ 启动子 P_{tef1} 等。天然诱导型启动子种类较多,诱导物以碳源物质居
多。使用较多的诱导型启动子有黑曲霉 P_{glaA} 启动子和构巢曲霉 P_{alcA} 启动子。P_{glaA} 启动子在
麦芽糖或淀粉为唯一碳源时被强烈诱导,P_{alcA} 启动子强烈依赖于乙醛为诱导剂。常用于基因
表达的丝状真菌启动子见二维码 9-6。

　　作为研究真核生物基因表达调控的模式微生物,酵母的启动子广泛应用于介导靶基因表
达,主要分为组成型启动子、调控型启动子和合成型启动子。酵母的组成型启动子泛指转录活
性严格依赖于葡萄糖存在和营养生长的启动子,其特征是在葡萄糖耗尽后所属基因转录水平
急剧下降。葡萄糖依赖组成型启动子包括:磷酸甘油酸激酶编码基因启动子 P_{PGK1}、磷酸丙糖
异构酶编码基因启动子 P_{TPI1}、丙酮酸脱羧酶编码基因启动子 P_{PDC1}、丙酮酸激酶编码基因启
动子 P_{PYK1}、乙醇脱氢酶Ⅰ编码基因 P_{ADH1}、甘油醛-3-磷酸脱氢酶编码基因启动子 P_{TDH3} 和
P_{GPD} 等。营养生长依赖组成型启动子包括:翻译延伸因子编码基因启动子 P_{TEF1}、细胞色素 C

编码基因启动子 P_{CYC1}、肌动蛋白编码基因启动子 P_{ACT1}、交配因子 α_1 编码基因启动子 $P_{MF\alpha1}$ 和己糖转运子编码基因启动子 P_{HXT7} 等。由于结构和序列各不相同,上述组成型启动子的转录强度也有很大差异,并且受到酵母种属、培养基组成、细胞生长阶段、载体复制类型、基因性质和序列等诸多因素的影响。酵母的调控型启动子根据调控机理不同可分为脱阻遏型启动子和诱导型启动子。脱阻遏型启动子的基本特征是在碳源富足的条件下无转录活性,而在低浓度或无葡萄糖存在的条件下脱阻遏,无须化学或物理诱导因素诱导而自动介导靶基因的转录;广泛使用的脱阻遏型启动子有酿酒酵母 β-呋喃果糖糖苷酶编码基因 SUC2 的启动子 P_{SUC2} 和乙醇脱氢酶 II 编码基因 ADH2 的启动子 P_{ADH2} 等。碳源诱导型启动子的基本特征是在低浓度或无葡萄糖存在的条件下脱阻遏,同时额外需要其他碳源的诱导而介导靶基因的转录;广泛使用的碳源诱导型启动子包括:半乳糖代谢基因启动子 P_{GAL1}、P_{GAL7} 和 P_{GAL10},在半乳糖的诱导下,诱导效率可达 1 000 倍;异柠檬酸裂合酶编码基因启动子 P_{ICL1},在乙醇的诱导下,诱导效率可达 200 倍;乳糖代谢基因启动子 P_{LAC4},在乳糖和半乳糖的诱导下,诱导效率可达 100 倍(典型的碳源诱导型启动子及其特性见二维码9-7)。酵母的合成型启动子是利用

二维码 9-7 酵母典型的碳源诱导型启动子及其性质

各种来源的天然启动子元件重组而成的强度和调控性能俱佳的杂合启动子。例如,将磷酸丙糖异构酶编码基因启动子 P_{TPI1} 和温度依赖型阻遏系统重组构建的杂合启动子可用温度诱导靶基因的高效表达,将乙醇脱氢酶 II 编码基因 ADH2 的启动子 P_{ADH2} 和甘油醛-3-磷酸脱氢酶编码基因启动子 P_{TDH3} 重组构建的杂合启动子为葡萄糖阻遏并可用乙醇诱导。

(2)基因表达调控元件

基因的表达水平受到转录效率、mRNA 翻译效率和 mRNA 稳定性等因素的显著影响。外源基因的转录效率主要取决于启动子的强弱,但强启动子介导下容易发生转录过头,降低基因转录速率,影响 mRNA 的翻译效率。因此,构建外源基因的表达载体,除了在基因编码区上游安装强启动子之外,必须在基因编码区下游安装合理的强终止子。常用的终止子元件有大肠杆菌 rRNA 操纵子的 $rrnT1T2$ 和 T7 噬菌体 DNA 的 $T\varphi$ 等,也可通过探针载体从宿主基因组 DNA 中筛选。

大肠杆菌中 mRNA 的翻译效率主要由其 5′端的结构序列——核糖体结合位点(RBS)决定,包括 4 个特征结构要素:①SD 序列,位于翻译起始密码子上游的 6~8 个核苷酸序列;②翻译起始密码子;③SD 序列与翻译起始密码子之间的距离和碱基组成;④紧接翻译起始密码子之后的两三个密码子碱基组成。

大肠杆菌中 SD 序列通过与核糖体小亚基中的 16S rRNA 3′端序列互补,将 mRNA 定位于核糖体上,进而启动翻译。SD 序列与 16S rRNA 序列的碱基互补程度越高,mRNA 与核糖体的结合程度越强,翻译起始效率越高。SD 序列(5′UAAGGAGG3′)中的 GGAG 4 个碱基尤为重要,任何一个碱基被替换成 C 或 U 均会导致翻译效率大幅降低。此外,SD 序列一般位于起始密码子上游 7±2 个核苷酸处,间隔改变均导致翻译起始效率的降低;SD 序列下游的碱基为 A 或 U 时翻译效率最高。芽孢杆菌对 SD 序列的依赖性更严格,研究表明与枯草芽孢杆菌 SD 保守序列 AAGGAGG 相似的序列均能提升翻译效率。枯草芽孢杆菌高效表达载体 pLIKE 优化了 SD 序列及其与起始密码子之间的间隔长度和碱基组成,在杆菌肽诱导的强启动子 $P_{lia\,I}$ 介导下的表达效率高达 100~1 000 倍。

不同的生物体和基因对简并密码子的选择具有一定的偏爱性,原核生物和真核生物基因组中的密码子的使用频率具有差异性。外源基因在酵母中的表达效率相对较低,其原因主要是酵母 tRNA 与外源基因密码子的不匹配,降低了外源基因 mRNA 的翻译速率和结构稳定性。因此,可通过优化密码子来提高不同来源的基因在宿主微生物中的翻译效率。密码子优化策略有两种:一是利用基因人工合成方法按照宿主菌密码子的偏爱性规律设计更换靶基因中不适宜的简并密码子;二是将靶基因所需要的特殊 tRNA 编码基因与靶基因在宿主菌中进行共表达,以解决宿主菌中此类 tRNA 丰度不足的缺陷。

基因表达水平与 mRNA 的稳定性直接相关,优化提高 mRNA 的稳定性是优化靶基因表达的有效方法。在 mRNA 的 5′端和 3′端引入有效的稳定序列可有效避免核酸酶的降解,提高 mRNA 的稳定性。例如,将绿色荧光蛋白序列与大肠杆菌 Fo-ATPase 亚基 C 端区域的 mRNA 融合可提高其稳定。芽孢杆菌中已鉴定出两种 mRNA 的 5′稳定元件和一种 3′稳定元件,5′稳定元件分别存在于枯草芽孢杆菌中的红霉素编码基因 *ermC* 和蛋白酶编码基因 *aprE* 的前导区内,3′稳定元件存在于苏云金芽孢杆菌 *cry ⅢA* 毒素编码基因的 3′端。

选择 RNase 编码基因突变菌株(例如,大肠杆菌 RNase E 编码基因 *rne131* 突变菌株BL21)作为宿主可提高靶基因的 mRNA 的稳定性。另外,酵母中基因含有 AU 丰富元件(*ARE*)或形成 AGNN 四联环二级结构会导致 mRNA 的衰减。若外源基因编码区内部 AT 含量偏高或其转录物含有 AGNN 四联环结构,将导致基因转录后的表达效率非常低甚至不表达。

(3)基因表达模式

根据靶基因表达产物的细胞学定位,基因表达模式可分为:胞质型、周质型和胞外型。胞质内外源基因的表达水平一般较高,而周质型和胞外型表达的产物更容易分离纯化。外源蛋白既可以单独表达,也可与具有特殊性能的宿主菌蛋白融合表达。不同的表达模式各有利弊,可根据靶蛋白的特性进行选择。

借助质粒表达载体在大肠杆菌等原核细菌细胞内进行表达的靶蛋白,一般以包涵体(inclusion bodies,IB)的形式存在。这种包涵体是某种特殊的生物大分子(主要为蛋白质)在细胞内的致密聚集结构。包涵体含有 50%~95% 的靶蛋白,这些靶蛋白具有正确的氨基酸序列,但有正确折叠空间构象和生物活性的比例一般较低。以包涵体的形式进行靶蛋白的表达具有显著的优点:①能够高效表达靶蛋白。靶蛋白的比例一般可达细菌细胞总蛋白的 20%~60%,能够满足蛋白晶体衍射和工业化生产的要求。②一定程度上简化靶蛋白的分离纯化。包涵体具有固相属性,容易通过离心等方法分离纯化。③靶蛋白能够大量在胞内积累。包涵体的特殊结构能够避免宿主细胞内的蛋白酶对靶蛋白的降解作用。④存在于包涵体中的部分具有生物活性的靶蛋白可直接应用于酶促反应等。但由于包涵体中具有正确空间构象和生物活性的靶蛋白比例一般较低,在回收正确折叠的活性单分子靶蛋白的过程具有以下劣势:①离心分离包涵体的过程会导致靶蛋白流失。②溶解包涵体需使用高浓度变性剂,除去或稀释变性剂的过程增加了操作难度。③未能正确折叠靶蛋白的重折叠效率较低,获得具有活性的靶蛋白分子耗时费力,分离纯化工艺难度较大。

与胞内表达形成包涵体的形式不同,分泌型表达模式是将表达的靶蛋白以运输或分泌的方式跨膜进入宿主细胞的周质空间,或分泌至培养基中,其优势包括:①靶蛋白运输至周质空间或培养基中,与胞内蛋白分隔,大大简化后续的分离纯化流程。②大肠杆菌周质中含有更有效的二硫键形成酶系,且缺少蛋白酶,有利于促进靶蛋白的正确折叠和稳定。但分泌型表达模式也有不足,主要在于蛋白分泌过程缓慢低效,导致靶蛋白的表达效率和表达量较低。实现靶蛋白的分泌型表达需将靶蛋白穿过细胞膜,其前提是在靶蛋白的 N 端安装信号肽序列。将信号肽序列与靶基因拼接组装,其分泌效率通常与靶蛋白本身的结构密切相关。大肠杆菌有少数基因含有信号肽序列,包括 *lamB*、*malE*、*ompA*、*ompT*、*pelB*、*phoA* 和 β-内酰胺酶编码基因等。大肠杆菌等革兰氏阴性菌一般不能将蛋白直接分泌到培养基中,但 OmpA 的信号肽介导分泌的靶蛋白有时能扩散至培养基中,因而得到广泛应用。大肠杆菌分泌型表达系统常用的信号肽序列见表 9-1。革兰氏阳性细菌和真核细胞不存在外膜结构,可从培养基中直接获得分泌表达的靶蛋白。乳酸菌表达载体中应用最广泛的信号肽是乳酸乳球菌分泌蛋白 Usp45 的信号肽序列 SP$_{45}$,利用 *nisA* 启动子和 SP$_{45}$ 构建的表达系统可将外源蛋白分泌量提高到 70%。广泛存在于原核细胞表面的表层蛋白 S-层的信号肽也可用于构建分泌表达系统,Savijoki 等利用短乳杆菌 S-层蛋白的信号肽在乳酸乳球菌和植物乳杆菌中实现了高水平的分泌型表达。芽孢杆菌自身的蛋白分泌途径较多(Sec 分泌途径和 Tat 分泌途径等),具有天然优越性,基于芽孢杆菌高效分泌型蛋白的信号肽序列构建的表达载体具有优良的分泌性能,这些信号肽序列包括 α-淀粉酶信号肽 SamyQ、脂解酶信号肽 ssLipA、中壁蛋白信号肽 spMWP 等。丝状真菌也拥有具有明显优势的蛋白分泌系统。选用丝状真菌自身的胞外蛋白作为分泌载体是实现靶蛋白高效分泌的有效策略,将靶蛋白与胞外载体蛋白融合表达能增强靶蛋白在丝状真菌体内的运输和正确折叠,但后续需要将载体蛋白切除以恢复靶蛋白的活性。黑曲霉高效分泌的葡萄糖淀粉酶 GlaA 的部分或完整序列已成为曲霉属最常用的表达载体分泌元件,利用 GlaA 的 N 端序列融合表达的重组牛凝乳酶的分泌水平提高了 5～6 倍。鸡蛋溶菌酶信号肽等异源信号肽序列也能在黑曲霉中高效介导蛋白质加工与分泌。此外,"过氧化分泌"也是一种实现在黑曲霉中分泌靶蛋白的策略,其原理是:过氧物酶体输入信号肽序列 SKL 能将完全折叠的蛋白质由胞质转运至过氧物酶体,用过氧物酶体膜蛋白 PmpA 锚定源自高尔基体的 SncA 蛋白构建的装饰型过氧物酶体能够定向转运至质膜并与质膜融合,从而将其内部的靶

表 9-1　大肠杆菌分泌型表达系统常用的信号肽序列

信号肽来源	信号肽序列
EXase(芽孢杆菌木聚糖内切酶)	MFKFKKKFLVGLTAAFMSISMFSATASA
LamB(λ 噬菌体受体蛋白)	MMITLRKLPLAVAVAAGVMSAQA
Lpp(胞壁质脂蛋白)	MKATKLVLGAVILGSTLLAG
LTB(热不稳定性肠毒素亚基 B)	MNKVKCYVLFTALLSSLYAHG
MalE(麦芽糖结合蛋白)	MKIKTGARILALSALTTMMFSASALA
OmpA(外膜蛋白 A)	MKKTAIAIAVALAGFATVAQA
OmpC(外膜蛋白 C)	MKVKVLSLLVPALLVAGAANA
OmpF(外膜蛋白 F)	MMKRNILAVIVPALLVAGTANA
OmpT(蛋白酶Ⅶ)	MRAKLLGIVLTTPIAISSFA
PelB(胡萝卜软腐欧文氏菌果胶裂解酶 B)	MKYLLPTAAAGLLLLAAQPAMA
PhoA(碱性磷酸单酯酶)	MKQSTIALALLPLLFTPVTKA
PhoE(外膜乳蛋白 E)	MKKSTLALVVMGIVASASVQA
StII(热稳定性肠毒素Ⅱ)	MKKNIAFLLASMFVFSIATNAYA

蛋白释放至胞外培养基中。利用上述系统在黑曲霉中表达的绿色荧光蛋白有 55% 能够分泌至胞外培养基中。酵母的蛋白分泌系统逊色于芽孢杆菌和丝状真菌,酿酒酵母只能将蔗糖酶、酸性磷酸酯酶、交配因子 a/α、杀伤毒素等几种蛋白质分泌到胞外或细胞间质中,解脂耶氏酵母可分泌蛋白酶、脂肪酶和 RNA 酶等分子量较大的蛋白。卡尔酵母 α-半乳糖苷酶(Mel1)的两个突变型信号肽序列能使外源的人纤溶菌酶原激活 I 型抑制因子和蛋白锯鳞血抑环肽的分泌提高 20~30 倍。酿酒酵母的交配因子(MFα1)、蔗糖酶(Suc2)、可阻遏型酸性磷酸酯酶(Pho5)和杀伤毒素因子(Kil)等蛋白的信号肽能用于促进外源靶蛋白高效分泌,其中 MFα1 信号肽序列最为常用,它能够促进多种重组外源蛋白的高效分泌。

9.3.2.3　食品级表达系统

随着分子生物学理论研究的深入和基因工程技术的发展,构建基因工程菌株,对食品微生物进行改良,取得了显著进步。但目前构建的食品微生物表达系统多采用抗生素抗性基因作为选择标记,给食品和医药等领域的应用带来了潜在的安全隐患。因此,利用食品级微生物的天然质粒和食品级筛选标记等安全的遗传元件构建食品级表达系统,具有广阔的应用前景。

目前基于乳酸菌的天然属性开发了各种各样的食品级筛选标记。根据筛选方式的不同,这些食品级筛选标记可分为显性标记和互补标记两类。显性标记不依赖于特殊的宿主基因,作用方式跟抗生素抗性基因类似;互补标记一般选择编码重要代谢功能的特定基因,并依赖于宿主缺失突变而获得相应的缺陷型。常用的食品级筛选标记主要有以下几类:①糖类发酵选择标记。根据菌株能够利用的糖类的种类和效率的不同,可将发酵某种糖类的基因通过载体导入非发酵菌株中使其获得这类糖的发酵能力,如木糖、菊糖、蜜二糖利用基因等;或者突变发酵菌株的糖发酵基因,通过载体上携带的相关基因互补糖发酵能力缺陷来筛选重组子,如乳糖利用基因等。②营养缺陷型选择标记。利用编码重要代谢功能的基因作为互补筛选标记,转入相应的缺陷型菌株来筛选重组子,如核苷酸生物合成基因、氨基酸代谢基因等。③细菌素抗性或免疫选择标记。利用某种细菌素抗性或免疫基因转入细菌素敏感菌株中,使其能够在含有细菌素的培养基上生存,从而筛选出重组子,如 nisin 抗性/免疫基因、lactacin F 免疫基因等。④二组分选择标记。二组分选择标记是结合显性和互补标记的优点,依靠两个载体组分而建立的选择标记系统。第一个组分是携带乳酸菌复制子元件但无选择标记的食品级载体,第二个组分是携带红霉素抗性基因但缺失复制功能的伴生质粒。共同转入载体和伴生质粒的重组子能够在含有红霉素的平板上生长,而伴生质粒容易在无筛选压力的培养基中丢失,最终得到食品级的重组菌株。

利用食品级乳酸菌天然质粒复制子元件构建的质粒型表达载体具有操作方便、适用范围广、拷贝数相对较高等特点。研究者已经从食品源植物乳杆菌中分离出隐蔽型天然质粒 pM4,利用质粒 pM4 的复制子元件、植物乳杆菌胆盐水解酶编码基因 bsh 为筛选标记构建了乳杆菌食品级表达载体 pM4aB(图 9-2),并利用 pM4aB 在胆盐的筛选下将清酒乳杆菌的过氧化氢酶编码基因 KatA 在无胆盐水解酶活性的副干酪乳杆菌 X9 中成功进行了异源表达。Jeong 等基于 pMG36e 构建了以植物乳杆菌的 α-半乳糖苷酶基因为筛选标记的食品级表达载体 pFMN30,载体携带诱导型强启动子 P_{nisA} 和 Usp45 信号肽,重组菌株在蜜二糖为唯一碳源的培养基上进行筛选;利用 pFMN30 在乳酸乳球菌中成功表达了地衣芽孢杆菌的 α-淀粉酶基因,并且能够将目的蛋白分泌到胞外。Sridhar 等基于 θ 复制型质粒 pW563,以天冬氨酸转氨酶基因 aspC 和 α-半乳糖苷酶基因 aglL 为筛选标记分别构建了两个食品级载体 pSUW611

和 pSUW711;前者以 AspC 失活突变株为受体,通过互补天冬氨酸转氨酶缺失使用牛奶培养基筛选重组子,后者利用蜜二糖作为筛选的唯一碳源;利用两个食品级载体在乳酸乳球菌中表达了干酪乳杆菌的肽酶基因 pepN,将其表达水平分别提高了 6 倍和 27 倍。Takala 等利用乳球菌质粒 pSH71 复制子和携带组成型启动子 P_{45} 的 nisI 基因构建了食品级表达载体 pLEB590,在乳链球菌素 nisin 筛选压力下分别在乳酸乳球菌和植物乳杆菌中成功表达了干酪乳杆菌的脯氨酸亚氨基肽酶基因 pepI,并将其表达水平分别提高了 30 和 40 倍。

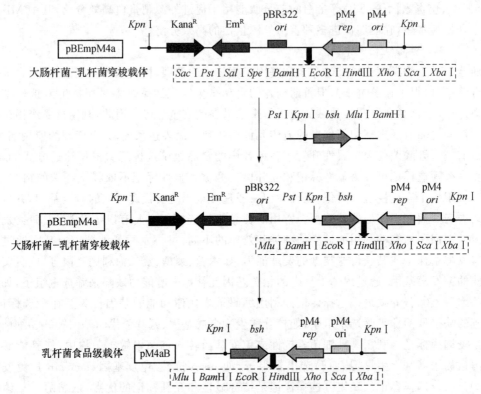

图 9-2　以胆盐水解酶为筛选标记的食品级质粒表达载体 pM4aB 构建示意图

ori:大肠杆菌质粒 pBR322 和乳杆菌质粒 pM4 复制起点;
rep:质粒 pM4 的复制蛋白基因;bsh:胆盐水解酶基因

除了食品级质粒型表达载体之外,还可以利用染色体整合载体将靶基因插入染色体中进行表达,构建食品级工程菌株。其特点是插入基因稳定性较高,但基因拷贝数较低,基因表达水平不高。染色体整合载体都是基于在宿主菌中不能复制或有条件复制的质粒构建的,通过载体上携带的同源序列与宿主染色体进行同源置换重组将目的基因插入染色体中。目前使用的食品级整合系统主要有 3 种:①Ori$^+$ 系统。整合载体 pORI 携带 pWV01 复制起点 ori$^+$ 和红霉素抗性基因,只能在提供复制蛋白 RepA 的宿主中复制;将突变基因插入 pORI 上构建重组整合载体 pINT,将 pINT 导入不含 RepA 的乳酸菌受体,在红霉素筛选压力下突变基因与染色体上的正常基因通过同源重组单交换将整个 pINT 质粒片段插入染色体中,在无红霉素筛选压力下再次进行同源重组单交换,非食品级载体片段被切除,染色体上的正常基因被突变基因置换,筛选获得食品级突变菌株(图 9-3)。研究者将嗜酸乳杆菌的尿嘧啶磷酸核糖转移酶基因 upp 克隆至 pORI 整合质粒上并导入嗜酸乳杆菌 NCFM Δupp 突变株,通过同源重组

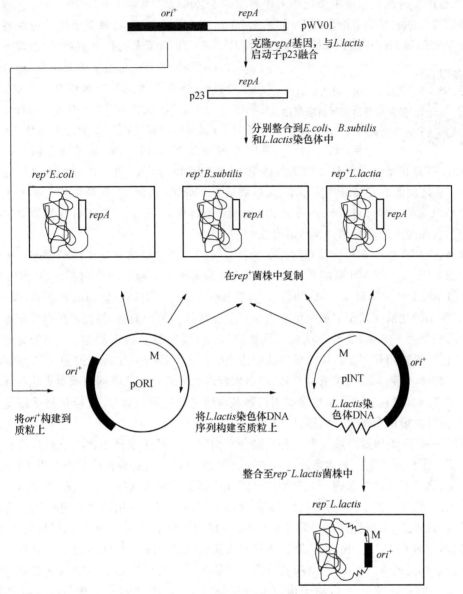

图 9-3　Ori⁺ 食品级系统示意图

ori：质粒 pWV01 复制起始位点；*repA*：质粒 pWV01 复制蛋白编码基因；*rep*⁺：产生 RepA 菌株；*rep*⁻：
不能产生 RepA 菌株；p23：乳球菌组成型启动子(在 *E. coli* 和 *B. subtilis* 中均有活性)；M：筛选标记

双交换替换 Δ*upp* 突变基因，利用互补尿嘧啶磷酸核糖转移酶缺失进行重组子的筛选。
②pG⁺ host 系统。pG⁺ host 携带 pWV01 温度敏感型复制子 Ts 元件和红霉素抗性基因，可在
非复制温度下通过同源重组双交换将突变基因置换乳酸菌染色体上的正常基因，筛选获得食
品级突变菌株。携带乳球菌转座元件 ISS1 的 pG⁺ host：ISS1 能够通过复制转座机制随机高
效插入染色体，在非复制温度下删除转座结构中的非食品级质粒片段 pG⁺ host：S1，留下插入
序列 IS，获得食品级突变菌株。③位点特异性重组系统。位点特异性整合型载体是利用整合
酶(Int)和解离-转化酶(*β*-重组酶)及各自的靶位点(*attP-attB* 和 *six*)构建呈递系统和清除系

统,将靶基因整合到宿主细胞染色体上并删除抗生素抗性基因等片段,可用于构建不含有非食品级基因片段的食品级乳酸菌工程菌株。Martin 等利用乳球菌温和噬菌体的位点特异性整合酶和 β-重组酶构建传递和清除系统;整合载体 pEM76 携带大肠杆菌复制子、红霉素和氨苄青霉素抗性基因、两个 β-重组酶的靶位点 six,两个 six 位点中间插入多克隆位点和噬菌体整合酶基因 int 及其靶位点 attP;清除载体 pEM68 携带大肠杆菌和乳酸菌复制子、氯霉素抗性基因和 β-重组酶基因;将携带靶基因的 pEM76 转入宿主菌,通过整合酶 Int 作用在

二维码 9-8　位点特异性整合型载体构建抗噬菌体感染食品级干酪乳杆菌示意图

attP-attB 位点将整个质粒整合到染色体上,再将 pEM68 转入,利用 β-重组酶将染色体上两个 six 位点之间的非食品级片段删除,最后将质粒 pEM68 清除,得到染色体上插入了目的基因的食品级重组菌株(二维码 9-8);利用上述两个载体构建了无质粒、无抗性的能够阻抑噬菌体感染的食品级干酪乳杆菌并用作乳品发酵剂。

　　此外,适用于黑曲霉和枯草芽孢杆菌的食品级表达系统也被开发。陈璐璐等克隆了黑曲霉植酸酶基因 phy 并在其两端融合糖化酶基因 glaA 的 5′同源臂和 3′同源臂,利用农杆菌 Ti 质粒通过 glaA 基因同源重组,成功将 phy 基因整合到黑曲霉染色体的高效表达的糖化酶基因位点,利用糖化酶启动子以液化淀粉为诱导物介导植酸酶的表达,最佳发酵条件下重组菌株中植酸酶酶活为 316.2 IU/mL,为出发菌株的 20.8 倍,实现了高效表达。李杰等利用重叠延伸 PCR 将木聚糖酶基因 xynB 的成熟肽编码序列基因片段与糖化酶基因的 5′同源臂和 3′同源臂进行拼接,构建同源重组表达载体;通过农杆菌介导转化方法将同源重组表达载体转入黑曲霉 CICC2462,筛选获得了消除潮霉素抗性基因的食品级重组菌株;在糖化酶摇瓶发酵条件下,重组菌株发酵液中木聚糖酶活性高达 4 495 IU/mL。

　　夏雨等基于 D-丙氨酸缺陷型互补机制分别构建了枯草芽孢杆菌食品级整合型和质粒型表达系统。①食品级整合表达系统。该系统利用 D-丙氨酸缺陷型枯草芽孢杆菌 QB928 菌株作为宿主,将枯草芽孢杆菌丙氨酸消旋酶基因 dal 作为食品级选择标记和单交换同源重组整合的同源区,构建了基于染色体整合方式的食品级表达系统。利用该系统将来源于嗜热脂肪芽孢杆菌 IAM11001 的耐热 β-半乳糖苷酶 BgaB 成功进行了表达,重组菌株摇瓶发酵 14 h 后 BgaB 酶活达到 0.16 IU/mg 蛋白质。②食品级质粒表达系统。首先构建了完全敲除染色体上 dal 表达单元的食品级 D-丙氨酸缺陷宿主菌株 FG01;利用质粒 pBS72 的 θ 型复制子和野生 dal 表达单元以及 P43 启动子构建了可互补宿主 FG01 缺陷型的食品级质粒表达载体 pXFGT03 和 pXFGT05。将耐热 β-半乳糖苷酶 BgaB 编码基因克隆到食品级表达质粒 pXF-GT03 和 pXFGT05 上,重组载体转入宿主菌株 FG01,重组菌株中 BgaB 的酶活比染色体整合表达的酶活提高 10 余倍。

9.3.3　细胞表面展示技术

　　细胞表面是细胞内外的功能界面。一些表面蛋白横穿质膜,另一些以共价或非共价结构与细胞表面复合物结合。细胞能够锚定特定的表面蛋白,并且能将其限制在细胞表面的特定区域。微生物细胞表面展示技术是一种固定化表达外源蛋白的技术,即将外源靶蛋白基因序列与特定的载体基因序列(定位序列)融合后导入宿主细胞,利用宿主细胞内蛋白转运到膜表面的机制使靶蛋白表达并定位于细胞表面。利用细胞表面展示有特定功能的蛋白有诸多优

点:细胞表面展示的分子容易接近,无须复杂处理,无须跨越细胞膜屏障,有利于进行结合或活性研究;与细胞外膜基质结合的蛋白更加稳定;展示靶蛋白活性的全细胞可直接用于反应和分析测试,避免了复杂的蛋白纯化和制备过程;可用于构建和筛选多肽库和蛋白库,进行定向分子进化研究。

微生物细胞表面展示表达系统主要包括:

①载体。成功的表达载体应满足以下条件:具有信号肽序列,使成功表达的融合蛋白能够被分泌至细胞外;具有较强的定位结构,使融合蛋白固定于细胞表面而不能脱落;与外源蛋白融合后,载体蛋白的定位特性和外源蛋白的生物活性不会改变;在宿主菌株中能稳定存在,不会被细胞壁膜之间和培养基中的蛋白酶水解。

②外源靶蛋白。外源靶蛋白根据特定的应用来选择,其性质会影响表达效果。靶蛋白序列中带有许多带电氨基酸残基或者是疏水性残基时将会抑制融合蛋白的分泌,其活性域的空间结构也会影响表达效果。此外,确定合适的融合位点非常重要,因为它会影响融合蛋白的定位、稳定性、比活性以及翻译后修饰等。外源蛋白与载体蛋白序列的融合方法有 C 末端融合、N 末端融合、插入融合。N 末端融合适用于载体蛋白的定位区域在它的 C 末端,C 末端融合适用于载体蛋白的定位区域在它的 N 末端,插入融合适用于融合位点在载体蛋白的中部区域。

③宿主菌株。一个好的宿主细胞应该无毒、容易培养,能和被展示的蛋白兼容共处且易于筛选。

细胞表面展示技术将为疫苗的研制、胞外酶和细菌素等功能分子的制备和固定化酶等应用提供强有力的工具。微生物细胞表面展示主要包括细菌表面展示技术、酵母细胞表面展示技术和芽孢表面展示技术等。

9.3.3.1　细菌细胞表面展示技术

细菌细胞表面展示技术是利用细菌的细胞壁和细胞膜外的特殊结构而构建的(图 9-4),可应用于疫苗活菌传递、表位定位和分析、抗体和各种结合蛋白的表面展示(蛋白互作研究、免疫纯化、全细胞诊断工具、全细胞亲和吸附材料等)、酶的表面展示和应用、多肽文库的展示。

革兰氏阴性菌有几种高效的蛋白展示系统,主要包括:外膜蛋白、脂蛋白、自转运蛋白、分泌蛋白、S-层蛋白、其他表面亚单位等。革兰氏阳性菌细胞壁有肽聚糖层,结构特点明显,其蛋白展示系统主要有细胞壁结合蛋白、细胞膜锚定蛋白、S-层蛋白等。

S-层是古细菌和真细菌的细胞壁或细胞膜外表面的一层由蛋白或糖蛋白亚单位构成的单分子晶格状结构(图 9-4)。S-层是蛋白质或糖蛋白亚基形成的单分子晶体点阵,形成的有孔网状结构覆盖在细胞表面,因此 S-层作为一种独特的生物多聚体可以作为基质共价固定外源大分子物质。例如,S-层可作为胞外酶的吸附位点,淀粉酶可在 S-层上紧密排列,而不干扰营养物质或代谢产物的转运。这些特点使 S-层可作为优良的表面展示载体将不同活性的外源蛋白锚定在细胞表面。S-层展示系统有诸多优点:靶蛋白的表达量高,一般可达到细胞蛋白的 10%～15%;具有高效的信号肽和表面定位结构,能准确定位在细胞表面。已有大量的研究利用 S-层开发基因工程疫苗、全细胞固定化酶、生物传感器、诊断试剂以及组织再生生物吸附系统等。

Savijoki 等利用 pGK12 衍生质粒载体构建了短乳杆菌 S-层(SLPA)的分泌表达信号构建了分泌组件,以大肠杆菌的 β-内酰胺酶(BLA)作为报告蛋白,在乳酸乳球菌、植物乳杆菌、短乳杆

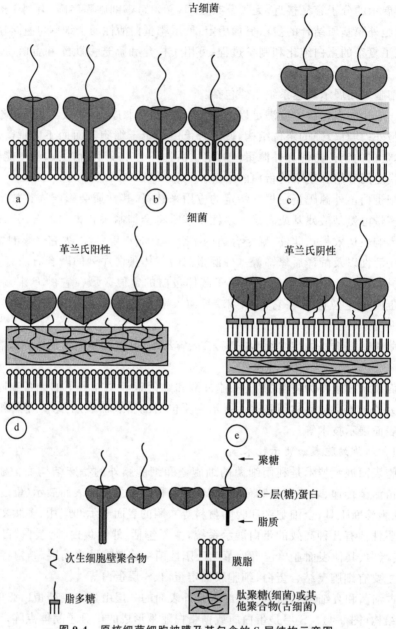

古细菌

a b c

细菌

革兰氏阳性   革兰氏阴性

d e

← 聚糖

S-层(糖)蛋白

← 脂质

次生细胞壁聚合物   膜脂

脂多糖   肽聚糖(细菌)或其
他聚合物(古细菌)

图 9-4 原核细菌细胞被膜及其包含的 S-层结构示意图
a. 疏水跨膜结构域 b. 脂质修饰糖蛋白 c. 质膜和 S-层之间的刚性壁层
d. 革兰氏阳性菌中的 S-层 e. 革兰氏阴性菌中的 S-层

菌、格式乳杆菌和干酪乳杆菌中确定 S-层蛋白分泌信号的功能。结果表明,上述菌株中的活性 BLA 都能分泌到培养基中,乳酸乳球菌中 BLA 的分泌速率达到 5×10^5 分子/(细胞·h),产量可达 80 mg/L。乳酸细菌是公认安全的食品微生物(GRAS),能产生抑菌物质,能耐受胃酸和胆汁,具有在人和动物肠道吸附定殖能力,这些特性使其成为口服活性疫苗的良好载体。利用表面展示技术将抗原分子在乳酸细菌内表达,口服或注射后可产生特异的局部或全身免疫反应。Reveneau 等利用植物乳杆菌 NCIMB8826 作为载体制备了活菌黏膜疫苗。该菌株摄入后可定殖在肠黏膜上并展示药物动力学特征。以破伤风毒素的灭毒片段(TTFC)作为抗原分子,构建的菌株可对 TTFC 产生强烈的特异性免疫反应。Scheppler 等将破伤风毒素模拟表位整合至保加利亚乳杆菌的细胞壁锚定蛋白 PrtB 中,以约氏乳杆菌为口服疫苗传送载体,在细胞表面进行了表达。口服重组菌株的免疫小鼠,产生了全身和局部黏膜免疫反应。吴怀光等利用苏云金芽孢杆菌 CTC 菌株细胞表面 S-层作为展示载体,选用分泌性蛋白 α-淀粉酶和非分泌性蛋白金属硫蛋白作为靶蛋白。将 α-淀粉酶基因 amy 和金属硫蛋白基因 smtA 分别与 S-层的锚定区序列 slh 融合,构建重组表达载体并转入宿主菌株中。SLH-AMY 和 SLH-SMTA 在重组菌株中均获得成功表达,SLH-AMY 重组菌株中 α-淀粉酶酶活比对照菌株提高了 42%,SLH-SMTA 重组菌株对镉离子的吸附能力是对照菌株的 4 倍。

9.3.3.2　酵母细胞表面展示技术

酿酒酵母被公认为是安全的模式生物(GRAS),其细胞足够大且细胞壁坚硬,能在廉价培养基中生长繁殖和高密度培养,上述优势使酿酒酵母表面展示系统显示出独特的优点和广阔的应用空间。酵母细胞表面展示表达系统是一种固定化表达异源蛋白质的真核展示系统,即把异源靶蛋白基因序列与特定的载体基因序列融合后导入酵母细胞,利用酿酒酵母细胞内蛋白转运到膜表面的机制使靶蛋白定位于酵母细胞表面并进行表达。酵母细胞表面展示技术使外源蛋白固定化于细胞表面,从而生产微生物细胞表面蛋白,可应用于生物催化剂、细胞吸附剂、活疫苗、环境治理、蛋白质文库筛选、高亲和抗体、生物传感器、抗原/抗体库构建、免疫检测及亲和纯化、癌症诊断等领域。与细菌细胞表面展示技术相比,酿酒酵母细胞表面展示表达系统具有糖基化作用、蛋白翻译后折叠与哺乳动物类似的分泌机制的优势,且一个酵母细胞大概能够展示表达 104 个凝集素蛋白,更利于高效表达具有生物活性的复杂蛋白。酿酒酵母表面展示系统主要包括凝集素系统(A 凝集素和 α 凝集素)和絮凝素系统(图 9-5)。

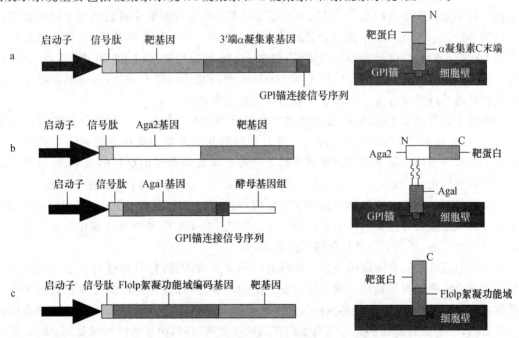

图 9-5　酵母细胞表面展示系统示意图
a. α 凝集素系统　b. A 凝集素系统　c. Flo1p 絮凝功能域 N 末端系统

A 凝集素和 α 凝集素是酵母细胞壁上的两种甘露糖蛋白,它们在酿酒酵母的 A 交配型(MATA)和 α 交配型(MATα)单倍体细胞之间介导细胞与细胞的性黏附,使细胞融合形成双倍体。A 凝集素是由 $Aga1$ 基因编码,将靶蛋白编码基因序列与 A 凝集素 C 端(320 个氨基酸残基,含有糖基磷脂酰肌醇 GPI 锚信号序列)编码序列连接后插入载体信号肽下游分泌表达,信号肽引导嵌合分子向细胞外分泌,而凝集素则锚定在酵母细胞壁中,从而将酶分子展示表达,同时酿酒酵母染色体组中的 A 凝集素基因仍然保持完整,使酵母细胞壁结构和细胞之间信号交换未受损害,酵母细胞活力不受影响。A 凝集素已成为在酿酒酵母细胞壁表面展示酶分子最常用的锚定分子之一。α 凝集素是由两个亚基组成的糖蛋白,核心亚基 Aga1p(725 个氨基酸残基)与分泌型亚基 Aga2p(69 个氨基酸残基)通过二硫键连接。核心亚基 Aga1p 一般由分泌信号区域、活性区域、富含 Ser/Thr 残基的支持区域和一个可能的糖基磷脂酰肌醇(GPI)锚定信号区域组成。Ser/Thr 富集区和 GPI 因广泛存在的糖基化而拥有一个杆状构象,可作为空间支撑物发挥作用。Aga1p 亚基通过 β 葡聚糖共价连接锚定在细胞壁上,Aga2p 亚基通过二硫键与 Aga1p 亚基相连。将靶蛋白与 α 凝集素结合亚基 Aga2p 的 C 端融合;Aga2p 融合蛋白和 Aga1p 在分泌途径中结合,并被转运到细胞表面后与细胞壁共价结合,使靶蛋白展示在酵母表面。此外,Sed1p、Cwp1p、Cwp2p、Tip1p、Tir1p、Srp1p 等都属于酿酒酵母细胞壁甘露糖蛋白,其 C 端可以与外源蛋白相融合并将靶蛋白固定在细胞壁上,所固定的细胞数目和表达的蛋白活性取决于使用的锚定结构域。

絮凝素 Flo1p 是一种起絮凝作用的细胞壁蛋白,由分泌信号区、絮凝功能区、GPI 锚定黏附信号和膜锚定区组成。絮凝功能区接近 N 末端,能够识别并且以非共价键连接到细胞壁复合物上。絮凝素 Flo1p 具有 1 200 个氨基酸的重复区域,因而可以设计不同长度的锚定点。基于絮凝素的表面展示系统有两种,一种是利用 Flo1p 的 C 末端区域构建的 GPI 系统,包含有 6 种不同锚定长度的 GPI 黏附信号,可根据目的蛋白的特性和展示目的选择不同的锚定长度。目的蛋白以 N 端与 Flo1p 融合表达展示在酵母表面。另一种是利用 Flo1p 絮凝功能区的黏附能力构建的特异的酵母表面展示体系,包含 Flo1p 絮凝功能区的 FS 和 FL 蛋白、分泌信号和目的蛋白插入位点。目的蛋白以 C 端与 Flo1p 絮凝功能区融合表达,通过其絮凝功能区与细胞壁甘露糖链之间形成非共价键使蛋白展示在细胞表面。

酿酒酵母细胞表面展示表达系统在多个领域获得应用。Fujita 等利用 α 凝集素展示系统,将来源于里氏木霉的内葡聚糖酶Ⅱ、纤维素水解酶Ⅱ和来源于棘孢曲霉的 β-葡萄糖苷酶融合展示在酵母表面。重组酵母菌株在水解无定形纤维素中表现出更高的效率,并可直接把无定形纤维素转化成乙醇;40 h 发酵后乙醇的产量达 3～10 g/L,到达理论产率的 88.5%。Matsumoto 等利用 Flo1p 絮凝功能区的 FS 和 FL 蛋白表面展示系统,将来源于米根霉的脂肪酶展示在酵母细胞表面。展示后的重组脂肪酶活性达 145 IU/L,并可成功催化甘油三酸酯和甲醇合成生物柴油;反应 72 h 后,获得率达到 78.3%。

尽管酿酒酵母细胞表面展示表达系统具有广阔的发展前景,但目前还存在若干问题。酵母蛋白的分泌成熟过程和其他真核细胞存在一定的差异;酵母表达蛋白的过度糖基化使表达的抗体缺乏免疫活性;由于存在多种还原性半胱氨酸,酵母有可能无法有效表达一些细胞质蛋白和核蛋白;一些在表面展示表达的酶蛋白在形成融合基因时,由于活性区域受到空间位阻的影响无法与底物接近,使得酶活性降低或者缺乏生物活性;表达的蛋白存在能被蛋白酶水解的位点,使得表达的蛋白不完整;由于蛋白分泌水平无法作为蛋白稳定性和结构完整性的单一指示剂,展示表达的具有高度热稳定性和化学稳定性的人造蛋白有可能没有被正确折叠;由于展示表达效率不高,无法完全将表达的蛋白固定在细胞壁上,存在蛋白向培养基中扩散的问题;多拷贝载体在酿酒酵母中不稳定,整合载体则由于拷贝数低导致表达的蛋白量较少;构建细胞表面蛋白库时,有些蛋白的表达量太少以至于难以鉴定;多亚基蛋白的表达、蛋白的过量表达对酿酒酵母的毒性以及酵母对于乙醇和金属离子的耐受性较低等。

9.3.3.3　芽孢表面展示技术

与细胞等表面展示技术相比,芽孢表面展示系统的研究开发起步较晚,但具有表达过程更为简洁有效的优点。由于芽孢具有特殊的生理结构,芽孢表面展示系统具有独特的优势:融合靶蛋白在固定到表面的过程中无须穿膜,大大增加了融合蛋白正确折叠和有效定位的效率,同时借助芽孢的抗逆特性还可提高异源蛋白的稳定性;可展示分子量较大的靶蛋白;芽孢表面展示系统可固定多聚体蛋白在芽孢表面,并且不影响其活性,为多聚体蛋白的应用提供了一种新的方法;芽孢特有的抗逆性可增加靶蛋白的应用范围。

芽孢表面展示系统同样由载体蛋白、靶蛋白和宿主构成,三者的选择非常重要。载体蛋白的选择满足下列条件:具有可使异源蛋白展示在芽孢的表面的结构域;具有强大的锚定结构域,以保证融合蛋白能够固定在细胞表面而不被分开;载体蛋白和外源蛋白可兼容而形成融合蛋白,不能出现由于外源蛋白的插入使载体蛋白或芽孢不稳定;载体蛋白必须具有抵抗培养基或周质空间中蛋白酶的能力。芽孢表面展示系统对靶蛋白的要求较低,不仅可展示分子量较大的蛋白还可展示多聚体蛋白,并且在展示到表面的过程中不影响蛋白的自身活力。作为芽孢表面展示系统的合格宿主,须能和靶蛋白兼容,易于培养,与细胞壁相关的蛋白酶和胞外蛋白酶的活力应尽量低。枯草芽孢杆菌是芽孢表面展示的常用宿主菌株,并且是被公认的安全的益生菌,可用于食品和医药等生物安全性要求高的领域。

芽孢表面展示系统的构建主要是基于外源 DNA 与芽孢外被蛋白 DNA 的融合(图 9-6)。芽孢外衣蛋白中可用作锚定蛋白的有 3 种,分别为 CotB、CotC 和 CotG。翻译后修饰的 CotB 分子量为 66 ku;CotC 是一个分子量只有 8.8 ku 的小蛋白,富含酪氨酸、赖氨酸和天冬氨酸;CotG 是分子量为 24 ku 的蛋白,在核心区含有 9 个甘氨酸-丝氨酸-精氨酸的重复序列。CotG 和 CotC 的整个序列常被用作锚定基序,而对于 CotB 通常只涉及其中很短的一段序列。CotB

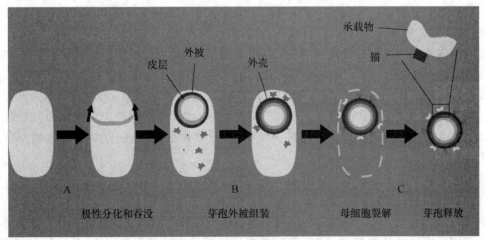

图 9-6　芽孢形成及其表面展示示意图

和 CotC 主要作为锚定蛋白来展示抗原,应用于疫苗免疫等领域;而 CotG 蛋白不仅可用来展示抗原,还可应用于生物催化领域展示不同的酶。

Ciabattini 等利用 CotB 将具有高免疫原性的模式抗原破伤风毒素 C 末端(TTFC)展示在了枯草芽孢杆菌芽孢的表面。含 459 个氨基酸残基的破伤风毒素分别与 CotB 融合,随后将展示有 TTFC 的芽孢用于小鼠口腔和鼻内免疫反应实验,证明重组芽孢可同时引发鼠科动物黏膜和全系统的免疫应答。中山大学 Zhou 等利用 CotC 将华支睾吸虫外壳蛋白 TP20.8 展示在枯草芽孢杆菌芽孢的表面,口服重组芽孢的小鼠体内产生了黏膜应答,并且提高了 IgA 的分泌水平,证明芽孢表面展示系统可用于寄生虫的有效免疫。Kwon 等利用 CotG 将大肠杆菌的 β-半乳糖苷酶展示在枯草芽孢杆菌芽孢表面。具有生物活性的 β-半乳糖苷酶是以同四聚体的形式存在。表面展示有 β-半乳糖苷酶的芽孢经检测发现,相对于其他的细菌表面展示系统,芽孢表面展示系统对展示的 β-半乳糖苷酶的大小和多聚体无影响。与游离的 β-半乳糖苷酶相比,展示在芽孢表面的 β-半乳糖苷酶在有机溶剂中的稳定性大大增加,同时热稳定性也有所增加,并且还消除了酶和底物分散在两相引起的传质问题。

由于芽孢的特殊结构和生理性质,芽孢表面展示的应用领域在不断拓展。在活疫苗和抗体生产方面,可将异源抗原固定在芽孢表面引发抗体免疫应答;芽孢良好的抗逆性使疫苗能够耐受胃液的酸性环境,顺利通过胃肠屏障,快速诱导机体产生保护性免疫反应;在蛋白或多肽的高通量筛选方面,借助芽孢的特殊组装机制和抗逆特性,可有效增加结合和淘洗过程中所展示蛋白或多肽的稳定性;芽孢表面展示技术还可应用于化学物质和重金属的生物吸附、构建生物传感器等方面。

9.3.4　蛋白质的体外定向分子改造

利用体外突变方法对蛋白质编码基因进行定向的分子改造,以改变原有蛋白质分子的结构和性质,是获得比天然蛋白质性能更优异的新的蛋白质的有效途径。蛋白质编码基因的体外定向分子改造方法包括体外定向突变和体外定向进化。

基因的体外定向突变是指在 DNA 水平上产生多肽编码顺序的特异性改变。基因的体外定向突变技术可以对天然蛋白质进行改造,也可以用于确定多肽链中某个氨基酸残基在蛋白质结构及功能上的作用。实现单一或少数几个突变位点的基因定向突变的方法包括局部随机掺入法、碱基定点转换法、部分片段合成法、引物定点引入法、PCR 扩增突变法等。

基因的体外定向进化是指在体外对靶基因实施随机突变,借助于高通量筛选方法在短期内获得需要的突变基因。基因的体外定向进化的一般过程包括:建立靶基因的随机突变文库;通过转化微生物受体,把基因突变文库转换成对应的蛋白突变体文库;通过高通量筛选方法挑选出所需要的蛋白突变性状。建立基因随机突变文库,实现基因体外定向进化的方法包括易错 PCR、DNA 改组、交错延伸、体外随机引发重组、过渡模板随机嵌合生长、渐增切割杂合酶生成等。

蛋白质定向分子改造技术可应用于以下几个方面:

(1)提高蛋白质或酶的稳定性

在蛋白质分子中引入二硫键或转换氨基酸残基是提高蛋白质分子稳定性的主要策略。利用寡核苷酸定向诱变技术构建 T4 溶菌酶的突变体并在大肠杆菌中表达,其中第 9 和第 164 位氨基酸残基转换为半胱氨酸从而形成二硫键的变体酶酶活比野生型提高 6%,熔点温度提高 6.4℃。将酵母丙糖磷酸异构酶亚基第 14 和第 78 位的天冬酰胺残基转换为苏氨酸和异亮氨酸残基,变体酶的热稳定性提高 1 倍。嗜温枯草芽孢杆菌产生的枯草蛋白酶 E 的第 181 位和第 218 位的天冬酰胺同时被突变为天冬氨酸和丝氨酸,则突变酶的半衰期比野生型提高 8 倍。

（2）减少重组多肽的错误折叠

对于真核生物基因在原核微生物中的表达,转换重组多肽链中多余的半胱氨酸残基可有效降低其错误折叠的可能性,提高重组蛋白的生物活性。人 β-干扰素（IFN-β）cDNA 在大肠杆菌中表达的重组产物绝大部分形成无活性的二聚体和多聚体,其抗病毒活性较低;将其第 17 位的半胱氨酸残基突变为丝氨酸,在大肠杆菌中表达的突变重组蛋白不再形成二聚体和多聚体,抗病毒活性因而与天然糖基化蛋白相似,且稳定性更高。

（3）改善酶的催化活性

转换氨基酸残基、随机改组肽段、删除末端部分氨基酸序列是改善酶的催化活性的有效策略。利用定向突变技术将嗜热芽孢杆菌酪氨酸-tRNA 合成酶的第 51 位苏氨酸残基突变为脯氨酸残基,变体酶对 ATP 的亲和力比天然酶提高了 130 倍,且最大反应速度大幅度提高。枯草芽孢杆菌 MI113 中的天然 α-淀粉酶的 C 端肽段不利于酶活发挥,将删除了部分 C 端序列的 α-淀粉酶基因在原菌株中进行表达,重组蛋白缺失了部分肽段,酶活却比天然酶提高了 2.7 倍。

（4）消除酶的被抑制特性

为了消除某些酶分子的催化活性在天然细胞内呈现的诱导性,从而提高其在工业应用上的催化效率,可采用转换氨基酸残基或删除肽段的方法。枯草芽孢杆菌蛋白酶被广泛用作洗涤剂添加剂,其蛋白分子第 222 位的甲硫氨酸残基容易被漂白剂氧化而导致酶活性丧失 90%,利用基因定点突变技术将第 222 位的甲硫氨酸转换为丙氨酸的变体酶的活性虽然只有天然酶的 53%,但对漂白剂不敏感。

（5）修饰酶的催化特异性

转换氨基酸残基或在特殊位点共价结合寡核苷酸可修饰酶的催化特异性。将嗜热芽孢杆菌中的新脱支酶活性中心内的谷氨酸和天冬氨酸残基替换为具有相反电荷或中心的氨基酸残基,变体酶的 α-(1,4)-糖苷键和 α-(1,6)-糖苷键水解活性完全消失;将新脱支酶底物结合位点的氨基酸残基进行替换,则变体酶的 α-(1,4)-糖苷键和 α-(1,6)-糖苷键水解活性之比发生显著变化,其水解淀粉的产物种类也随之发生变化。不饱和脂肪酸合成酶在脂肪合成过程中具有去饱和酶、羟化酶、环氧酶、乙炔酶和连接酶 5 种催化活性,将其酶活性中心关键氨基酸序列进行定点突变可产生不同的酶活性,进而合成不同的产物。

9.3.5　代谢途径改造

生物细胞内的生理生化代谢过程是由上千种酶促反应高度偶联的可调控的网络和选择性物质运输系统来实现的。一般而言,某种代谢产物的合成代谢需要经过由不同的酶系催化的多个互相联系的生化反应,前步反应的产物通常是后续反应的底物,这些偶联反应的串联组合即为途径。通常情况下,生物细胞内固有的物质和能量代谢途径对于实际应用而言并非最优,因此需要对其进行人为改造以满足研究和工业应用的需要。而利用 DNA 重组技术对生物细胞内固有物质能量代谢途径和信号转导途径进行重新设计改造,即为途径工程（pathway engineering)。

途径工程实质上是基因工程应用的高级阶段,即利用分子生物学原理系统分析细胞物质和能量代谢网络和信号转导网络,并通过 DNA 重组技术理性设计和遗传改造,进而完成细胞特殊性改造,筛选具有优良遗传特性的工程菌株或细胞。途径工程通过定向改变细胞内物质和能量代谢途径的分布与代谢流,重构代谢网络,进而提高代谢物的产量。利用途径工程实现代谢途径改造,主要包括三个基本过程:

①靶点设计。靶点设计是实现代谢途径改造的关键环节,正确的靶点设计应建立在对现有的物质和能量代谢途径和网络信息的深入分析基础之上。靶点设计的分析要点包括:根据化学动力学和计量学原理定向测定代谢网络中的代谢流分布;在代谢流分析基础上调查其控制状态、机制和影响因素;根据代谢流分布和控制分析结果确定合理的拟进行改造的靶点(修饰基因的靶点、导入途径的靶点或阻断途径的靶点等)。

②基因操作。基因操作是利用途径工程对代谢网络进行改造从而获得新的遗传性状的核心环节,在分子水平上的基因操作主要包括靶基因或基因簇的克隆、表达、敲除、调控、修饰等。此外,还可通过发酵或细胞培养工艺和工程参数控制(碳源、氮源、溶氧、pH、通气量、补料方式、诱导物添加等)调节靶基因的转录和酶的活性,从而实现细胞代谢流的控制,使其流向目标代谢产物。

③效果分析。根据靶点设计进行的基因操作能否到达预期效果,满足目标产物产量或产率的要求,需对新改造的代谢途径进行全面的效果评价分析,并在评估分析的基础上进行改进。

代谢途径改造的主要策略包括:

①在现存途径中提高目标产物的代谢流。利用现存代谢途径增加目标产物积累的方法主要有:a.增加代谢途径中限速步骤关键酶编码基因的拷贝数,从而提高关键酶的浓度以促进限速步骤的反应,进而增加目标产物的合成量。b.强化以启动子为主的关键基因的表达系统,促进关键基因的高效转录,提高关键酶的浓度。c.提高目标途径激活因子的合成速率,触发其调控基因的高效转录,促进基因的表达量。d.灭活目标途径抑制因子的编码基因,从而解除抑制因子对目标产物代谢途径的反馈抑制,提高目标产物的代谢流。e.阻断与目标产物代谢途径相竞争的代谢途径,使更多的底物和能量进入目标产物代谢途径,进而提高目标产物的合成量。

②在现存途径中改变物质流的性质。在现存途径中改变物质流的性质是使用原有途径更换初始底物或中间物质,获得新产物。其方法主要有:a.利用酶对底物的相对专一性,添加非理想型初始底物,以合成新的产物。b.对酶分子的结构域或功能域进行修饰改造,拓展酶对底物的识别和催化范围。

③利用现存途径构建新的代谢旁路。利用现存途径构建新的代谢旁路是在明确现存的生物合成途径、相关基因及其各步反应的分子机制的基础上,通过相似途径的比较,利用多基因间的协同作用构建新的代谢途径。其方法主要有:a.修补完善细胞内部分途径以合成新的产物。b.移植多个途径以构建杂合代谢网络。

利用途径工程对微生物的代谢途径和网络进行改造,应根据代谢途径的性质不同采用适宜的改造策略。细胞内的代谢途径可分为初级代谢和次级代谢。初级代谢是生物体正常功能所必需的生化反应(重要代谢物的合成和分解反应)及其偶联反应(能量代谢、辅因子代谢、分子调控途径、信号转导途径等），直接影响着细胞的生长和繁殖。由于初级代谢途径对于细胞的正常生存至关重要，衰减或阻断原有途径会严重干扰细胞的正常生理生化过程，甚至产生致死效应，因此，初级代谢的途径工程应采用代谢流扩增和底物谱拓展的"加法策略"，尽量避免基因敲除和途径阻断的"减法策略"。次级代谢的产物往往并非细胞生理活动所必需，但其种类异常丰富，具有极其重要的应用价值。原核细菌和低等真核微生物拥有丰富而复杂的代谢网络，适宜综合应用途径工程方法进行系统改造，以适应抗生素等重要次生代谢产物的大规模工业化生产。

9.4　食品微生物工程菌株的应用

9.4.1　食品微生物工程菌株生产工业原料

9.4.1.1　重组棒状杆菌生产氨基酸

氨基酸是常用的大宗工业原料，用途极为广泛，可应用于食品工业、畜牧业、医药制造和化学工业。微生物发酵是工业生产氨基酸的主要方法之一。谷氨酸棒状杆菌是最常用的微生物发酵生产氨基酸的食品微生物菌种。目前，利用谷氨酸棒状杆菌发酵生产 L-谷氨酸的工业化规模达到 2 500 万 t/年，发酵产量达到 100 g/L。

L-赖氨酸的工业化规模仅次于 L-谷氨酸。利用重组谷氨酸棒状杆菌工程菌（LYS-12）发酵生产的 L-赖氨酸的工业规模达到 1 500 万 t/年，发酵产量达到 120 g/L。在对谷氨酸棒状杆菌中 L-赖氨酸的生物合成途径和代谢网络深入理解的基础上，利用途径工程技术以野生型谷氨酸棒状杆菌 ATCC 13032 为出发菌株通过在染色体上进行分子改造构建了集成化的 L-赖氨酸高产工程菌。

L-赖氨酸高产工程菌构建示意图见二维码 9-9，其具体构建策略包括：

①提升 L-赖氨酸生物合成的末端途径。首先利用谷氨酸棒状杆菌强组成型启动子 P_{sod} 过表达二氢吡

二维码 9-9　高产 L-赖氨酸的谷氨酸棒状杆菌工程菌构建示意图

啶二羧酸还原酶编码基因 $dapB$，然后分别加倍二氨基庚二酸脱氢酶编码基因 ddh 和二氨基庚二酸脱羧酶编码基因 $lysA$ 的拷贝数，最后定点突变 L-天冬氨酸激酶编码基因 $lysC$ 并过表达其抗 L-赖氨酸反馈变构抑制剂的变体酶。

②确保前体物质草酰乙酸的充足供应。首先定点突变丙酮酸羧化酶编码基因 pyc 并过表达其动力学性质优化的变体酶，促进有利于草酰乙酸积累的丙酮酸羧基化回补反应；再敲除磷酸烯醇式丙酮酸激酶编码基因 pck，阻断草酰乙酸的脱羧反应消耗。

③强化辅酶 NADPH 的持续合成。首先利用谷氨酸棒状杆菌强组成型启动子 P_{eftu} 过表达果糖-1,6-二磷酸酶编码基因 fbp，增加果糖-6-磷酸的积累，进而强化磷酸戊糖途径（PPP）；再利用谷氨酸棒状杆菌强组成型启动子 P_{sod} 过表达磷酸戊糖途径的 tkt 操纵子（包括 zwf、tal、tkt、$opcA$ 和 pgl 基因），以持续合成充足的 NADPH。

④阻断无关合成代谢途径的代谢流。靶点基因操作包括：定点突变高丝氨酸脱氢酶编码基因 hom 和异柠檬酸脱氢酶编码基因 icd。

利用相似的策略和原理构建的谷氨酸棒状杆菌工程菌 AR6 应用于 L-精氨酸的工业生

产,采用间歇式发酵的最高产量可达 92.5 g/L。其构建策略包括:

①解除阻遏反馈抑制。以谷氨酸棒状杆菌 ATCC21831 作为出发菌株(AR0),利用随机诱变筛选出对 L-精氨酸结构类似物刀豆氨酸和精氨酸异羟肟酸具有高耐受性的突变株(AR1),其利用葡萄糖为碳源间歇式发酵产 L-精氨酸的水平由野生型的 17.1 g/L 提高为 34.2 g/L。进而将 L-精氨酸生物合成基因的转录阻遏因子 ArgR 和 FarR 编码基因删除,构建的重组菌株 AR2 发酵生成 L-精氨酸的水平进一步提高至 61.9 g/L。

②提升 NADPH 水平。将葡萄糖-6-磷酸异构酶编码基因 pgi 的翻译起始密码子 ATG 转换成不常用的 GTG 以衰减葡萄糖-6-磷酸转换为果糖-6-磷酸的能力,构建的重组菌株 AR3 发酵生成 L-精氨酸的水平提高至 80.2 g/L;但随之带来的不足在于葡萄糖消耗速率降低,发酵周期延长。为了解决上述问题,将谷氨酸棒状杆菌强组成型启动子 P_{sod} 置换 AR3 菌株 PPP 操纵子的天然启动子,构建的重组菌株 AR4 发酵生产 L-精氨酸的葡萄糖消耗速率得以大幅度提高,发酵周期也缩短了 40 h,但 L-精氨酸的产量有所下降。

③强化 L-精氨酸生物合成途径。以 AR4 菌株为出发菌株,首先敲除负责 L-谷氨酸外输分泌的 Ncgl1221 基因,再将 AR1 菌株引入的 argF 随机突变 G166C 重新恢复其野生型,最后用强启动子 P_{sod} 置换 AR4 菌株中的 carB 基因的启动子,由此构建的重组菌株 AR5 发酵生成 L-精氨酸的水平提高至 82 g/L;但其不足在于中间产物 L-瓜氨酸的积累和分泌增加了 L-精氨酸分离纯化的困难。为了降低 L-瓜氨酸的积累和分泌,将谷氨酸棒状杆菌强组成型启动子 P_{eftu} 置换 argGH 操纵子启动子,强化由 L-瓜氨酸向 L-精氨酸的转化,由此构建的重组菌株 AR6 间歇式发酵单位葡萄糖生成 L-精氨酸的产率达到 0.4 g/g。

9.4.1.2 重组乳酸菌生产乳酸

乳酸是一种重要的多用途有机酸,广泛应用于食品、医疗、制药、化工、环保和农业等诸多领域。这种精细化学品可被用作酸味剂、调味剂、防腐剂、手性药物中间体、鞣革制剂、植物生长调节剂、生物可降解材料(生物塑料聚乳酸 PLA)、化妆品组分等。当前,世界市场对乳酸(尤其是 L-乳酸)和聚乳酸的需求量迅猛增加,达到 100 万 t/年。乳酸菌自身就具有优良的乳酸合成能力,利用分子改良技术可进一步强化其乳酸合成代谢,具有显著的应用价值。利用农业废物木质纤维素水解产物发酵生产乳酸具有显著的经济效益。将植物乳杆菌降解木质纤维素和利用木糖的关键酶——木糖异构酶和木酮糖激酶在乳杆菌中进行过表达,构建的同型发酵工程菌 MONT4 可利用木质纤维素生物质发酵生产乳酸,转化率接近理论转化率(1.67 mol/L 乳酸/1 mol/L 木糖)。此外,将两个拷贝的戊糖乳杆菌的 xylAB 基因插入到植物乳杆菌基因组中,重组植物乳杆菌可利用 25 g/L 木糖和 75 g/L 葡萄糖产生 D-乳酸,产率达 0.78 g/g 糖。

9.4.1.3 重组酵母菌和大肠杆菌生产乙醇

乙醇既是重要的化工原料,也是可能替代化石燃料的生物清洁能源。利用农业原料通过微生物发酵生产乙醇对于促进农业发展,改善能源供应和保护环境具有重要意义。目前,生物乙醇主要利用玉米和蔗糖两种原料生产,成本较高。而利用木质纤维素类的物质(农业和林业废料、木材等)生产乙醇燃料具有显著的经济和社会效益。木质纤维素通过粉碎和蒸汽处理生成纤维素(水解或酶解后生成葡萄糖)和半纤维素(分解后生成 D-木糖)。然而,最常见的乙醇发酵微生物酿酒酵母不能发酵纤维素和木糖,最有利用木糖潜力的柄状毕赤酵母产乙醇的能力及其对乙醇的耐受能力却很低。将柄状毕赤酵母的木糖还原酶(XR)编码基因、木糖醇脱氢酶(XDH)编码基因和酿酒酵母木酮糖激酶(XK)编码基因组成重组操纵子 *XYL*，置于酿酒酵母糖酵解基因的 5′调控区，构建重组表达载体 pLNH 并转化酵母属菌株，重组菌株能同时有效地将木糖和葡萄糖转化为乙醇，且不需要木糖诱导，也不为葡萄糖所阻遏。另外，将白色腐烂真菌的漆酶编码基因在酿酒酵母中表达，可提高重组菌株对木质纤维素水解物中酚抑制剂的耐受，改善酿酒酵母利用木质纤维素生产乙醇的能力。

将乙醇生物合成基因导入大肠杆菌等非乙醇生产菌中，是构建高产乙醇工程菌株的另一种策略。世界上第一株高产乙醇的大肠杆菌工程菌能够利用葡萄糖发酵产生 34 g/L 的乙醇，其构建策略是将移动发酵单胞菌的丙酮酸脱氢酶编码基因 *pdc* 和乙醇脱氢酶编码基因 *adh* 组成 *pet* 人工操纵子进行表达。另一株重组大肠杆菌 KO11 是将移动发酵单胞菌的 *pdc* 基因和 *adhB* 基因组成的 *pet* 人工操纵子整合在染色体上构建而成的，拥有更优良的乙醇合成能力，能够在含有 10％葡萄糖和 8％木糖的发酵培养基中生成 54.5 g/L 和 41.6 g/L 的乙醇，接近于每克葡萄糖生成 0.5 g 乙醇的理论产量；此外，KO11 菌株还能发酵葡萄糖和木糖以外所有的木质纤维素其他糖组分(甘露糖、阿拉伯糖和半乳糖等)，但不能利用纤维二糖，因而难以直接利用纤维素发酵。将产酸克雷伯氏菌编码纤维二糖 II 型酶和磷酸-*β*-葡糖苷酶的 *casAB* 操纵子在 KO11 菌株中表达，重组菌株表现出高效利用纤维二糖的优良性状，也能直接发酵纤维素生产乙醇。

9.4.2　食品微生物工程菌株生产酶制剂

9.4.2.1　重组芽孢杆菌生产耐热性淀粉加工酶系

耐热性淀粉加工酶系在食品加工领域应用广泛，具有极高的经济价值。基于芽孢杆菌高效分泌系统构建的耐热性酶制剂工程菌可用于生产 *α*-淀粉酶、*β*-淀粉酶、木糖(葡萄糖)异构酶、葡萄糖淀粉酶、环状麦芽糊精葡糖基转移酶、脱支酶等酶系。地衣芽孢杆菌和嗜热脂肪芽孢杆菌来源的 *α*-淀粉酶基因已在短小芽孢杆菌中实现了高效表达，重组短小芽孢杆菌发酵生产 *α*-淀粉酶的产率可达 3 g/L。将热硫梭菌来源的 *β*-淀粉酶基因构建在短小芽孢杆菌表达质粒载体 pNU200 上，在短小芽孢杆菌强启动子 P_{cwp}、SD_{cw} 和信号肽 SP_{cwp} 介导下，重组短小芽孢杆菌培养液中 *β*-淀粉浓度可达 2 600 IU/mL，相当于 1.6 g/L 纯酶，是传统诱变获得的热硫梭菌高产菌株的 60 倍。将嗜热菌木糖异构酶基因构建在短小芽孢杆菌表达质粒载体 pNU210 上，在强启动子 P_{cwp} 和两种来源 SD 序列及翻译起始密码子的介导下，重组短小芽孢杆菌中木糖异构酶的产量达到 25 000 IU/L，提高了约 40 倍。

9.4.2.2　重组丝状真菌生产酶制剂

丝状真菌通常含有丰富酶系，在生产酶制剂方面具有得天独厚的优势，具有较高的商业价值。牛凝乳酶是生产奶酪的重要酶制剂，相对于从牛胃中分离的传统方法，通过微生物发酵生产牛凝乳酶能够大幅降低成本和价格，显著提高产量。经分子改良的重组泡盛曲霉已被用于牛凝乳酶的大规模工业化生产。其构建的原理是：使用葡萄糖淀粉酶编码基因的启动子 P_{glaA} 和信号肽介导多拷贝数牛凝乳酶原的分泌表达，同时将受体菌的天冬氨酸蛋白酶编码基因 *pepA* 进行诱变缺失以避免其降解活性；进而对重组菌株进行脱葡萄糖抗性株(*dgr* 突变)的诱变选育，解除葡萄糖对启动子 P_{glaA} 介导基因转录的阻遏效应，进一步提高重组牛凝乳酶的分泌量，最优发酵条件下重组牛凝乳酶的产量可达 1 350 mg/L。此外，重组黑曲霉可被用于生产具有生物活性的猪胰磷脂酶 A2(PLA2)，重组里氏木霉广泛应用于纤维素酶和半纤维素酶、热稳定性木聚糖酶和生物催化剂肉桂酰酯酶的高效表达。

9.4.3　食品微生物工程菌株生产功能分子

叶酸(维生素 B_{11})是一种人体必需营养素,具有维持生理平衡,预防婴儿出生缺陷,预防心血管疾病和癌症的作用。一些乳酸菌能够产生叶酸,因而人们可通过摄入发酵乳制品来补充叶酸。在乳酸乳球菌中将对氨基苯甲酸(pABA)基因簇 $pabA$-$pabBC$ 与叶酸生物合成基因簇 fol(2-氨基-4 羟基-6 羟甲基二氢喋啶焦磷酸激酶编码基因 $folK$ 和 GTP 环水解酶 I 编码基因 $folE$ 等)进行耦合过表达,重组乳酸乳球菌胞内叶酸含量增加 80 余倍。选择性调控叶酸合成相关酶的表达,既可用于富含叶酸乳制品的生产,还可用于叶酸的发酵生产。此外,将乳酸乳球菌核黄素(维生素 B_2)生物合成的 4 个基因 $ribGBAH$ 进行过表达,可构建高产核黄素的乳酸乳球菌工程菌株。

多元醇(如木糖醇和甘露醇等)是低热量的甜味剂,且具有抗肿瘤作用,广泛应用于食品和医药工业。将毕赤酵母的木糖还原酶编码基因 xyl1 和短乳杆菌的木糖运输基因 $xylT$ 在乳酸乳球菌中耦合表达,可使重组乳酸乳球菌获得合成木糖醇的能力。在乳酸乳球菌中删除甘露醇转运系统 PTSMt1 可使 50% 的葡萄糖转化为甘露醇。这些能够大量合成木糖醇和甘露醇的乳酸乳球菌可应用于具有益生保健功能的发酵乳制品的生产。

过氧化物歧化酶(SOD)具有很强的抗氧化能力,已在化妆品、食品及保健品等领域应用,并在肿瘤、炎症、自身免疫性疾病以及辐射损伤等疾病的治疗中显示了良好的应用前景。孙强正等将锰超氧化物歧化酶(Mn-SOD)编码基因克隆至食品级表达载体中,并转入乳酸乳球菌中,成功表达了 Mn-SOD。

细菌素是细菌产生的一类具有抗菌活性的肽分子。与抗生素相比,细菌素无毒副作用,一般不易出现耐药性,作为生物防腐剂和抑菌剂的重要性受到人们的持续关注。乳酸细菌能产生种类繁多的细菌素,可应用于食品防腐和人与动物医疗保健等领域。随着人们对细菌素的结构与功能特性、生物合成与调控机制认识的逐步深入,利用基因工程技术对细菌素进行遗传修饰将进一步拓展其应用领域。用乳链球菌素 nisin 生物合成启动子 P_{nisA} 和双组分调控系统 nisRK 构建的性能优良的 NICE 诱导表达系统,广泛应用于乳酸菌的分子改良。利用定点突变技术和氨基酸转化技术对羊毛硫细菌素进行改造,可为新的肽类药物的设计提供思路;将片球菌素 PA-1 的 11 位的 Lys 置换成 Glu 后抗菌活性大大提高。Horh 等将来源于乳酸乳球菌 WM4 的乳球菌素 A 运输功能基因 $lcnC$ 和 $lcnD$ 在产片球菌素 PA-1 的乳酸乳球菌 IL1403 中进行表达,重组菌株中片球菌素 PA-1 的产量得到了明显提高;将乳酸乳球菌 IL1403 中合成片球菌素 PA-1 的基因决定簇导入产乳链球菌素 nisin 的乳酸乳球菌 FI5876 中,重组菌株能够同时产生片球菌素 PA-1 和乳链球菌素 nisin 两种具有宽抑菌谱的细菌素。

9.4.4　食品微生物工程菌株改善发酵食品的风味与品质

部分人群患有乳糖不耐症,即摄入乳糖而产生消化不良的不适症状。乳制品发酵过程中,乳酸菌可将乳糖降解成葡萄糖和半乳糖,既能解除部分人群因乳糖不耐症产生的消化不良,产生的葡萄糖又可起到原位甜化的作用。因此,强化乳酸菌发酵菌种的乳糖代谢能力具有重要应用价值。同时删除葡萄糖激酶编码基因 glk、甘露糖磷酸烯醇式丙酮酸磷酸转移酶系统编码基因 $ptnABCD$ 和纤维二糖磷酸烯醇式丙酮酸磷酸转移酶编码基因 $ptcC$,可显著提高乳糖的代谢能力。Douglas 等在嗜酸乳杆菌染色体上插入编码 β-半乳糖苷酶的基因,构建了产 β-半乳糖苷酶的菌株。该重组菌应用于奶业生产中,提高了乳糖的水解率,从而有助于乳糖在人体中的吸收利用率。重组后的含风味酶基因的乳酸菌在食品生产与加工中不仅可以改善食品风味,还可以将一些合成营养物质的基因导入乳酸菌体内,生产出含高蛋白质的营养食品。此外,半乳糖的大量残留将给患有半乳糖血症人群带来危害,且严重影响奶酪等发酵食品的品质。在乳酸乳球菌中耦合表达半乳糖 gal 操纵子和 α-葡萄糖磷酸变位酶 (α-PGM)能将半乳糖的消耗速率提高 50%;在保加利亚乳杆菌和嗜热链球菌中表达 L-阿拉伯糖异构酶,可将半乳糖转化为塔格糖(甜味与蔗糖相当且无法被人体代谢),可作为糖尿病等特殊人群的甜味剂。

双乙酰是一种具有浓郁奶油气味的重要的食品风味物质,是多种发酵乳制品的主要风味物质。乳酸乳球菌和明串珠菌等乳酸菌可通过柠檬酸代谢生成双乙酰,但合成量一般很小。根据双乙酰的合成途径,诱变选育 α-乙酰乳酸脱羧酶(Ald)缺陷的乳酸乳球菌,并在突变株中过表达 NADH 氧化酶(NoxE),重组菌株中双乙酰的产量可达 1.6 mmol/L。此外,删除乳酸脱氢酶(Ldh)、α-乙酰乳酸脱羧酶(AldB)和磷酸乙酰转移酶(Pta),同时提供甲酰四氢叶酸合成酶(Fhs)或者 3-磷酸甘油脱氢酶(SerA)或者葡萄糖-6-磷酸-1 脱氢酶(Zwf),并过表达 NADH 氧化酶(NoxE),可构建高产双乙酰的短乳杆菌工程菌。

作为酸奶等发酵乳制品的重要风味物质,乙醛浓度为 10~15 μg/L 时,乳制品的风味最佳。研究发现,酸奶发酵剂菌株嗜热链球菌中的丝氨酸羟甲基转移酶(SHMT)在形成乙醛的代谢途径中具有重要作用。因此,将嗜热链球菌的 SHMT 编码基因 $glyA$ 进行过表达,丝氨酸羟甲基转移酶 SHMT 具有的苏氨酸醛缩酶活性(TA)显著提高,乙醛的产量也随之大幅提高。

在发酵牛奶和奶酪的生产中,乳酸乳球菌是一种非常重要的乳品发酵菌株。Karakas-Sen 等利用乳球菌表达载体 pMG36e 将雷特氏乳酸球菌亚种 MG1363 菌株中二乙酰还原酶编码基因 dar 进行了过表达,重组菌株用于 Feta 奶酪的制作,对奶酪的品质有显著影响。

另外,将芳樟醇/橙花叔醇合成酶(NES)和一种醇乙酰转移酶编码基因在乳酸乳球菌中过表达,可增强具有草莓香味物质(芳樟醇、橙花叔醇及酯类)的产生,应用于天然草莓风味发酵乳制品的生产。

❓ 复习思考题

1. 什么是食品微生物的分子改良? 它的原理是什么?

2. 食品微生物分子改良的一般操作过程包括哪些步骤?

3. 食品微生物分子改良的技术方法主要有哪几种? 了解不同技术方法的特点及其应用。

4. 蛋白质的体外定向分子改造方法有哪些?

5. 什么是途径工程? 了解实现代谢途径改造的三个基本过程和主要策略。

6. 了解食品微生物分子改良的应用及其重要意义。

参考文献

[1]Ciabattini A,Parigi R R,Oggioni M R,et al. Oral priming of mice by recombinant spores of *Bacillus subtilis*. Vaccine,2004,22(31-32):4139-4143.

[2]Fujita Y,Ito J,Ueda M,et al. Synergistic saccharification,and direct fermentation to ethanol,of amorphous cellulose by use of an engineered yeast strain codisplaying three types of cellulolytic enzyme. Applied & Environmental Microbiology,2004,70(2):1207-1212.

[3]Kato-Murai M,M Ueda M. Novel application of yeast molecular display system to analysis of protein functions. Journal of Biological Macromolecules,2008,8(1),3-10.

[4]Kwon S J,Jung H C,Pan J G. Transgalactosylation in a water-solvent biphasic reaction system with β-Galactosidase displayed on the surfaces of *Bacillus subtilis* spores. Applied & Environmental Microbiology,2007,73(7):2251-2256.

[5]Maguin E,Prevost H,Ehrlich S D,et al. Efficient insertional mutagenesis in *lactococci* and other gram-positive bacteria. Journal of Bacteriology,1996,178(3):931-935.

[6]Martin M C,Alonso J C,Suarez J E,et al. Generation of food-grade recombinant lactic acid bacterium strains by site-specific recombination. Applied and Environmental Microbiology,2000,66(6):2599-2604.

[7]Matsumoto T,Fukuda H,Ueda M,et al. Construction of yeast strains with high cell surface lipase activity by using novel display systems based on the flo1p flocculation functional domain. Applied & Environmental Microbiology,2002,68(9):4517-4522.

[8]Pan J G,Kim E J,Yun C H. *Bacillus* spore display. Trends in Biotechnology,2012,30(12):610-612.

[9]Savijoki K,Kahala M,Palva A. High level heterologous protein production in *Lactococcus* and *Lactobacillus* using a new secretion system based on the *Lactobacillus brevis* S-layer signals. Gene,1997,186(2):255-262.

[10]Sleytr U B,Schuster B,Egelseer E M,et al. S-layers:principles and applications. Fems Microbiology Reviews,2014,38(5):823-864.

[11]Zhang X,Zhang X,Li H,et al. Atmospheric and room temperature plasma(ARTP) as a new powerful mutagenesis tool. Applied Microbiology and Biotechnology,2014,98(12):5387-5396.

[12]Zhou Z,Xia H,Hu X,et al. Immunogenicity of recombinant *Bacillus subtilis* spores expressing *Clonorchis sinensis* tegumental protein. Parasitology Research,2008,102(2):293.

[13]郭钦,张伟,阮晖,等. 酿酒酵母表面展示表达系统及应用. 中国生物工程杂志,2008,28(12):116-122.

[14]郭兴华,曹郁生,东秀珠. 益生乳酸细菌——分子生物学及生物技术. 北京:科学出版社,2008.

[15]罗云波,生吉萍,郝彦玲. 食品生物技术导论. 北京:中国农业大学出版社,2016.

[16]徐小曼,王啸辰,马翠卿. 芽孢表面展示技术研究进展. 生物工程学报,2010,26

（10）:1404-1409.

[18]吴乃虎 . 基因工程原理 . 北京:科学出版社,2001.

[19]吴乃虎,黄美娟 . 分子遗传学原理(上册). 上海:化学工业出版社,2015.

[20]张惠展 . 基因工程概论 . 上海:华东理工大学出版社,2001.

[21]张惠展 . 基因工程 . 4 版 . 上海:华东理工大学出版社,2017.

第 10 章

食品微生物的分子检测技术

本章学习目的与要求

1. 了解食品微生物检测的现状及食品微生物分子检测技术的发展趋势；
2. 熟悉并掌握各类食品微生物的分子检测技术。

食品安全问题一直是政府、企业以及消费者重点关注的问题,随着经济全球化的迅速发展,食品的安全问题呈现出国际化的特点,食品安全事件频繁发生。食品安全对人类健康的影响已成为各国政府和人民共同关注的焦点,我国也颁布施行了新的食品安全法,以防范食品安全事故发生,增强食品安全监管工作的有效性。食品的原料和加工环境为微生物提供了生长条件,食品加工过程和包装储运过程中稍有不慎就会使一些致病微生物大量繁殖,人类食用后极易发生食物中毒、毒素感染或食源性疾病,严重危害人类健康甚至生命,是非常大的安全隐患。目前在国内外已经报道了多种引发食品安全事件的食源性致病微生物,包括单核增生李斯特菌(*Listeria monocytogenes*)、肠出血性大肠杆菌(*Enterohemorrhagic E. coli*)、沙门氏菌(*Salmonella*)、金黄色葡萄球菌(*Staphylococcus aureus*)、A/H1N1 流感病毒等。食源性致病微生物检测是维护食品安全的最后一道重要屏障,加强检测可以提高食品安全事故处理水平,实现快速应对。另外,有益微生物(如乳酸菌、双歧杆菌、酵母菌等)可以应用于食品发酵。而腐败微生物会导致食品产生不良外观、风味和质地,缩短食品储藏的货架期。这些食品微生物的检测对食品工业也具有重要意义。

传统的微生物检测方法建立在微生物分离、培养以及生理生化检测的基础上。传统检测方法操作烦琐耗时,尤其对一些食源性致病菌的检测周期长达数日,难以满足现代食品安全快速检测的要求;在复杂微生物群落中,检测特异性不高;另外,食品加工和储藏过程可能导致菌体损伤,从而出现难培养或不可培养菌,也使得传统的检测方法受到了一定的限制。开发新型快速的检测技术迫在眉睫。近年来,分子检测技术迅猛地发展,它以分子生物学技术为主,结合多种其他新型技术,以食品微生物或其核酸、蛋白质、脂多糖等生物分子为靶标,实现了快速、精准、高通量的检测。多种不同的分子检测方法不断涌现,实现了食品微生物从普通定性到快捷可视的检测、从单一目标到多目标的高通量及基因分型检测、从总菌定量到活菌定量等。本章对食品微生物的分子检测技术进行具体讲解。

10.1 PCR 及其拓展检测技术

10.1.1 PCR 检测技术

聚合酶链式反应(polymerase chain reaction,PCR)技术,是通过体外酶促反应模仿体内 DNA 分子的复制原理而实现对特定 DNA 片段的扩增,自 1985 年发明以来,得到了广泛的应用,极大地推进了分子生物学研究的进程,在本书第 2 章中对 PCR 技术的原理已经有了详细的介绍。PCR 技术不仅是基因工程、基因编辑等技术中的重要操作环节,因其具有操作简便、检测快速、准确率高、特异性强等优点,也可以作为微生物核酸分子的定性检测技术,现已被广泛应用于食品微生物的检测和溯源等领域,特别是那些难以培养或抗原性复杂的细菌的检测鉴定。

在 PCR 检测中,首先需要提取微生物的 DNA,以 DNA 为模板对特异性基因片段进行扩增并检测。目前,PCR 技术已经用于检测多种食源性致病菌的特异性基因。如单核增生李斯特菌内标基因(*rpoB* 和 *gap*)及毒素基因(*prfA*、*hlyA*、*plcA/B*、*actA*、*inl*、*iap*)等的检测。单核增生李斯特菌能够分泌一系列毒素,大多数解码这些致病产物的染色体基因位于单核增生李斯特菌的致病岛Ⅰ(LIPI-Ⅰ)和致病岛Ⅱ(LIPI-Ⅱ)上。LIPI-Ⅰ是一个 9 kb 的致病基因岛,其中用于检测的主要毒力基因有 $prfA$、$hlyA$、$plcA/B$、$actA$。$prfA$ 基因解码 27 ku 的多肽 PrfA,PrfA 是调控 $prfA$ 和其他致病基因表达的主要转录因子。$hlyA$ 编码 60 ku 的溶血素蛋白,溶血素蛋白可使单核增生李斯特菌溶解吞噬体细胞膜,继而从细胞液泡中脱离。磷脂酶 C 蛋白由 $plcA/B$ 编码,它与溶血素蛋白有类似的功能,这两种物质可以协同作用。$actA$ 编码能够使肌动蛋白聚集形成聚合物从而为细菌运动提供动力的 ActA 蛋白。LIPI-II 又称内化素小岛,由 inl 基因编码的内化素,是使得单核增生李斯特菌能够附着和侵入宿主细胞的重要因子。也还有一些致病基因位于染色体的其他区域,如侵袭性蛋白 P60 基因 iap 等;沙门氏菌编码外膜蛋白的基因 $ompC$,编码吸附和侵袭蛋白的基因 $invA\sim E$,编码菌毛亚单元的基因 $fimA$ 和肠毒素基因 stn,以及编码鞭毛抗原的基因 sef 等都已经作为 PCR 的检测靶基因;肠出血性大肠杆菌 O157:H7 的抗原特异合成酶基因 $rfbE$,志贺样毒素基因 stx,溶血素基因 $hylA$,黏附抹平因子 eae 等是 PCR 检测的重要靶基因;金黄色葡萄球菌的耐热核酸酶特异基因 nuc,肠毒素基因 sea、seb、sec、sed、see,血浆凝固酶基因 coa,表皮剥脱毒素基因 eta、etb,耐药性辅助基因 $femA$,耐甲西林基因 $mecA$ 等是 PCR 检测的重要靶基因。这些食源性致病菌靶基因快速特异的 PCR 检测对于食品安全、进出口检验检疫等领域具有重要的实际应用价值。

PCR 技术在益生菌检测中也有着广泛的应用,例如对于乳酸乳球菌($Lactococus\ lactis$)、嗜酸乳杆菌($Lactobacillus\ acidophilus$)、长双歧杆菌($Bifidobacterium\ longum$)、干酪乳杆菌($Lactobacillus\ casei$)和嗜热双歧杆菌($Bifidobacterium\ thermophilum$)等乳酸菌,现已有多种基于 PCR 技术的检测方法,能够快速、准确地检测鉴定发酵产品中有益菌的种类和数量。此外,对于一些难以进行培养和血清学检验的病毒,也可应用 PCR 技术对其进行快速检测鉴定。总之,PCR 技术可以对不同微生物的特异靶基因进行扩增,在食品微生物定性检测中的应用非常广泛。

10.1.2 实时荧光定量 PCR 检测技术

常规的定性 PCR 检测具有操作简单、稳定性好和灵敏度高等优点,但在食品微生物检测中,有时需要利用荧光定量 PCR 技术对特定微生物进行精确定量。1993 年实时荧光 PCR 技术问世,1996 年美国 ABI 公司生产出了世界第一台全自动实时荧光 PCR 仪,荧光定量 PCR 开始逐渐被广泛应用。与常规 PCR 相比,该技术实现了 PCR 从定性到定量的飞跃。所谓实时荧光定量 PCR 技术,是指在 PCR 反应体系中加入荧光基团,利用荧光信号的积累实时监测整个 PCR 进程,荧光信号与 PCR 产物同步形成,最后通过标准曲线对未知模板进行定量分析的方法。

实时荧光定量 PCR 是目前微生物定量检测中使用最广的方法,主要分为非特异性染料结合法和荧光探针标记法两种。非特异性染料结合法最常用的染料是 SYBR Green I,SYBR Green I 可以与双链 DNA 结合,从而使其荧光信号增强。在 PCR 反应体系中,加入过量的 SYBR Green I 荧光染料,其会特异性地掺入 DNA 双链中并发射荧光信号,而未与双链 DNA 结合的染料分子不会发出任何荧光信号,保证了 PCR 产物扩增与荧光信号的增强完全同步。非特异性染料结合法不需要另外设计探针,比较方便快捷,可广泛应用,也更加经济。但非特异性染料可以插入任何双链 DNA 中,包括非特异性条带和引物二聚体,造成荧光信号值偏高。所以,在应用非特异性染料结合法时,需要尤其注意引物的设计,选取特异性强、效率高的引物,尽量避免引物二聚体的形成。

　　荧光探针标记法中的荧光探针主要有 3 种:TaqMan 荧光探针、杂交探针和分子信标探针,其中 TaqMan 荧光探针应用最为广泛。TaqMan 荧光探针是一种寡核苷酸探针,探针 5′末端连接荧光报告基团,而 3′末端连接荧光淬灭基团(图 10-1)。设计探针使之与目的片段互补并特异性结合,当探针完整时,报告基团所发射的荧光信号被淬灭基团吸收。当引物延伸时,在 Taq DNA 聚合酶作用下,与 DNA 模板结合的探针会被切断,报告基团远

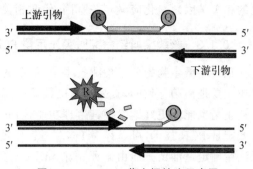

图 10-1　TaqMan 荧光探针法示意图

离淬灭基团,能量不能再被吸收,定量 PCR 仪便可以检测到荧光信号。在荧光探针标记法中,非特异性扩增和引物二聚体扩增不会产生荧光信号的累积,特异性更高。但是每次针对目的基因扩增,都需要设计相匹配的探针,大批量检测时成本比较高。

　　在实时荧光定量 PCR 运行过程中,被扩增的目的基因片段呈指数规律增长,通过实时检测与之对应的随扩增而变化的荧光信号强度,得到循环阈值(cycle threshold,Ct)。Ct 值指每个反应管内的荧光信号到达设定阈值(threshold)时所经历的循环数。PCR 反应的前 15 个循环的荧光信号作为荧光本底信号,阈值的默认设置是 3~15 个循环的荧光信号的标准偏差的 10 倍。起始拷贝数越多,Ct 值越小。利用已知起始拷贝数的标准品可作出标准曲线,其中横坐标代表起始拷贝数或菌落数的对数,纵坐标代表 Ct 值。只要获得未知样品的 Ct

二维码 10-1　定量 PCR 扩增及其标准曲线

值,即可从标准曲线上计算出该样品的起始拷贝数或菌落数。二维码 10-1 就是不同浓度标准品的定量 PCR 扩增及其标准曲线的制备。

　　实时荧光定量 PCR 已经被广泛应用于微生物检测中,包括细菌、真菌和病毒的检测,并都显示出了较高的准确性和灵敏性。除了定量检测,随着对微生物分析检测精确性要求的提高,食品微生物的基因表达也受到越来越多的关注。而微生物基因的表达分析,通常是提取微生物的 RNA,对 mRNA 进行反转录得到 cDNA,进行实时荧光 PCR 定量扩增,以确定微生物处于不同环境下或者经不同处理(如杀菌处理)后相关基因(如致病菌毒素基因或代谢相关基因)在表达水平上的变化。很多研究者利用实时荧光定量 PCR 技术,研究防腐剂对各种致病菌毒素基因表达的影响,以获得对防腐剂作用的精确理解。以单核增生李斯特菌为例:在热处理下,单核增生李斯特菌由多肽 PrfA 调节的毒素基因表达均有上调趋势;有机弱酸(乳酸和醋酸)会抑制其多种毒素基因的表达;食品工业常用的消毒剂也会使其各毒素基因的表达发生改变(氯化物与过氧化合物导致其毒素基因表达下调,季胺化合物导致毒素基因表达上调)。另外,近年来转录组学技术已经广泛应用于微生物的研究,以得到在不同环境或处理下,微生物在全基因组水平上的基因表达上调或下调情况,并通常用实时荧光定量 PCR 技术来验证基因表达的结果。例如,研究者用转录组学技术证明有机弱酸(乳酸和醋酸)使得单核增生李斯特菌的基因表达发生了变化。随后选取了一些基因表达差异比较大的基因,用实时荧光定量 PCR 验证这些基因表达的变化,证实了有机弱酸可以使单核增生李斯特菌阳离子和金属离子

转运基因、细胞膜相关基因(包括脂肪酸链延伸、细胞分裂、细胞膜去饱和、脂质组成和电荷变化的相关基因)、氧化应激相关基因、代谢相关基因的表达发生显著改变。

10.1.3　核酸染料结合实时荧光定量 PCR 的活菌检测技术

在食品微生物的分子检测技术中,活菌的精确定量分析是一个挑战性问题。食品的腐败变质主要是活菌导致的,食品中活的致病菌能够分泌毒素,造成人类感染,而食品中具有活性的益生菌也能够更好地发挥其生理功能,因此实现对食品微生物活菌的检测意义重大。实时荧光定量 PCR 技术,可以针对 DNA 进行定量检测,但只能检测食品中死菌和活菌的总和,而无法精确定量活菌。而由于死菌中 mRNA 会降解,RNA 也可以作为一种活/死菌检测的标识物。实时荧光定量 PCR 技术也可以针对将 mRNA 反转录后得到 cDNA 进行定量检测,但是由于 RNA 的表达量也随着细胞生理状态的变化而变化,使得基于 RNA 的检测方法也比较难以精确定量活菌。

2003 年,Nogva 等报道了一种叠氮溴化乙锭染料(ethidium monoazide,EMA)结合定量 PCR 的方法(EMA-qPCR)检测活菌。EMA 是一种可以与基因组 DNA 牢固共价结合的染料。这个方法的原理基于活菌和死菌细胞膜通透性的区别,染料无法侵染细胞膜完整的活菌,但是可以侵染细胞膜通透性变强的死菌。染料进入死菌细胞膜内后,通过光照诱导可以与 DNA 产生共价结合,使得随后的 PCR 扩增被抑制,以此来单独对活菌进行定量。这种方法已经逐渐发展成为一个有潜力并被广泛应用的方法。但是在应用的过程中,人们发现高浓度的 EMA 可能会渗透进入活菌内,导致假阴性结果,所以研究者测试了另一种细胞膜渗透力较低的染料叠氮溴化丙锭(propidium monoazide,PMA),证实 PMA-qPCR 方法也可以应用在活菌检测中。这两种核酸结合染料各有优势,EMA 能够更明显地区分死菌和活菌,而使用 PMA 可以降低出现假阴性结果的可能性。目前,EMA/PMA-qPCR 是基于 DNA 的活菌检测的重要方法,原理见图 10-2。其具体检测步骤为:A. 将染料

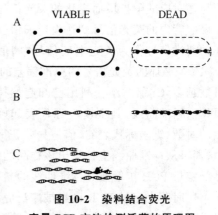

图 10-2　染料结合荧光定量 PCR 方法检测活菌的原理图
(引自:Rudi K,2005)

加入含有活细胞和死细胞的检测样品中,EMA/PMA 染料不会进入活菌,但是会侵入死菌中并且与 DNA 结合。光照诱导使得染料与 DNA 共价结合,并且使游离的染料失活;B. 提取基因组 DNA,活菌的 DNA 没有与染料结合,而死细胞的 DNA 与染料共价结合;C. 活细胞中未被侵染的 DNA 可以被 PCR 扩增,而死细胞中与染料结合的 DNA 不能扩增。

EMA/PMA-qPCR 已经广泛应用于各种微生物的活细胞鉴定中,包括不同的细菌和真菌等;这个方法也被证实可以应用于微生物的特殊生理状态的活菌检测,如生物被膜、芽孢,以及活的但不可培养(viable but nonculturable,VBNC)状态。值得一提的是,很多环境或都会导致 VBNC 状态菌的产生,如冷冻、高压、高渗透压等环境。VBNC 状态菌虽然具有生理活性,却无法在平板培养基上生长,普通的平板计数法无法检出,但是 VBNC 状态菌的细胞膜是完整的,因此可以用 EMA/PMA-qPCR 定量检测包含 VBNC 菌在内的活菌。

由于 EMA/PMA-qPCR 技术应用的前提是死菌细胞膜破损,从而使得核酸染料侵入并结

合基因组 DNA,因此适用于导致细胞膜破损的杀菌方式,比如热杀菌、紫外杀菌、化学试剂杀菌等。研究已经证实,EMA/PMA-qPCR 方法不但可以应用于不同食品中的活菌检测,如葡萄酒、泡菜等,还可以应用于土壤、水体、人类粪便中的活菌检测。但是由于核酸结合染料中的叠氮基团比较活跃,当环境中酸浓度过高时,EMA 的光学特性会发生改变,从而影响检测结果。

10.1.4　多重 PCR 检测技术

一般 PCR 仅应用一对引物,扩增一个核酸片段,主要用于单一核酸片段的鉴定。多重PCR(multiplex PCR),又称多重引物 PCR 或复合 PCR,它是在一个 PCR 反应体系中加入 2对及以上引物,同时扩增出多个核酸片段的 PCR 反应,其反应原理、反应试剂和操作过程与一般 PCR 相同。多重 PCR 反应具有高效性,可以在一个 PCR 反应管中同时检出多种微生物,或对微生物进行基因分型分析;另外,多重 PCR 可以通过一次反应提供更多的检测信息,也节约了检测时间,节省实验开支。

多重 PCR 对不同大小的目的条带进行扩增,目的条带一般可以通过琼脂糖凝胶电泳来检测区分。图 10-3 中所示是用琼脂糖凝胶电泳检测铜绿假单胞菌内标及不同毒素基因的多重 PCR产物,包括:编码 ExoU 毒素的 *exoU* 基因(94 bp)、内标基因 *ecfX*(164 bp)、编码 ExoS 毒素的*exoS* 基因(240 bp)、调节吩嗪-1-羧酸转化为绿脓菌素的 *phzM* 基因(330 bp)、编码外毒素 A 的*toxA* 基因(418 bp)、编码弹性蛋白酶的 *lasB* 基因(520 bp)。其中 1~6 泳道是不同浓度的铜绿假单胞菌 DNA 模板的多重 PCR 扩增结果(1 为 50 ng,2 为 5 ng,3 为 0.5 ng,4 为 50 pg,5 为5 pg,6 为 0.5 pg),7 泳道是非模板水对照,M 泳道是 DNA Marker DL 2000。

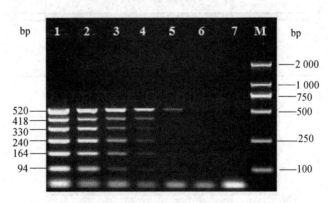

图 10-3　多重 PCR 反应产物的琼脂糖凝胶电泳检测

(引自:石慧,2016)

目前,多重 PCR 检测技术已经广泛应用于微生物检测中,如 Lindström 等建立了肉毒杆菌神经毒素的多重 PCR 检测体系,能够同时检测 A、B、E 和 F 型四种神经毒素。随着对肉毒杆菌神经毒素认识的不断深入,研究者们发现之前的检测能够很好地区分 B、E 和 F 型神经毒素,但却只能检测到 A1 型神经毒素,Medici 等重新设计了肉毒杆菌 A 型神经毒素基因的引物,使之能全面检测到 A1、A2、A3、A4 四种 A 型神经毒素,并建立了多重 PCR 体系,全面地检测了肉毒杆菌 A、B、E 和 F 型四种神经毒素;Ngamwongsatit 等建立了蜡状芽孢杆菌肠毒素基因的多重 PCR 检测体系,同时检测多种肠毒素基因(*hblCDA*、*nheABC*、*cytK*、*entFM*);

Kingombe 等建立了气单胞菌外毒素基因的多重 PCR 检测体系,同时检测 *act*、*alt* 和 *ast* 三种外毒素基因。

　　研究表明,多重 PCR 具有快速可靠、成本较低等优点,是一种同时检测多种目的基因的良好的技术模式,但是它也存在着一些问题。例如,多重 PCR 的体系比较复杂,会产生大量非特异性产物,从而导致特异性产物的低效率扩增;不同引物的扩增效率不一致也会影响检测结果;如果多重 PCR 扩增产物大小接近,普通琼脂糖凝胶电泳可能无法区分。为了改进多重 PCR 技术,可以使用一些对大小接近的条带分辨率更高的检测方法,如聚丙烯酰胺凝胶电泳、毛细管电泳、熔解曲线等。另外,通用引物多重 PCR(universal primer-multiplex PCR,UP-MPCR)也是一个具有高灵敏度的快速筛查方法。在一般 PCR 扩增中,会根据目的基因片段设计一段特异性引物。而 UP-MPCR 使用的是复合引物和通用引物,复合引物包含两部分,其 3′端为特异性引物,同时在 5′端添加了一段通用序列(如 CCTTCCCTCCTTCCCCCC),这段通用序列也是 PCR 体系中的通用引物。UP-MPCR 技术的原理见图 10-4,在 PCR 反应的起始阶段,各个复合引物在反应中起主要作用,优先与模板结合进行扩增,这时的 PCR 扩增主要由复合引物完成。随着反应的进行,低浓度的复合引物在反应前期很快耗尽,扩增产物增加,这些扩增产物便成为了通用引物的扩增模板。通用引物是复合引物的几十倍,绝大部分产物是由通用引物以同一效率扩增的。这种简单的体系降低了引物的复杂性,大大降低了多重 PCR 中引物二聚体和其他非特异性产物的形成,同时消除了不同引物扩增效率的差异性,使扩增效率达到一致。UP-MPCR 的优越性会随着多重 PCR 反应重数的增加而愈加明显,这种方法已经被应用在食品中不同种类或不同基因型的微生物检测中。

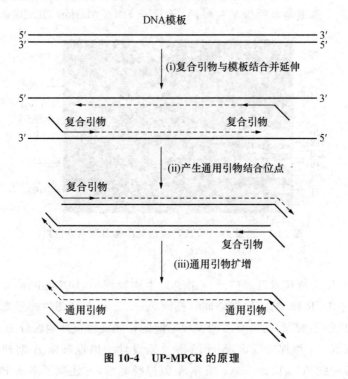

图 10-4　UP-MPCR 的原理

10.1.5　环介导等温扩增技术

PCR 技术需要专门的热循环设备进行热变性、退火、延伸,需要反复地变换温度,产物需要进行凝胶电泳检测,这些使 PCR 技术在基层推广和现场应用中受到了极大的限制。20 世纪 90 年代初,研究人员开始尝试开发等温扩增技术。等温扩增技术可以在恒定的温度下对特定核酸片段进行扩增,不需要热循环仪,近些年来得到了快速的发展,如环介导等温扩增(loop-mediated isothermal amplification,LAMP)技术、链置换扩增(strand displacement amplification,SDA)技术、切口酶恒温核酸扩增(nicking enzyme mediated amplification,NEMA)技术、滚环扩增(rolling circle amplification,RCA)技术、依赖解旋酶恒温扩增(helicase dependent amplification,HDA)技术、依赖核酸序列扩增(nucleic acid sequence-based amplification,NASBA)技术、转录介导扩增(transcription mediated amplification,TMA)技术等。

在这些等温扩增技术中,LAMP 在微生物检测中的应用最为广泛。LAMP 是 2000 年 Notomi 等发明的一种新型核酸等温扩增技术。LAMP 依赖一种具有高链置换活性的 DNA 聚合酶(Bst 聚合酶)进行恒温反应,与普通 PCR 反应不同的是,LAMP 针对靶基因的 6~8 个区域设计了 4~6 条特异性引物。多条互补序列的引入使得非目的 DNA 不会对靶序列扩增产生影响,因此 LAMP 法具有高特异性。同时,由于存在多个循环体系,可实现高效扩增,在 60~65℃内的等温条件下,可以在 1 h 内将靶基因片段扩增至 10^9~10^{10} 倍,其检测限可低至几个拷贝,远优于 PCR。

以针对靶基因设计 4 条特异性引物的 LAMP 法为例,这 4 条引物分别是正向内引物 FIP(包括 F1c 和 F2 两部分序列,其中 c 代表相应序列的反向互补序列)、反向内引物 BIP(包括 B1c 和 B2)、正向外引物 F3 和反向外引物 B3。LAMP 扩增过程可分为 3 个阶段:循环模板合成阶段、循环扩增阶段和延伸再循环阶段。具体为:①循环模板合成阶段:反应初始,FIP 和 F3 先后与单链 DNA 模板结合,引发循环模板合成,随着 F3 的延伸,FIP 产生的延伸链被置换出来,同时,其 5′端发生自我碱基配对,形成环状结构。随即,BIP 和 B3 以环状结构 DNA 作为模板延伸,引发新一轮链置换反应,最终形成一条哑铃状单链 DNA,即循环模板。②循环扩增阶段:进入循环扩增阶段后,哑铃状单链 DNA 3′端以自身为模板进行延伸,打开 5′端环状结构,形成一条双链茎环 DNA。随后,FIP 的 F2 区域与茎环 DNA 环状结构中的 F2c 区域互补配

二维码 10-2　LAMP 原理的示意图

对,发生延伸置换反应,自此引发循环扩增和延伸再循环扩增,进入指数扩增阶段。③延伸再循环阶段:随着 FIP 与 BIP 不断与环状结构结合,链置换反应持续发生,最终生成大量不同长度的多环花椰菜结构 DNA,LAMP 原理的示意图见二维码 10-2。图 10-5 中泳道 1~3 和 5~7 是 LAMP 产物的琼脂糖凝胶电泳检测图,其中每条 DNA 是由交替反向重复靶序列构成的。LAMP 原理虽然复杂,但是实际操作简单,是一种快速、简单、高效的核酸扩增技术。

除了琼脂糖凝胶电泳检测之外,LAMP 扩增产物也可以进行实时检测。由于在 DNA 延伸合成时,反应中合成的焦磷酸离子可以和反应溶液中的镁离子结合,产生焦磷酸镁白色沉淀,通过肉眼或浊度仪即可判定体系是否发生扩增,也可以通过在体系中加入染料观察颜色的变化来判断。因此,LAMP 已经广泛应用于食源性致病菌的检测,是一种简便、快速、特异性较高的检测方法。

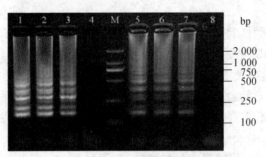

图 10-5　LAMP 产物的琼脂糖凝胶电泳检测

(引自：Shi H，2015)

10.2　荧光原位杂交(FISH)技术

分子杂交是除了 PCR 之外的另一种基于核酸的检测技术，荧光原位杂交(fluorescence in situ hybridization，FISH)技术是在微生物检测中使用最广泛的一类分子杂交技术。FISH 技术的主要特点是结合了分子生物学的精确性和显微镜的可视性，可以直接观察检测到微生物，尤其是复杂菌群环境中(如发酵食品、动物肠道、生物膜等)的不同微生物个体，同时可以提供关于微生物形态、数量、空间分布的信息，对微生物群落进行评价。荧光原位杂交技术具有灵敏、快速、使用安全、特异性好的特点。

10.2.1　FISH 技术的原理

FISH 技术利用非放射性的荧光信号对原位杂交样本进行检测，它采用以微生物的 16S rRNA、DNA 或者 mRNA 为靶标的荧光标记寡核苷酸探针，与固定在玻片或纤维膜上微生物中特定的核苷酸序列进行杂交，探测其中所有的同源核酸序列，之后将未杂交的荧光探针洗去，便可直接在荧光显微镜下观察到特定微生物，无须单独分离核酸。FISH 技术包括如下步骤：微生物样品的准备、微生物固定、细胞壁通透性处理、杂交、漂洗，最后使用流式细胞仪或者荧光显微镜对杂交微生物进行定量。

FISH 技术的关键，首先在于提高微生物细胞壁的通透性，使得探针能够大量地进入微生物细胞，为之后探针与细胞内的核酸结合提供良好的基础。如果细胞壁的渗透性低，探针进入细胞的概率本身很小，就无法保证检测的灵敏性。提高细胞壁通透性经典的方法是采用甲醛和乙醇处理。但是随着研究的深入，研究者对渗透方法也进行了不断改进和完善，根据不同微生物(革兰氏阴性菌、革兰氏阳性菌，以及芽孢、被膜等微生物的特殊存活状态)细胞壁组成的多样性，采用不同的试剂提高细胞的通透性。Filion 等通过分析不同芽孢细胞壁的组成，改进细胞渗透处理步骤，设计了分别针对萎缩芽孢杆菌、蜡状芽孢杆菌、巨大芽孢杆菌这三种菌芽孢的 FISH 方法。

其次，设计出荧光信号强的发光基团，可以提高探针的检测灵敏度。在传统的 FISH 基础上，通过增强荧光基团信号，又发展出了多种新型 FISH 技术，主要有使用多重荧光标记的核苷酸探针、使用多个荧光标记探针结合在目标核酸的不同位点、利用酶反应扩大荧光信号等。现在最常用的是催化信使沉积荧光原位杂交法(catalysed reported deposition-fluorescence in situ hybridization，CARD-FISH）。这种方法在探针上连接辣根过氧化物酶（horseradish per-oxidase，HRP），与微生物的目标核酸完成杂交后，洗去游离的探针，加入荧光标记的酪胺进行荧光信号扩增，在辣根过氧化物酶的催化作用下，有荧光基团标记的酪胺大量集中在探针结合的微生物细胞中，起到放大荧光信号的作用，灵敏度较高。同时，这种方法减少了背景干扰，增强了荧光的稳定性。但是辣根过氧化物酶比普通的荧光基团大很多倍，使得这种方法也对细胞通透性提出了更高的要求。

　　最普遍使用的 FISH 探针以微生物核糖体 RNA 的亚基 16S rRNA 为靶标，一方面，因为16S rRNA 在微生物细胞内的拷贝数比 DNA 多，使得灵敏度提高；另一方面，16S rRNA比 mRNA 更加稳定，不易受到环境的影响。细胞内的核糖体，除了有一级结构之外，还有二级、三级、四级的高级结构，核糖体的高级结构会降低探针结合的效率。为了解决这个问题，需要增强目标核酸与探针的亲和性，使探针能够与具有高级结构的核糖体进行高效率、特异性的结合，近年来主要通过用肽核酸（peptide nucleic acids，PNA）或锁核酸（locked nucleic acid，LNA）探针（图 10-6）来替换 DNA 探针。PNA 分子是 DNA 分子的模拟体，它通过中性肽骨架的连接，不带负电荷，与 DNA 和 RNA 之间不存在静电斥力，因而结合的稳定性和特异性都大为提高；另外，PNA 探针不被蛋白酶或者核酸酶所降解，而且更容易渗透进微生物细胞壁中；当 PNA 探针遇到碱基错配的情况，它的 T_m 值会迅速降低，因此 PNA 有着更高的序列鉴别度，可以防止错配，增强了 PNA 探针的特异性。LNA 分子是 RNA 的衍生物，它的结构降低了柔韧性，使自身更加稳定。由于 LNA 与核酸的亲和性更高、结合更加稳定，因此可以在杂交与冲洗步骤中采用更高的温度，降低非特异性结合的干扰，大大地提高了这项技术的灵敏度和特异性。LNA 探针已经被证实在荧光原位杂交中比 DNA 探针的杂交效果好，并且更加容易操作。

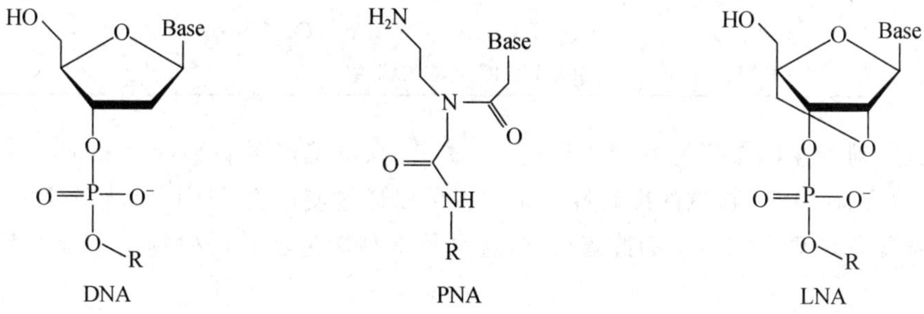

图 10-6　DNA、PNA、LNA 的结构

10.2.2　FISH 技术的发展

10.2.2.1　FISH 检测中微生物种属特异性探针的更新

　　荧光原位杂交探针能够有效地识别生物学分类群属（古生菌、细菌、真核生物等）或菌纲类别，同时也可以特异性地鉴定某种特异生物种群。种属特异性探针已经被开发应用，但是随着对微生物研究的深入和范围扩展，微生物的 rRNA 数据库不断完善，这些探针的可靠性也需要进一步验证，对于一些已无法特异性覆盖相关菌群的探针，应该根据最新的 rRNA 数据库进行重新设计。

　　Amann 等使用了 SILVA 数据库内完整的核糖体小亚基 RNA（SSU rRNA）序列来验证

已报道的种属特异性探针的特异性,包括识别古细菌的 ARCH915 探针,识别细菌的 EUB338、EUB338-Ⅱ、EUB338-Ⅲ探针,识别真核生物的 EUK516 探针的特异性;验证了以 23S rRNA 为靶标的探针的特异性,包括识别 GAM 变形菌纲的 GAM42a 探针、识别 BET 变形菌纲的 BET42a 探针、识别放线菌纲的 HGC69a 探针;另外还验证了 5 种常用的以 16S rRNA 为靶标的种属特异性寡核苷酸探针,包括识别 ALF 变形菌属的 ALF968 探针、识别部分拟杆菌门菌种的 CF319a 和 CFB560 探针、识别浮霉菌门的 PLA46 和 PLA886 探针。结果证明,几乎每一种探针都出现了不同程度的假阴性的现象。随着 rRNA 数据库的不断扩充,这些探针对于目标菌的覆盖率不断降低,同时出现了众多的假阳性现象(表 10-1)。

表 10-1　种属特异性探针的覆盖性

目标菌群	探针名称	探针序列(5′—3′)	检测目标菌的数目	假阴性数目	假阳性数目
古细菌	ARCH915	GTGCTCCCCCGCCAATTCCT	7 141	791	0
细菌	EUB338	GCTGCCTCCCGTAGGAGT			
	EUB338Ⅱ	GCAGCCACCCGTAGGTGT	39 726	2 543	0
	EUB338Ⅲ	GCTGCCACCCGTAGGTGT			
真核生物	EUK516	ACCAGACTTGCCCTCC	27 771	3 191	711
Beta 变形菌纲	BET42a	GCCTTCCCACTTCGTTT	193	31	62
Gammar 变形菌纲	GAM42a	GCCTTCCCACATCGTTT	759	234	4
放线菌纲	HGC69a	TATAGTTACCACCGCCGT	141	11	1
Alpha 变形菌属	ALF968	GGTAAGGTTCTGCGCGTT	9 794	2 371	1 771
拟杆菌门菌种	CFB560	WCCCTTTAAACCCART	19 601	1 401	87
	CF319a	TGGTCCGTGTCTCAGTAC	8 050	12 952	1 086
浮霉菌门	PLA46	GACTTGCATGCCTAATCC	559	712	265
	PLA886	GCCTTGCGACCATACTCCC	872	399	17 154

随着人们对微生物多样性的深入研究,高质量、高准确度的新型探针和 rRNA 数据库将逐渐完善,以保证 FISH 检测的准确性。研究者可以通过使用连接不同荧光基团的探针,直接监测和定量复杂环境中的微生物群落结构,这也是食品微生物及微生物生态学相关研究中的热点。

10.2.2.2　FISH 技术检测微生物活性

随着微生物菌群研究的不断深入,微生物的功能与活性也逐渐成为了研究热点,近年来研究者们也探索利用 FISH 技术检测微生物的 mRNA,以表征其活性。将荧光杂交技术应用在 mRNA 检测主要会遇到两个问题,一个是信号不灵敏,另外一个是杂交得到的信号在细胞中不均一。由于 CARD-FISH 的高灵敏性,除了可以用于 rRNA 的杂交检测外,也可以通过检测细胞中的 mRNA 进行细胞定位,但由于可能出现细胞中杂交的信号不均一的现象,因此不能对微生物细胞进行精确的定量。另外,应用 PNA 或者 LNA 探针对微生物的 mRNA 进行 FISH 检测,效果会有很大的提升,这些 DNA 替代探针也可以同时检测微生物的 mRNA 和 rRNA,并有较高的灵敏度和特异性。

10.3　酶联免疫吸附测定(ELISA)

10.3.1　ELISA 的原理

酶联免疫吸附测定(enzyme linked immunosorbent assay,ELISA)指将可溶性的抗原或抗体结合到聚苯乙烯等固相载体上,利用抗原抗体结合专一性进行免疫反应的定性和定量检测方法。其基础是抗原或抗体的固相化及抗原或抗体的酶标记,结合在固相载体表面的抗原或抗体仍然保持其免疫学活性,酶标记的抗原或抗体既保留了免疫学活性,又保留了酶的活性。在测定时,待检物质(抗体或抗原)与固相载体表面的抗原或抗体起反应。用洗涤的方法使固相载体上形成的抗原抗体复合物与液体中的其他物质分开。再加入酶标记的抗原或抗体,也通过反应而结合在固相载体上。此时固相上的酶含量与待检物质的量成比例。加入酶反应的底物后,底物被酶催化成为有色产物,产物的量与待检物质的量成比例关系,故可根据呈色的深浅进行定性或定量分析。由于酶的催化效率很高,间接地放大了免疫反应的结果,使测定方法达到很高的敏感度。ELISA 是最常用的一项免疫学测定技术,这种方法具有很多优点:特异性强、灵敏度高、样品易于保存、结果易于观察、可以定量测定、使用的仪器和试剂简单等。ELISA 的操作步骤及要点如下:

①固相载体:固相载体在 ELISA 过程中作为吸附剂和容器,不参与具体的化学反应。可作 ELISA 的载体材料很多,最常用的是聚苯乙烯。聚苯乙烯具有较强的蛋白质吸附性能,抗体或蛋白质抗原吸附上它后仍保留原来的免疫学活性,加之它的价格低廉,所以被普遍采用。载体最常用的形式是 96 孔微量滴定板。

②包被方式:将抗原或抗体固定在酶标板上的过程被称为包被,即抗原或抗体结合到固相载体表面的过程。包被是通过物理吸附完成的,借助蛋白质分子结构上的疏水基团与固相载体表面的疏水基团间的作用力。这种物理吸附是非特异性的,受蛋白质的分子量、等电点、浓度等影响。载体对不同蛋白质的吸附能力是不相同的,大分子蛋白质较小分子蛋白质通常含有更多的疏水基团,故更易吸附到固相载体表面。脂类物质无法与固相载体结合,但可将其在有机溶剂(如乙醇)中溶解后加入滴定板中,开盖置冰箱过夜或冷风吹干,待酒精挥发后,让脂质自然吸附在固相表面。

③包被用抗原:用于包被固相载体的抗原按来源不同可分为天然抗原、重组抗原和合成多肽抗原三大类。天然抗原可取自微生物培养物,经提取纯化才能用于包被;重组抗原是在生物工程菌株(大肠杆菌或酵母菌等)中表达并生产的蛋白质抗原。重组抗原的优点是杂质少,但纯化技术难度较大;合成多肽抗原是根据蛋白质抗原分子的某一抗原决定簇的氨基酸序列人工合成的多肽片段。多肽抗原一般只含有一个抗原决定簇,纯度高、特异性也高,但由于分子量太小,往往难于直接吸附于固相上。多肽抗原的包被一般需先通过蛋白质连接技术使其与无关蛋白质如牛血清白蛋白等偶联,借助于偶联物与固相载体的吸附,间接地结合到固相载体表面。

④包被用抗体:包被固相载体的抗体一般具有高亲和力和高特异性,可取材于抗血清或含单克隆抗体的腹水或培养液。如果免疫用抗原中含有杂质,即便是极微量的,也将会在抗血清中出现杂抗体,必须除去后才能用于反应,以保证 ELISA 的特异性。抗血清不能直接用于包

被,应先采用硫酸铵盐析法提取免疫球蛋白 G(immunoglobulin G,IgG)。如需用高亲和力的抗体包被以提高检测的敏感性,则可采用亲和层析法以除去抗血清中含量较多的非特异性免疫球蛋白 G。腹水中单抗的浓度较高,特异性也较强,因此不需要作提取和亲和层析处理,一般可将腹水作适当稀释后直接包被,必要时也可用纯化过的免疫球蛋白 G。应用单抗包被时应注意,一种单抗仅针对一种抗原决定簇,在某些情况下,用多种单抗混合包被,可取得更好的效果。

⑤包被条件:包被所用温度和时间、抗原或抗体的浓度、包被液的 pH 等条件应根据实验特点和材料性质选定。抗体和蛋白质抗原一般采用 pH 9.6 的碳酸盐缓冲液作为稀释液,也可用 pH 7.2 的磷酸盐缓冲液及 pH 7~8 的 Tris-HCl 缓冲液作为稀释液。通常在滴定孔中加入包被液后,在 4℃冰箱中放置过夜和在 37℃中保温 2 h 被认为具有同等的包被效果。包被中抗原或抗体的浓度随载体和包被物的性质变化有很大的变化,需要根据具体实验进行选定。

⑥封闭:封闭是继包被之后用高浓度的无关蛋白质溶液再包被的过程。抗原或抗体包被时所用的浓度较低,被吸收后固相载体表面尚有未被占据的结合位点,封闭就是让大量不相关的蛋白质充填这些位点,从而避免在之后的步骤中发生干扰物质的再吸附。封闭的程序与包被类似,最常用的封闭剂是 0.05%~0.5% 的牛血清白蛋白,也可用 1%~5% 的脱脂奶粉或 1% 明胶作为封闭剂。

⑦结合物:结合物即酶标记的抗体(或抗原),这是 ELISA 中最关键的试剂。良好的结合物应该是既能保有酶的催化活性,也能保持抗体(或抗原)的免疫活性,并具有良好的稳定性。结合物中酶与抗体(或抗原)之间有恰当的分子比例,在结合试剂中应尽量不含有或少含有游离的酶或游离的抗体(或抗原)。

⑧酶:用于 ELISA 的酶要求纯度高、催化反应的转化率高、专一性强、性质稳定、来源丰富,制备成酶结合物后仍继续保留它的活性部分和催化能力,最好在受检样本中不存在相同的酶。另外,它的相应底物需要满足易于制备和保存、有色产物易于测定等条件。ELISA 中常用的酶为 HRP 和碱性磷酸酶(alkaline phosohatase,AP)。

⑨酶的底物:HRP 是目前最常用的酶,它催化以过氧化物为受氢体的底物的氧化,最具代表性的过氧化物为过氧化氢(H_2O_2),而供氢体一般是无色的化合物,经酶作用后成为有色的产物,以便作比色测定。常用的供氢体有邻苯二胺(O-phenylenediamine,OPD)、四甲基联苯胺(3,3′,5,5′-tetramethylbenzidine,TMB)等。OPD 氧化后的产物呈橙红色,用硫酸终止酶反应后,在 492 nm 处有最高吸收峰,灵敏度高、比色方便,是 HRP 结合物最常用的底物。曾有报道 OPD 有致癌性,所以操作时应注意。另外,OPD 见光易变质,与 H_2O_2 混合成底物后更不稳定,需要现用现配。而 TMB 经 HRP 作用后产物显蓝色,酶反应用盐酸或硫酸终止后,TMB 产物由蓝色呈黄色,最适吸收波长为 405 nm,可用分光光度计定量。TMB 性质较稳定,可配成溶液,只需与 H_2O_2 溶液混合,即可直接作为底物使用。另外,TMB 又有无致癌性等优点,因此在 ELISA 中应用日趋广泛。

10.3.2　ELISA 技术的分类与应用

ELISA 可用于测定抗原,也可用于测定抗体。ELISA 主要有以下几种类型:双抗体夹心法、双抗原夹心法、间接法、竞争法。双抗体夹心法是目前检测抗原最常用的方法,此法适用于检测致病菌、毒素蛋白、过敏源蛋白等。只要获得针对测试抗原的特异性抗体,就可将其包被于固相载体并制备酶结合物以建立 ELISA 检测方法。包被和酶标记用的抗体最好分别取自不同种属的动物,一般采用小鼠和新西兰大白兔。如果应用单克隆抗体,则一般选择两个针对抗原上不同决定簇的单抗,分别用于包被固相载体和制备酶结合物。这种双位点夹心法具有很高的特异性,而且可以将测试样品和酶标抗体一起进行保温反应,以便进行一步检测,示意图见图

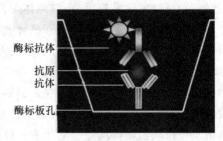

图 10-7　双抗体夹心法检测抗原

10-7。双抗体夹心法适用于测定二价或二价以上的大分子抗原,但不适用于测定半抗原及小分子单价抗原。

双抗原夹心法测抗体的反应模式与双抗体夹心法类似,不同的是双抗原夹心法用特异性抗原进行包被,并以酶标抗原代替酶标抗体,以检测相应的抗体。此法中测试样品不需稀释,样品前处理简单,可直接用于测试。本法关键在于酶标抗原的制备,应根据抗原结构的不同,确定合适的标记方法。

间接法是检测抗体常用的方法,其原理是利用酶标记的二次抗体来检测与固相抗原结合的一次抗体,故称为间接法,主要用于对病原体抗体的检测而进行传染病的诊断。首先将抗原包被在固相载体上,并洗去多余的抗原;接着加入待检测样本,如果其中有待测的一次抗体,便会与包被的抗原相结合;洗去未结合的待检测样本,加入标记了酶的二次抗体,与待测的一次抗体结合;洗去未结合的二次抗体,加入酶底物使酶呈色,并以有色终产物的含量判断待测抗体的含量。间接法的优点是只要变换包被抗原就可利用同一酶标二次抗体建立检测相应抗体的方法。间接法成功的关键取决于抗原的纯度,虽然有时用粗提抗原包被也能取得有效的结果,但应尽可能地提高纯化度,以提高实验的特异性。

竞争法是测定小分子抗原或半抗原的最常用方法,因小分子抗原或半抗原缺乏可作夹心法的两个以上的位点,因此不能用双抗体夹心法进行测定,但可以采用竞争法测定。其原理是利用待测样本中的抗原和一定量的酶标抗原竞争与固相抗体结合。标本中抗原含量越多,结合在固相上的酶标抗原越少,最后的显色也越浅。

ELISA 已经广泛用于食源性致病菌的检测,其中以双抗体夹心法和竞争法使用最为常见。目前,ELISA 技术已经用于检测食品中的大肠杆菌 O157:H7、单核增生李斯特菌、金黄色葡萄球菌、副溶血性弧菌、蜡状芽孢杆菌、志贺氏菌、弯曲杆菌、军团菌、霍乱弧菌、假单胞菌等多种致病菌,在食源性致病菌检测中有很大的应用空间。

10.4　生物传感器

生物传感器利用固定在基质表面的生物识别元件与目标物的分子识别反应,并借助电、热、光等信号对被测物进行定性或者定量的检测。不同的生物识别元件和信号转换器构成了不同类型的生物传感器,生物传感器的具体命名和分类也因此而来。按照所用分子识别元件的不同,可分为 DNA 生物传感器、免疫生物传感器、噬菌体生物传感器、适配体生物传感器等。其中,DNA 探针可以与目标微生物的互补 DNA 分子发生杂交反应;抗体与特异性抗原

(致病菌)可以发生免疫反应;噬菌体与其侵染的特定目标菌发生反应;适配体是能以较高亲和力与靶物质特异性结合的单链寡核苷酸(DNA 或 RNA),特定适配体稳定的三维空间结构使得其可以与细菌及其标志性蛋白、致病毒素、脂多糖等发生特异性结合。而根据生物传感器信号转换元件的不同,则可分为光学(如可视、荧光、光纤、表面等离子体共振)生物传感器、电化学(电流型、电位型、电导型)生物传感器、压电(如石英晶体微天平)生物传感器等。与传统的检测方法相比,生物传感器分析技术具有响应快、灵敏度高、操作简便、选择性好、成本低、便于携带及可在线监测等优点。它作为一种多学科交叉的新技术,在食品安全检测中正逐渐发展成为一种强有力的分析工具。以下根据不同信号转换元件,分别介绍几种检测食源性致病微生物中常见的生物传感器。

10.4.1　光学生物传感器

10.4.1.1　比色生物传感器

基于比色法的光学生物传感器是一种可以根据颜色变化直接对样本中的靶物质进行定量的方法。这种方法能够实现对微生物的实时检测,可以通过肉眼直接观察而不需要任何分析仪器,因此在微生物实时检测领域是一个非常有前景的方法。

将生物识别物质标记在可发生颜色变化的新型纳米材料上,构成比色传感器。标记了识别物质的新型纳米材料在溶液中处于分散状态,当食源性致病菌等靶物质出现时,生物识别物质与之相结合,从而使得纳米粒子聚集。由于分散和聚集的纳米粒子的颜色不同,因此可以以颜色变化为信号,对靶物质进行定性或定量检测。例如,基于胶体金纳米颗粒(gold nanoparticles,AuNPs)的比色传感器已经应用于多种食源性致病菌的检测,将生物识别物质标记在胶体金纳米颗粒上,当检测样本中有目标食源性致病菌的时候,生物识别物质将与目标菌发生反应,而胶体金纳米颗粒也因此聚集并发生颜色的改变(由红变紫);聚二乙炔(polydiacetylene,PDA)纳米球也被应用于比色传感器的构建并应用于大肠杆菌 O157:H7 的检测。经过氨基修饰的适配体可以与羧基化的 PDA 形成肽键,从而将适配体连接在 PDA 上。PDA 纳米球在分散状态下为蓝色,连接了适配体后仍呈分散状态,不发生颜色变化。但当目的菌存在时,适配体会很快改变构象并且与之结合,从而导致 PDA 纳米球聚集而呈现红色,通过肉眼观察颜色变化可以判断是否存在目标菌。

10.4.1.2　荧光生物传感器

基于荧光分光光度法的生物传感器检测相对简单且有效,因此在食品安全检测领域有着非常广泛的应用和较大的潜力。荧光生物传感器是基于利用靶物质与识别物特异性结合造成荧光偏振或者荧光强度的变化。

荧光生物传感器有很多不同的作用模式,比如在核酸适配体或探针的两端分别标记荧光基团和淬灭基团,识别物质与靶物质作用后,其自身的构象发生变化,导致淬灭基团与荧光基团距离改变,荧光信号随之发生变化;与之类似的另一种作用模式是在核酸适配体或探针的两端分别标记受体荧光基团和供体荧光基团,识别物质与靶物质作用,构象发生变化后,荧光信号也会发生改变;或者用荧光基团标记核酸适配体或者核酸探针,靶物质与适配体或探针作用后荧光偏振或荧光强度发生改变;而将纳米材料引入检测体系可提高检测的灵敏度,如将荧光染料标记在适配体上,加入纳米材料(如氧化石墨烯)后,荧光标记的适配体会吸附在纳米材料表面导致荧光淬灭。当食源性致病菌等靶物质存在时,适配体与靶物质结合使荧光信号再度恢复,根据荧光信号的强弱可以实现对靶物质的定量检测。该方法中荧光淬灭效率较高、背景值低,在检测食源性致病菌的荧光生物传感器中属于灵敏度较高的体系。目前,荧光生物传感器也应用在了多种食源性致病菌的检测中。

10.4.1.3　光纤生物传感器

光导纤维简称光纤,是一种能够传导光波和各种光信号的纤维。光纤受到外界环境因素的影响,其传输的光波特性参量,如光强、相位、频率、偏振态等将发生变化。测量出光波特征参量的变化,就可以知道导致光波特征参量变化的因素。光纤传感技术是 20 世纪 70 年代中期伴随着光通信技术的发展而形成的一门新技术。

光纤生物传感器技术利用隐失波场激发荧光分子发出荧光的特性,当光穿过光纤时,会发生全反射传播,此时会产生部分穿透界面的光波,在光纤表面上产生隐失波。隐失波可以激发荧光分子发出荧光,荧光以高度有序的方式穿过光纤,返回后被荧光计检测到。隐失波只存在于界面附近薄层内,因此只对来自光纤界面附近极薄的一层荧光分子进行荧光激发和收集,而样品中游离的荧光分子则几乎不会被激发,这样便省去了传统检测方法中的清洗步骤,缩短了检测时间,提高了检测效率。

光纤生物传感器可以结合双抗体夹心免疫测定法,首先将抗体包被固定在光纤表面;之后加入抗原样本,抗原与抗体相结合,形成光纤-抗体捕获抗原结构;冲洗后,加入标记了荧光分子的抗体,与体系中的抗原相结合,而最终形成双抗夹心形式。然后,将光纤与激光源/探测器连接。光穿过光纤,产生隐失波,激发位于抗体-抗原-抗体复合物中的荧光分子。一旦被激发,荧光分子便发出荧光并被检测到,荧光的强度与抗原量成正比。目前,光纤生物传感器已经被应用于不同食品介质中多种食源性致病菌的检测,如大肠杆菌 O157:H7、单核增生李斯特菌、沙门氏菌、空肠弯曲杆菌。另外,也被应用于微生物毒素检测中,如金黄色葡萄球菌毒素、肉毒梭菌毒素、赭曲霉毒素、黄曲霉毒素等。光纤生物传感器检测较灵敏,并具有较强的特异性,该方法为食品微生物检测提供了一种新的技术手段。

10.4.1.4　表面等离子共振生物传感器

表面等离子共振(surface plasmon resonance,SPR)是一种物理光学现象,它是平行于具有负介电常数的材料与电介质材料间界面的一种表面电磁波。波在导体和外部介质(如空气、水或者真空)之间的边界上,波的振动对该界面的任何变化都非常敏感,如分子吸附到电介质表面上便会对其产生影响。

表面等离子体共振生物传感器是基于对两个分子间相互作用的实时检测。在检测中,先将一种生物识别分子键合在生物传感器表面(金属表面),这种金属位于透光的玻璃光导管的反射表面。当可见光或近红外光穿过光导管时,在其中发生反射。反射的光波与金属表面的等离子体发生共振效应,产生很强的光吸收。引起光吸收的波长取决于金属种类、入射角度、固定在金属表面的分子的数量等。之后,将待测样本注入生物传感器表面,如果样本中含有能与生物识别分子发生相互作用的生物分子,它们之间的结合会使共振向长波转移,转移的量与被结合分子的浓度成正比,生物分子间反应的变化即被观察到。表面等离子共振传感器可以用来实时检测不同识别物质与靶物质的结合,如核酸与蛋白质、蛋白质与蛋白质、核酸与核酸、抗原与抗体、受体与配体等生物分子之间的相互作用。

表面等离子共振传感器有以下几个优点:①可以实时动态检测两个生物分子之间的结合反应;②不需要样品预处理;③不需要荧光标记样品,因此操作方便、节约成本,能够保持目标物的活性;④传感器灵敏度高,可以检测到纳克水平的分子;⑤检测通量高。目前,基于表面等离子共振的传感器被用于食源性致病菌及其毒素的检测,如已经被用于检测葡萄球菌属的肠毒素和单核增生李斯特菌、大肠杆菌 O157:H7、鼠伤寒沙门氏菌、小肠结肠炎耶尔森菌等。

10.4.2 电化学生物传感器

电化学生物传感器根据目标微生物与分子识别元件发生特异性识别作用后所产生的微小变化,通过换能器转化为电化学参量进行记录,实现对被测物质的定量检测。根据转换的电化学参量不同,可以分为电流型生物传感器、电位型生物传感器和电导型生物传感器。

电流型生物传感器是在工作电极电位恒定的条件下,通过测量电极表面的生物化学反应导致的电流变化,检测靶物质浓度的一类传感器。它的工作原理基于电流和靶物质浓度间的线性关系,这种方法的灵敏度很高,是检测食源性致病菌最常用的一类电化学生物传感器。而电位型传感器是基于电极电势与被测组分浓度之间的关系,通过电极电势的变化从而检测被测物质浓度的变化。在这些传感器中,多数在电极上修饰了抗体或适配体,在加入待检样品后,抗体或适配体与靶微生物结合,导致电极表面结构改变,通过检测电流、电位等的变化定性或定量检测靶物质。现在,也有一些电化学传感器将生物识别物质修饰在纳米管内壁上,当靶物质通过纳米管时会引起电信号的改变,以此来检测靶物质,常用于电化学检测的纳米管有硅纳米孔及单壁碳纳米管。电流型和电位型传感器已经应用于包括大肠杆菌 O157:H7、单核增生李斯特菌、沙门氏菌在内的多种重要食源性致病菌的检测。

电导型生物传感器的原理是微生物在代谢过程中,将一些电惰性物质如碳水化合物、蛋白质和脂类转变成带有电荷的离子型化合物和酸性副产物(如氨基酸、乳酸和乙酸),使得培养基的电阻抗和电导率发生变化。因此可以通过在一定温度下检测这两个参数的变化情况来判定微生物的生长繁殖特性。阻抗检测时间是指食品中的微生物从初始数量增殖到浓度大于等于 10^6 CFU/mL 时所需要的时间,它和微生物的起始数量成反比,阻抗检测时间越长,微生物的起始数量就越低。这个系统的一个重要优点是只能检测活细胞,现在已经有一些商业化的电导型生物传感器可用来监测致病菌。基于阻抗分析的技术已经用于食品中的李斯特菌、弯曲杆菌、大肠杆菌、葡萄球菌、枯草芽孢杆菌、嗜水气单胞菌、空肠弯曲菌和沙门氏菌等的检测和计数。阻抗的方法已经被官方分析化学家协会认可为首选方法,但是这个方法灵敏度较低,而且需要 $24\sim48$ h 才能鉴定出微生物,所需时间比较长。为了提高检测灵敏度,研究人员又开发了生物芯片和小型电子设备,在基于生物学的微电-机械系统装置中,所有细胞通过电泳进入纳米级的样品室,细菌可以迅速将底物转变成带电产物,有助于利用阻抗快速灵敏地检测微生物的生长。

10.4.3 压电生物传感器

压电晶体是非中心对称晶体(如石英),在机械力作用下可产生形变,使带电质点发生相对位移,从而在晶体表面出现正、负电荷,极轴两端产生的电势差可作为检测信号。振动的石英是极其灵敏的重量指示器,而压电生物传感器可以检测晶体表面的质量变化。将特异性识别食源性致病菌的适配体或者抗体修饰在压电生物传感器上,当样品中出现靶物质时,靶物质与适配体或者抗体的结合会增加晶体的重量,导致振动频率下降,出现电势差。该方法装置比较简单,每个晶体能重复使用多次,可用于实际样品的批量检测。压电生物传感器已经用来检测葡萄球菌毒素、沙门氏菌、单核增生李斯特菌、蜡状芽孢杆菌和大肠杆菌 O157：H7。

10.5　基于噬菌体的检测技术

噬菌体（bacteriophage 或 phage）是感染细菌的病毒，主要由核酸和蛋白质外壳组成，可以通过蛋白质外壳与宿主菌表面的受体特异性结合，并将其遗传物质 DNA 或 RNA 注入宿主菌体内。噬菌体的繁殖一般分为五个阶段，即吸附、侵入、增殖、装配和裂解。凡在短时间内能够连续完成这五个阶段而实现繁殖的噬菌体，称为烈性噬菌体，反之则称为温和噬菌体。温和噬菌体的基因组能与宿主菌基因组整合，并随细菌分裂传至子代细菌的基因组中，不引起细菌裂解。整合在细菌基因组中的噬菌体基因组称为前噬菌体，前噬菌体偶尔可自发地或在外界诱导下脱离宿主菌基因组，产生成熟噬菌体，导致细菌裂解。噬菌体结构简单、只能感染特定的菌株、分布广泛、繁殖速度快，已经应用于快速检测食源性致病菌。

10.5.1　荧光噬菌体检测技术

荧光噬菌体技术是最常用的噬菌体检测技术，它应用基因工程的方式将荧光基因通过噬菌体插入到目标菌体的 DNA 中，荧光基因在目标菌中大量表达，使用荧光显微镜或流式细胞仪对目标菌活菌进行检测。由于一种噬菌体只能针对特定的目的菌进行专一感染，因此噬菌体和宿主之间具有高度的专一性，目前荧光噬菌体已成功地用于检测多种食源性致病菌。

荧光噬菌体检测技术中最常用的荧光基因有细菌荧光素基因（*lux*）和绿色荧光蛋白基因（*gfp*）。海洋细菌如费氏弧菌和哈维氏弧菌能够发射荧光，这是由细胞内编码荧光素的基因控制的。编码荧光素的基因有 *luxA* 和 *luxB*，前者编码荧光素 α 亚基，后者编码荧光素 β 亚基。将荧光基因（约为 2 kb）重组转移到噬菌体中，由于报告噬菌体不具有细胞的代谢活动，无法合成发光反应所必需的荧光素酶、底物和能量，因此噬菌体在细胞体外不发光，但是细菌代谢产生发光反应所必需的物质，当带有荧光基因的噬菌体进入宿主细菌并复制后，宿主细胞体内可以发光。宿主发光的时间依噬菌体进入宿主和开始复制的时间而定，通常为 30～50 min。目前，已经有报道利用引入 *luxAB* 的 Φv10 或 PP01 噬菌体检测大肠杆菌 O157：H7、利用引入 *luxAB* 的 P22 噬菌体检测鼠伤寒沙门氏菌。但是，这一方法在革兰氏阳性菌中的应用效果不是很理想，因为革兰氏阳性菌发出的荧光通常比革兰氏阴性菌弱约 100 倍。

还有另外一种荧光噬菌体方法，将编码绿色荧光蛋白（green fluorescent protein，GFP）的基因标记在噬菌体中，然后用该噬菌体去侵染待检样本。GFP 是一种生物发光蛋白，有 238个氨基酸，分子质量为 27 ku，其内源荧光基因在受到紫外光或蓝光激发时可高效发射清晰可见的绿光，GFP 无须再加任何底物和辅助因子即可构成荧光检测系统。目前，已经有报道利用引入 *gfp* 的 P22 噬菌体检测沙门氏菌、利用引入 *gfp* 的 HK620 噬菌体检测大肠杆菌O157：H7。这种方法不仅被用于食源性致病菌活菌检测，并且已经应用于检测存活但不能培养（viable but non-culturable，VBNC）致病菌。

10.5.2　其他噬菌体检测技术

噬菌体能够高度专一地裂解特异性宿主细菌，并在培养基上形成肉眼清晰可见的噬菌斑，

二维码 10-3 细菌的
噬菌体检测方法分类

可以根据噬菌斑的有无、数量、形态等来判定宿主细菌的种类和数量,但是这种传统的检测方法灵敏度不高。近年来,与生物传感器技术联用的噬菌体检测技术也在迅速发展,具有专一裂解特点的烈性噬菌体能够将特定细菌裂解并释放出胞内物质,通过拉曼光谱、表面等离子共振生物传感器等监控细菌胞内物质的信号变化,检测出致病菌。二维码 10-3 是细菌的噬菌体检测方法分类。

10.6　生物芯片检测技术

生物芯片检测技术是 20 世纪 90 年代初期发展起来的一门新兴技术。它是把大量已知的生物探针以点阵的形式固定排列在很小的芯片上,以达到基因、蛋白质和活体细胞等的高通量分析与检测。生物芯片技术是融生命科学、化学、物理学、微电子学和计算机科学于一体的技术,在食品微生物检测中有着广泛的应用。生物芯片具有多种分类方式,根据构造不同可分为微阵列芯片、微流控芯片和液体芯片;根据分析的靶标不同可分为基因芯片、蛋白芯片、细胞芯片等;根据应用领域不同可分为检测芯片、表达谱芯片、诊断芯片等。基因芯片可以使不同靶标之间的干扰最小化,实现高通量检测。以下主要介绍较常见的微阵列芯片和液体芯片。

10.6.1　微阵列芯片

微阵列芯片是最早出现的生物芯片检测技术,它是将数十甚至几万种生物探针分子以阵列的形式固定在厘米级别的固体载体上(滤膜类、凝胶类或玻璃片),利用生物分子间的相互作用,捕捉样品中的靶分子,通过荧光、化学发光、酶标显色及同位素放射显影分析阅读系统读取每个位点的复杂信息。微阵列芯片根据检测对象不同,又主要分为 DNA 微阵列芯片、PCR-ELISA 芯片、蛋白质芯片。

10.6.1.1　DNA 微阵列芯片

DNA 微阵列芯片俗称为基因芯片,该技术系指将大量探针分子(通常每平方厘米点阵密度高于 400)固定于载体后与标记的 DNA 样本直接进行杂交,通过检测每个探针分子的杂交信号强度进而获取目标 DNA 分子的数量和序列信息。基因芯片技术由于同时将大量探针固定于载体上,所以可以一次性对样品大量序列进行检测和分析,从而解决了传统技术操作繁杂、自动化程度低、操作序列数量少、检测效率低等不足。近年来,在传统基因芯片的基础上又发展出了固相 PCR(solid-phase PCR,SP-PCR),即将引物连接到固体载体上,通过 PCR 将固定化的引物探针直接延伸,对目标 DNA 进行扩增。进行 SP-PCR 检测的一个关键点就是引物和固体载体之间的化学键必须能承受住 PCR 的热循环温度(如 95℃的解链温度)。除此之外,必须保证连接在固体载体上引物的 3′-OH 末端是游离状态,以便可以在聚合酶的作用下进行 PCR 延伸。目前,一些固定技术已经被证实适用于基于微阵列的 SP-PCR 技术:①直接固定法,即寡核苷酸与固体载体共价结合,例如,使用 1-乙基-3(3-二甲基氨基丙基)-碳二亚胺来介导 5′-NH$_2$ 修饰的 DNA 与羟基化底物的连接;②间接固定法,使用同型双功能的连接分子如戊二醛和 1,4-亚苯基二异硫氰酸酯将寡核苷酸连接到载体表面。DNA 微阵列芯片为同时检测大量基因提供了一个新的契机,已经被应用于高通量检测多种食源性致病菌以及毒素基因分型中。例如,Chizhikov 等用 DNA 微阵列芯片检测了 6 个基因(sltⅠ、sltⅡ、$eaeA$、$rfbE$、$fliC$、$ipaH$),以此来区分并检测了 15 株沙门氏菌、志贺氏菌和大肠杆菌亚种。

10.6.1.2　PCR-ELISA 芯片

ELISA 技术成功推动了基于 ELISA 固相捕获 PCR 产物的检测方法,PCR-ELISA 技术本质上也是基于核酸杂交。PCR-ELISA 检测是用特殊的微孔板作为测定板,首先使用亲和素包被微孔板,用生物素标记探针的 3′端,再通过该生物素与包被在微孔板上的亲和素发生连接,将捕获探针固定在微孔板上。同时捕获探针的 5′末端的序列可以与待测靶 PCR 产物杂交,从而形成固相捕获系统。而在整个 PCR 扩增期间,引物都被抗原(生物素、地高辛、荧光素酶等)标记使得产生的扩增产物含有相应的抗原,在微孔板上的捕获探针与扩增产物杂交来捕获目标。在微孔中加入 HRP 标记抗体后,酶标抗体就与靶序列的抗原免疫结合,最后加入酶底物进行酶促显色,通过光学测定就可以实现对目标的精确定量。因为 PCR-ELISA 检测技术能够进行定量和定性检测,也已经被用于食源性致病菌和毒素的检测。例如,PCR-ELISA 芯片已经被用于检测大肠杆菌 O157∶H7 和其他产志贺毒素的大肠杆菌。同时,该方法也被应用于食品介质(如碎牛肉等)中食源性致病菌的检测。PCR-ELISA 芯片的特异性、准确度和灵敏度都比凝胶电泳检测方法高。然而,这个检测方法比较容易受到污染,操作较复杂并且需要较长的时间。

10.6.1.3　蛋白质芯片

蛋白质芯片是由固定于固体载体上的蛋白微阵列组成的,用未经标记或标记(荧光物质、酶或化学发光物质等标记)的生物分子与芯片上的蛋白质探针进行反应,然后通过特定的扫描装置进行检测。蛋白质检测芯片中固定的是抗原、抗体等,由于抗原抗体之间的特异性结合,所以蛋白质芯片具有特异性强的特点。蛋白质芯片的灵敏度也较高,可以检测出样品中微量蛋白的存在,检测水平可以达到纳克级。为了使蛋白质更加牢固地固定在载体表面,可以对载体进行修饰。例如对玻璃片载体的表面进行修饰,通常选择具有双功能基团的硅烷作为连接分子,其中一端功能基团和玻片上的羟基结合,另一端功能基团和蛋白的羧基、氨基、羟基或巯基等相连。

10.6.2　液体芯片

近些年来液体芯片技术也在迅速发展,它具有高通量、精确的流体控制等优点。将液体芯片用于食品微生物检测鉴定,精确度和灵敏度更高,可以更加节约成本和时间。

10.6.2.1　传统液体芯片

液体芯片技术,是在聚苯乙烯微球中掺入两种不同比例的荧光染料,将微球编码为 100 余种类型,不同荧光编码的微球分别共价包被基因探针或蛋白探针,以特异性地结合待检样品中的靶标分子。而靶标分子被提前标记上报告荧光分子,将微球悬浮液加入含有荧光标记待检样品中,反应完成后利用流式荧光检测技术依次检测编码微球与待检样品中靶标分子的反应情况,如果某一编码微球携带靶标分子的报告荧光分子,就可以判定该编码微球包被的探针与待检样品中的靶标分子发生了反应,通过 Luminex 软件的分析处理,确定微球结合的分析物的定性和定量信息。液体芯片微球表面分子杂交或免疫反应在悬浮溶液中进行,具有较高的反应速度和反应效率,反应所需时间较短。

传统液体芯片最普遍的应用就是食源性致病菌的检测,Wang 等建立了液体芯片技术并将它应用于金黄色葡萄球菌的特异性快速检测,检测限为 10^3 CFU/mL,将此方法应用于 200 份食品样品的检测中,所得结果与国家标准检测所得结果基本一致。还有研究人员开发了同时检测 7 种常见食源性致病菌的液体芯片技术,包括金黄色葡萄球菌、沙门氏菌、副溶血性弧菌、单核增生李斯特菌、大肠杆菌 O157:H7、创伤弧菌和空肠弯曲杆菌,未发现交叉污染。

10.6.2.2　量子点液体芯片

量子点是一种新型的荧光标签材料,主要由Ⅱ-Ⅵ组和Ⅲ-Ⅴ组中的元素组成。量子点是尺寸为 1～100 nm 的稳定的纳米陶瓷,与有机荧光材料相比,量子点的激发光谱宽、分布连续;荧光发射光谱的半峰宽度窄、分布对称。除此之外,量子点还有良好的量子产率、良好的光漂白稳定性、低背景噪声和长荧光寿命等优点。自从在生物领域首次使用量子点以来,通过将蛋白质、肽和 DNA 量子点共轭构建的各种量子点基纳米探针已被用于生物纳米技术领域。在食品微生物安全检测中,量子点也被广泛应用。例如,Yang 和 Li 使用半导体量子点作为免疫测定中的荧光标记以同时检测大肠杆菌 O157:H7 和鼠伤寒沙门氏菌这两种食源性致病菌。这个方法利用不同尺寸的量子点可以用单波长的光激发,产生可同时测量的不同发射波,将具有不同发射波长(525 nm 和 705 nm)的高强度荧光的半导体量子点分别与大肠杆菌 O157:H7 和沙门氏菌的抗体联结,检测限是 10^4 CFU/mL,不到两小时就能完成检测。

❓ 复习思考题

1.为什么要发展食品微生物的分子检测方法?简述近年来食品微生物分子检测技术的发展趋势及在食品中的应用。

2.实时荧光定量 PCR 可分为哪几类?它们之间有怎样的区别?

3.简述可以鉴别死菌和活菌的方法。

4.简述食品微生物的高通量检测技术,这些技术的原理分别是什么?

5.试列举几种核酸等温扩增技术,它们相比于普通 PCR 技术有哪些优势?

6.简述 LAMP 技术的原理及步骤。

7.DNA 探针与 PNA 探针有哪些差异?

8.简述荧光原位杂交技术的发展趋势。

9.什么是双抗体夹心检测技术?

10.噬菌体在食品微生物检测中都有哪些应用?

11.什么是生物传感器?它在食品微生物检测中如何应用?

12.什么是适配体?

■ 参考文献

[1]Leimeister-Wächter M,Domann E,Chakraborty T,et al. The expression of virulence genes in *Listeria monocytogenes* is thermoregulated. Journal of Microbiological,1992,174:947-952.

[2]Stasiewicz M J,Wiedmann M,Bergholz T M. The transcriptional response of *Listeria monocytogenes* during adaptation to growth on lactate and diacetate includes synergistic changes that increase fermentative acetoin production. Applied and Environmental Microbiology,2011,77:5294-5306.

［3］Kastbjerg V G，Larsen M H，Gram L，et al. Influence of sublethal concentrations of common disinfectants on expression of virulence genes in *Listeria monocytogenes*. Applied and Environmental Microbiology,2010,76:303-309.

［4］Bowman J P,Chang K J L,Pinfold T,et al. Transcriptomic and phenotypic responses of *Listeria monocytogenes* strains possessing different growth efficiencies under acidic conditions. Applied and Environmental Microbiology,2010,76:4836-4850.

［5］Nogva H K,Drømtorp S M,Nissen H,et al. Ethidium monoazide for DNA-based differentiation of viable and dead bacteria by 5'-nuclease PCR. BioTechniques,2003,4:804-813.

［6］Rudi K,Moen B,Drømtorp S M,et al. Use of ethidium monoazide and PCR in combination for quantification of viable and dead cells in complex samples. Applied and Environmental Microbiology,2005,71:1018-1024.

［7］Shi H,Xu W,Luo Y,et al. The effect of various environmental factors on the ethidium monozite and quantitative PCR method to detect viable bacteria. Journal of Applied Microbiology,2011,111:1194-1204.

［8］Shi H,Xu W,Trinh Q,et al. Establishment of a viable cell detection system for microorganisms in wine based on ethidium monoazide and quantitative PCR. Food Control,2012,27:81-86.

［9］石慧,程国灵,翟百强,等. 泡菜中乳酸菌活菌的 EMA 结合定量 PCR 检测方法的建立. 农业生物技术学报,2013,21:373-378..

［10］石慧,程国灵,许文涛,罗云波. 铜绿假单胞菌重要外毒素基因多重 PCR 检测方法的建立. 中国食品学报,2015,15:160-164.

［11］Lindström M,Keto R,Markkula A,et al. Multiplex PCR assay for detection and identification of *Clostridium botulinum* types A、B、E、and F in food and faecal material. Applied and Environmental Microbiology,2001,67:5694-5699.

［12］Medici D D,Anniballi F,Wyatt G M,et al. Multiplex PCR for detection of botulinum neurotoxin-producing clostridia in clinical,food,and environmental samples. Applied and Environmental Microbiology,2009,75:6457-6461.

［13］Ngamwongsatit P,Buasri W,Pianaiyanon P,et al. Broad distribution of enterotoxin genes (*hblCDA*,*nheABC*,*cytK*,and *entFM*) among *Bacillus thuringiensis* and *Bacillus cereus* as shown by novel primers. International Journal of Food Microbiology,2008,121:352-356.

［14］Kingombe C I B,D'Aoust J Y,Huys G,et al. Multiplex PCR method for detection of three *Aeromonas* enterotoxin genes. Applied and Environmental Microbiology,2012,76:425-433.

［15］Shi H,Trinh Q L,Xu W T,et al. A universal primer multiplex PCR method for typing of toxinogenic *Pseudomonas aeruginosa*. Applied Microbiology and Biotechnology,2012,95:1579-1587.

［16］Notomi T,Okayama H,Masubuchi H,et al. Loop-mediated isothermal amplification of DNA. Nucleic Acids Research,2000,28,e63.

［17］Shi H,Chen Z,Kan J. Development of a loop-mediated isothermal amplification assay for genotyping of type Ⅲ Secretion System in *Pseudomonas aeruginosa*. Letters in Applied Microbiology,2015,61:361-366.

[18]Filion G,Laflamme C,Turgeon N,et al. Permeabilization and hybridization protocols for rapid detection of Bacillus spores using fluorescence in situ hybridization. Journal of Microbiological Methods,2009,77:29-36.

[19]Amann R,Fuchs B M. Single-cell identification in microbial communities by improved fluorescence in situ hybridization techniques. Nature Reviews,2008,6:339-348.

[20]Pilhofer M,Pavlekovic M,Lee N M,et al. Fluorescence in situ hybridization for intracellular localization of *nifH* mRNA. Systematic and Applied Microbiology, 2009, 32: 186-192. .

[21]Chizhikov V,Rasooly A,Chumakov K,et al. Microarray analysis of microbial virulence. Applied and Environmental Microbiology,2001,67:3258.

[22]Wang Y L,Cai Y,et al. Development and application of liquid chip test for *Staphylococcus aureus*. Chinese Journal of Biologicals,2012,25:1383-1386.

[23]Yang L,Li Y. Simultaneous detection of *Escherichia coli* O157:H7 and *Salmonella Typhimurium* using quantum dots as fluorescence labels. Analyst,2006,131:394-401.

推荐参考书

[1]杰伊,罗西里尼,戈尔登. 现代食品微生物学. 何国庆,丁立孝,宫春波,译.7 版. 北京:中国农业大学出版社,2008.

[2]罗云波. 食品生物技术导论.3 版. 北京:中国农业大学出版社,2016.